Martin Grassberger

Das leise Sterben

Martin Grassberger

Das leise Sterben

Warum wir eine landwirtschaftliche Revolution brauchen, um eine gesunde Zukunft zu haben

Residenz Verlag

LEBEN AUF SICHT die aktuelle Buchreihe für neue nachhaltige Wege

Die großen Herausforderungen – Klimawandel, Migrationsbewegungen, eine wachsende Weltbevölkerung bei endlichen Ressourcen – sind allen bekannt. Doch wie wir ihnen begegnen können, wollen und sollen, das bleibt umstritten. Die Reihe »Leben auf Sicht« ist der Missing Link zwischen Fachwelt und wachem Geist. Engagierte VordenkerInnen und Geistesakrobaten, aber auch AktivistInnen und Anpacker stellen Fragen, zeigen mögliche Antworten und liefern Ansätze für ein besseres Leben. Federführend für die Reihe ist Thomas Weber, der als Herausgeber von »Biorama« als Spezialist für neue nachhaltige Wege gilt.

fb.com/LebenaufSicht

Für meine Kinder Marie und Felix
sowie alle zukünftigen Generationen.

Bibliografische Information der Deutschen Nationalbibliothek
Die Deutsche Nationalbibliothek verzeichnet diese Publikation in der Deutschen Nationalbibliografie; detaillierte bibliografische Daten sind im Internet über http://dnb.dnb.de abrufbar.

www.residenzverlag.com

7. Auflage, 2024

Umschlaggestaltung: sensomatic
Grafische Gestaltung / Satz: Lanz, Wien
Schrift: Brandon Grotesque, Skolar
Lektorat: Maria-Christine Leitgeb
Gesamtherstellung: Finidr, Tschechische Republik

ISBN 978 3 7017 3479 5

Inhalt

Teil 1

Der Stand der Dinge

Oberarzt Dr. Herrmann

Es ist Montagmittag und ich sitze mit Dr. Herrmann (*Name geändert), einem sehr gefragten Internisten, in der sterilen Atmosphäre der Betriebsmensa eines Wiener Krankenhauses. Herrmann hat sich als Hormonspezialist auf die Therapie von Stoffwechselstörungen wie Diabetes mellitus spezialisiert und sich damit als Wissenschaftler und Vortragender in der medizinischen Community einen Namen gemacht. Er sieht müde und abgespannt aus.

»Weißt du, was mir in letzter Zeit große Sorgen macht?«, fragt mich Herrmann über einem großen Teller mit Vollkorn-Tagliatelle, garniert mit einer undefinierbaren, mehligen Sauce mit einzelnen Gemüsepartikeln.

»Nein«, antworte ich, »aber du siehst müde aus. War der Nachtdienst anstrengend?«

»Ja, das auch. Aber ich gehe auf die fünfzig zu und die Arbeit wird ständig mehr. Bei dem derzeitigen Personalmangel wird es nicht einfacher. Wirklich Kopfzerbrechen macht mir aber, dass ich immer fetter und schwammiger werde, und das, obwohl ich doch alles richtig mache. Ich ernähre mich gesund und vegetarisch, esse Vollkornpasta statt rotem Fleisch«, er deutet auf den wenig einladenden Teller voller Teigwaren, »und ich gehe, wann immer ich Zeit habe, ins Fitnesscenter oder mit Maria laufen. Mindestens dreimal pro Woche, obwohl es mich eigentlich nicht recht freut. Ich vermeide Fett, rauche nicht, trinke kaum Alkohol. Wie stehe ich nur vor meinen Patienten da? Ich rate Ihnen abzunehmen und sehe selbst nicht besser aus. Meine Frau findet es übrigens auch nicht gerade prickelnd, wie ich in den letzten Jahren aus dem Leim gegangen bin.«

»Ich sehe, dass du in letzter Zeit ein bisschen zugenommen hast«, stimme ich vorsichtig zu.

»Was heißt hier ein bisschen?! Ich kann meinen Kittel nicht mehr zuknöpfen, habe zu hohen Zucker und im Ultraschall die ersten Anzeichen einer Fettleber. Meine Hüften und Knie schmerzen in letzter Zeit regelmäßig! Was ist bloß los? Da stimmt doch etwas nicht!« Herrmann lässt die Gabel auf seinen Teller fallen, sodass die Nudeln quer über den Tisch fliegen.

»Du hast es gut«, seufzt er schließlich nach einer endlos wirkenden Minute des Sinnierens. »Du bist aufs Land gezogen, wohnst an der frischen Luft und bist umgeben von üppiger Natur. Als ich letztes Mal durch deine Gegend gefahren bin, habe ich mir gedacht: Hier ist die Welt noch in Ordnung. Du hast deine Nahrungsmittelproduzenten direkt vor Ort und kannst bei den Bauern einkaufen. Dichte Maisfelder, so weit man sehen kann, alle Sorten von Getreide, Sonnenblumenfelder … und was da sonst noch für gesundes Zeugs draußen auf den Feldern wächst.«

Ich will Herrmann unterbrechen und versuche, einen klaren Gedanken zu fassen. Da ich aber gar nicht weiß, wo ich anfangen soll, schlucke ich meinen unfertigen Satz herunter. Ich erinnere mich an unsere letzte Mittagskonversation, im Zuge derer Herrmann über die gesundheitlichen Vorzüge des neuen Smoothie-Angebotes im Krankenhaus geschwärmt hat: Mango-, Bananen-, Orangen-, Kiwicocktails …

»Jetzt fällt es mir noch leichter, mehrmals täglich gesundes, buntes Obst zu konsumieren«, frohlockte er damals. Meinen Einwurf, dass nichts davon regional oder saisonal sei, dafür alles voller Spritzmittel stecke und reichlich leicht resorbierbaren und vermutlich leberschädigenden Fruchtzucker enthalte, belächelte er damals als »alternatives Gesundheitsgetue«. Die Grenzwerte müssten doch in jedem Fall eingehalten werden und viel Obst sei schließlich gesund, belehrte er mich. Lediglich meine Bemerkung, dass er sich damit ganz schön viel Zucker zuführe, stimmte ihn dann doch kurz nachdenklich.

Wie Herrmann glauben viele Ärztinnen und Ärzte im Besitze des »einzig richtigen und wahren« Wissens zu sein, so wie es ihnen im Studium und in ihrer Ausbildung vermittelt wurde. Verhält sich etwas nicht wie erwartet, werden selten die Grundannahmen hinterfragt. Vielmehr wird nach noch potenteren Medikamenten (mit entsprechenden Nebenwirkungen), höheren Dosierungen und aggressiverer Einhaltung der »Normalwerte« mit geeigneten Medikamenten gerufen.

Was ist falsch, was richtig? Gibt es diese Kategorien in der menschlichen Biologie? In der Medizin gibt es sie, und zwar in der Form von sich in regelmäßigen Abständen ändernden Lehrmeinungen, evidenzbasierten Richtlinien und Empfehlungen von »Experten« und Fachgesellschaften. Der Biologie hingegen sind absolute Kategorien wie »gut« und »schlecht« beziehungsweise »richtig« und »falsch« weitgehend fremd.

Herrmann hatte während unserer mittäglichen Konversation viele Ansichten und Meinungen geäußert, die meines Erachtens nicht oder nur teilweise mit dem gegenwärtigen Erkenntnisstand der verschiedenen naturwissenschaftlichen Disziplinen in Einklang zu bringen waren. Auf der anderen Seite: Herrmann arbeitete seit mehr als zwei Jahrzehnten als Arzt, hatte ein langes Studium und eine ebenso lange Facharztausbildung absolviert. Er sollte doch über die biologischen Zusammenhänge zwischen dem Menschen und seiner Umwelt Bescheid wissen. Mir ging das Gespräch tagelang nicht aus dem Kopf.

So wie Herrmann seine Lage empfand, war das eine Metapher für die moderne Medizin und exemplarisch für viele Menschen. Wir wissen immer mehr, gleichzeitig werden jedoch viele Menschen in unserer Gesellschaft immer kränker. Was mich am meisten irritierte, war der ausschließliche Blick auf den Menschen als das Maß aller Dinge. Seine Umgebung, seine Vergangenheit, seine Wechselbeziehung zu allen anderen Formen der belebten Natur standen nicht zur Debatte. Alles fußte auf einem unkritischen wie undifferenzierten, anthropozentristischen und weitgehend mechanistischen Weltbild, das auch die Grundlage für sein gut gemeintes medizinisches Handeln war und ist.

Um mehr Klarheit in Herrmanns Dilemma zu bringen und um mehr über unsere Vergangenheit und die komplexen Wechselwirkungen zwischen Mensch und Umwelt herauszufinden, begeben wir uns auf eine kleine Reise durch Evolution, Ökologie und Mikrobiologie. Zunächst gilt es eine Bestandsaufnahme zu machen. Wie steht es um uns, unsere Gesundheit und die Gesundheit unserer Umwelt?

Das leise Sterben

Als Gerichtsmediziner und ehemaliger Pathologe habe ich in gut zwei Jahrzehnten nach unzähligen Obduktionen vieles gesehen. Gestorben wird auf vielfältige Weise, und oft finden wir komplexe Organveränderungen, die die für den Eintrag in den Totenschein geforderte Kausalkette (unmittelbare Todesursache ... als Folge von ...; – als Folge eines Grundleidens) schwer nachvollziehbar machen. Nicht selten stehen als Grundleiden »Atherosklerose« (Schlagaderverkalkung), »Diabetes mellitus Typ 2« (eine Form der Zuckerkrankheit) oder andere systemische Erkrankungen im Totenschein. Als »andere wesentliche Krankheitszustände« liest man oft: »Hypertonie« (Bluthochdruck), »Alzheimer-Demenz«, »Adipositas« (Fettleibigkeit) oder »Steatosis hepatis« (Fettleber). Was ist die Ursache von all diesen sogenannten Grundleiden?

Per definitionem sind alle natürlichen Todesfälle (im Unterschied zu den nichtnatürlichen wie Unfällen, Tötungsdelikten und Suiziden) auf ein »von innen kommendes Leiden« zurückzuführen. Streng genommen sind Leiden wie Atherosklerose, Adipositas und Diabetes der Gruppe der umwelt- und ernährungsbedingten Krankheiten zuzuordnen. Somit ist deren Ursache eigentlich *von außen* (Ernährung und Umwelt) kommend. Das Beunruhigende ist, dass gerade diese »nichtübertragbaren Krankheiten« (im Englischen als »non communicable disease« oder kurz NCDs bezeichnet) derzeit auf dem Vormarsch sind. Warum? Hängt das mit der Art und Weise unserer Ernährung zusammen oder damit, wie wir diese Nahrungsmittel landwirtschaftlich gewinnen beziehungsweise erzeugen und industriell verarbeiten? Gibt es toxische Umwelteinflüsse oder äußerst komplexe Zusammenhänge, die wir, die Vertreter des Gesundheitssystems, auf den ersten Blick nicht wahrnehmen?

Der ursprüngliche Anstoß, dieses Buch zu verfassen, ergab sich aus der Erkenntnis, dass sich nur wenige Menschen darüber bewusst sind, dass die Artenvielfalt in unserer Umwelt rapide, aber unbemerkt zurückgeht und in vielen Fällen besorgniserregende Ausmaße angenommen hat. Dabei habe ich nicht den vom Aussterben bedrohten indischen Bengal-Tiger oder das nur mehr mit ca. sechzig Exemplaren vorhandene Java-Nashorn im Blick, sondern Arten, die dem Normalbürger im Alltag kaum oder nicht auffallen, auch dann nicht, wenn sich ihre Vielfalt stark reduziert hat. Mein Hauptaugenmerk liegt unter anderem auf der schwindenden Vielfalt der kleinen und ganz winzigen Arten, den nicht sichtbaren, im Verborgenen lebenden Arten sowie den Pflanzen, die bis heute unsere Lebensgrundlage darstellen, egal ob direkt oder indirekt in Form von tierischen Nahrungsmitteln. Wie wir sehen werden, hat dieses unbemerkte und leise Sterben direkte Konsequenzen für jeden Einzelnen von uns (bis hin zu unserem Totenschein) und unsere Nachkommen.

Bei der Überarbeitung des ersten Buchkonzeptes fiel mir auf, dass mehr als nur biologische Arten leise aussterben. Wir leben in einer komplex verwobenen Welt. Alles hängt mit allem zusammen. Das eine führt zum anderen. So umfasst das von mir als »leises Sterben« bezeichnete, stille und unbemerkte Geschehen neben dem Verlust der Artenvielfalt viele weitere biologische und medizinische, ja sogar soziale Aspekte.

Wir werden sehen, wie das Artensterben allgemein, das Bauernsterben (auf zweifache Weise), das Absterben fruchtbarer Äcker (samt Leben in und auf ihnen) sowie das Dahinschwinden unserer Gesundheit beziehungsweise die Zunahme von Krankheiten, die sich bereits deutlich auf die nationalen Erkrankungs- und Sterbestatistiken sowie die staatlichen Gesundheitsausgaben auswirken, mit dem Sterben von Unschuld und Glaubwürdigkeit (durch Unterwanderung der Politik und des Verbraucherschutzes durch handfeste wirtschaftliche Interessen) zusammenhängen. Leise sterben auch Anstand, Moral und Ethik, das überlieferte Wissen, die ländlichen Traditionen, die bis vor Kurzem belebten dörflichen Strukturen, die Kulturlandschaft, das Vertrauen, die Bescheidenheit und die Vernunft. Neben alldem ist auch eine stillschweigend hingenommene, horrende Abnahme der Saatgutvielfalt und der Nutztierrassen zu verzeichnen.

Leise gestorben wird auch in unseren Schlachthöfen, wo jährlich Millionen Tiere nach CO_2-Narkose und fließbandmäßiger Durchtrennung der Halsschlagadern ihr Leben lassen. Dabei ist das Problem weniger das Sterben, als das dem Sterben vorangegangene artfremde Leben unter widrigsten, wenn auch gesetzeskonformen Umständen in erbärmlichen wie unsichtbaren »Zuchthäusern«. Niemand will das wissen, wenn er die appetitlich verpackte Grilltasse, das Kilo um 4,90 Euro kauft. Einen Gang weiter wird hingegen das Dosenfutter für den geliebten Vierbeiner zu einem Kilopreis von acht Euro oder mehr angeboten und bedenkenlos gekauft.

Schließlich stirbt in vielen Ländern eine über Jahrhunderte entstandene, traditionelle Ernährungs- und Kochkultur.

»Leise« ist diese Katastrophe deshalb, weil wir diese Prozesse größtenteils nicht wahrnehmen, in unserer Geschäftigkeit und mangels besseren Wissens gar nicht wahrnehmen können und oft auch nicht wahrnehmen wollen. Denn, das bemerkte Goethe treffend: »Man sieht nur, was man weiß.« Diese Lücke des »Nichtwissens« möchte ich mit dem Buch schließen und jeden zum Denken und Handeln ermutigen. Der mündige Bürger muss Bescheid wissen, damit niemand mehr sagen kann, er oder sie hätte über die Zusammenhänge zwischen unserer Ernährung, unserem teils rücksichtslosen Konsumverhalten, der Ausbeutung der uns zur Verfügung stehenden Ressourcen, der Gier der Konzerne, dem Zwang zum Wachstum, der Verdrängung nachhaltiger Landwirtschaft und der schleichenden Epidemie chronischer Krankheiten nichts gewusst.

Die Heimtücke leiser Prozesse

Leise Prozesse sind heimtückisch, weil sie in der Regel unbemerkt über einen längeren Zeitraum stattfinden. Wir bemerken nichts, wir sehen nichts, bis eines Tages der unweigerliche irreversible Endzustand für alle sichtbar wird. Wer aber genau hinsieht (genau das wollen wir), erkennt bereits die vielfältigen diskreten Anzeichen eines drohenden, nicht allzu weit entfernten Kollapses. Derzeit sehen wir einzelne Symptome einer Fehlentwicklung, der allzu menschliche Züge und Verhaltensweisen zugrunde liegen. Keinesfalls möchte ich den Untergang der Menschheit in Form einer unmittelbar bevorstehenden Apokalypse vorhersagen. Das wahrscheinlichere Szenario ist heimtückischer. Prinzipiell lassen sich vier Hauptgründe nennen, weshalb es sich sowohl bei chronischen Krankheiten als auch bei dem damit eng in Verbindung stehenden Niedergang unserer Umwelt um ein leises, kaum wahrgenommenes »Sterben« handelt:

1. Weil der Prozess an sich nicht sichtbar ist (oft auch nicht die ersten Symptome).
2. Weil der Prozess langsam und über einen langen Zeitraum fortschreitet (zum Beispiel lebenslange falsche Ernährung oder lebenslange chronische Pestizidexposition).
3. Weil die Kausalzusammenhänge (von der Ursache zu den Symptomen) nicht linear sind beziehungsweise sich einer Überprüfung durch einen simplen (Tier-)Versuch entziehen.
4. Weil die Symptome, wenn einmal vorhanden, vielfältig und häufig unspezifisch sind.

Ich möchte diejenigen wachrütteln, die glauben, dass sie die landwirtschaftliche Produktion unserer Lebensmittel sowie das Verständnis für und der Schutz der Natur nicht persönlich betreffen und dass ihr persönliches Konsumverhalten nichts bewirken kann. Unsere wirtschaftlichen und politischen Systeme messen den gesundheits- und lebenserhaltenden Funktionen eines intakten Ökosystems keinen monetären Wert bei. Lebende, jahrhundertealte Bäume, gesundes Bodenleben und Artenvielfalt können nicht kurzfristig in Finanzkapital umgewandelt werden und sind in unserem Wirtschaftssystem wertlos. Am Ende sollte aber jedem klar sein: Unsere Lebensgrundlage, all unsere Nahrung, und sei sie bis zur Unkenntlichkeit verarbeitet, kommt *immer* aus dem Boden, aus der »Mutter Erde«. Mit ihr sollten wir pfleglich umgehen, denn wir haben nur die eine. Und wir, als globale Gesellschaft, sind chronisch krank wie nie zuvor, und unsere Zukunft als *Homo sapiens* ist unsicherer, als sie es jemals war.

Ich versuche daher, im zweiten Teil dieses Buches die evolutionären, biologischen und ökologischen, medizinischen, geschichtlichen und gesellschaftlichen Zusammenhänge grob darzulegen und die komplexen Verbindungen in der über Milliarden Jahre evolvierten Natur (deren Teil wir sind, ob es der Wirtschaft passt oder nicht) so einfach und verständlich wie möglich zu skizzieren. Sie gilt es unbedingt zu berücksichtigen, um eine nachhaltige Versorgung der Menschheit mit »gesunden« Nahrungsmitteln und eine intakte Umwelt in Zukunft sicherzustellen. Naturromantik, Idealvorstellungen und ideologischer Fundamentalismus sind hier fehl am Platz. Die Fakten sind teilweise ernüchternd und werden so manchem (nicht nur medizinischen oder religiösen) Weltbild zuwiderlaufen.

Es liegt in der Natur des Menschen, erst dann über sich und das eigene Leben zu reflektieren, wenn der Gesundheitszustand ernsthaft gefährdet ist oder wenn die manifesten Krankheitssymptome nicht mehr zu leugnen sind. Dann gehen wir zum Arzt und erwarten eine rasche Korrektur des unerwünschten Zustandes, genau wie wir vom Mechaniker erwarten, den Defekt an unserem Auto zu beheben. Manche freilich fahren ihr Auto einfach weiter, in der infantilen Hoffnung, dass die sich abzeichnenden Gebrechen »schon nicht so schlimm sein werden«. Unser Verhalten gleicht dem von Menschen, die in einem voll besetzten Auto sitzen, das mit hoher Geschwindigkeit gegen eine Wand fährt, während sie über die besten Sitzplätze verhandeln, ohne die Geschwindigkeit zu reduzieren oder einen neuen Kurs einzuschlagen.

Leider lässt sich mit der Natur nicht verhandeln. Man kann mit ihr keine Geschäfte machen, sie ohne Weiteres »reparieren«, und Ersatzteile gibt es in der Regel keine. Auch wenn die Medizin in den letzten Jahrzehnten unglaubliche Fortschritte gemacht hat, leisten werden es sich die wenigsten können. Wir müssen unser Schicksal selbst in die Hand nehmen und jetzt, in der letzten Minute, auf die Bremse steigen und eine neue Fahrtrichtung einschlagen.

Im dritten Abschnitt des Buches werde ich aufzeigen, wie einige schon damit begonnen haben. Eines sei vorweggenommen: Wir dürfen uns keinesfalls auf die weitgehend handlungsunfähige, in kurzen Zeiträumen denkende und primär wirtschaftsfreundlich agierende Politik oder die profitgetriebenen Beschwichtigungen der Nahrungsmittel-, Pharma- und Agrarindustrie verlassen. Wir müssen selbst handeln. Jeder und jede Einzelne. Jetzt, auf lokaler Ebene und vor allem gemeinsam! Wir müssen schleunigst beginnen, dem bisher »Wertlosen« einen Wert beizumessen. Dieser lässt sich in Zahlen kaum ausdrücken. Es ist der Wert des Lebens. Unseres Überlebens.

Unser Krankheitsverständnis

Vereinfacht gesagt, versteht die moderne Medizin unter einer Krankheit die »Veränderung der normalen Funktion und/oder Struktur eines Organs oder Organsystems, die sich mit charakteristischen Krankheitszeichen (Symptomen) manifestiert«. Die aus dieser Definition resultierenden »Krankheitskategorien« sind die Grundlage jedes westlich orientierten modernen Gesundheitswesens. Weltweit vereinheitlicht ist diese kategorische Denkweise in der als ICD-11 bezeichneten »Internationalen Klassifikation der Krankheiten und verwandter Gesundheitsprobleme«.

Die Hauptaufgabe jeder Ärztin und jedes Arztes ist es – so wird es auf den Medizinunis vermittelt –, die Symptome und Parameter zu erkennen und dem Patienten »seine« ICD-konforme Diagnose zu geben. Denn erst diese zweifelsfreie Benennung macht die erwünschte Behandlung gemäß der vorhandenen medizinischen Evidenz möglich.

Zugrunde liegt eine lineare Denkweise von einem krankheitsauslösenden Agens (Ätiologie) über einen mehr oder minder bekannten Mechanismus (Pathogenese) hin zu den strukturellen oder funktionellen Veränderungen, die beim Patienten die entsprechenden Symptome verursachen. Entspricht die Ausprägung der Symptome der typischen Konstellation im Lehrbuch, stehen einer Diagnose und der anschließenden Therapie nichts im Wege. Die Therapie besteht aus einem Eingreifen in die Fehlfunktion, einer Korrektur der Störung, entweder medikamentös oder chirurgisch, zumindest aber in der Linderung der Symptome wie Schmerz, Husten, Fieber oder im Falle psychischer Erkrankungen zum Beispiel in der Beseitigung depressiver Verstimmung. Dabei werden bekannte biochemische Mechanismen gehemmt oder fehlende Substanzen von außen zugeführt. Die großen Pharmakonzerne bieten der Ärzteschaft hierfür unzählige altbekannte und neue (dann meistens teure) Substanzen an. Ein lukratives Geschäft.

Die neuen »Epidemien«

Während Immunisierungen, Antibiotika und verbesserte sanitäre Zustände den gefürchteten Infektionskrankheiten in westlich geprägten Ländern im Verlauf des 20. Jahrhunderts ihren Schrecken und ihr Ausmaß genommen haben, erlangten etwa im letzten Drittel des ausgehenden Millenniums ganz andere Krankheiten Bedeutung, die sich einer klaren linearen Logik von Ursache und Wirkung jedoch weitgehend entziehen. In der Medizin werden diese »neuen« Krankheiten, die sich während der letzten Jahrzehnte wie eine ungebremste Epidemie ausbreiteten, unter der Rubrik der »nichtübertragbaren Krankheiten« zusammengefasst, wobei die Bezeichnung »nichtübertragbar« sie von den ansteckenden Infektionskrankheiten abheben soll.

Die »neuen Seuchen« umfassen u.a.:

- Herz-Kreislauf-Erkrankungen wie hohen Blutdruck, Herzinfarkt und Schlaganfall;
- komplexe Stoffwechselerkrankungen wie Adipositas, Fettleber, Fettleberhepatitis und Diabetes mellitus Typ 2;
- komplexe Autoimmunerkrankungen wie zum Beispiel Rheumatoide Arthritis;
- neurologische Zustandsbilder und Demenzerkrankungen wie Morbus Alzheimer, Angststörungen, Depressionen, Schizophrenie, Parkinsonerkrankung, Aufmerksamkeitsdefizit-Hyperaktivitätssyndrom (ADHS) und Autismus (Letztere vor allem bereits bei Kindern und Jugendlichen);
- Erkrankungen des Verdauungstraktes wie Reizdarmsyndrom, Refluxerkrankung, entzündliche Darmerkrankungen (Morbus Crohn und Colitis ulcerosa), Glutenunverträglichkeit, Zöliakie, Lebererkrankungen und unzählige Nahrungsmittelunverträglichkeiten;
- Allergien;
- Krebs;
- Abnahme der Fertilität und Vorverlegung der Pubertät (wobei letztere lediglich Symptome und keine Krankheiten sind)

sowie eine ganze Reihe weiterer, häufig mit einem diffusen Beschwerdebild einhergehender Gesundheitsstörungen.

Diese so gut wie immer chronisch und oft schleichend verlaufenden Krankheiten haben einiges gemeinsam: Als chronisch verlaufende Erkrankungen heilen sie nicht ohne Weiteres von selbst wie etwa ein

Schnupfen oder eine Mittelohrentzündung nach Antibiotikagabe. Im Gegenteil, sie haben die Angewohnheit, im Lauf der Zeit schlimmer zu werden. Von den Infektionskrankheiten unterscheiden sie sich durch den Umstand, dass sie *keine singuläre Ursache* haben, sondern multikausal, also vielfältig in ihrer Entstehungsursache sind. Und schließlich haben diese chronischen Krankheitszustände ein komplexes, häufig mehrere Organsysteme umfassendes, teilweise unspezifisches Symptomenprofil, was eine frühzeitige und richtige Diagnose erschwert.

Slow Motion Disaster

Ein »Slow Motion Disaster« (Katastrophe in Zeitlupe) nennt es die Weltgesundheitsorganisation (WHO) in einem 2017 veröffentlicheten Bericht, der den Anstieg chronischer nichtübertragbarer Krankheiten thematisiert.[1] Herzerkrankungen, Krebs, Diabetes, neurodegenerative Erkrankungen und chronische Atemwegserkrankungen, Krankheiten also, die einst nur mit wohlhabenden Gesellschaften in Verbindung gebracht wurden, sind global massiv im Zunehmen begriffen, wobei die Armen am meisten leiden. Als Ursache für diese Krankheiten nennt die WHO in ihrem Bericht vier Hauptrisikofaktoren: Tabakkonsum, übermäßiger Alkoholkonsum, ungesunde Ernährung und körperliche Inaktivität.

Nun, dass Tabakkonsum und Alkoholmissbrauch einen direkten und längst bewiesenen, ursächlichen Zusammenhang mit zahlreichen schweren Krankheitsbildern aufweisen, ist seit vielen Jahrzehnten bekannt. Auch dass sich der moderne Mensch in industrialisierten Ländern lieber vor den Fernseher begibt, als körperlich aktiv zu sein, mag durchaus für viele zutreffen, erklärt aber nur einen gewissen Teil des globalen Anstiegs übergewichtiger und stoffwechselkranker Menschen. Denn kein körperliches Trainingsprogramm hat es bisher geschafft, bei übergewichtigen Menschen eine signifikante und langfristige Gewichtsreduktion herbeizuführen.

Außer Zweifel steht, dass regelmäßige angemessene körperliche Aktivität das Risiko von Bluthochdruck, koronarer Herzkrankheit, Schlaganfall, Diabetes und einigen Krebsarten, einschließlich Brust- und Darmkrebs, reduziert. Auch altersbedingter Knochenschwund (Osteopenie und Osteoporose) sowie Depressionen lassen sich durch regelmäßige körperliche Aktivität positiv beeinflussen. Fest steht allerdings auch, dass laut WHO weltweit nur etwa 23 Prozent der Erwachsenen (dafür aber 81 Prozent der Jugendlichen) der von der WHO empfohlenen Menge an körperlicher Aktivität nachgehen.

Der vierte Faktor im Ursachenquartett der WHO, die ungesunde Ernährung, überrascht uns zunächst nicht wirklich, da uns seit Jahrzehnten mitgeteilt wird, wir sollten uns doch gesünderen Nahrungsmitteln zuwenden. Weg von Burger, Pommes und Co hin zu Gemüse und Vollkorn ohne Fett, Salz und Zucker. Eigentlich einfach, oder? Allein es gab noch nie so viele »gesundheitsbewusste« Bürger und Bürgerinnen, und trotzdem scheint – ein Blick auf die Statistiken gibt Aufschluss – das Befolgen offizieller Ernährungsempfehlungen nicht viel zu nützen. Chronische nichtübertragbare Krankheiten führen die Krankheits- und Todesursachenstatistiken eindrucksvoll an. Bis heute gibt es für keine dieser Erkrankungen ein dauerhaftes Heilmittel oder auch nur vernünftige, weil langfristig umsetzbare Präventionsmaßnahmen.

Obwohl es sich eigentlich nicht um übertragbare Infektionskrankheiten handelt, weist die zunehmende weltweite Verbreitung dieser Krankheiten Züge einer Pandemie auf (Pandemie im engeren Sinn als eine länder- und kontinentübergreifende Ausbreitung einer Infektionskrankheit). Mit dem wesentlichen Unterschied, dass als »Krankheitsüberträger« Faktoren wie Lebensmittel, Getränke, Alkohol und Tabakwaren, eingeschränkte körperliche Betätigung sowie weitreichende soziale und umweltbedingte Veränderungen fungieren. Glücklicherweise gibt es mittlerweile deutliche Hinweise auf die tieferliegenden Ursachen dieser neuen Pandemie. Was derzeit fehlt, ist die Bereitschaft zur Einsicht und zum Handeln. Denn diese Pandemie ist vermeidbar. Im Gegensatz zu Infektionskrankheiten, deren Bedeutung einhergehend mit der Verbesserung des sozioökonomischen Niveaus abnimmt, verhalten sich zahlreiche der nichtübertragbaren Krankheiten genau umgekehrt: Sie steigen mit zunehmendem Wohlstand, Industrialisierung und westlicher Lebensweise an. Geht es wie bisher weiter, werden viele staatliche Gesundheitssysteme in ihrer derzeitigen Form über kurz oder lang unfinanzierbar werden.

Interessanterweise scheinen viele dieser nichtübertragbaren chronischen Krankheiten eine Verbindung mit unserer Ernährung aufzuweisen oder gehen mit einer diffusen Problematik des Magen-Darm-Traktes einher. So wird zum Beispiel seit Jahrzehnten postuliert, dass Herz-Kreislauf-Erkrankungen auf einen übermäßigen Konsum von gesättigten Fetten, insbesondere Cholesterin, zurückzuführen seien. Die im November 2017 in der angesehenen medizinischen Fachzeitschrift *The Lancet* publizierten Ergebnisse der PURE-Studie sprechen hingegen eine andere Sprache.[2] Die Autoren der 135 335 Patienten im Alter von 35–70 Jahren aus 18 Ländern und fünf Kontinenten umfassenden prospektiven Kohortenstudie kamen zu dem für viele Experten überraschenden Schluss: »Eine hohe Kohlenhydrataufnahme war mit einem erhöhten Risiko für die Gesamtsterblichkeit verbunden, während das Gesamtfett und die einzelnen Fettarten mit einer niedrigeren Gesamtsterblichkeit in Zusammenhang standen. Das Gesamtfett und die unterschiedlichen aufgenommenen Fettarten waren nicht mit Herz-Kreislauf-Erkrankungen, Myokardinfarkt oder erhöhter Sterblichkeit durch Herz-Kreislauf-Erkrankungen verbunden, wohingegen gesättigtes Fett einen umgekehrten Zusammenhang mit einem Schlaganfall hatte. Globale Ernährungsrichtlinien sollten vor dem Hintergrund dieser Ergebnisse überdacht werden.«

Sie haben richtig gelesen, die Studie findet im Einklang mit anderen ähnlichen Publikationen sogar ein *geringeres* (!) Schlaganfallrisiko, wenn Kohlenhydrate durch gesättigte Fettsäuren ersetzt werden (umgekehrter Zusammenhang). Wurden wir systematisch in die Irre geführt? Was sind die tatsächlichen Ursachen für die hohe Frequenz von kardiovaskulären Erkrankungen in westlichen Zivilisationen?

In der 2013 veröffentlichten *Erklärung von Wien über Ernährung und nichtübertragbare Krankheiten im Kontext von Gesundheit 2020* äußern sich die Teilnehmer der Europäischen Ministerkonferenz unter Punkt 4. besorgt: »Wir wissen um die hohe und nach wie vor wachsende Krankheitslast, die in zahlreichen Ländern der Europäischen Region durch ungesunde Ernährungs- und Lebensgewohnheiten entsteht. Insbesondere sind wir besorgt über die rapide Zunahme von Übergewicht und Adipositas, vor allem unter Kindern.«[3] Tatsächlich hat sich weltweit die Zahl der Kinder und jungen Erwachsenen mit Fettleibigkeit in den vergangenen vierzig Jahren mehr als verzehnfacht.

Viele Verantwortliche, darunter auch viele Ärzte, sind davon überzeugt, dass zu viel Essen und zu wenig Bewegung der Kern des Problems seien. Die Kinder und Jugendlichen müssen mehr Bewegung machen, um abzunehmen. Ein weitverbreitetes Glaubensbekenntnis ist auch die Annahme, dass eine schlichte Reduktion der aufgenommenen Kalorien automatisch zum gewünschten Ergebnis führt.

Neuere Daten zeigen auch, dass das Krankheitsbild der nichtalkoholischen Fettleber zusammen mit der Adipositas auf dem Vormarsch ist. Betroffene entwickeln eine Fettleber, und das, obwohl sie keine nennenswerten Mengen an Alkohol zu sich nehmen. Im weiteren Verlauf kann sich die Leber entzünden und nach chronischem Verlauf in einer Leberzirrhose münden. In westlichen Ländern liegt die Prävalenz der nichtalkoholischen Fettleber bereits zwischen zwanzig und dreißig Prozent. Bei Menschen mit Diabetes und krankhafter Fettleibigkeit tritt eine Fettleber überhaupt mit einer erschreckenden Häufigkeit zwischen siebzig und neunzig Prozent auf. In Entwicklungsländern zeigt die Prävalenz der nichtalkoholischen Fettleber ein interessantes und aufschlussreiches Verteilungsmuster: Höhere Prävalenzraten finden sich nur in städtischen Bevölkerungsgruppen mit weitgehend westlicher Ernährung und Lebensweise.

Was steckt hinter dieser stillen und von den meisten unbemerkten Epidemie von verfetteten Lebern, die Kinder wie Erwachsene heimsucht? Die epidemiologischen Daten legen einen deutlichen Zusammenhang mit Wohlstand und westlichem Lebensstil jedenfalls nahe. Dass es mit einem gesteigerten Fettanteil in unserer Nahrung zusammenhängt, könnte man auf Anhieb zwar vermuten, ist aber vermutlich falsch.

Womit werden die Enten und Gänse in Frankreich gemästet, um die von manchen heiß begehrte *Foie gras* (Gänsestopfleber beziehungsweise Entenstopfleber) entstehen zu lassen? Tatsächlich handelt es sich bei dieser vermeintlichen kulinarischen Spezialität um den pathologischen Zustand einer massiven Fettleber, der durch eine wochenlange Zwangsernährung in Form von Stopfen mit einem Futterbrei aus 95 Prozent Mais (!), einem Kohlenhydratlieferanten, hervorgerufen wird. Die normalerweise 300 Gramm schwere Leber des Federviehs weist dadurch bei Schlachtung in verfettetem Zustand ein abnormes Gewicht von 1000–2000 Gramm auf. Die Verfettung der Geflügelleber hat daher ihre Ursache in einer beinahe ausschließlichen Mast mit Kohlenhydraten aus Mais und nicht mit Fett! Auch beim Menschen ist es aller Wahrscheinlichkeit nach nicht das Fett in der Nahrung, sondern das Übermaß an Kohlenhydraten (unter anderem Fruchtzucker) in der Nahrung, das zur Verfettung führt.

Eng mit den Phänomenen Adipositas und Fettleber sind Stoffwechselstörungen wie die Zuckerkrankheit, der sogenannte Diabetes mellitus Typ 2, vergesellschaftet. In nur einer Generation entwickelte sich Typ-2-Diabetes seit etwa 1980 zu einer Epidemie katastrophalen Ausmaßes: Laut WHO hat sich die Zahl der weltweit erkrankten Menschen in diesem Zeitraum beinahe *vervierfacht*. Schätzungen zufolge war Diabetes 2016 bereits die siebthäufigste Todesursache.

Zahlreiche Studien legen nahe, dass gerade potenziell modifizierbare Risikofaktoren (einschließlich Übergewicht und Fettleibigkeit, ungesunde Ernährung und körperliche Inaktivität sowie sozioökonomische Benachteiligung) gut achtzig Prozent des beobachteten Anstiegs ausmachen. Das heißt, dass die weit überwiegende Mehrheit der Diabetesfälle eigentlich vermeidbar wäre!

Unermüdlich verkünden Experten und Politiker seit Jahren, dass gesunde Ernährung (wie sieht die bloß aus?), regelmäßige körperliche Aktivität und Aufrechterhaltung eines normalen Körpergewichts das Auftreten von Typ-2-Diabetes verhindern können, während die Einführung einer längst überfälligen, saftigen Zuckersteuer und ein Umdenken bei offiziellen Ernährungsempfehlungen und landwirtschaftlichen Produktionsweisen auf sich warten lässt. Es ist einfacher, die Faulheit und die scheinbare Unersättlichkeit der Menschen für die Zunahme metabolischer Erkrankungen verantwortlich zu machen, als durch langfristige, geeignete Steuerungsmaßnahmen das menschliche Lebensumfeld nachhaltig zu verbessern.

Zusammen mit dramatisch zunehmendem Übergewicht, Fettleibigkeit und Stoffwechselstörungen in der Bevölkerung wurde in den letzten Jahrzehnten die Rheumatoide Arthritis immer häufiger diagnostiziert, was den Schluss nahelegt, dass die durch das vermehrte innere Bauchfett am Laufen gehaltene Entzündung die autoimmune Entzündungsreaktion im Bereich der Gelenke chronisch befeuert. Aber was genau bewirkt, dass das Immunsystem ansonsten normale gesunde menschliche Zellen angreift? In den letzten Jahren hat sich gezeigt, dass eine erhöhte Durchlässigkeit der Darmwand bei Autoimmunerkrankungen eine Rolle spielen könnte.[4]

Auch Allergien in ihren unterschiedlichsten Erscheinungsformen (von Hautausschlag über Heuschnupfen bis Asthma) haben sich im Laufe der letzten Jahrzehnte zu einer wahren Volkskrankheit entwickelt. Über den Zeitraum der vergangenen sechzig Jahre stieg die Allergiehäufigkeit in den westlichen Industriegesellschaften von zwei Prozent auf heute über dreißig Prozent Betroffene in der Bevölkerung. Es mehren sich die Hinweise, dass durch das Fehlen einer regelmäßigen Exposition gegenüber ausreichend mikrobenhaltigem »Dreck« das Immunsystem »untrainiert« zu bleiben scheint und dadurch möglicherweise verstärkt zu allergischen Reaktionen neigt.

So manche Speisenkarte in heutigen Restaurants ist seit der Kennzeichnungspflicht von Nahrungsmittelallergenen kaum noch appetitanregend. Unzählige Buchstabenkombinationen von A bis R machen das Speisenangebot mitunter zu einem unerfreulichen Erlebnis. Zahlreiche Lebensmittel können bei entsprechend sensibilisierten Personen allergische Reaktionen wie Schleimhautschwellungen im Mund- und Rachenraum (einschließlich der Zunge), Heuschnupfen, Übelkeit, Erbrechen, Durchfall, Asthma und im Extremfall gar einen lebensgefährlichen anaphylaktischen Schock auslösen. Warum leiden immer mehr Menschen unter Nahrungsmittelunverträglichkeiten und -allergien? Vieles deutet auf eine gestörte Darmflora hin.[5]

In den letzten Jahren beklagen immer mehr Menschen, dass Brot und vor allem das darin enthaltene Gluten ihnen nicht gut bekomme, ja, sie sogar krank mache. Buchtitel wie *Weizenwampe* und *Dumm wie Brot* sind millionenfach über den Ladentisch gegangen. Gluten, so der Tenor, würde allerlei schwere Krankheiten hervorrufen. Die Regale unserer Supermärkte sind mittlerweile voll mit glutenfreien Alternativen. Wie kann es sein, dass Brot, *das* Grundnahrungsmittel schlechthin, plötzlich als Krankmacher dasteht? Könnte es sein, dass Getreide gar nicht so gesund ist und mehr oder weniger allen Menschen schlecht bekommt?

Auch bei den seit den letzten Jahrzehnten stark zunehmenden Autismus-Spektrum-Störungen (ASD) deutet vieles auf eine mögliche Ursache im Darm der Betroffenen hin.[6] Aktuelle Forschungsergebnisse zeigen, dass nicht weniger als neun von zehn Personen mit dieser Entwicklungsstörung auch an diffusen Magen-Darm-Problemen wie Bauchschmerzen, Blähungen, Durchfall, Verstopfung und Flatulenz (Winde), entzündlichen Darmerkrankungen oder dem sogenannten Leaky Gut Syndrom leiden.

Ähnlich wie bei den Autismus-Spektrum-Störungen ist auch bei der Aufmerksamkeitsdefizit-Hyperaktivitätsstörung (ADHS) – sie gilt heute als häufigste psychiatrische Erkrankung bei Kindern und Jugendlichen – nicht gänzlich geklärt, warum in den letzten Jahrzehnten ein derart unglaublicher Diagnoseanstieg zu verzeichnen war. Wenig beachtet, aber im Rahmen dieses Buches von besonderer Bedeutung ist der Umstand, dass bei der Auswertung von mehreren Studien (sogenannten Metaanalysen) bei ADHS eine signifikante Verringerung der Symptomatik unter speziellen Restriktionsdiäten festgestellt wurde.[7] Auch eine zuckerarme Ernährung mit reichlich Gemüse und Obst dürfte einen schützenden Effekt aufweisen.[8] Wieder einmal scheint etwas so Simples wie unsere Ernährung (als wesentliche Einflussgröße unserer Umwelt) einen bedeutenden Einfluss auf die Symptomatik einer Störung des Gehirns haben.

Selbst was Depressionen und Angststörungen betrifft, existieren bereits seit Längerem Belege dafür, dass unsere Nahrung und Stimmungslage in Verbindung stehen. Neuere Untersuchungen zeigten zudem, dass Depressionen und Angstzustände häufig mit Veränderungen der Dickdarmbeweglichkeit sowie dem Reizdarmsyndrom einhergehen, was sich offenbar wiederum auf die Zusammensetzung und Stabilität der Darmflora auswirkt.[9]

Für die längste Zeit seit ihrer Entdeckung galt die Parkinson-Erkrankung als seltenes medizinisches Phänomen – bis vor wenigen Jahrzehnten. Laut der *Global Burden of Disease*-Studie sind Störungen des Nervensystems derzeit weltweit die häufigste Ursache für Behinderungen, und die am schnellsten wachsende Zahl dieser Erkrankungen betrifft die Parkinson-Krankheit. Von 1990 bis 2015 stieg die Zahl der Parkinson-Patienten weltweit um 118 Prozent auf 6,2 Millionen. Bis 2040 soll die Zahl der Parkinson-Patienten weltweit auf 12 bis 17 Millionen ansteigen.[10] Das Lebenszeitrisiko eines Menschen – einschließlich aller Leser dieses Buches –, an Morbus Parkinson zu erkranken, beträgt derzeit 1 zu 15, das heißt, jeder fünfzehnte Leser wird daran erkranken – zumindest statistisch gesehen.

Forschungsergebnisse der letzten zwei Jahrzehnte haben gezeigt, dass die Parkinson-Krankheit mit einer Fülle von Magen-Darm-Symptomen in Verbindung steht, die auf funktionellen und strukturellen Veränderungen des Darms und der damit verbundenen Nervenstruktur beruhen. Dass auch hier wieder der Darm eine zentrale Rolle spielt, ist nicht nur deshalb von besonderem Interesse, weil solche Symptome einen großen Einfluss auf die Lebensqualität von Parkinson-Patienten haben, sondern auch weil die gesammelten Erkenntnisse zeigen, dass diese Darmstörungen (zumindest bei einer Untergruppe von Patienten) den motorischen Symptomen und der endgültigen Diagnose Morbus Parkinson um Jahre vorausgehen und somit wichtige Einblicke in die Entstehung der Erkrankung geben können. Vor allem spezifische Pestizide, Lösungsmittel und Schwermetalle wurden in zahlreichen Studien mit der Parkinson-Krankheit in Verbindung gebracht. Ein interessantes Detail ist die Tatsache, dass die französische Regierung bereits 2012 die Parkinson-Erkrankung als durch Pestizide verursachte, mögliche Berufskrankheit von Landwirten anerkannte.

Im Februar 2018 gab der Pharmagigant Pfizer bekannt, dass man sich nicht länger darum bemühen werde, weitere Medikamente zur Behandlung der Alzheimer-Erkrankung zu entwickeln. Das, obwohl die Verbreitung der Demenz vom Alzheimer-Typ mittlerweile epidemische Ausmaße erreicht hat. Der Grund: In den letzten Jahrzehnten lag die Ausfallsrate bei Medikamentenstudien zur Demenzbehandlung bei nahezu hundert Prozent. Von den 244 zwischen 2000 und 2010 getesteten experimentellen Alzheimer-Medikamenten wurde lediglich *eines* (und selbst das mit fraglicher Wirkung) im Jahr 2003 zugelassen.

Tatsächlich dürften zumindest drei verschiedene Subtypen der Alzheimer-Erkrankung existieren, die drei Ursachenkategorien zuzuordnen sind:

1. Entzündung;
2. suboptimale Spiegel spezifischer Nährstoffe und anderer Synapsen erhaltender Moleküle und
3. toxische Umwelteinflüsse.

Alle drei Formen (es existieren auch Mischformen) haben eines gemeinsam: Sie sind die Folge unserer jahrzehntelangen Ernährung beziehungsweise eng damit verknüpft. Sehr vieles deutet derzeit tatsächlich darauf hin, dass die verschiedenen Subtypen der immer häufiger auftretenden Alzheimer-Erkrankung, nebst genetischer Prädisposition, mit unserer Ernährung, Lebensweise und Umwelt zusammenhängen!

Kurz nachdem in den USA der »Krieg gegen Infektionskrankheiten« als »gewonnen« proklamiert wurde, entschloss sich die Nixon-Administration 1971, mit dem *National Cancer Act* eine neue Kriegsfront zu eröffnen. Diesmal gegen den Krebs. Von gewonnen kann auch bei diesem Krieg bis heute nicht die Rede sein. Im Gegenteil. Obwohl das Verständnis zellulärer Krebsmechanismen und Risikofaktoren die Behandlung und Prognose einiger Krebsarten seit den 1970er-Jahren verbessert hat, sind Fortschritte bei der Reduktion der gesamten Krebssterblichkeit als bescheiden, bestenfalls als moderat zu bezeichnen.

Fest steht, dass mehr als ein Drittel der Krebstodesfälle weltweit (und etwa 75 Prozent der Krebserkrankungen in westlichen Ländern) auf potenziell modifizierbare Risikofaktoren zurückzuführen sind. Die weltweit führenden, modifizierbaren Risikofaktoren sind neben Tabakrauchen, Alkoholkonsum und sexueller Übertragung des humanen Papilloma Virus vor allem eine falsche Ernährung, körperliche Inaktivität und Fettleibigkeit, wobei die drei letztgenannten Punkte etwa fünfzig Prozent der vermeidbaren Risikofaktoren (zumindest in westlichen Ländern) ausmachen.

Ob Menge, Qualität beziehungsweise Zusammensetzung der aufgenommenen Nahrung oder allfällige Kontaminationen mit chemischen, krebsauslösenden Substanzen (zum Beispiel Pestiziden oder Schwermetallen) ursächlich für die Krebsentstehung sind, lässt sich oft nur schwer im Versuch eindeutig wissenschaftlich nachweisen, denn Krebsentstehung dauert beim Menschen viele Jahre bis Jahrzehnte. Beispielhaft sei hier nur die in den letzten Jahren heftig geführte Diskussion angeführt, ob Glyphosat in der Nahrungskette tatsächlich beim Menschen Krebs auslösen kann, wie die WHO und zahlreiche Wissenschaftler behaupten, oder nicht, wie klarerweise die Hersteller und, weniger klarerweise, etwa das deutsche Bundesinstitut für Risikobewertung (BfR) nicht müde werden zu wiederholen. Wäre der Zusammenhang einfach und zweifelsfrei festzustellen, gäbe es vermutlich keine diesbezügliche Diskussion, und die krebsauslösende Substanz würde vom Markt genommen werden. Es sei denn, der Hersteller würde versuchen, durch Lobbying und das Säen von wissenschaftlichen Zweifeln bezüglich möglicher Zusammenhänge die politische Diskussion zu beeinflussen. Wir werden uns dieser Möglichkeit etwas später noch einmal ausführlicher zuwenden.

Der langsame Verlust der Fruchtbarkeit

Das Team um Elisabeth Carlsen aus Kopenhagen untersuchte statistisch Tausende Spermiogramme aus mehreren Jahrzehnten und publizierte die Ergebnisse in der angesehenen Fachzeitschrift *British Medical Journal.*[11] In ihrer Metaanalyse fassten die dänischen Wissenschaftler die Daten aus insgesamt 61 medizinischen Fachpublikationen aus den fünf Jahrzehnten zwischen 1940 und 1991 zusammen und konnten auf diese Weise die Spermienqualität von insgesamt knapp 15000 gesunden, im Mittel 30,8 Jahre alten Männern (ohne Unfruchtbarkeit in der medizinischen Vorgeschichte!) beurteilen und über die Jahre hinweg vergleichen. Die Ergebnisse sind mehr als besorgniserregend: Die statistische Analyse zeigte einen kontinuierlichen signifikanten Rückgang der mittleren Spermienzahl von 113 Millionen Milliliter im Jahr 1940 auf 66 Millionen Milliliter im Jahr 1990. Auch der prozentuelle Anteil an intakten und beweglichen Spermien nahm deutlich ab.

Was die Autoren auch noch fanden: Im gleichen Zeitraum schien die Zahl der urogenitalen Pathologien wie Hodenkrebs (Anstieg um das

Drei- bis Vierfache) und morphologische Fehlbildung des männlichen Geschlechtsteils zugenommen zu haben. Die Autoren schlussfolgerten, dass derart bemerkenswerte Veränderungen in der Samenqualität und das zeitgleiche Auftreten von genitalen Pathologien in relativ kurzen Zeiträumen wahrscheinlich auf umweltbedingte Faktoren zurückzuführen seien.

Auffällig ist in diesem Zusammenhang: Während in den 1940er-Jahren der Referenzwert für eine normale Spermienkonzentration noch bei sechzig Millionen Spermien pro Milliliter Ejakulat lag, gibt die WHO heute einen erheblich niedrigeren Grenzwert als »normal« an. Das neue »Normal« wird heute, nur ca. siebzig Jahre später, mit mindestens 15 Millionen Spermien pro Milliliter angegeben.

Bestätigt wurden die Beobachtungen von Carlsen und Kollegen in der Folge durch weitere ähnliche Untersuchungen. So wurde in der männlichen Pariser Bevölkerung zwischen den Jahren 1973 und 1992 eine Abnahme der Spermienkonzentration von 89 Millionen Milliliter im Jahr 1973 auf sechzig Millionen Milliliter im Jahr 1992 gefunden (entsprechend einer jährlichen durchschnittlichen Abnahme von 2,6 Prozent, einhergehend mit zunehmend bewegungslosen und missgestalteten Samenzellen).[12] Eine Auswertung von Daten zwischen 1980 und 2015 ergab eine Verringerung der mittleren Spermienkonzentration um durchschnittlich 57 Prozent in Nordamerika, Europa, Asien und Afrika.[13]

Eine Auswertung der Daten afrikanischer Männer aus dem Jahr 2017 lieferte noch drastischere Ergebnisse: Die Spermienkonzentration bei afrikanischen Männern ist in den letzten fünfzig Jahren um insgesamt 73 Prozent zurückgegangen und liegt mit derzeit zwanzig Millionen Milliliter sehr nahe am WHO-Grenzwert von 2010.[14]

Während auch Ursachen wie sexuell übertragbare Infektionen, regelmäßiger Tabak- und Alkoholkonsum und Mangelernährung einen Einfluss auf Spermienkonzentration und -qualität haben können, werden von vielen Studienautoren vor allem steigende Konzentrationen von Pestiziden, Schwermetallen und Verbindungen mit Östrogenähnlicher Aktivität in der Umwelt als hauptursächlich für die weltweit rapide abnehmende Spermienqualität diskutiert.

Alles nur geduldige wissenschaftliche Daten oder der Beginn des Unterganges der Spezies *Homo sapiens*? Auch wenn die weltweite Spermienkonzentration und ihre Qualität derzeit immer noch ausreicht, um die globale Bevölkerung weiterhin rasant ansteigen zu lassen, so sind relativ kurze Beobachtungszeiträume von wenigen Jahrzehnten mit derart drastischer Abnahme männlicher Reproduktionskapazität vor dem Hintergrund der im selben Zeitraum beispiellosen Umweltverschmutzung durch Chemikalien aller Art tatsächlich ein Alarmsignal. Ein Signal, das seltsamerweise kaum in den täglichen Nachrichten und somit auch nicht in den Köpfen der Bevölkerung Beachtung findet.

Ein nicht mehr zeitgemäßes medizinisches Paradigma – *Oder wieso chronische Krankheiten durch konventionelle Methoden der Schulmedizin nicht geheilt werden können*

Die moderne sogenannte Schulmedizin, wie wir sie heute praktizieren, entwickelte sich zu einer Zeit, in der akute (plötzlich auftretende) Infektionskrankheiten die Hauptkrankheits- und Todesursachen waren. Die meisten anderen Probleme, die Menschen zum Arzt brachten, verliefen ebenfalls akut, wie etwa eine Appendizitis (allgemein als Blinddarmentzündung bekannt) oder eine Lungenentzündung. Die Behandlung war in diesen Fällen »relativ einfach«: Der Patient entwickelte eine Lungenentzündung, ging zum Arzt, erhielt ein Antibiotikum und wurde entweder gesund oder starb. Ein Problem, ein Arzt, eine Behandlung.

Die Dinge sind heute nicht mehr so simpel. Der durchschnittliche Patient sucht heute medizinische Hilfe wegen einem oder mehreren chronischen Problemen, die einer komplexen wie teuren Behandlung bedürfen, in der Regel mehr als einen Spezialisten erfordern und häufig bis zum Lebensende anhalten. Sie eignen sich schlichtweg nicht für den klassischen Ansatz »ein Problem, ein Arzt, eine Behandlung«.

Es ist aber gerade die Anwendung des klassischen medizinischen Paradigmas auf das ständig wachsende komplexe Problem chronischer Krankheiten, das uns in den letzten Jahrzehnten in Bedrängnis gebracht hat. Es hat zu einem System geführt, das sich auf die Unterdrückung von Symptomen mit Medikamenten konzentriert, anstatt die zugrunde liegende Ursache der Krankheiten anzusprechen. Noch besser wäre es, wenn wir wüssten, wie wir diese chronischen Krankheiten vermeiden oder zumindest so lange wie möglich hinauszögern könnten.

Bei der Behandlung chronischer Krankheiten sind Struktur und Trägheit unseres Gesundheitswesens mehr als problematisch. Wie bereits angeklungen, sind die primären Ursachen der Ausbreitung chronischer Krankheiten nicht in erster Linie genetisch, sondern zu einem großen Teil verhaltens- und ernährungsbedingt. Es läuft darauf hinaus, dass Menschen (häufig mangels besseren Wissens) die falschen Entscheidungen in Bezug auf Ernährung, körperliche Aktivität, Schlaf und so weiter treffen – immer und immer wieder, von der Kindheit an, ein Leben lang. Dies macht deutlich, dass eine der wichtigsten Rollen unserer Gesundheitssysteme und unserer Regierungen in der Unterstützung der Bevölkerung bei positiven Verhaltens- beziehungsweise Ernährungsänderungen liegen sollte. Leider macht das herkömmliche System derartige Maßnahmen schwierig oder sogar unmöglich. Ein durchschnittlicher Patientenbesuch bei einem Kassenhausarzt dauert in vielen Fällen bestenfalls zehn bis zwölf Minuten, sodass dem Arzt kaum Zeit bleibt, ein Medikament für die vorgebrachten Symptome eines Patienten zu verschreiben, geschweige denn für eine eingehende Erörterung der Ernährung und des gesamten Lebensstils. Infolgedessen ist bereits die überwiegende Mehrheit der Gesundheitsdienstleister der pessimistischen Auffassung, dass der Gesundheitsberuf im Niedergang begriffen sei und dass sie das derzeitige System kaum ändern könnten. Dies sind nur einige Gründe, weshalb Burn-out im Gesundheitswesen so häufig ist und viele Kolleginnen und Kollegen laut Umfragen diesen Beruf kein zweites Mal wählen würden.

Um es ganz deutlich zu sagen: Die derzeitige Denkweise der konventionellen Schulmedizin kann und wird niemals das ständig anwachsende Problem der chronischen Krankheiten lösen. Wir müssen beginnen, die Dinge anders zu sehen und zu handhaben. »Probleme kann man niemals mit derselben Denkweise lösen, durch die sie entstanden sind.« Dieses Zitat wird Albert Einstein zugeschrieben und ist eine der zentralen Aussagen in diesem Buch. Welche aber sind die Denkweisen und die daraus resultierenden Handlungen, die zum Problem der gegenwärtigen Epidemie chronischer Krankheiten geführt haben? Um diese Fragen beantworten zu können, müssen wir unseren Blick zunächst auf das richten, was sich innerhalb des letzten Jahrhunderts, insbesondere der letzten Jahrzehnte, geändert hat, und uns dann näher ansehen, ob diese Veränderungen die Zunahme chronischer Krankheiten erklären.

Der deutsche Philosoph Ludwig Feuerbach (1804–1872) hat den bekannten Satz »Du bist, was du isst« geprägt. Diese Weisheit scheint unter den gegenwärtig exponentiell ansteigenden Erkenntnissen der modernen biomedizinischen Forschung mehr Wahrheitsgehalt zu haben, als wir uns jemals vorzustellen vermochten. Betrachten wir alle Dimensionen unserer persönlichen Ernährung, werden wir ungeahnte Zusammenhänge erkennen. Zusammenhänge zwischen unserer Lebensgrundlage, dem Erdboden, der Nahrungsmittelproduktion, unserer rücksichtslosen Ressourcennutzung und imperialen Lebensweise, der Vernichtung von Lebensräumen, der nicht mehr zu leugnenden globalen Klimaveränderung, der steigenden sozialen Ungleichheit, der Migration und der kriegerischen Ereignisse. Haben wir diese Zusammenhänge zwischen Ursache und Wirkung einmal erkannt, können wir effektive, nachhaltige und zukunftsfähige Konzepte entwickeln, um nicht nur unseren persönlichen Gesundheitszustand zu verbessern, sondern auch, um den kommenden Generationen die Möglichkeit eines friedlichen und gesunden Lebens auf der begrenzten Ressource namens Planet Erde zu ermöglichen. Setzen wir diese Erkenntnisse nicht rasch um, ist die Zukunft des *Homo sapiens* mehr als ungewiss.

Über die Schwierigkeit der Ursachenforschung

Alle angeführten chronischen Krankheitsphänomene haben eines gemeinsam: Sie sind nicht auf eine einzige, simple Ursache zurückzuführen, sondern die Folge einer komplexen Kombination von genetischer Ausstattung und der Wechselwirkung des Organismus Mensch mit seiner Umwelt. Und das über Jahrzehnte hinweg, in vielen Fällen beginnend während der embryonalen Entwicklung.

Gerade die Vielfältigkeit an krankheitsverursachenden Mechanismen und deren Kombinations- und Potenzierungsmöglichkeiten sowie die überaus lange Zeitdauer bis zur Manifestation der jeweiligen Erkrankung machen eine befriedigende Erforschung der Auslöser nichtübertragbarer Krankheiten schwierig. Wir können in vielen Fällen nicht einfach Tiere (und schon gar nicht Menschen) einem singulären schädigenden Agens (sei es physikalisch, chemisch oder infektiös) aussetzen, um dann über einen Beobachtungszeitraum von Monaten, Jahren oder gar Jahrzehnten im Vergleich mit einer nicht exponierten Kontrollgruppe zum Beispiel auf seine mögliche Kanzerogenität schließen. Krankheiten, die ein halbes oder ganzes Menschenleben benötigen, um sich zu entwickeln, können in ihrer Komplexität mit gegenwärtigen Mitteln nicht innerhalb kürzester Zeit im Labor schlüssig erforscht werden. Und selbst wenn wir diese Möglichkeit hätten, so reagiert doch jedes Individuum mit seiner einzigartigen genetischen Ausstattung völlig unterschiedlich auf die Vielfalt der sich unter Umständen sogar gegenseitig potenzierenden, schädigenden Umwelteinflüsse. Alles, was die moderne Wissenschaft mit ihren begrenzten Möglichkeiten feststellen kann, sind lediglich Hinweise auf mögliche Zusammenhänge und molekulare Mechanismen.

Gerade diese diffuse Datenlage zur Entstehung aller komplexen Krankheitsbilder wird von den Kritikern der Studien beziehungsweise den Nutznießern des gegenwärtigen Systems (im Wesentlichen die großen finanziellen Profiteure der Agrochemischen Industrie, der Pharmakonzerne und der Lebensmittelindustrie) benutzt, um erfolgreich Zweifel zu säen. Es gebe keinen eindeutigen Beweis, dass Pestizid X krebserregend sei, dass Medikament Y mehr Nebenwirkungen als Wirkung habe oder dass bis zur Unkenntlichkeit verarbeitete Nahrungsmittel diese oder jene Krankheit fördern oder gar auslösen würden. Die Zusammenhänge seien zu vage, es gebe daher keinen Grund zur Besorgnis, solange die Grenzwerte eingehalten beziehungsweise die gesetzlichen Vorgaben erfüllt würden. Aber wer bestimmt diese Grenzwerte?

Wir kennen zwar einige, in manchen Fällen sogar viele der potenziell schädigenden Mechanismen auf zellulärer beziehungsweise funktioneller Ebene, wissen auch von statistischen Zusammenhängen zwischen Umwelteinflüssen und der Wahrscheinlichkeit, an der Krankheit X zu erkranken, können aber nicht den schlussendlich sicheren Beweis antreten. Dieses Dilemma wird sich vermutlich nicht so rasch beseitigen lassen.

Genetik und Umwelt

Mit Sicherheit können wir sagen, dass sich so gut wie alle oben angeführten nichtübertragbaren Krankheiten erst innerhalb der letzten vier bis fünf Jahrzehnte zu der gegenwärtigen Epidemie hochgeschaukelt haben. Dies ist selbst dann noch zutreffend, wenn wir (korrekterweise) die verbesserte moderne Diagnostik und die erhöhte Sensibilität gegenüber den Krankheiten für einen gewissen Teil der zunehmenden Diagnosen verantwortlich machen.

Beobachten wir genetische Veränderung des *Homo sapiens* gewissermaßen in Echtzeit? Auch wenn eine gewisse genetische Komponente bei den verschiedenen Krankheiten eine ursächliche Rolle spielt, so kann die beobachtete, zum Teil exorbitante Zunahme nicht auf einen innerhalb weniger Jahrzehnte (das sind maximal zwei menschliche Generationen) stattfindenden genetischen »Verfall« zurückgeführt werden. Genetische Veränderungen im Rahmen evolutionärer Selektions- und Anpassungsprozesse verlaufen erheblich langsamer und machen sich in einer Population erst nach vielen Generationen bemerkbar. Eine Veränderung unseres genetischen Codes scheidet daher aus. Aber was kann sonst als Ursache infrage kommen?

Was viele meiner Studenten der Studienrichtungen Biologie und Medizin, die meisten davon Anfang zwanzig, noch nicht aus erster Hand beobachten konnten, wird jedem aufmerksamen Leser jenseits des vierzigsten Lebensjahres mit Sicherheit aufgefallen sein: Anfänglich noch schleichend, hat sich unsere Umwelt spätestens seit den Achtzigerjahren des vorigen Jahrhunderts in besorgniserregendem Tempo verändert.

1962 erschien der Bestseller *Silent Spring* von Rachel Carson, der auf die Folgen des Raubbaus an Böden und Wäldern, des rücksichtslosen großflächigen Einsatzes von Pestiziden vom Flugzeug aus, der Wirkung von Atomwaffenversuchen und die globale Gefährdung der Umwelt durch menschliche Aktivitäten hinwies. Das Buch löste eine ökologische Revolution aus und begründete die moderne Umweltbewegung, wodurch der Stein ins Rollen gebracht wurde. Denn der Begriff »Umwelt« umfasst, bezogen auf uns Menschen, weit mehr als die (bereits damals erheblich verschmutzten) Wälder, Flüsse, Seen und Weltmeere.

Die Umwelt, mit der unsere Gene vom Zeitpunkt der Embryonalphase bis ins hohe Alter stets in Wechselwirkung stehen, umfasst vor allem unsere aus dem Boden stammende Nahrung (inklusive Verarbeitung, samt aller chemischer Zusätze), unsere Wohnungen, Arbeitsplätze und Kleidungsstücke, Kosmetika und Pflegeprodukte, die Mikroorganismen, von denen wir in unvorstellbarer Menge umgeben und besiedelt sind und die uns manchmal krank machen. Darüber hinaus zählen auch unsere optischen, akustischen und taktilen Sinneseindrücke, die Interaktionen mit unseren Mitmenschen (privat wie am Arbeitsplatz), die Vielzahl medizinischer Maßnahmen und Medikamente, die mobile elektronische Vernetzung unserer 24-Stunden-Informationsgesellschaft und unser gesamter Lebensstil im weitesten Sinne zu unserer Umwelt.

Unsere unmittelbare Umwelt hat weltweit in den letzten Jahrzehnten eine in der weit über hunderttausendjährigen Geschichte des *Homo sapiens* beispiellose, fundamentale Veränderung erfahren. Verdeckt von dem Credo des technologischen Fortschrittes und des wirtschaftlichen Wachstums, hat sich der Mensch unbemerkt eine zunehmend lebensfeindliche Umgebung erschaffen, für die er mit seiner evolutionären Ausstattung kaum gewappnet ist.

Über die evolutionären Grundlagen und neuesten Erkenntnisse zur komplexen Wechselwirkung unserer Gene mit unserer Umwelt und die Folgen für Gesundheit und Krankheit wird an anderer Stelle noch zu berichten sein. Zunächst müssen wir uns aber dem Zustand unserer gegenwärtigen Umwelt, insbesondere unserer Nahrung widmen. Denn ohne Nahrung kein Leben. Ohne gesunde Nahrung kein gesundes Leben.

Unsere Nahrung: Du bist, was du isst

Ist das so? Tatsächlich ist diese Aussage aktueller denn je. Im Zeitalter von Ernährungsmedizin und personalisierter Medizin, von Epigenetik und Mikrobiom kommt der Nahrung des Menschen im neuen Jahrtausend fundamentale Aufmerksamkeit zu. Aber woher wissen wir, was wir essen sollen, welche Nahrung gesund ist und welche wir besser meiden sollten? Hier kommen die Ernährungswissenschaft, die Empfehlungen der nationalen Gesundheitsbehörden und von medizinischen Fachgesellschaften ins Spiel. Bei dem Aufgebot an Forschung und Expertenmeinungen sollten wir am Beginn des 21. Jahrhunderts doch schließlich wissen, welche Ernährung für ein langes und gesundes menschliches Leben die richtige ist. Ich nehme an, dass auch Sie aufgrund der medialen Omnipräsenz von Ernährungs- und Diätgurus mittlerweile im Bilde sind, welche Nahrungsmittel für uns Menschen als gesund und welche als weniger erstrebenswert gelten. Oder sind wir verwirrter als je zuvor?

»Ausgewogen« soll unsere Ernährung sein. Viele kohlenhydratreiche Ballaststoffe in Form von Brot, Nudeln und Reis soll unsere tägliche Nahrung enthalten. Tierische Fette wie Butter und Schmalz sind wegen der Gefahr der »Arterienverstopfung« zu meiden. Besser wären da schon pflanzliche Öle. Aber welche? Der ebenfalls Herzinfarkt und Schlaganfall verheißende erhöhte Cholesterinspiegel sollte stets unter strenger Beobachtung stehen, wobei cholesterinhaltige Nahrungsmittel wie Eier und fettes Fleisch keinesfalls zu viel (wenn überhaupt) genossen werden dürfen. Wegen Herzinfarkt und Schlaganfall. Ist der Cholesterinspiegel einmal zu hoch, sollte er aggressiv medikamentös gesenkt werden. Kochsalz sollte nur spärlich verwendet werden, da der Blutdruck leidet und das Risiko von Hochdruck-assoziierten Krankheiten wie zum Beispiel Schlaganfall zunimmt. Da das sogenannte rote Fleisch neueren Studien zufolge schließlich das Risiko für Krebs und Herz-Kreislauf-Erkrankungen erhöhen soll, wäre auch dieses am besten gänzlich zu meiden. Mehrmals täglich frisches Obst und Gemüse – Smoothies sind hier der letzte Schrei – wäre zu empfehlen.

So oder in leicht abgewandelter Form lesen sich aktuelle Ernährungsempfehlungen und Richtlinien beziehungsweise lautet der wohlgemeinte Rat der »Experten«. So wird es in den Schulen und an den Unis gelehrt, so steht es in den bunten Zeitungen, Lehr- und Diätbüchern. Berechtigterweise dürfen wir annehmen, dass aktuelle wissenschaftliche Erkenntnisse und Grundlagen zu diesen Empfehlungen existieren und mit eindeutigen Ergebnissen aufwarten können.

Aber gerade hier liegt, das wissen die wenigsten, der wesentliche Denkfehler. Es ist selbst nach Jahrzehnten der angestrengten Forschung nicht eindeutig, was »gesund« und was eher »ungesund« ist. Für fast jede Studie mit »klaren Aussagen« gibt es eine weitere mit gegenteiligem Ergebnis. Der Grund liegt häufig im sogenannten Studiendesign, im Kleingedruckten bezüglich der Untersuchungsmethodik. Aber wer liest das? Und wenn es doch einmal gelesen werden sollte, wer weiß schon, ob das alles so seine Richtigkeit hat?

Nicht wenige Wissenschaftler begehen den Fehler der sogenannten Confirmation Bias, das heißt, sie weisen (bewusst oder unbewusst) nach, wovon sie *a priori* ausgegangen sind. Und schließlich gibt es noch die mächtigen Interessenverbände der Nahrungsmittelproduzenten und anderer Industriezweige, dank derer die kostenaufwendige Forschung in vielen Fällen überhaupt möglich, sprich finanziert wird. Auch viele Experten in den Entscheidungsgremien standen oder stehen im Sold mächtiger Industrieverbände. Wer hier an Abhängigkeiten denkt, ist schlicht ein Schelm.

Für die bereitwillig informierenden Medien, Schundblätter und Wissenschaftsredaktionen renommierter Zeitungen und Onlineportale gleichermaßen, spielt dies alles keine große Rolle. Man beschränkt sich auf die Zusammenfassung oder die begleitende Presseaussendung der Studienautoren. Und viele von uns Konsumenten nehmen vorschnell und unkritisch an, was plausibel und gesund klingt. Gestern Atkins, heute Paleo, morgen Vegan. Unser Diätwahn gleicht Religionen – wer nichts weiß, muss alles glauben. Das Alles-oder-nichts-Gesetz, das einfache Schwarz-Weiß-Malen hat einen betörenden Glanz. Was die Medien herausposaunen und was unser trendiges Umfeld tut, scheint richtig zu sein, also machen wir mit.

Dass etwa die gehypten Chiasamen und das sogenannte »Superfood«, die Gojibeeren, aus garantiert kontrolliertem Bioanbau irgendwo aus China stammen, glauben wir unkritisch, der lange Transportweg mit entsprechendem CO_2-Abdruck interessiert die wenigsten. Die gesunde Avocado ist im wahrsten Sinn des Wortes in aller Munde. Weil das Geschäft aufgrund der weltweit rasant steigenden Nachfrage lukrativer wird, sehen sich immer mehr Bauern dazu verleitet, statt traditionellen Feldfrüchten die allseits beliebten Avocados anzubauen. Im schlechtesten Fall kommt die Avocado vom anderen Ende der Erde aus Chile, im besten Fall aus Spanien. In beiden Fällen verschlingt der Anbau von Avocadoplantagen ungeahnte Mengen an Wasser, das gerade in den Anbaugegenden Mangelware ist. Während der Anbau eines Kilos Tomaten im globalen Durchschnitt bereits rund 180 Liter Wasser benötigt, verschlingt ein Kilo der durstigen Avocadopflanzen bis zu tausend

Liter. Manche Avocadobauern zapfen in den trockenen Anbaugebieten sogar illegal Flüsse an, um ihre Pflanzen zu wässern. Dass dabei ganze Flussläufe versiegen, der Grundwasserspiegel ins Bodenlose fällt und die mittellose Bevölkerung am Trockenen sitzt und mit Tanklastwägen versorgt werden muss, wissen die wenigsten. Hinzu kommen die Emissionen, die beim Transport im Kühlcontainer bis vor unsere Haustüre anfallen. Die wenigsten »ernährungsbewussten« Konsumenten sind sich dieses Dilemmas im Hinterkopf bewusst, wenn sie im Supermarkt ihre nächste »gesunde« Mahlzeit auswählen. Hinter jedem Produkt steckt aber eine Geschichte, oft keine sehr erbauliche. Also blenden wir diese Gedanken aus.

Die Liste an Ernährungs- und Gesundheitstrends ließe sich endlos fortsetzen. Abgesehen von durch und durch gesundheitsbewussten Menschen schaffen es aber die wenigsten, durch ihren regelmäßigen Smoothie mit Spirulina-Algen und fettreduzierte Joghurtdrinks ihren »Speck« dauerhaft loszuwerden. Der sogenannte Jo-Jo-Effekt ist vorprogrammiert.

Dabei wäre es ganz einfach: Weniger Kalorien aufnehmen und mehr Kalorien verbrennen. So die simple Lösung, die uns bei jeder erdenklichen Gelegenheit von Ernährungswissenschaft, Medizin, Politik und den wenigen großen globalen Nahrungsmittelkonzernen vermittelt wird. Schuld an den überschüssigen Zentimetern um die Hüfte und all den damit verbundenen Gesundheitsnachteilen ist also der faule und verfressene Konsument selbst? Gegen diese Sichtweise erhebe ich energisch Einspruch! Denn der Konsument kann eine *gesunde Wahl* nur treffen, wenn er über die komplexen Zusammenhänge von Ernährung, menschlichem Metabolismus, Umwelt und der schleichenden Ausbildung von Krankheiten in vollem Umfang aufgeklärt worden ist und ihm gesunde Alternativen ausreichend zur Verfügung stehen. Dies ist jedoch nicht der Fall.

Die nachteiligen Entwicklungen in unserer Umwelt, die eng mit der Produktion unserer Nahrungsmittel und damit unserer Gesundheit verquickt sind, lassen sich auf eine gezielte Irreführung durch gewinn- und machthungrige Institutionen wie Agrarkonzerne, die chemische und pharmazeutische Industrie, Fertignahrungsmittelhersteller mit der Unterstützung großer Handelsketten, von Teilen der Medizin und zahlreichen anderen finanziellen Nutznießern in unseliger Verbindung mit willfährigen Politikern zurückführen. Die tatsächliche »Mitschuld« der Bevölkerung? Nichtwissen und Ignoranz sowie Lähmung durch das Gefühl der Machtlosigkeit.

Wer das Denken und Handeln anderen überlässt, in der Hoffnung, Politik (sei es lokal oder auf EU-Ebene) und Medizin würden es schon richten, begibt sich auf dünnes Eis. Weder das Zählen von Schmetterlingen noch das einseitige Politiker-Bashing oder das Knabbern von Bio-Gojibeeren aus China kann und wird die dringend notwendigen Veränderungen bewirken, die uns und auch zukünftigen Generationen gewährleisten, in bestmöglicher Gesundheit und in Frieden leben zu können.

Wir sind, was wir essen. Von dieser später noch ausführlich zu untermauernden Prämisse ausgehend, müssen wir uns also zunächst einigen Aspekten unserer gegenwärtigen Ernährung zuwenden. Denn unser Essen muss schließlich irgendwie hergestellt beziehungsweise produziert werden. Egal aus welchem Winkel der Erde es kommt, es stammt, abgesehen von einzelnen Ausnahmen, aus der begrenzten Ressource fruchtbarer Böden unserer Erde. Seit der Globalisierung und Liberalisierung der Märkte folgt diese Produktion fast nur mehr wirtschaftlichen Gesichtspunkten. »Just follow the money«, heißt es im Englischen, wenn man sich auf die Suche nach Ursachen und Zusammenhängen machen möchte. »Geld regiert die Welt«, alles andere hat sich unterzuordnen, auch unsere Gesundheit und insbesondere die der nachfolgenden Generationen.

Eine Kalorie ist eine Kalorie?

Äußerst naiv und fernab biochemischer Realität ist die Gleichung, dass bei gleicher Kalorienaufnahme und identem Kalorienverbrauch das Körpergewicht jedes Menschen unverändert bleibt beziehungsweise dass das akribische Kalorienzählen beziehungsweise deren Reduktion, unabhängig von der Nahrungsmittelqualität, zum Abnehmen verhilft. Gerne behaupten die Hersteller zuckerhaltiger Produkte wie Limonaden oder Süßigkeiten, dass ihr Produkt »im Rahmen einer allgemein ausgewogenen Ernährung und eines gesunden, aktiven Lebensstils« kein gesundheitliches Risiko birgt. Gewinnorientierte Abspeckunternehmen, manche sind sogar in den Regalen unserer Supermärkte mit eigenen Produkten vertreten, auf denen ihr wohlklingender Name prangt, haben mit der Verbreitung dieses metabolischen Unsinns, nämlich man könne essen, was man wolle, solange man die Kalorien zähle, im Rahmen ihrer Gewichtsreduktionsprogramme ein Vermögen verdient, während unzählige frustrierte Abnehmwillige kaum langfristig ihr Gewicht reduzieren, geschweige denn ihren Gesundheitszustand nachhaltig verbessern. Aber wer kann es den Unternehmen verdenken. Abgesehen davon, dass sie ihren Gewinn im Visier haben, genießen sie auch Rückendeckung von namhaften »Experten« aus Medizin und Ernährungswissenschaft. Anfang 2019 habe ich in einem österreichischen Standardlehrbuch der Ernährungsmedizin (neue überarbeitete Auflage aus ebendiesem Jahr) gelesen, dass Fettleibigkeit (und alle damit verbundenen Folgekrankheiten) im Wesentlichen auf eine positive Kalorienbilanz zurückzuführen sei. Also zu viel Nahrungsaufnahme bei zu wenig Bewegung. Betörend einfach. Nur leider in dieser vereinfachten Form weitgehend falsch.

Wer diesen Unsinn verbreitet, schafft es bisweilen gar auf die Spiegel-Bestsellerliste: So schreibt etwa eine Verhaltenstherapeutin in ihrem Buch *Fettlogik überwinden*: »Solange man sich daran hält, weniger Energie aufzunehmen, als verbraucht wird, nimmt man ab. Ob die 1200 oder 1500 oder 1800 kcal in Form von Schokolade, Chips und Burgern konsumiert werden oder in Form von gegrilltem Hühnchen und Brokkoli, ist für das reine Abnehmergebnis sekundär.« Wer's glaubt, wird selig.

Kann es tatsächlich sein, dass das Dogma »eine Kalorie ist eine Kalorie« falsch ist, also »Calories-in-calories-out« gar nicht funktionieren kann? An beiden Enden des Energieaufnahmespektrums ist dieses Dogma freilich richtig: Wer sich ununterbrochen ohne jegliches Sättigungsgefühl vollstopft, wird an Gewicht, vorwiegend in Form von Körperfett, zunehmen. Wer jegliche Nahrungsaufnahme verweigert, wird selbstverständlich Gewicht verlieren und früher oder später sterben.

Aber wie verhält es sich zwischen diesen Extremen? Vor allem langfristig? Man braucht kein Ernährungswissenschaftler zu sein, um zu verstehen, dass etwa die Aufnahme von hundert Kalorien Gummibärchen oder Cola nicht die gleiche Wirkung auf den menschlichen Organismus haben kann wie die Aufnahme von hundert Kalorien Walnüssen oder Blattsalat. Aha. Klar, werden Sie sagen, bei einem derart krassen Beispiel liegt das Ergebnis auf der Hand. Wer würde schon freiwillig derartige Unmengen an Salat verzehren. Die unangenehme Wahrheit ist, dass dieselben Mechanismen, die diesem Beispiel zugrunde liegen, auf lange Sicht auf *alle* Nahrungsmittel zutreffen. Ohne Ausnahme. Das heißt, dass wir das Dogma »eine Kalorie ist eine Kalorie« schon aufgrund der allgemeinen Lebenserfahrung hinterfragen müssten. Tatsächlich kommen noch mehr Irrtümer zum Tragen. Haben Sie sich jemals gefragt, wie die Energieangaben in Joule oder Kilokalorien (kcal) auf den Produkten im Regal zustande gekommen beziehungsweise ermittelt worden sind? Nein? Dann befinden Sie sich in guter Gesellschaft von vielen Ärzten, Biologen und Ernährungswissenschaftlern.

Dabei ist es im Prinzip recht einfach. Kalorien werden in einem sogenannten Kalorimeter gemessen. Und das funktioniert vereinfacht folgendermaßen: In einer Probenkammer wird eine definierte Menge eines Stoffes (in unserem Fall des Nahrungsmittels) verbrannt, der daraufhin Wärme (lateinisch *calor*) abgibt. Die im Rahmen der Verbrennungsreaktion (!) abgegebene Wärme erhöht die Temperatur einer die Probenkammer umgebenden, definierten Flüssigkeitsmenge. Die abgelesene Temperaturerhöhung der Flüssigkeit ist schließlich ein Maß für den Energiegehalt (in Joule beziehungsweise Kilokalorien) der verbrannten Probe beziehungsweise, wissenschaftlich ausgedrückt, die spezifische Wärmekapazität oder den physikalischen Brennwert des Stoffes. Fertig. So einfach ist das. Das Ganze hat nur einen gravierenden Schönheitsfehler: Unser Körper funktioniert nicht wie die Brennkammer eines Kalorimeters! Obwohl dieser Umstand auf der Hand liegt und ein physiologisches Faktum darstellt, sehe ich bei medizinisch-naturwissenschaftlichen Diskussionen diesbezüglich immer wieder große Augen und betretene Ratlosigkeit. Obwohl es ein zentraler Punkt in der seit Jahrzehnten geführten Energiebilanzdiskussion ist, scheint sich niemand über diesen grundlegenden Irrtum Gedanken zu machen. Die Energieangaben auf unseren Nahrungsmitteln sind weitgehend sinnlos. Ja, tatsächlich.

Unser Körper ist wie der von anderen Säugetieren das Produkt von Jahrmillionen Evolution. Dementsprechend komplex funktioniert er, insbesondere auf Stoffwechselebene. Verschiedene Nahrungsmittel beziehungsweise deren Bestandteile lösen in unserem Körper nach ihrer Aufnahme ganz unterschiedliche biochemische und hormonelle Reaktionen aus. Dabei ist das noch eine ziemlich simple und, wie wir später noch sehen werden, unvollständige Sichtweise der Dinge. Aber belassen wir es zunächst einmal dabei. Dass diese biochemischen Stoffwechselprozesse in unserem Organismus nach Aufnahme derselben Energiemenge von Salatblättern und Cremeschnitten nicht ident sein können, bedarf wohl keiner ausführlichen Erklärung. Einfache Zucker wie Glukose und leicht verdauliche Kohlenhydrate wie raffinierte Mehle verursachen eine starke und rasche Insulinausschüttung in den Betazellen unserer Bauchspeicheldrüse. Komplexe Kohlenhydrate wie Salatblätter hingegen kaum. Dennoch: Im Kalorimeter würde in beiden Fällen derselbe Wert abzulesen sein! Auch Sägespäne oder Plastikkügelchen würden im Kalorimeter einen Brennwert aufweisen, bei oraler Aufnahme aber weitgehend unverändert unseren Verdauungskanal am anderen Ende wieder verlassen, ohne dabei unseren Körper mit Energie versorgt zu haben.

Aber zurück zu einfachen Kohlenhydraten. Die kurzfristigen physiologischen Folgen einer Insulinausschüttung sind weitgehend bekannt, die vielfältigen langfristigen Folgen einer regelmäßig stattfindenden hohen Insulinausschüttung sind hingegen nur teilweise aufgeklärt. Das Netzwerk der langfristigen hormonellen Interaktionen und Angriffsorte dieses Hormons ist hochkomplex, betrifft den ganzen Körper und reicht von einer Abnahme der Insulinrezeptoren auf Körperzellen bis zur Hemmung des Sättigungsgefühls in zentralen Hirnregionen. Die chronische Hemmung eines Enzyms namens hormonsensitive Lipase verhindert zudem den Zugriff auf die Fettdepots des Körpers zur Energiegewinnung.

Im Großen und Ganzen ist Insulin als Hilfshormon »vorgesehen«, das zusammen mit seinem Gegenspieler Glucagon ursprünglich »dafür gedacht war«, unseren Blutzuckerspiegel in engen Grenzen weitgehend konstant zu halten. Dies ist lebensnotwendig, weil ein hoher Blutzuckerspiegel gefährlich ist, bei einer Ernährung mit nur wenig simplen Kohlenhydraten (wie etwa Zucker) jedoch nur in geringem Ausmaß notwendig. Ist der Blutzuckerspiegel zu niedrig und sind die Glykogenspeicher leer, dann wird im Körper ein Prozess in Gang gesetzt, der sich Gluconeogenese nennt und bei dem aus Aminosäuren Zucker in Form von Glukose synthetisiert wird. Der Körper sorgt selbst für einen ausreichenden Blutzuckerspiegel und ist nicht, wie in unzähligen pseudowissenschaftlichen Abhandlungen zu lesen ist, von einer äußeren Zufuhr einer bestimmten Menge des »lebenswichtigen« Zuckers abhängig!

Spätestens jetzt sollte klar sein, dass Nahrungsmittel, die unseren Insulinspiegel ständig auf hohem Niveau halten, bei vielen Menschen das Körpergewicht und das Essverhalten negativ beeinflussen. Solange Blutzuckerspiegel und Insulinspiegel konstant hoch sind, ist ein Abnehmen kaum möglich. Der kalorische Brennwert ist jedenfalls nur von sehr untergeordneter Rolle.

Um nicht den falschen Eindruck der einseitigen Sichtweise eines »Low-carb-Missionars« zu erwecken, sei der Vollständigkeit halber erwähnt, dass selbstverständlich auch der übermäßige Konsum von manchen Fetten dem Zuckerstoffwechsel abträglich sein kann, vor allem auf lange Sicht. Obwohl Nahrungsfette nach Aufnahme keine wesentliche Insulinausschüttung hervorrufen, dürften sie langfristig, eine entsprechend hohe Aufnahme vorausgesetzt, das Ansprechen der Zellen auf Insulin herabsetzen beziehungsweise eine Insulinresistenz begünstigen. Daher ist eine gleichzeitig stark fett- und zuckerhaltige Ernährung wohl die ungünstigste Variante, wenngleich eine weitverbreitete!

Eine zweite Zuckerform, die bei Aufnahme von vielen zuckerhaltigen Speisen und Getränken in gleichen Mengen anfällt wie Glukose, ist die Fruktose. Der Grund hierfür ist, dass Haushaltszucker (Saccharose) ein Zweifachzucker (Disaccharid) ist, der aus je einem Molekül Glukose und Fruktose besteht. Interessanterweise erhöht Fruktose nicht den Insulinspiegel, sondern wird direkt in der Leber wie Alkohol verstoffwechselt. Ja, richtig gelesen, wie Alkohol. Erinnern Sie sich noch an die erwähnte Epidemie der nichtalkoholischen Fettleber-Erkrankung? Erhöhter Fruchtzuckerkonsum führt zur Leberverfettung, vergleichbar mit dem Effekt erhöhten Alkoholkonsums. Zucker ist, nach Meinung vieler Wissenschaftler, daher schlicht auch der Alkohol der Kinder.

Warum erwähne ich simple Kohlenhydrate wie Glukose und Fruktose so explizit? Weil in den letzten Jahrzehnten im Rahmen der großen Fett- und Cholesterinhysterie der Geschmacksträger Fett in (Fertig-)Nahrungsmitteln durch große Mengen Zucker ersetzt wurde und sich die Verbindung mit der weltweiten Epidemie chronischer

Krankheiten immer eindeutiger darstellt. Mit dem weltweit stetig steigenden Konsum von mit leicht verdaulichen Kohlenhydraten angereicherten Nahrungsmitteln hat sich auch die Epidemie der nichtübertragbaren Krankheiten still und heimlich ausgebreitet. Auch der Konsum von stark raffiniertem Weißmehl (dessen Stärke im Körper rasch zu Zucker abgebaut wird und den Blutzucker ansteigen lässt) ist weltweit ungebrochen. Doch dies scheint nur eine Facette der vielfachen Ursachen der laut WHO gegenwärtigen Zeitlupenkatastrophe zu sein. Wir werden die modernen »Grundnahrungsmittel« Zucker und andere simple Kohlenhydrate, ihre verschiedenen Formen und ihre langfristige Wirkung im menschlichen Organismus noch genauer unter die Lupe nehmen.

Das leise Sterben unserer Ernährungs- und Kochkultur

In einer beschleunigten Welt wollen viele Menschen schnell, effizient und billig essen. Selbst gekocht wird kaum. Ein großer Teil der Bevölkerung bezieht seine Nahrungsmittel aus den bunten und immer vollen Regalen der großen Nahrungsmittelketten in Form von rasch zuzubereitendem Convenience-Food. Mit diesem dem Englischen entlehnten Begriff für »bequemes Essen« werden vorgefertigte (teilfertige oder verzehrfertige) Lebensmittel bezeichnet, bei denen der Nahrungsmittelhersteller bestimmte Be- und Verarbeitungsstufen bereits übernommen hat, um die weitere Zubereitung im Haushalt und in der Gastronomie zu erleichtern. *Time* ist schließlich *money*.

In den Siebziger- und Achtzigerjahren des letzten Jahrhunderts noch als Segen für die gestresste Hausfrau einer zunehmenden Wohlstandsgesellschaft gepriesen, wurden spätestens im Laufe der Neunzigerjahre, ausgelöst durch Tests und Untersuchungen von unabhängigen Konsumentenschützern, immer mehr kritische Stimmen laut, die vor allem eines zeigten: Den Herstellern geht es nicht um das Wohl des Konsumenten, sondern ausschließlich um das Geld beziehungsweise ihren Profit. Qualität und Zusammensetzung gingen unter marktwirtschaftlichen Aspekten immer mehr den Bach hinunter. Von Mogelpackungen, die mehr Inhalt vortäuschen, als tatsächlich drinnen ist, über ernährungsphysiologisch fragwürdige, weil qualitativ mangelhafte Bestandteile bis hin zu potenziell gesundheitsschädlichen Nahrungsmittelzusätzen wie Farb- und Konservierungsstoffen, Geschmacksverstärkern und Aromastoffen reichte und reicht die Palette. Im modernen Supermarkt herrscht Verbrauchertäuschung am laufenden Band.

Dass bereits die Primärproduktion der Grundstoffe, vor allem in wenig konsumentenfreundlichen Industrienationen wie den USA, unter extrem bedenklichen Bedingungen stattfindet, ist spätestens seit dem Erscheinen des Sachbuches *Silent Spring* der Öffentlichkeit bekannt. Neben der zentralen Bedeutung eines nachhaltigen ökologischen Gleichgewichts bei der Produktion und der zunehmenden Kontamination von Wasser, Boden und Nahrungsmitteln durch biozide Chemikalien auf den Äckern zeigte Carson, dass sich diese Giftstoffe in der Nahrungsmittelkette tatsächlich anreichern und daher auch die Lebewesen an deren Ende, nämlich die Menschen, langsam vergiften. Die weitreichende Bedeutung dieser Ergebnisse und die Feststellung, dass die Natur nicht allein dem Menschen zu dienen habe, machte ihr Buch zum Begründer der Umweltschutzbewegung.

Küchenfertig, garfertig, aufguss- und anrührfertig, zubereitungsfertig und verzehrfertig soll der Großteil unserer Nahrungsmittel sein. So will es der gestresste Kunde, so liefert es die Industrie. Was drinnen ist, schert die wenigsten, solange verheißungsvolle bunte Bilder und irreführende Angaben vom häufig bedenklichen Inhalt ablenken. Moderne Nahrungsmittel sind das Ergebnis von Labortests, Marktforschung, ausgeklügelter Produktentwicklung und Food Design. Nichts wird dem Zufall überlassen. Neben Verpackungsdesign, Größe, Farbe, Form, Konsistenz und Beißgeräusch wird auch die optimale Anreicherung eines Fertignahrungsmittels mit Zucker, Salz und Fett an Probanden experimentell ermittelt. Produkte mit der optimalen Mischung, der Fachjargon hierfür ist »Bliss Point«, führen zur höchsten Dopaminausschüttung beim Konsumenten und damit zu einer Endorphinvermittelten Belohnungsreaktion im Gehirn. Auch das Sättigungsgefühl soll durch Reduktion des Ballaststoffanteils so lange wie möglich hinausgezögert werden. Haben Sie sich schon einmal gefragt, warum sie noch einen Burger bestellen, obwohl sie angesichts der bereits verdrückten Menge eigentlich satt sein sollten?

Dabei ist es in österreichischen und deutschen Supermärkten durchwegs das ganze Jahr über möglich, »frisches« Obst und Gemüse aus der ganzen Welt zu kaufen. In Ländern wie Großbritannien und den USA sucht man in vielen Supermärkten vergeblich nach einer Frischeabteilung. Falls doch in Miniaturausführung vorhanden, dann selten mit lokalen Produkten und kaum aus ökologischer Landwirtschaft. Bei uns greift der ernährungsbewusste Kunde nach wunderbar glänzenden Äpfeln aus einem der wichtigsten Apfelanbaugebiete Mitteleuropas, Südtirol. Was offenbar nur wenige wissen: In derartigen riesigen Monokulturen des konventionellen Obstanbaus werden Pestizide in rauen Mengen eingesetzt. Sie müssen eingesetzt werden. Der Schädlingsdruck und der finanzielle Druck der Großabnehmer lassen den Obstbauern kaum eine andere Wahl. 2012 veröffentlichte Greenpeace, dass etwa achtzig Prozent des konventionellen Obstes mit Pestiziden belastet sind. Bei einem Smoothie aus nichtbiologisch angebauten Erdbeeren können Sie mit hoher Wahrscheinlichkeit davon ausgehen, auch einen

Pestizidcocktail mitzutrinken. Selbst akribisches Waschen ist in vielen Fällen sinnlos, da sich Pestizide auch in der Schale der Frucht anreichern können.

Fast Food

Die immer schnellere Taktfrequenz unseres täglichen Lebens hat in wenigen Jahrzehnten dazu geführt, dass langwieriges Zubereiten von traditionellen Speisen zu Hause selten geworden ist. Ein Grund unter vielen: In deutschen und österreichischen Städten ist der Anteil der Singlehaushalte in den letzten zwanzig Jahren drastisch angestiegen (gegenwärtig vierzig bis fünfzig Prozent der Haushalte, je nach Quelle), was wiederum dazu geführt hat, dass aufwendiges Kochen und gemeinsames Essen zu Hause zugunsten von Fast Food und Essen außer Haus immer seltener geworden sind. Wer aber nicht selbst kocht, der beschäftigt sich auch nicht mit der Herkunft und der Qualität der konsumierten Lebensmittel.

Verallgemeinerungen sind hier allerdings fehl am Platz. So ist die steigende Zahl der »Foodies« und Feinschmecker, die großen Wert auf Qualität und Zubereitung ihrer Nahrung legen, nicht zuletzt durch den Einfluss sozialer Medien, wo die täglichen Kreationen den *Followern* den Mund wässrig machen sollen, durchaus ein interessantes Phänomen unserer Zeit.

Dennoch verfolgen immer mehr Menschen paradoxerweise lieber Promiköche und Gourmetshows im Hauptabendfernsehen, während sie zu Hause vor der Glotze aufgewärmte Fertignahrung wie Pizza und Burger aus der Mikrowelle unkritisch in sich hineinschaufeln. Der Umsatz in der Herstellung von Fertiggerichten ist in Österreich von 139 Millionen Euro im Jahr 2008 auf 276 Millionen Euro im Jahr 2014 gestiegen und wird im Jahr 2020 einen prognostizierten Umsatz von 331 Millionen Euro erreichen. Der Trend scheint ungebrochen.

Auch das Phänomen Lieferservice hat sich, einst totgesagt, in wenigen Jahren zu einem Milliardenbusiness entwickelt. Weltweit setzt die Branche laut der Unternehmens- und Strategieberatungsfirma McKinsey mehr als achtzig Milliarden Euro um. In Großstädten wie Wien und Berlin sieht man an jeder zweiten Ecke emsig strampelnde Fahrradkuriere von Unternehmen wie Foodora und UberEats mit riesigen Boxen auf dem Rücken, um das via Internet im Restaurant bestellte Essen zum kochfaulen Kunden zu liefern. Keine Lust und keine Zeit zu kochen sind die am häufigsten genannten Motive der Kunden.

Der Grundstein für die zu beobachtende, zunehmende Abkehr von ursprünglichen, natürlichen Nahrungsmitteln wird, gefördert durch die pfiffigsten Werbetricks der Nahrungsmittelindustrie, bereits bei den Kleinsten unserer Gesellschaft gelegt. Da Geschmack und damit Nahrungsvorlieben bereits früh geprägt werden, spreizen sich bereits viele Kinder, gesunde, aber im Vergleich zu zuckerhaltigen Snacks und Fast Food wenig attraktive Nahrungsmittel überhaupt erst zu kosten. Im Falle von Eltern, die sich selbst hauptsächlich von besonders schmackhaft abgestimmten Fertigprodukten ernähren, kein Wunder. Ernährungsbewusste Eltern hingegen leiden an der permanenten Beeinflussung ihrer Sprösslinge durch Peergroups und Werbung. In beiden Fällen ist das Ergebnis dasselbe: Selbstgemachtes, Gesundes und Abwechslungsreiches verliert gegen das uniforme, geschmacksoptimierte, aber meistens ungesunde Nahrungsmittelangebot der Industrie.

Dabei ist es eigentlich paradox: Kochbücher zählen heute zu den Bestsellern im Buchhandel, geordnet nach Themen, Ländern und Schwierigkeitsgrad. TV-Kochshows, Kochkurse, Erlebnisrestaurants und Gourmetreisen sind so angesagt wie noch nie. Dennoch boomt gleichzeitig der Markt für Fertiggerichte, und wir erleben einen Niedergang unserer traditionellen Koch- und Esskultur. Wie lässt sich das in Einklang bringen?

Laut Umfragen sind »unkritische Fast-Food-Konsumenten« mittlerweile die größte Gruppe (nämlich gut dreißig Prozent) in der Bevölkerung. Weniger als zehn Prozent kochen heute noch traditionell. Anfang der Neunzigerjahre war das mit immerhin gut dreißig Prozent noch die größte Gruppe. Zubereitung von Nahrungsmitteln scheint für die meisten Leute im Alltag zur Nebensache geworden zu sein.

Einhergehend mit der Auflösung konservativer Familienstrukturen und der aus sozialer Sicht selbstverständlich absolut nachvollziehbaren Emanzipierung der Frau weg von der täglich kochenden Hausfrau hin zur gleichberechtigten, erfolgreichen Karrierefrau verlor traditionelles Essen mehr und mehr seinen Wert. Durch ein zunehmend kompetitives Berufsleben gestresste Menschen erleben Essen eher als Frustrationsbekämpfung als die alles entscheidende Grundlage eines gesunden und langen Lebens. Von der sozialen Komponente des gemeinsamen Essens ganz zu schweigen. Bei der Zukunftsgeneration bricht das Wissen über die Grundlagen von Lebensmitteln zunehmend weg. Gerade viele Jüngere wissen nicht mehr, wann welches Obst oder Gemüse Saison hat, geschweige denn wie es heißt. Von der ursprünglichen Sortenvielfalt ist ohnehin kaum etwas geblieben. Von den heute zwanzig bis vierzig Jahre alten Eltern lernen es die Kinder und Jugendlichen nur noch selten. Unter der Woche nehmen sich immer weniger Menschen die Zeit, lange zu kochen. Schnelles und bequemes, fertig verpacktes Essen hat neben Sushi und Burger unseren Nachwuchs fest im Griff.

Es liegt in unserer Verantwortung, jetzt (!) und nicht irgendwann ein neues Bewusstsein für gesunde Nahrungsmittel und deren ökologisch und ethisch verantwortungsvolle Produktion nachhaltig zu fördern. Wissen Sie immer, woher Ihre Nahrungsmittel kommen?

Woher unsere Nahrung kommt

Unsere gesamte Nahrung, egal ob pflanzliche oder tierische Produkte, unabhängig davon, ob selbst gekocht oder als bis zur Unkenntlichkeit verarbeitetes Fertigprodukt, kommt schließlich aus dem Erdboden. Ja, aus dem braunen »Schmutz« unter unseren Füßen. Haben Sie darüber schon einmal nachgedacht? Unsere gesamten Nahrungsmittel, auch zuckerhaltige Limonade, Hamburger mit Pommes und Gummibärchen, kommen, auf den ersten Blick kaum nachvollziehbar, schlussendlich aus der fruchtbaren obersten Erdschicht unseres Planeten. Ohne Erde kein menschliches Leben. Aber Halt!, wird der eine oder andere bei diesen Zeilen einwenden, nicht *alles* kommt aus dem Erdboden. Ein verschwindend kleiner Prozentsatz unserer täglichen Nahrung kommt tatsächlich aus den Flüssen, Seen und vor allem den Weltmeeren in Form von Fischen, Meeresfrüchten und Algen. Ein ebenso verschwindender Prozentsatz an pflanzlicher Nahrung wird in Nährstofflösungen in sogenannten hydroponischen Anlagen schwimmend angebaut. Einer UNESCO-Schätzung zufolge handelt es sich bei Nahrungsmitteln, die nicht aus dem Erdboden stammen, um den sehr kleinen Anteil von weniger als 2,5 Prozent.[15]

Das heißt, dass mehr als 97 Prozent unserer, wenn auch bis zur Unkenntlichkeit verarbeiteten Nahrungsmittel tatsächlich ein unmittelbares oder – zum Beispiel im Fall von Fleisch – mittelbares Produkt unserer Böden sind, unabhängig davon, ob das der Acker vor der Haustüre oder die Plantage auf der anderen Seite des Globus ist. Die alles entscheidende biochemische Reaktion, die dabei aus Sonnenlicht, Kohlenstoff und Wasser die Grundlage unseres Lebens bildet, ist die Photosynthese. Ziemlich langweilig und trocken war das damals, als wir diesen Umstand im Biologieunterricht erfahren haben. Sie erinnern sich? Von Chloroplasten und Nährstoffkreisläufen war damals die Rede. Zumindest in meinem Fall dauerte es Jahrzehnte, bis ich begriff, wie zentral dieser simple Prozess der Photosynthese, der im Wesentlichen aus feuchtem Erdboden, Luft und Sonneneinstrahlung komplexe Kohlenstoffverbindungen in Form von Pflanzen entstehen lässt, für unser Leben eigentlich ist. Wer denkt schon daran?

Die Leistungsfähigkeit eines simplen grünen Blattes ist der Nabel der Welt, die Quelle all unserer Nahrung auf diesem Planeten. Es existiert keine andere Quelle der Nahrung. Ohne Sonnenlicht, Erdboden und grüne Blätter ist die Menschheit nicht überlebensfähig. Wie Pflanzen und Boden miteinander verbunden sind beziehungsweise in Wechselwirkung stehen und welche Rolle dabei das unsichtbare Bodenleben spielt, werde ich später ausführlicher betrachten. Auch wie es mittlerweile mit der Qualität des Erdbodens als Quelle unseres Lebens steht, werden wir im Verlauf des Buches beleuchten. Zu wichtig ist seine Bedeutung für das Leben und die Gesundheit zukünftiger Generationen auf dieser Erde. Zunächst wollen wir uns jedoch noch kurz den Makro- und Mikronährstoffen in unserer Nahrung zuwenden.

Woraus sich unsere Nahrung zusammensetzt

In Schulbüchern, Diätleitfäden wie auch in den Lehrbüchern aller Studierenden der Medizin und der Ernährungswissenschaften wird unsere Nahrung immer nach dem gleichen Schema zerlegt: So werden zunächst die drei Makronährstoffe Kohlenhydrate, Fette und Eiweiße (Proteine) aufgelistet. Zu den Mikronährstoffen zählen Vitamine, Mineralstoffe (wie Kalzium oder Magnesium) und Spurenelemente (zum Beispiel Eisen, Chrom, Cobalt, Zink, Selen, Mangan und andere). So weit, so gut. Aber ist es wirklich so simpel, einen spezifischen Mix aus diesen Bestandteilen als gute, »artgerechte« oder eben schlechte Ernährung für den Menschen zu sehen? So und so viel Prozent Kohlenhydrate, Fette und Eiweiße - und der Organismus funktioniert ohne wesentliche Gebrechen? Klingt wenig glaubwürdig und ist es auch nicht. Dennoch konzentrieren sich beinahe alle Ernährungsstudien, Diätratgeber und Ernährungsempfehlungen auf Angaben zur optimalen Aufnahme dieser drei Makronährstoffe. Ob low-carb/high-fat- oder high-protein/low-fat-Diäten oder was sonst noch alles dazwischen an Kombinationen möglich ist, so werden die einzelnen Makronährstoffe so gut wie immer als homogene Stoffklassen hinsichtlich ihrer Qualität gesehen. Neben der fehlerhaften Annahme, alle Kalorien seien gleich, ist diese Vereinfachung ein weiterer zentraler Trugschluss der allgemeinen Auffassung von Ernährung.

Denn erstens nehmen wir diese Makronährstoffe selten als Reinsubstanzen zu uns, zweitens wirken verschiedene Fette oder Kohlenhydrate ganz unterschiedlich auf den menschlichen Organismus und drittens reagieren verschiedene Menschen auf das gleiche Nahrungsmittel völlig unterschiedlich. Vereinfacht gesagt: Niemand kann im Rahmen von auf Fragebögen basierenden Ernährungsstudien genau angeben, wie viel seine Nahrung von den einzelnen Makrokomponenten enthält, in welcher Form diese genau vorlagen und wie er oder sie individuell darauf stoffwechseltechnisch reagiert hat. Falls sich das alles ziemlich komplex und kaum wissenschaftlich erfassbar anhört, dann völlig zu Recht! Und wäre das noch nicht verwirrend genug, so hängt die metabolische Reaktion eines Organismus zusätzlich auch noch von der individuellen Kombination und Zubereitung der verschiedenen, zeitgleich mit der Speise aufgenommenen Makronährstoffe ab. Vor allem auf lange Sicht, und genau darum geht es ja bei der Frage nach einer lebenslang gesunden Ernährung.

Um diese Makronährstoffdiskussion abzukürzen – denn für eine ausführliche Diskussion dieser Materie wäre hier ohnehin zu wenig Platz –, möchte ich Sie mit den beinahe ketzerisch anmutenden Ergebnissen zweier aktueller Studien bekannt machen.

Die erste Studie mit dem komplexen Titel *Effect of Low-Fat vs Low-Carbohydrate Diet on 12-Month Weight Loss in Overweight Adults and the Association With Genotype Pattern or Insulin Secretion – The DIETFITS Randomized Clinical Trial* erschien 2018 in der angesehenen Zeitschrift der *American Medical Association* (JAMA).[16] Sie überprüfte die Hypothese, wonach die genetische Veranlagung und das Vorliegen eines individuellen Insulinresistenzmusters dafür ausschlaggebend sei, wie ein Proband auf zwei unterschiedliche Ernährungsformen, nämlich fettarm oder kohlenhydratarm, reagieren würde. Eine gängige Theorie besagt, dass Menschen mit einer Insulinresistenz (Typ-2-Diabetiker im Extremfall) bei einer kohlenhydratarmen Diät wirksamer abnehmen würden, wohingegen Insulin-empfindliche Probanden mit einem fettarmen Ansatz besser abschneiden würden. Diese bis dato größte und nach strengsten Kriterien durchgeführte Studie verlief – enttäuschend. Zumindest was die Bestätigung der postulierten Hypothese betraf. Tatsächlich zeigten die Ergebnisse der Studie, dass *beide* Diäten im Wesentlichen *gleichwertig* waren und den Probanden zu substanziellem Gewichtsverlust verhalfen. Die eigentliche Sprengkraft der Studie ist aber wieder einmal im Kleingedruckten der Methodik zu finden. Denn alle 600 Teilnehmer hatten während des Untersuchungszeitraumes folgende Vorgaben einzuhalten: Maximierung der Gemüseaufnahme, Minimierung von Zucker, raffiniertem Mehl und Trans-Fetten (als unbedenklich geltende Fette wie Olivenöl waren in beliebigen Mengen erlaubt) und Zubereitung von *echten*, nicht vorgefertigten Nahrungsmitteln zu Hause, sprich: Sie mussten selber kochen! Und das Beste kommt zum Schluss: Es gab *keinerlei* Vorgaben hinsichtlich der aufgenommenen Nahrungsmenge und der Kalorien! Die verordnete Diät der Probanden konzentrierte sich ausschließlich auf die *Qualität* der Nahrungsmittel und nicht deren Menge. Übrigens ein Umstand, den alle Studienteilnehmer als angenehm empfanden. Tatsächlich verloren fast alle Studienteilnehmer am Ende der zwölf Monate Gewicht, im Schnitt sechs Kilo. Ein gewaltiger Schuss vor den Bug für alle selbsternannten Ernährungsgurus, die kalorienzählende Diätindustrie sowie für die Hersteller von industriell verarbeiteten Lebensmitteln. Zusammengefasst: Menschen, die Zucker, raffiniertes Getreide und stark verarbeitete Lebensmittel meiden und sich dabei darauf konzentrieren, viel Gemüse und Vollwertkost zu sich zu nehmen – ohne sich dabei Gedanken über das Zählen von Kalorien oder die Begrenzung der Portionsgrößen zu machen (!) –, haben im Laufe eines Jahres tatsächlich beträchtliche Mengen an Gewicht verloren und ihren Gesundheitszustand nachhaltig verbessert.

Wird also den Studienteilnehmern keinerlei Restriktion hinsichtlich der Menge aufgenommener Nahrung auferlegt, sondern nur die Vorgabe, eigenständig natürliche (»echte«) Nahrungsmittel zuzubereiten, so spielt der tatsächliche Anteil der verschiedenen Makronährstoffe keine nennenswerte Rolle beim erreichten Gewichtsverlust nach einem Jahr. Anders gesagt: Es ist weitgehend egal, was Sie essen, solange es sich um traditionelle, echte Nahrungsmittel im engeren Sinne handelt und nicht um Fertiggerichte oder Speisen aus industriell stark verarbeiteten Lebensmitteln. Wie die *New York Times* treffend titelte: »Der Schlüssel zum Abnehmen ist die Qualität der Ernährung und nicht die Menge.« Fakt ist, dass bei den meisten Studienteilnehmern im Rahmen der Aufnahme natürlicher, selbst zubereiteter Nahrungsmittel das Sättigungsgefühl früher einsetzte und somit auch freiwillig weniger gegessen wurde, obwohl diesbezüglich keinerlei Grenzen gesetzt wurden. Zweifellos wird sich auch diese Studie einiges an Kritik von starrköpfigen und beratungsresistenten »Ernährungsexperten« gefallen lassen müssen. Allein die Autoren dieser bahnbrechenden wissenschaftlichen Publikation können sich eines wesentlichen Umstandes rühmen: Obwohl die Studie ihre Ausgangshypothese widerlegte, folgten sie dennoch nüchtern den erhobenen, objektiven Daten und kamen so zu einer anderen revolutionären Schlussfolgerung. Ein wunderbares Beispiel dafür, wie Wissenschaft funktionieren sollte.

Ein weiterer interessanter Aspekt dieser Studie ist schließlich der Umstand, dass es in beiden Gruppen (*low-fat* und *low-carb*) erhebliche Unterschiede hinsichtlich der erzielten Gewichtsabnahme gab. Während im statistischen Mittel beide Gruppen einen deutlichen Gewichtsverlust verzeichneten, nahmen einzelne Personen erstaunlicherweise an Gewicht zu, während andere sogar bis zu 25 oder 30 Kilo verloren.

Worauf beruhen diese gravierenden Unterschiede? In diesem Zusammenhang könnte eine weitere brisante Studie Aufschluss geben. Diese zweite Studie mit einem ebenso revolutionären Ergebnis wurde von israelischen Wissenschaftlern am Weizmann Institute of Science durchgeführt und bereits 2015 in der renommierten Zeitschrift *Cell* publiziert.[17]

Die Wissenschaftler untersuchten die Schwankungen des Blutzuckeranstieges nach identen Mahlzeiten bei 800 gesunden, freiwilligen Studienteilnehmern. Den Probanden wurde hierzu während einer ganzen Woche mittels eines neuartigen Messgerätes kontinuierlich der Blutzuckerspiegel gemessen. Mittels einer mobilen App dokumentierten die Studienteilnehmer zeitgleich ihre Aktivitäten (Sport, Schlafen etc.) und ihre Nahrungsaufnahme. Zudem wurden Stuhlproben der

Teilnehmer gesammelt, um die bakterielle Zusammensetzung ihrer Darmflora zu erheben. Die wesentliche und bahnbrechende Erkenntnis war, dass verschiedene Menschen trotz Aufnahme absolut identer Nahrungsmittel in gleichen Mengen einen gänzlich unterschiedlichen Blutzuckeranstieg verzeichnen. So stieg beispielsweise der Blutzucker bei manchen Individuen nach dem Konsum von Sushi stärker an als nach der Aufnahme von Eiscreme. Was also für den einen aus ernährungsphysiologischer Sicht gut war, konnte für einen anderen durchaus nachteilige Effekte hinsichtlich des Blutzuckeranstiegs haben. Bestechend war die Tatsache, dass die Wissenschaftler den Blutzuckeranstieg der Probanden schlussendlich sogar aus ihren individuellen Parametern vorausberechnen konnten.

Wenn wir essen, werden die Kohlenhydrate aus der Nahrung zu einfachen Zuckern zerlegt, die dann durch unseren Darm in den Blutkreislauf aufgenommen werden. Der Blutzuckerspiegel ist langfristig ein Schlüsselfaktor für die Entwicklung von Krankheiten wie Diabetes, Fettleibigkeit und anderen nichtübertragbaren Krankheiten. Was die Studie zeigte: Was für einen Menschen gesund ist, kann für andere schädlich sein. Denn Menschen unterscheiden sich in ihrer genetischen Ausstattung und in ihrem Lebensstil, aber auch – und das ist der entscheidende Punkt – hinsichtlich ihrer spezifischen Darmbakterienzusammensetzung. Und diese, die wiederum selbst abhängig von der aufgenommenen Nahrung ist, entscheidet offenbar über den individuellen Blutzuckeranstieg nach jeder Speise.

Fazit der Studie: Allgemeine Ernährungsempfehlungen für die gesamte Bevölkerung können nicht funktionieren, weil Menschen extrem unterschiedlich auf diverse Nahrungsmittel reagieren, was wiederum auf deren Lebensstil und langfristige Ernährungsgewohnheiten zurückzuführen ist. Zeit also, sich mit unserer Ernährung genauer auseinanderzusetzen.

Ernähre ich mich gesund?

Sie möchten wissen, ob Sie sich gesund beziehungsweise für Ihren Konstitutionstyp richtig ernähren? Falls Sie sich nicht gerade unwohl fühlen oder gar an einer der erwähnten chronischen Krankheiten leiden, gibt es eine einfache Möglichkeit, dies herauszufinden. Der tägliche Blick in die Toilettenschüssel gibt Aufschluss. Wenn das, was Sie sehen, nicht Ihren Erwartungen entspricht, sollten Sie Ihre Ernährung umgehend einer kritischen Betrachtung unterziehen und ändern. Weder krankhafte Fettleibigkeit noch extrem übelriechende, halbflüssige Stühle sind dem *Homo sapiens* angeboren. Jeder besorgte Hundehalter wird die Ernährung seines vierbeinigen Lieblings überdenken, wenn dieser täglich nur braune Sauce von sich gibt. Diesen Luxus sollten wir uns selbst auch gönnen. Ein Blick auf die sogenannte Bristol-Stuhlformen-Skala gibt rasch Aufschluss darüber, wie der »Idealstuhl« beschaffen sein sollte (Sie finden diese Skala problemlos im Internet; die Stuhlformen 3 und 4 gelten gewissermaßen als »erstrebenswert«).[18] Ebenso ist es sicherlich keine verdauungsphysiologische Normalität, wenn Sie nach der Nahrungsaufnahme regelmäßig über Magenbeschwerden, Sodbrennen oder Bauchschmerzen klagen. Dennoch nehmen viele Menschen diese Beschwerden als gegeben hin, weil sie über Jahrzehnte nichts anderes gewohnt sind. Anstatt die eigene Ernährung gründlich zu überdenken, laufen viele lieber zum Arzt. Dort werden dann in aller Regel Symptome bekämpft, nicht die Ursachen. Über die richtige Ernährung werden Ihnen die wenigsten Ärzte sinnvolle und hilfreiche Ratschläge erteilen können, da Ernährung bis heute an den meisten Medizinunis nur in äußerst geringem Umfang gelehrt wird. Grob fahrlässig, wenn man bedenkt, dass sie unseren innigsten Kontakt mit unserer Umwelt darstellt. Vielmehr wird den werdenden Ärztinnen und Ärzten in den medizinischen Kaderschmieden beigebracht, wie die angegebenen Beschwerden rasch und effektiv medikamentös behoben werden können. In vielen Fällen kein guter Rat, weil neue Probleme geschaffen werden. Beginnen Sie lieber damit, selbst auf Ihre Nahrung zu achten, und legen Sie ein Ernährungstagebuch an. Es lohnt sich. Sie werden erstaunt sein, wie viele chronische Beschwerden und Wehwehchen sich bei einer Ernährungsumstellung im Handumdrehen bessern können. Chronische Gelenkschmerzen, Müdigkeit und Konzentrationsstörungen, chronischer Reizdarm, Übergewicht, diabetische Stoffwechsellage, chronische Entzündungszustände bis hin zu Frühstadien von Demenzerkrankungen können sich durch entsprechende Ernährung erheblich verbessern oder gar vollständig verschwinden.

Die medizinisch-wissenschaftliche Fachliteratur ist voll von diesbezüglich publizierten Erkenntnissen, die aber vor dem übermächtigen Hintergrund der durch die Pharmalobby gesponserten Medikamentenstudien kaum wahrgenommen werden. Mit lokal und nachhaltig von kleinbäuerlich strukturierten Betrieben angebauten, natürlichen und für den Menschen geeigneten, *echten* saisonalen Nahrungsmitteln sind nun mal keine jährlichen Milliardengewinne für Konzerne verbunden.

Das Pyramidenspiel

Wenn Sie zu Ihrem Arzt oder Ernährungsberater gehen, steht die Chance nicht schlecht, dass Sie »gesunde« Ernährungsempfehlungen (häufig in Form eines bunten Folders irgendeiner Fachgesellschaft oder eines Ministeriums) wie diese erhalten:

»Essen Sie *täglich* drei Portionen Gemüse oder Hülsenfrüchte, zwei Portionen Obst, vier Portionen Getreide, Brot, Nudeln, Reis oder Kartoffeln, drei Portionen fettarme Milch und Milchprodukte, ein bis zwei Esslöffel pflanzliche Öle, Nüsse oder Samen. Pro Woche ein bis zwei Portionen Fisch, maximal drei Portionen fettarmes Fleisch oder fettarme Wurstware und maximal drei Eier. Streich-, Back- und Bratfette und fettreiche Milchprodukte sollten Sie sparsam konsumieren.« Das war's. Darüber hinaus erfahren Sie in der Regel recht wenig Brauchbares.

Vielleicht werden Sie sich folgende Fragen stellen: Soll ich wirklich Getreide, Brot, Nudeln und Reis zu meinen Grundnahrungsmitteln machen, wo ich doch heute bei jeder Gelegenheit lese, dass diese Nahrungsmittel das Potenzial besitzen, dick zu machen? Was ist mit Gluten? Vertrage ich überhaupt Milchprodukte? Und warum müssen diese fettarm sein? Nur drei Eier pro Woche? Geht es dabei um mein Cholesterin? Sind fettarme Wurstwaren okay, auch wenn sie Nitrit-Pökelsalz enthalten?

Woher der Fisch kommt und ob er tatsächlich aus ökologisch nachhaltiger Aquakultur stammt, wie das Rind oder die Sau gehalten und vor allem gefüttert wurde, ob das Gemüse mit Pestiziden belastet ist, wie lange die Kiwi im Winter unterwegs war, ob Sie eine Getreideunverträglichkeit oder Laktoseintoleranz haben, ob der Bauer für den Liter Milch anständig entlohnt wurde, welche pflanzlichen Öle, Back- und Streichfette gesund sind und welche nicht … All das und vieles mehr erfahren Sie nicht. Und Sie erfahren auch nicht, was die hieb- und stichfesten wissenschaftlichen Grundlagen für diese Ernährungsempfehlungen sind. Warum? Weil sie nicht existieren.

Ernährungsempfehlungen ohne entsprechende wissenschaftliche Erkenntnisse? Ja. Man möchte es nicht glauben, aber das gibt es tatsächlich. Die oben erwähnten Ernährungsempfehlungen entstammen der Ernährungspyramide des Österreichischen Bundesministeriums für Gesundheit aus dem Jahr 2010. Ohne Angabe jeglicher wissenschaftlicher Quellen. Die Grundlage dieser und anderer Empfehlungen entspringt wie so oft der Meinung von sogenannten »Experten«.

Ernährungspyramiden gibt es mittlerweile unzählige, und alle sehen ähnlich aus. Bei der ersten Ernährungspyramide des United States Department of Agriculture aus dem Jahr 1992 fanden sich an der Basis der Pyramide überhaupt gleich sechs bis elf Portionen Brot, Cerealien, Reis und Pasta. Auch damals gab es keinerlei stichhaltige wissenschaftliche Grundlagen für diese Empfehlung, und dennoch ereiferten sich so gut wie alle westlichen Länder, dem Vorbild USA zu folgen, und übernahmen die Pyramide und ihre quantitativen wie qualitativen Empfehlungen unkritisch. Von der Qualität der Produkte und deren ökologisch nachhaltigem Anbau war damals wie heute nur selten die

Rede. Was zählte, war und ist für viele die Zusammensetzung der Makronährstoffe Kohlenhydrate, Fette und Proteine. Tenor: Kohlenhydrate gut, Fett und Fleisch eher schlecht bis böse. Zu allem Überfluss fanden diese Pyramiden während der Jahrzehnte auch noch Einzug in medizinische und ernährungswissenschaftliche Lehrbücher sowie Wellnessmagazine und werden an den meisten Schulen unterrichtet. Über Jahre und Jahrzehnte haben sich die Empfehlungen dieser Pyramiden in unser kollektives Unterbewusstsein eingegraben, und das, obwohl sie weitgehend ein Produkt erfolgreichen Lebensmittelindustrielobbyings waren und sind.

Unter zunehmend kritischen Stimmen sind die auf der ursprünglichen US-Ernährungspyramide basierenden Empfehlungen mittlerweile umstritten, einerseits, da kein Rückgang der ernährungsbedingten Zivilisationskrankheiten zu verzeichnen ist (sondern das Gegenteil) und auch die Ergebnisse zahlreicher neuerer, unabhängiger (!) biomedizinischer Studien und Langzeituntersuchungen wie etwa die *Nurses' Health Study* (NHS) in den USA die althergebrachten Ernährungsempfehlungen infrage stellten.

Es kann nicht billig genug sein

Wenn man die Kontrolle über die Nahrungsmittel hat,
hat man die Kontrolle über das Volk.
Henry Kissinger

In der zweiten Hälfte des vorigen Jahrhunderts begann sich das weltweite Nahrungssystem ausschließlich auf Produktionssteigerung und die Senkung der Nahrungsmittelkosten zu konzentrieren. Während in den 1950er-Jahren noch bis zu 45 Prozent des Haushaltseinkommens für Lebensmittel aufgewendet werden mussten, fließen heute im Schnitt nur noch elf bis dreizehn Prozent des Haushaltseinkommens in die Anschaffung von Lebensmitteln. Für das Auto gibt ein durchschnittlicher österreichischer Haushalt allerdings bereits 16 Prozent, für Freizeit und Hobbys über dreizehn Prozent des Einkommens aus. Dass hier etwas nicht stimmt, ist augenscheinlich. Dennoch kann es dem Kunden nicht »billig« genug sein, wie ein Blick in die bunten Aktionsfolder der Lebensmittelketten zeigt. Ermöglicht werden diese Dumpingpreise durch großindustrielle Produktion mit minderer Qualität und auf Kosten der primären Produzenten, der Bauern. Dass dabei die Umwelt und die Lebensgrundlage zukünftiger Generationen massiv leiden, bleibt oft unbemerkt.

Die industrialisierte Nahrungsmittelproduktion ist geprägt von Globalisierung und Wettbewerb. Die Verarbeitung von Lebensmitteln wurde zu einer Wissenschaft, mit dem Ziel, unwiderstehlich schmackhafte, billige und rasch wie praktisch zuzubereitende Lebensmittel zu produzieren. Es wurden ausgeklügelte Produktionsmöglichkeiten erfunden, um Gemüse ohne Erdboden zu kultivieren und Nutztiere unter Inkaufnahme sogenannter Produktionskrankheiten in wirtschaftlich effizienter Massentierhaltung heranzuzüchten, um die steigende Nachfrage nach Billigstfleisch sowie günstigen Eiern und Milchprodukten zu decken. Die Konsequenzen für Umwelt und menschliche Gesundheit, den Tierschutz und die kleinstrukturierte Wirtschaft ländlicher Gebiete (Stichwort Bauernsterben) sind bekannt, scheinen aber immer nur einen Bruchteil der Bevölkerung und unserer politischen Repräsentanten zu beunruhigen. Was den Großteil der Bevölkerung nicht juckt, damit lässt sich schließlich kein politisches Kleingeld machen.

Die Bedürfnisse des modernen Kunden sind schnell zusammengefasst: große, immer und überall verfügbare Auswahl zu günstigen Preisen, lange Haltbarkeit oder »immer frisch« zu jeder Jahreszeit und vor allem immer mehr billiges Fleisch und günstige Milch. Tja, wie geht das? Die Antwort haben industrielle Landwirtschaft, Nahrungsmittelindustrie und Supermarktketten mit bis zu 40 000 Produkten in ihren immer vollen Regalen.

»Faktencheck Zucker«

Wohin man schaut, die Verbrauchertäuschung ist allgegenwärtig. So auch auf der offiziellen Homepage der österreichischen Wirtschaftskammer (WKO), die vor allem die Lebensmittelindustrie vertritt. Ein Eintrag vom November 2018 mit dem Titel *Faktencheck Zucker*[19] versucht, mit allen Mitteln von der Tatsache abzulenken, dass die aktuelle Studienlage in der chronischen und übersteigerten Aufnahme von Zucker und anderen simplen Kohlenhydraten eine wesentliche Ursache für die aktuelle Epidemie nichtübertragbarer Krankheiten sieht. »Fundierte Informationen über Lebensmittel sind wichtig, damit die Konsumentinnen und Konsumenten mehr über Qualität, Sicherheit und den Genuss von Lebensmitteln erfahren. Erst dann können Menschen jene Lebensmittel auswählen, die für sie ideal sind. Neben einer ausgewogenen Ernährung ist auch der Lebensstil wichtig. Dazu zählen insbesondere ausreichend Bewegung und eine maßvolle und ausgewogene Ernährungsweise«, heißt es salbungsvoll in der Einleitung. Haben Sie es bemerkt? Gleich zu Beginn werden die immer wiederkehrenden Floskeln von »ausgewogener Ernährung« und »ausreichender Bewegung« als Kennzeichen des individuellen Lebensstils und damit der eigenen Verantwortung ins Spiel gebracht. Und es geht weiter: Zucker liefere die lebensnotwendige Energie für unseren Körper, heißt es da. Argumentativ ein schlauer Schachzug, denn das Zuckermolekül Glukose ist tatsächlich in wichtigen und lebenserhaltenden biochemischen Reaktionen des Körpers zur Energiegewinnung von Bedeutung. Hier wird allerdings das in unzähligen pflanzlichen und tierischen Organismen vorkommende Molekül Glukose mit dem Begriff »Zucker« gleichgesetzt. Wir erinnern uns, wir befinden uns auf der Homepage der Wirtschaftskammer, und hier geht es um das industrielle Produkt »Zucker«. Dichtung und Wahrheit sind hier nahe beieinander. Zwar wird korrekterweise ausgeführt, dass Zucker ein Sammelbegriff für süß schmeckende Saccharide aus der Gruppe der Kohlenhydrate sei, im nächsten Satz wird jedoch gleich festgestellt, dass »bei der Herstellung von Lebensmitteln Zucker seit jeher für den Geschmack oder aus technischen Gründen eingesetzt wird«. Immer schon? Was mit dem vagen Begriff »seit jeher« gemeint ist, bleibt unerklärt und ist eine Irreführung. Rohrzucker, der seit dem 16. Jahrhundert mithilfe von Arbeitssklaven in der Karibik angebaut und produziert wurde, war jahrhundertelang ein Luxusprodukt, zu dem die Mehrheit der Bevölkerung keinen Zugang hatte. Zucker aus Zuckerrüben wurde erstmals zu Beginn des 19. Jahrhunderts – damals noch sehr ineffizient – hergestellt. Erst in der zweiten Hälfte des 20. Jahrhunderts hat der Zuckerkonsum in der Bevölkerung massiv zugelegt. So wurden 2016 weltweit etwa 277 Millionen Tonnen Zuckerrüben und 1,891 Milliarden Tonnen Zuckerrohr produziert. Dass Zuckerrohr den begehrten süßen Stoff enthält, ist der Menschheit zwar seit Jahrtausenden bekannt, dennoch war Zucker fast immer Luxusgut für Reiche, Arzneimittel und seltenes Gewürz. Erst innerhalb der letzten hundert Jahre hat sich der Zuckerkonsum zum Beispiel in Österreich auf das Zwanzigfache gesteigert. Insbesondere seit der hysterischen Verunglimpfung von Fett in unseren Nahrungsmitteln, beginnend mit den späten 1950er-Jahren, wurde von der Nahrungsmittelindustrie der Geschmacksträger Fett zunehmend durch Industriezucker ersetzt. Damit es schmeckt, muss nämlich reichlich Süßes reingepackt werden. »Seit jeher« ist eine irreführende Verzerrung der Tatsachen, es sei denn die WKO versteht darunter die letzten Jahrzehnte.

Auch gegen das Märchen vom »versteckten Zucker« wird von den Vertretern der gewerblichen Wirtschaft zu Felde gezogen und geschickt argumentiert, denn der Zuckergehalt sei für jeden ersichtlich auf den verpflichtenden Nährwerttabellen der Fertignahrungsmittel in Gramm deklariert. Ein sehr kreativer Schachzug, allerdings bezieht sich der Begriff vom »versteckten Zucker« auf die Tatsache, dass der Verbraucher *gar nicht damit rechnet*, mit dem einen oder anderen gesund imponierenden Fertignahrungsmittel hohe Zuckermengen zu sich zu nehmen. Der einfache Konsument greift beim Einkauf zu den Produkten, ohne dabei Nährwerttabellen zu studieren. Das Verbrauchermagazin *Öko-Test* Ausgabe 2/2019 gibt zum Thema »versteckter Zucker« ein paar Beispiele: So finden sich in 500 Gramm eines »Knusper Joghurt Himbeer Müsli«, das mit dreißig Prozent weniger Fett wirbt, tatsächlich 35 Stück Würfelzucker. 400 Gramm tafelfertiger und als durchaus gesund imponierender Apfelrotkohl enthalten immerhin 15 Stück Würfelzucker. Bei der Joghurt-Schnitte Heidelbeere & Cranberry eines bekannten Herstellers sind die 15 Stück Würfelzucker (nebst reichlich Fett) in nur 140 Gramm des Produktes konzentriert. Statt um einen gesunden Früchtesnack handelt es sich hier um mehr als fünfzig Prozent Zucker und Fett. Und die Liste ließe sich fortsetzen: »Verdauungsfördernde« Joghurts, Wurstwaren, fettarme Joghurtdrinks, Fertigsalate, Dressings, Trockenfrüchte, Kinder-Frühstücksflocken ... Die meisten industriell hergestellten Fertignahrungsmittel mit bunter Verpackung enthalten Zucker in haarsträubenden Mengen. Das, liebe Wirtschaftskammer-Experten, ist mit »verstecktem Zucker« gemeint, auch wenn sich die Fakten im Kleingedruckten finden. Der Verbraucher wird mit der WKO-Argumentation schlicht für dumm verkauft.

Zucker per se mache weder dick noch krank, ist unter dem nächsten Punkt der Liste zu lesen. Freilich ist Zucker in allen seinen molekularen Erscheinungsformen *per se* kein Bösewicht. Immerhin ist er ja in der Natur an wichtigen Lebensprozessen beteiligt. Damit Sie nicht lange nachdenken müssen, kommen die Experten der WKO rasch zu der Einsicht: Dass laut österreichischem Ernährungsbericht 2017 bereits 41 Prozent der erwachsenen Bevölkerung übergewichtig beziehungsweise adipös sind, sei die Folge eines »multikausalen Zusammenspiels vieler Faktoren: einseitige und unausgewogene Ernährung, Stress, genetische Disposition, Schlaf- und vor allem Bewegungsmangel«. Ein klassisches Ablenkungsmanöver aus dem PR-Kit der Industrie. Man zeigt mit ausgestrecktem Zeigefinger auf alle anderen Risikofaktoren, in der Hoffnung, vom zentralen Vorwurf abzulenken. Der bewegungsfaule, gestresste und schlaflose Bürger samt seiner genetischen Ausstattung trage die Schuld, nicht der Zucker. Man beruft sich in diesem Zusammenhang sicherheitshalber auf die International Diabetes Federation. Laut dieser Vereinigung sind die Risikofaktoren für Diabetes mellitus Typ 2 neben der Ernährung, Übergewicht, Adipositas und ernährungsbedingte Erkrankungen wie Bluthochdruck vor allem Bewegungsmangel und soziale, psychologische und genetische Faktoren. Moment mal. Man beruft sich als Argument *für* die Harmlosigkeit des Nahrungsmittels Zucker auf eine Aussage, die das Gegenteil vertritt? An vorderster Stelle werden hier tatsächlich korrekterweise »Ernährung« und »ernährungsbedingte Erkrankungen« genannt. Gemeint sind damit die industriell hergestellten, mit versteckten Zuckern vollgepackten Fertignahrungsmittel und nicht Naturprodukte wie etwa Gemüse und Obst.

Worauf es wirklich ankomme, sei die Kalorienbilanz, so die WKO weiter. Dass dieser dumme Stehsatz, der wie alle anderen aufgeführten Punkte auch von der Softdrink-Industrie benutzt wird, immer noch zieht, ist kaum zu glauben. Durch die Blume wird dem Konsumenten mitgeteilt, er verbrauche zu wenige Kalorien, weil er sich zu wenig bewege, also faul sei. Dass zuckerhaltige Nahrungsmittel das Insulinsystem belasten, nicht satt machen und die nächste Hungerattacke vorprogrammieren, wird elegant verschwiegen. Dass Kalorienzählen keine Lösung ist, um aus dem gegenwärtigen Dilemma herauszukommen, habe ich bereits weiter oben ausführlich dargelegt. Das Konzept der Kalorienbilanz ohne Bedachtnahme auf die Zusammensetzung und Qualität unserer Nahrungsmittel ist längst durch entsprechende Studien widerlegt und ein Unfug sondergleichen.

Und das Beste kommt wie immer zum Schluss: »Süßer Geschmack macht nicht süchtig«, ist dort zu lesen. Die Behauptung, Zucker sei eine »Droge« oder mache abhängig, sei falsch, denn die grundsätzliche Präferenz für einen süßen Geschmack sei genetisch bedingt und habe das Überleben der Menschheit gesichert. »Für echte Suchtmittel wie Opiate, Kokain oder Tranquilizer existieren klare internationale Richtlinien«, so die WKO, »und diese treffen auf den Zucker keinesfalls zu.« Tatsächlich? Was sagen die Wissenschaft und die zitierten »klaren internationalen Richtlinien« dazu?

Richtig ist in diesem Zusammenhang lediglich, dass unsere Vorliebe für Süßes (ebenso wie für Fettes) ein evolutionäres Erbe im Sinne eines Überlebensprogrammes sein dürfte, da diese energiereichen, aber eher seltenen Nahrungsmittel in der Vergangenheit unser Überleben sicherten. Durch Herausbildung eines Dopamin-abhängigen Belohnungssystems in unserem Gehirn war quasi evolutionär sichergestellt, dass der Mensch so viel wie möglich zu sich nahm, solange die an sich seltene Ressource vorhanden war. Unser energiehungriges wie einzigartiges Großhirn machte dies nötig. Falsch ist es aber, zu behaupten, eine Zuckersucht gäbe es nicht. Während die körperliche Abhängigkeit von zuckerhaltigen Nahrungsmitteln wohl nicht direkt mit klassischen Süchten wie Kokain- oder Heroinsucht vergleichbar ist, so gibt es reichlich Belege dafür, dass es sich eher um Abhängigkeitsformen ähnlich wie bei Nikotin handelt. Es gibt aber auch deutliche Hinweise für das Existieren einer Zuckersucht im engeren Sinne, sowohl auf experimenteller als auch auf klinischer Ebene. Von den insgesamt elf Kriterien einer sogenannten Substanzgebrauchsstörung (die früheren Begriffe Missbrauch und Abhängigkeit sind zugunsten dieses neuen Begriffes aufgegeben worden), wie im *Diagnostischen und Statistischen Manual Psychischer Störungen* (DSM-5) aufgeführt wird, werden zumindest fünf bis sechs von zucker- beziehungsweise kohlenhydratsüchtigen Personen erfüllt. Was man in diesem Zusammenhang auch wissen sollte: Bei Auftreten von zwei Merkmalen innerhalb eines Zeitraums von zwölf Monaten gilt die Substanzgebrauchsstörung bereits als erfüllt! Die Störung gilt als schwer, wenn vier oder mehr Kriterien erfüllt sind. Dabei handelt es sich insbesondere um folgende Kriterien:

- »*Craving*«, starkes Verlangen oder Drang, die Substanz zu konsumieren;
- fortgesetzter Gebrauch trotz Kenntnis von körperlichen oder psychischen Problemen;
- Konsum länger oder in größeren Mengen als geplant (Kontrollverlust);
- anhaltender Wunsch oder erfolglose Versuche der Kontrolle;
- Toleranzentwicklung gekennzeichnet durch Dosissteigerung oder verminderte Wirkung;
- Entzugssymptome oder deren Vermeidung durch Substanzkonsum.

Von der Lebensmittel- beziehungsweise Zuckerindustrie wird darauf hingewiesen, dass zahlreiche Erkenntnisse zum Suchtverhalten in Verbindung mit bestimmten Nahrungsmitteln entweder an Labortieren wie Ratten gewonnen worden sind oder ohnehin in der wissenschaftlichen Welt kontrovers diskutiert werden. Also alles nicht wahr? Was dabei ignoriert wird, ist die Tatsache, dass die kontroverse Diskussion von wissenschaftlichen Ergebnissen das zentrale Wesen der Wissenschaftsdisziplinen und des wissenschaftlichen Diskurses an sich ist. So war es bisher und so wird es immer sein, mit dem Unterschied, dass man heute nicht mehr auf dem Scheiterhaufen landet, wenn man ketzerische, nicht Mainstream-konforme Ansichten äußert. Derzeit zumindest nicht.

Fragen Sie also einen übergewichtigen Patienten mit metabolischem Syndrom, der zahlreiche Abnehmversuche hinter sich hat, aber letztendlich an dem inneren Drang, doch wieder bei Burger, Donuts, Softdrinks oder Süßigkeiten aller Art zuzuschlagen, gescheitert ist, wie er sich fühlt. Fragen Sie ihn auch, ob er nach dem Kontrollverlust ein kurzfristiges Gefühl der Befriedigung oder einen Kick empfunden hat, nur um kurze Zeit später tatsächliche Entzugssymptome und erneuten Heißhunger zu verspüren. Schließlich sind sich viele Übergewichtige ihrer gesundheitlichen Misere schmerzlich bewusst, haben aber aus unterschiedlichsten Gründen aufgegeben und sich mit ihrem Schicksal und dem damit verbundenen Risiko abgefunden. Selbstzweifel, Depression und soziale Isolation inklusive. Sich angesichts dieses weltweiten täglichen Dramas in Adipositas- und Stoffwechselambulanzen hinzustellen und zu behaupten, es existiere kein Suchtverhalten nach einfach verwertbaren Kohlenhydraten wie Zucker, ist zynisch, um nicht zu sagen kriminell. Immerhin haben es bereits einige Länder geschafft, angesichts der erdrückenden wissenschaftlichen Erkenntnisse analog zu anderen Suchtmitteln wie Alkohol und Nikotin die *Substanzgebrauchsstörung* eines großen Teils der Bevölkerung mit einer Zuckersteuer in den Griff zu bekommen.

Wer selbst Kinder hat, wird ohnehin schon beobachtet haben, dass unleidliches Verhalten mit der Verabreichung von zuckerreichen Naschereien zumindest kurzfristig effektiv in den Griff zu bekommen ist. Bis zum nächsten Absinken des Blutzuckerspiegels jedenfalls ... Dass Zucker tatsächlich nicht nur unheimlich beruhigend, sondern sogar schmerzlindernd wirkt, zeigt sich in dem Erfolg eines medizinischen Produktes mit dem Handelsnamen Sweet-Ease®, einer simplen 24-prozentigen sterilen Zucker-Wasser-Lösung. Sie wird zur Beruhigung und Schmerzlinderung von Säuglingen bis zu sechs Monaten vor allem auf pädiatrischen Stationen, im Kinderambulanzbereich und in der Kinderarztpraxis verabreicht, um die Kleinsten der Kleinen bei Untersuchungen und Eingriffen einfacher handhaben zu können. Die Wirkung ist gleichermaßen erstaunlich wie wissenschaftlich belegt.

Aus evolutionärer Sicht müssen wir also das Bedürfnis nach Süßem als ein normales Merkmal betrachten, das es Menschen erlaubte, unter ursprünglich »primitiven« Bedingungen zu überleben, als Nahrungsmittel nicht an jeder Ecke verfügbar waren. Während wir uns aber kulturell weiterentwickelten und seit relativ kurzer Zeit simple Kohlenhydrate wie Zucker in großen Mengen günstig herstellen können, wurden die alten neuronalen Schaltkreise, die an süchtig machenden Verhaltensweisen beteiligt sind, überflüssig beziehungsweise dysfunktional. Anstatt unser Überleben zu sichern, beeinträchtigen sie heute unsere Gesundheit.

Aus diesem Grund und abgeleitet aus den gegenwärtigen wissenschaftlichen Erkenntnissen empfiehlt die Weltgesundheitsorganisation WHO mittlerweile völlig zu Recht, die Aufnahme von freiem Zucker in allen Lebensphasen auf maximal fünf bis zehn Teelöffel (entsprechend zwanzig bis vierzig Gramm) pro Tag zu beschränken. Eine Menge, die unter Umständen mit einem Becher Fruchtjoghurt, mit Sicherheit aber mit 0,5 Liter Cola, Eistee, Apfel- oder Orangensaft aus dem Getränkeautomaten der Schule erreicht ist!

Um es noch einmal in aller Deutlichkeit zu wiederholen: Zucker in seiner reinen Form war zu mehr als 99,99 Prozent der Menschheitsgeschichte kein verfügbares Nahrungsmittel! Selbst natürlich anmutende Nahrungsmittel wie süßes Obst mit hohem Fruktosegehalt oder Tetra Paks mit noch so »gesundem« Orangen- oder Apfelsaft sind das Resultat von relativ rezenten Züchtungen, respektive Produkte der Nahrungsmittelindustrie. Der Zuckergehalt von Apfelsaft ist oft höher als der von Cola. In einem Liter rasch ausgetrunkenem Orangensaft stecken gut zwei Kilo Orangen. Wann haben Sie das letzte Mal zwei Kilo Orangen auf einen Sitz gegessen? Fruchtsäfte gleichen häufig flüssigen Süßigkeiten mit mehr als fraglichen ernährungsphysiologischen Eigenschaften. Von der Ökobilanz der Orangensaftherstellung ganz zu schweigen.

Die dunklen Machenschaften der Zuckerindustrie

Dass seitens der Industrie, egal ob Nahrungsmittel-, Pharma- oder Agroindustrie, Beweise für negative Gesundheitsauswirkungen ihrer Produkte unterdrückt werden, um rücksichtslos satte Profite auf Kosten der Bevölkerung zu machen, ist kein Phänomen des 21. Jahrhunderts. Schon vor fünfzig Jahren ließ die Zuckerindustrie wissenschaftliche Forschungsergebnisse verschwinden, die auf negative Gesundheitsauswirkungen des Zuckers hinwiesen, und stellte die Finanzierung der diesbezüglichen Forschung ein, als sie die finanziellen Interessen der ganzen Branche beeinträchtigt sah.

Eine weitere Verschwörungstheorie aus sozialen Netzwerken? Mitnichten, wie eine 2017 in dem Wissenschaftsjournal *PLOS Biology* veröffentlichte Studie zutage förderte.[20] Die Autoren fanden im Rahmen ihrer Analyse interner Dokumente schlüssige Beweise dafür, dass die Zuckerindustrie die Wissenschaft manipuliert hat, um kommerzielle Interessen zu schützen und staatliche Regulierungsbehörden und die öffentliche Meinung zu beeinflussen. Laut der Studie finanzierte die Sugar Research Foundation (SRF) in einer *Projekt 259* genannten Tierversuchsreihe die Auswirkungen von Tafelzucker auf die kardiovaskuläre Gesundheit. Als die Ergebnisse aus dem Projekt darauf hindeuteten, dass Saccharose mit Herzkrankheiten und Blasenkrebs in Verbindung gebracht werden kann, beendete die Stiftung die Forschung, ohne die Ergebnisse zu veröffentlichen oder Hinweise auf mögliche Schäden bekannt zu machen.

Die unter Verschluss gehaltenen Dokumente der Zuckervereinigung belegten zudem bereits 1969, dass nicht alle Kalorien gleich sind. Außerdem zeigten die gefundenen Aufzeichnungen, dass die Zuckerindustrie bereits Mitte der 1960er-Jahre eng mit Ernährungswissenschaftlern zusammengearbeitet hatte, um Fett und Cholesterin als alleinige diätetische Ursachen für Herz- und Gefäßkrankheiten darzustellen und die Rolle des Risikofaktors Zucker herunterzuspielen. So hat die Sugar Research Foundation im Jahr 1967 sogar heimlich eine Übersichtsarbeit im angesehenen *New England Journal of Medicine* finanziert, in der Daten, die belegten, dass der Konsum von Tafelzucker mit erhöhten Blutfettwerten und der koronaren Herzkrankheit in Verbindung gebracht werden konnte, unterdrückt wurden. Ein schlaues Manöver, wenn man bedenkt, wie stark der Einfluss des *New England Journal of Medicine* auf die weltweite medizinische Praxis und Meinungsbildung seit Beginn des 19. Jahrhunderts ist.

Öffentlich hat die Zuckervereinigung als Exponent der US-amerikanischen Zuckerindustrie immer vehement bestritten, dass Zucker Stoffwechselwirkungen hätte, die mit chronischen Krankheiten in Verbindung stehen und über kalorische Effekte hinausgehen würden. Interessantes Detail am Rande: Bereits damals ahnten die Wissenschaftler, dass vermutlich die Darmbakterien dafür verantwortlich seien, dass der aufgenommene Zucker über bakterielle Fermentierungsprozesse zu einem Anstieg der Blutfettwerte (Hypertriglyceridämie) führt. Wären die Ergebnisse von *Projekt 259* publiziert worden, wäre Tafelzucker wahrscheinlich sogar als potenzielles Karzinogen untersucht worden. Der Seniorautor der *PLOS Biology*-Studie, Stanton Glanz, meinte dazu in einem Interview: »Dieser Fall ist ein weiteres Beispiel dafür, dass die Zuckerindustrie wie die Tabakindustrie eine lange Tradition hat, wissenschaftliche Ergebnisse zu unterdrücken, die ihre wirtschaftlichen Interessen nicht unterstützen.« Wenn also unliebsame Forschungsergebnisse den Profit gefährden, sind sich alle einig: Lebensmittelindustrie, Tabakunternehmen, Pharmaunternehmen und die chemische Industrie.

Bereits ein Jahr zuvor publizierten dieselben Autoren in der Fachzeitschrift *JAMA Internal Medicine* Dokumente, die belegen, dass die Zuckerindustrie Wissenschaftler in den 1960er-Jahren bezahlte, um die Verbindung zwischen Zucker und Herzkrankheiten herunterzuspielen und gesättigte Fette als die wahren Schuldigen anzuprangern.[21] Ein Unterfangen, das glückte und die Medizin gut fünf Jahrzehnte lang an der Nase herumführte. Dabei war es ganz einfach: Die Sugar Research Foundation bezahlte drei Wissenschaftler der angesehenen Harvard University, um die öffentliche Meinung zu beeinflussen. Eine Vorgangsweise, die heute noch funktioniert, wie zahlreiche journalistische Investigativartikel zeigen. Mehrere Artikel in der *New York Times*[22] deckten auf, dass unter anderem Coca-Cola, der weltweit größte Hersteller von zuckerhaltigen Getränken, Forschern, die den Zusammenhang zwischen zuckerhaltigen Getränken und Fettleibigkeit herunterspielten, Millionen Dollar zur Verfügung gestellt hatte.

Noch einmal zurück zu den bezahlten Harvard-Wissenschaftlern. Einer der von der Zuckerindustrie bezahlten Herren war Dr. Mark Hegsted, der später zum Leiter der Abteilung für Ernährung des US-Landwirtschaftsministeriums avancierte, wo er 1977 den Vorläufer der nationalen Ernährungsrichtlinien »mitgestaltete«. Eine schicksalshafte Verknüpfung von Ereignissen für Millionen von Menschen weltweit. Für viele darauffolgende Jahrzehnte ermutigten die Gesundheitsbehörden das Volk, ihre Fettzufuhr zu reduzieren, was dazu führte, dass viele Menschen stattdessen fettarme, zuckerreiche Lebensmittel zu sich nahmen. Also jene Nahrungsmittel, die viele seriöse Wissenschaftler heute für die weltweite Adipositas- und Diabetes-Epidemie verantwortlich machen! Dr. Hegsted nutzte seine Position, um die Ernährungsempfehlungen der US-Regierung zu beeinflussen, in denen gesättigtes Fett als Treiber für Herzkrankheiten hervorgehoben wurde, während Zucker im Wesentlichen als »leere Kalorien« charakterisiert wurde. Als potenziell negative Seite des Zuckers wurde lediglich seine Rolle bei der Kariesentstehung erwähnt.

Etwa Mitte der 1960er-Jahre deuteten die ersten Studien auf einen möglichen Zusammenhang zwischen Zuckeraufnahme und der steigenden Rate an Herzkrankheiten hin. Zur gleichen Zeit versuchte der prominente US-Physiologe Ancel Keys, seine Theorie, wonach gesättigte Fette und Cholesterin in der Nahrung das größte Risiko für Herzerkrankungen darstellen, mit fragwürdigen Methoden zu beweisen. Den Vertretern der Zuckerindustrie gefiel diese Sichtweise gut und sie machten gegenüber den bezahlten Harvard-Wissenschaftlern klar, welche Ergebnisse sie erwarteten. Besonders entlarvend für die damaligen Machenschaften der Zuckerindustrie mit den Harvard-Wissenschaftlern ist ihr damals offenbar privater Schriftverkehr, der später aufgedeckt wurde. So beruhigte der Harvard-Wissenschaftler Dr. Hegsted eifrig mit einem Schreiben die Vertreter der Zuckerindustrie mit den Zeilen: »Wir sind uns Ihres besonderen Interesses bewusst und werden dies so gut wie möglich berücksichtigen.« Nach Übermittlung des fertigen Manuskripts antwortete ein Mr. Hickson von der Zuckerindustrie äußerst zufrieden: »Ich kann Ihnen versichern, dass wir uns das ganz genau so vorgestellt haben, und wir freuen uns auf das Erscheinen in gedruckter Form.« Der Rest ist Geschichte. Die Nachwirkungen dieses schmutzigen Geschäftes finden Sie noch heute, zum Beispiel in Form von fettreduzierten Fasten-Joghurtdrinks mit zugesetztem Zucker (als Geschmacksträger), in jedem Supermarktregal.

Zwischenfazit: Politische Entscheidungsgremien wie staatliche Gesundheitsbehörden sollten endlich bei der Erstellung von Ernährungsempfehlungen beginnen, die von der Lebensmittelindustrie finanzierten Studien kritisch zu sehen beziehungsweise hochoffiziell eigene unabhängige Studien und Bewertungen durch unbestechliche Wissenschaftler durchführen zu lassen.

Von Rübenbauern, »Pflanzenschutz« und »Unkrautregulierung«

Ziemlich grotesk mutet in diesem Zusammenhang die regelmäßig wiederkehrende, emotional und wenig rational geführte Diskussion um den Zuckerrübenanbau hierzulande an. Dazu muss man Folgendes vorab wissen: Die Zuckerrübe stellt nicht nur hohe Ansprüche an die

Beschaffenheit des Bodens hinsichtlich Nährstoffe, sondern sie benötigt zusätzlich viel Dünger und reichlich »Pflanzenschutz«, sprich Pestizide. Da der Anbau von Zuckerrübenmonokulturen den Boden stark auszehrt, sollte der Anbau in mehrjähriger Fruchtfolge (ca. alle fünf bis sieben Jahre auf demselben Schlag) geschehen, damit der Boden sich zwischenzeitlich erholen kann und der Schädlingsdruck, vor allem durch Nematoden, nicht zu hoch wird. Aus dieser Tatsache erschließt sich, dass es *den* Rübenbauer eigentlich gar nicht gibt. Tatsächlich erwirtschaften alle Bauern, die Zuckerrüben anbauen, auch mit anderen Feldfrüchten ihr Einkommen, da ja zwischen den Jahren des Zuckerrübenanbaus gute fünf Jahre vergehen sollten. »Sollten«, wohlgemerkt, denn hinter vorgehaltener Hand wurde mir schon mehrmals mitgeteilt, dass manche schwarzen Schafe auf derartig lange Wartezeiten pfeifen und in viel geringeren Intervallen Zuckerrüben anbauen, da mit Zuckerrüben bessere Preise erzielt werden können als mit anderen landwirtschaftlichen Kulturen, etwa Weizen oder Mais.

Der Zuckerrübenanbau birgt ähnlich wie Mais zusätzlich ein erhöhtes Risiko für Bodenerosion, Nährstoffauswaschung und Oberflächenabfluss in sich, da der Boden meist erst Mitte Juni durch Blätter bedeckt ist. Nach dem Aufgang wachsen Zuckerrüben zunächst relativ langsam, sodass sie empfindlich gegenüber Konkurrenz durch Unkräuter sind. Der unkrautbedingte Ertragsausfall kann ohne sogenannte »Pflanzenschutzmaßnahmen« im Extremfall bis zu hundert Prozent betragen. Folglich ist eine »Unkrautregulierung« (ein weiterer verharmlosender Ausdruck) durch intensiven Herbizideinsatz zur Ertragssicherung zwingend erforderlich. Zudem entsteht bei der Ernte auf Dauer ein erheblicher Bodenverlust, da Erde mit den Zuckerrüben »mitgeerntet« und abtransportiert wird. Der Anbau von Zuckerrüben ist, vor allem wegen des hohen Dünger- und Pestizideinsatzes, als wenig umweltfreundlich und nicht bodenschonend zu bezeichnen. Glücklicherweise haben sich in den letzten Jahren bodenschonende Maßnahmen wie Winterbegrünung und Mulchsaat auch beim Zuckerrübenanbau immer mehr verbreitet.

Schaut man auf der Homepage der Vereinigung der österreichischen Rübenbauernorganisationen[23] nach, möchte man fast meinen, es handle sich bei der Zuckerrübe um die umweltfreundlichste und ökologisch nachhaltigste Feldfrucht überhaupt. »Die Zuckerrübe erfüllt alle Anforderungen, die umweltbewussten Konsumentinnen und Konsumenten wichtig sind: Sie schont die natürlichen Ressourcen und leistet in der Fruchtfolge einen wichtigen Beitrag zu gesunden Böden.« Rübenanbau sei umweltfreundlich, heißt es dort mehrfach. Und: Durch die Verwendung von ganz wenigen ausgewählten »umweltnahen Pflanzenschutzmitteln« (!) … gewährleisten die österreichischen Rübenbauern eine umweltgerechte Landwirtschaft und ein gesundes Nahrungsmittel: unseren Zucker«.

Nun, mit der »Gesundheit« des »Nahrungsmittels« Zucker haben wir uns bereits ausführlich beschäftigt. Wortreich wird zudem vor der Aufhebung der EU-Zuckerquote gewarnt. Eine völlige Liberalisierung des Zuckermarktes berge hohe Risken für die »Versorgung der Bevölkerung mit Zucker«, ist da zu lesen. Beinahe hätte man, angesichts dieser pathetischen Wortwahl, das Gefühl, es handle sich um ein lebensnotwendiges Grundnahrungsmittel, um dessen Verfügbarkeit man sich ernsthaft sorgen müsste. Tatsächlich hat sich seit dem Wegfall der Zuckerquote ab dem Jahr 2017 der Preis zwar etwas nach unten entwickelt, dennoch konnte die Agrana AG insgesamt ein deutliches Ergebnis-Plus erreichen und die »Versorgung der Bevölkerung mit Zucker« war gesichert.

Apropos Gesundheit und lebensnotwendig: Klickt man auf die Rubrik »Gesundheit«, scheint man endgültig in einem surrealen Paralleluniversum gelandet zu sein. Mit Selbstsicherheit wird hier tödlicher Unsinn verkündet: »Die ernährungsmedizinisch positive Wirkung des Lebensmittels Zucker ist von Ärzten und Ernährungswissenschaftlern bestätigt.« Welche »positiven Wirkungen« darunter zu verstehen sind und um welche Ärzte es sich handelt, wird freilich verschwiegen. Der in unseren Breiten übliche Zuckerkonsum könne nicht für die Entstehung von »lebensstilabhängigen Krankheiten« wie Diabetes, Herz-Kreislauf-Erkrankungen und Übergewicht verantwortlich gemacht werden, ist hier zu lesen. Und weil es schon beinahe fast wieder erheiternd ist, hier noch ein Absatz, der neben bunten Bildern von Zuckerwatte, Torte und Süßigkeiten zu finden ist: »Nach den heute vorliegenden wissenschaftlichen Erkenntnissen ist Übergewicht nicht auf hohen Zuckerverzehr zurückzuführen. Unter normalen Ernährungsbedingungen wird Zucker, wie alle Kohlenhydrate, nicht in Körperfett umgewandelt. Hoher Zucker- beziehungsweise Kohlenhydratverzehr wird häufig bei Menschen mit niedrigerem Körpergewicht gefunden. Übergewichtige essen weniger Zucker, aber mehr Fett als Schlanke.«

Die weitere Behauptung, es bestünde ernährungsphysiologisch kein Unterschied zwischen Kristallzucker und Zucker in Früchten, ist natürlich genauso falsch wie die weiter unten getätigten Behauptungen, Karies der Zähne wäre nicht auf Zucker und Kohlenhydrate zurückzuführen oder Diabetiker sollten eigentlich Zucker essen.

Als Quelle für all diese wunderbaren Informationen wird die UNION-ZUCKER Südhannover GmbH angegeben. Eine wahre Schatzkiste an wissenschaftlichen Erkenntnissen.

Eines muss an dieser Stelle klar gesagt werden: Solange die politisch Verantwortlichen eine derartig verantwortungslose, öffentliche Fehlinformation der Bevölkerung dulden, fehlt dem gesetzlichen Verkaufsverbot von Zigaretten und Alkohol an Kinder und Jugendliche jegliche Glaubwürdigkeit.

In der Anbausaison 2018 beklagten die »Rübenbauern« eine Rüsselkäfer-Epidemie in »biblischem Ausmaß« und machten in bestem Einvernehmen mit den Insektizidherstellern das Verbot bestimmter Neonicotinoide durch die EU und die Aktivitäten von Umweltschutz-NGOs mitverantwortlich. »Gehen die Neonicotinoide als Beizmittel verloren, fehlt der Rübe vor allem in der sensiblen Wachstumsphase der notwendige Schutz gegen Schädlinge«, argumentierte etwa der Obmann der Industriegruppe Pflanzenschutz im Interview mit der österreichischen Tageszeitung *Der Standard*. Die Umweltschutzorganisation Greenpeace hielt dagegen, dass es auch bei Zuckerrüben möglich sei, ohne Ackergifte anzubauen. Als Beweis hierfür sei der erfolgreiche Anbau von Biozucker in Österreich anzuführen, der ganz ohne chemisch-synthetische Pestizide auskomme. Und tatsächlich, sogar auf der Homepage von wiener-zucker.at steht es schwarz auf weiß: »Der Bio Zucker von Wiener Zucker steht für ökologischen Anbau, nachhaltige Landwirtschaft und unterliegt einem strengen Kontrollsystem vom Anbau bis zum Endprodukt.« Es geht also auch ohne Gift. Nur: Mit Kunstdünger und Gift geht's halt einfacher, sprich weniger arbeitsintensiv.

Übrigens: Aus wissenschaftlicher Sicht besteht kein Zweifel an der Toxizität von Insektiziden aus der Gruppe der Neonicotinoide, wie zum Beispiel Clothianidin, Imidacloprid und Thiamethoxam. Es sind Nervengifte, die das Nervensystem der Insekten attackieren und dabei keinen Unterschied zwischen Schädlingen und Nützlingen machen.

Der wortgewaltige Präsident der Rübenbauern warnte vor dem Hintergrund des »Neonic-Verbotes« emotional wie medienwirksam: »Der Rübenanbau in Österreich ist bedroht und damit die rund 6000 Bauern und ihre Familien.« Tatsächlich? Eher dürfte der Bioanbau der einzige Weg in eine Zukunft mit dem Genussmittel Zucker sein, denn seit dem Verbot der Neonicotinoide wird von vielen Landwirten ohnehin wieder auf ältere, teilweise hinsichtlich Toxizität schlechter untersuchte Pestizide zurückgegriffen. Auch keine Lösung, und zum Teil noch tödlicher für die Bienen. Zudem steht es jedem sogenannten Rübenbauer frei, wie andere Landwirte auch auf alternative Kulturen umzusteigen. Warum diese Fehlinformation? Warum diese verlogene Dramatik? Es ist verrückt, angesichts dessen, was wir über Zucker, seine Wirkung auf den menschlichen Stoffwechsel und die ökologischen Nachteile des Zuckerrübenanbaus wissen, über die Erhaltung von Arbeitsplätzen, Ausnahme- und Notfallregelungen sowie Subventionen zu diskutieren. Zucker muss langfristig wieder das werden, was er vor mehr als hundert Jahren war: ein höherpreisiges Luxusgut, das nur in geringen Mengen verzehrt werden sollte.

Landwirtschaft heute

Wer heute aufmerksam durch flache Landstriche Europas fährt, sieht schnell, dass bereits ein Großteil der Bäume und Sträucher, die bis vor wenigen Jahrzehnten in zusammenhängenden Grün- beziehungsweise Windschutzgürteln die Felder umgaben und durchzogen, beseitigt worden sind. Die Anbauflächen sind für den Maschineneinsatz optimiert worden, auf Kosten der letzten Rückzugsgebiete für Wild, Insekten, Reptilien und Vögel. So weit das Auge blicken kann, eintönige Monokulturen und kahle Felder, die mit Unmengen synthetischem Dünger und Pestiziden behandelt werden müssen, um überhaupt Erträge zu liefern. Einst blühende Landschaften sucht man in agrarischen Intensivnutzungsgebieten vergebens. Agrarsteppen findet man, abgesehen von alpinen Hanglagen, beinahe überall.

Das leise Sterben der Bauern

Es ging schnell. Während in den 1950er-Jahren ein österreichischer Bauer durchschnittlich nur vier Menschen ernährte, waren es 1970 bereits zwölf Menschen, 2016 kamen dann auf jeden Landwirt durchschnittlich achtzig Österreicher und Österreicherinnen. Dass noch *viel mehr geht*, zeigt die Bundesrepublik Deutschland. Hier »ernährt« ein Bauer derzeit sogar 145 Menschen. Hinzu kommt der steigende Export. In Österreich haben seit 2010 19000 Bauernhöfe ihren Betrieb eingestellt. Das heißt, dass derzeit in Österreich täglich (!) fünf bis sieben Landwirte ihren meist über viele Generationen geführten Betrieb aufgeben. Europaweit sind es jährlich gut 350000 Bauern, die das Handtuch werfen. Allein in den zehn Jahren zwischen 2003 und 2013 hat in Europa ein Drittel aller Bauernhöfe aufgegeben. Ihre Flächen übernahmen andere, häufig Investoren, die von der nachhaltigen Bewirtschaftung fruchtbarer Böden nichts verstehen. Im ehemaligen Osten Deutschlands ist bereits ein Fünftel der Höfe nicht mehr im Besitz von Bauern, sondern wird von landwirtschaftlichen Investoren bewirtschaftet. Ein Bezug zum Boden ist hier nicht mehr gegeben.

In Deutschland hat seit 1990 über die Hälfte der Bauern aufgegeben. Während man im Jahr 2000 in Deutschland noch 450000 Höfe zählte, sind es mittlerweile weniger als 266000. Setzt sich dieser Trend fort, wird in den nächsten zwanzig Jahren jeder zweite Bauernhof verschwinden. Heute bewirtschaften etwa drei Prozent aller Betriebe mehr als die Hälfte des europäischen Agrarlandes.

Allein diese Zahlen zeigen deutlich, dass die gemeinsame Agrarpolitik der Europäischen Union mit ihren flächenbezogenen Direktzahlungen ein verfehltes System darstellt. Wesentliche Änderungen sind auch ab 2020 nicht zu erwarten. Das Sterben wird weitergehen.

Die verbleibenden Landwirte werden immer weiter in eine Sackgasse getrieben, aus der nur schwer zu entkommen ist. Sie müssen immer mehr Dünger und Spritzmittel einsetzen, um das gegenwärtig herrschende Preisdumping am Lebensmittelmarkt zu überstehen. Immer mehr Geld muss investiert werden, nur um denselben Ertrag zu erwirtschaften. Äcker, die lange mit Kunstdünger und Pestiziden behandelt wurden, verhalten sich wie Suchtkranke: Sie brauchen eine immer größere Dosis, um dasselbe Ergebnis zu erzielen.

Der Trend heißt Uniformität. Obwohl die Welt mehr Lebensmittel als je zuvor produziert, ist sie von wachsenden Monokulturen abhängig. Von 6000 bis 7000 prinzipiell verzehrbaren Pflanzenarten tragen weniger als 200 zur weltweiten Nahrungsmittelproduktion bei. Wirklich besorgniserregend ist vor allem die Tatsache, dass nur *neun* Pflanzenarten (darunter Zuckerrohr, Mais, Reis, Weizen, Kartoffeln und Sojabohnen) zwei Drittel der weltweiten Produktion ausmachen. Wobei Mais, Reis und Weizen sechzig Prozent der weltweit benötigten Kalorien liefern. Auch innerhalb dieser Arten herrscht immer weniger Zuchtvariation.

Dass ein Verlassen auf wenige Arten und Zuchtsorten, bei denen vor allem der Ertrag und weniger die Widerstandsfähigkeit und Klimaanpassung eine Rolle spielen, höchst anfällig für Katastrophen macht, hat die Geschichte mehrmals eindrücklich gezeigt. Dabei liegt gerade in alten, wenig oder ungenutzten Saatgutsorten das Potenzial, den mit der globalen Klimaveränderung einhergehenden Wetterkapriolen zu trotzen. Wir brauchen einen möglichst großen Genpool, damit die Landwirtschaft sich an die veränderten klimatischen Bedingungen anpassen kann. Der gegenwärtige Trend zur Monokultur, befeuert durch die Interessen der Agrarindustrie und Saatgutpatente, führt unweigerlich dazu, dass die genetische Vielfalt im Agrarsektor stetig schrumpft.

Der ständig zu hörende Leitspruch »Wachse oder Weiche«, der dem gegenwärtigen Strukturwandel in der Landwirtschaft zugrunde liegt, prägt die derzeitige Situation. Obwohl die heimische (österreichische) Landwirtschaft immer noch vergleichsweise kleinstrukturiert ist, zeigen die Zahlen der Hofaufgaben (fünf täglich!) und die zu verzeichnende Steigerung der Betriebsgrößen, dass die globale Agrarkrise mit ihrem Hang zu Gigantismus auch bei uns angekommen ist. Bei denen, die dem Ruf zu wachsen gefolgt sind, kommt es immer mehr zu einer Spezialisierung auf wenige Produkte unter Nutzung immer größerer Flächen. Das Motto »Wachsen statt Weichen« wird dabei allzu oft zu »Wachsen *und* Weichen«.

Das Hauptaugenmerk der industriellen Landwirtschaft liegt dabei auf neuen, ertragreicheren Saatgutsorten, effizienteren Dünge- und

Pflanzenschutzmitteln, der Optimierung des Kraftfutters und der Zuchtlinien. Alles folgt dem Diktat der Ökonomie und der Profitoptimierung. Natürliche ökologische Zusammenhänge und biologische Rahmenbedingungen werden dabei ebenso ausgeklammert wie die Folgen für Konsument und Umwelt.

Grundsätzlich ist eine gewisse Optimierung in der landwirtschaftlichen Produktion eine sinnvolle Sache und fand seit Anbeginn von Ackerbau und Viehzucht statt. Aber aus einem anderen Antrieb und auf einem anderen Niveau. So waren es über die Jahrtausende hinweg immer diejenigen Sorten, die unter den lokalen klimatischen Bedingungen und Bodengegebenheiten am robustesten, anpassungsfähigsten und ertragreichsten erschienen, deren Saatgut weiterverwendet wurde. Auch durch Kreuzung verschiedener Arten versuchte man, diese am besten an den vorherrschenden Bedarf anzupassen. Dieser darwinistische Selektionsprozess durch den Menschen hat weltweit zu einer unglaublichen Sortenvielfalt (bei Pflanzen wie bei Nutztieren) geführt, die bis vor gar nicht allzu langer Zeit die Ernährung der Menschen sicherte.

Die biotechnologischen Möglichkeiten der letzten Jahrzehnte haben diesen Prozess der ausschließlich auf Leistungsparameter ausgerichteten Optimierung allerdings teilweise pervertiert. Während früher etwa sogenannte Mehrnutzungsrassen gehalten wurden, also zum Beispiel Hühner, die Eier legten, aber auch als Fleischlieferant geeignet waren, oder Milchkühe, deren Fleisch auch qualitativ hochwertig war, oder Schafe, die Wolle, Fleisch und Milch gaben, ging der moderne Trend in Richtung Optimierung einer einzigen Eigenschaft ohne Rücksicht auf die Folgen. Turbomilchkühe, die Unmengen an wässriger Milch geben, aber angesichts der Eutergröße kaum noch gehen können, sind ebenso das Resultat wie rapide wachsende Masthühner, die sich in Anbetracht des eigenen Körpergewichtes kaum auf den Beinen halten können. Vor hundert Jahren brachte eine Kuh eine Jahresleistung von 2000 bis 3000 Kilogramm Milch, was den natürlichen Bedarf eines Kalbes von ca. acht Kilogramm täglich deckt. Heute ist bei hochgezüchteten Rassen und entsprechend artfremder Kraftfuttergabe eine Milchleistung von über 8000 Kilogramm Milch pro Jahr möglich. Hohe Produktivität (Milch-, Lege-, Mastleistung, Fettarmut, Fruchtbarkeit) bestimmen heute allein die Zuchtwahl unserer Nutztiere. Billige Koteletts und Milch zu Dumpingpreisen kann es eben nur geben, wenn in der Masse kostengünstig produziert wird und die Leistungen der Tiere immer mehr gesteigert werden.

Negativbeispiele gibt es etliche. So können viele Milchbauern in der EU nach millionenschweren Investitionen bei den derzeitig anhaltend niedrigen Milchpreisen nicht mehr kostendeckend arbeiten. Hinzu kommt die erdrückende Last der Kreditraten. Geraten wurde den Bauern, ihren Viehbestand aufzustocken, um wettbewerbsfähig zu bleiben, und zwar in vielen Fällen von Funktionären der eigenen Landwirtschaftskammer. Höfe, die mit 15 Stück Milchkühen über Jahrzehnte halbwegs wirtschaften konnten, wurden in regelmäßigen Abständen dazu bewegt, ihren Bestand zu vergrößern, um »im Rennen zu bleiben«. 15, 30, 80, 100, dann verdoppeln auf 200 Rinder. Aber wann ist Schluss mit dem Wachstum? Vielen Landwirten wird diese Entwicklung nicht ohne Grund zunehmend unheimlich und sie geben auf, um zu retten, was zu retten ist.

Die Zahl der immer größer werdenden Tiermastanlagen scheint mit der Zahl der Lebensmittelskandale in den Medien zu steigen. Nach einer Zeit der Wachstumsgläubigkeit vieler Bauern beginnt seit einiger Zeit die Skepsis zu wachsen. Zu viele Betriebe machten, was ihnen geraten wurde, zu wachsen oder zu weichen. Jetzt verschwindet einer nach dem anderen. Die, die in das Wachstum ihrer Höfe massiv investiert haben, verschwinden (oft hoch verschuldet) von der Bildfläche, und zwar zugunsten der immer größer werdenden Agrarindustriemultis.

Doch was ist falsch an einer effizienten industriellen Nahrungsmittelproduktion? Um zu sehen, wie weit wir uns von ursprünglichen, weitgehend nachhaltigen Praktiken von Ackerbau und Viehzucht verabschiedet haben, muss man nur eine der jährlich in allen Ländern Europas stattfindenden Agrarmessen besuchen. Wer nicht völlig gefühlskalt ist und fernab jeglicher Realität lebt, wird sich angesichts so mancher als Innovation angepriesener Technik auf die kaltschweißige Stirn greifen. Vollautomatische lasergesteuerte Melkroboter, bei denen der Mensch vollständig überflüssig geworden ist, erhält man in der Einstiegsvariante ab 120 000 Euro netto. Immerhin erspart sich der Landwirt damit pro Tag gut 1,5 Stunden Melkarbeit. Die dazu passende automatische Waschanlage für die Klauen der Kühe ist im kleinen Einsteigermodell um knapp 30 000 Euro zu haben. Spätestens wenn wir uns mit der gegenwärtigen Milchpreispolitik beschäftigen, werden wir uns unweigerlich die Frage nach der Finanzierung stellen müssen. Wie viel Liter Milch muss der Betrieb beim derzeitigen Milchpreis verkaufen, bis sich derartige Investitionen rechnen? Viele Milchbauern legen derzeit sogar noch einige Cent auf jeden Liter Milch drauf. Das können dann je nach Viehbestand Tausende Euro sein. Es ist ein Defizitgeschäft.

Die Werbebotschaft der Industrie ist bei alldem Technikangebot klar: Wer viel investiert, wird später zu den finanziellen Gewinnern gehören. Je größer der Stall, desto größer die Rendite. Und wer finanziert dieses propagierte Wachstum? Klar: die Banken. Das Geld für derartige Investitionen wird von den traditionellen landwirtschaftlichen Großbanken über jährliche Milliardenkredite nur allzu bereitwillig zur Verfügung gestellt. Die Angst, zu den Verlierern zu gehören, bewegt viele Bauern dazu, Millionenkredite aufzunehmen. Welche Sicherheiten verlangen die Banken im Gegenzug für derartige Großkredite? Haus und Hof samt Grund und Boden. Bei oft jahrzehntelanger Laufzeit der Kredite gibt es für den verunsicherten Bauer kein Entrinnen. Aber wird sich die Investition rechnen? Wie sieht Angebot und Nachfrage in zehn Jahren aus? Die Antwort steht für gewöhnlich in den Sternen, die Zukunft ist auch in der Landwirtschaft ungewiss. Die Banken hingegen gewinnen immer – so oder so. Und wenn die Banken angesichts von Wirtschaftskrisen aufgrund fragwürdiger Geschäftspraktiken in die Bredouille geraten, darf der Steuerzahler einspringen, ob er will oder nicht.

Auch die Dünger- und Vernichtungsmittelindustrie ist auf landwirtschaftlichen Großmessen in der Regel prominent vertreten. Ganze Hallen werden von den bekanntesten Firmen exklusiv gemietet, um bunt und laut mit militanter Wortwahl um die Gunst der Landwirte zu buhlen. In der Saatgut- und Düngemittelhalle mit Firmen wie Pioneer, Bayer, K+S Kali und Syngenta gibt man alles. Bei gratis Bier und Musik kommt man hier mit dem Zielpublikum ins Gespräch.

Großtraktoren mit vielsagenden, vor allem das männliche Klientel ansprechenden Namen wie *Warrior* und *Titan* stehen am Eingang von Hallen mit allen Varianten von Feldspritzen mit bis zu vierzig Meter langen Auslegerarmen und bezeichnenden Aufschriften wie *Grass Killer*, *Target*, *Ikarus* und *Striker*. Die teilweise zwillingsbereiften, tonnenschweren Ackergiganten mit 350 PS verdichten den Erdboden, auf dem sie ihre Spuren ziehen. Was dem langjährigen Besucher von Agrarmessen auch auffällt: wenige Innovationen hinsichtlich ökologischer, bodenschonender Wirtschaftsweise, sondern hauptsächlich größer werdende, leistungsfähigere Maschinen mit immer raffinierterer Computersteuerung. Viele der hier ausgestellten Ackergiganten können aufgrund von Breite, Höhe und Gewicht auf Dorfstraßen gar nicht mehr verkehren. Mit zukunftsfähigen Technologien kommt der durchschnittliche Landwirt hier kaum in Berührung. Regenerative Landwirtschaft? Fehlanzeige.

Sicher, die moderne Landwirtschaft hat Lebensmittel günstig gemacht und die kurzfristige Versorgungssicherheit enorm verbessert, was aber die wenigsten wissen: In Deutschland hat zum Beispiel die Fleischproduktion in den letzten zwanzig Jahren um zwei Millionen Tonnen zugenommen, während gleichzeitig der inländische Verbrauch stetig abgenommen hat. Tatsächlich hat sich, subventioniert mit Milliarden des Steuerzahlers, der Exportanteil dafür fast verdreifacht! Fazit: Die Landschaft verödet, die Tiermast wird industrialisiert, die Gülle bleibt hier und belastet die Böden. Daran verdienen können aber nur wenige Industrielle und Börsenspekulanten.

Bauernsterben 2.0

Was den Augen der Öffentlichkeit oft verborgen bleibt, ist die offenbar zunehmende Anzahl an Suiziden in der Landwirtschaft. Da über Selbstmorde in den Medien (aus guten Gründen) nicht ausführlich berichtet wird, handelt es sich dabei um ein leises Sterben *par excellence*. Wie groß das Problem ist, weiß niemand, genaue Zahlen fehlen. Befeuert durch das derzeitige System, nehmen Burn-out und psychische Erkrankungen bei Landwirten drastisch zu. Was der vom Burn-out verschonte Laie nicht weiß: Die Betroffenen leiden häufig nicht (nur) an Arbeitsüberlastung, sondern vor allem an der Sinnlosigkeit ihrer Arbeit. Man verrichtet tagein, tagaus seine Arbeit, ohne die Früchte seines Erfolges zu sehen. Es fehlt die Zufriedenheit mit der eigenen Arbeit, man lebt von Subventionen aus Brüssel. Hinzu kommen die steigenden bürokratischen Anforderungen, erheblicher wirtschaftlicher Druck, sinkende Preise und fehlende Wertschätzung. Problematisch in diesem Zusammenhang ist auch der Umstand, dass Landwirte ständig als Täter portraitiert werden, schuldig durch ihre landwirtschaftlichen Praktiken, schuldig durch die Verwendung chemischer Produkte. Schlussendlich sind auch sie in vielerlei Hinsicht Opfer eines perfiden Systems geworden, das sie im Würgegriff hält.

In Frankreich nimmt sich einer offiziellen Studie zufolge jeden zweiten Tag ein Landwirt das Leben. Der Studie der französischen Gesundheitsbehörde aus dem Jahr 2013 zufolge ist das Suizidrisiko unter französischen Landwirten gut zwanzig Prozent höher als in der Durchschnittsbevölkerung. Die Problematik betrifft EU- und Nicht-EU-Landwirte gleichermaßen. Einer Studie des Centers for Disease Control and Prevention (CDC) ergab, dass sich männliche Landwirte in 17 US-Bundesstaaten im Jahr 2012 ca. doppelt so häufig das Leben nahmen als die männliche Durchschnittsbevölkerung. Da die erhobenen Daten mehrere große Agrarstaaten wie Iowa nicht mitberücksichtigen, könnte die tatsächliche Suizidrate höher liegen.

Besonders dramatisch stellt sich die Lage in Indien mit einer ohnehin hohen Suizidrate dar. Nach schwer zu überprüfenden Angaben zufolge sollen in den letzten Jahren weit mehr als 100 000 Bauern aufgrund von Ausweglosigkeit den Freitod gewählt haben. Manche machen hierfür das genmanipulierte Saatgut (GMOs) der Agrargiganten verantwortlich. Die Kleinbauern nehmen für ihre Verhältnisse große Kredite auf, um das vielversprechende Saatgut zu kaufen, und wissen offenbar nicht, dass sie die Samen der Ernte nicht erneut anbauen können. So wird gepflanzt, aber die Saat bleibt tot im Boden liegen. Durch Hybridsaatgut oder die sogenannte Terminator-Technologie (Samensterilität) verlieren die Bauern im schlimmsten Fall eine ganze Ernte. Die finanzielle Bedrängnis und soziale Ehrenkodizes veranlassen so manchen Bauer zu einer Verzweiflungstat. Eine der wenigen Studien zu dieser Problematik stammt aus dem Jahr 2017 und wurde in der Wissenschaftszeitschrift *PNAS* publiziert.[24] Demnach gibt es einen deutlichen Zusammenhang zwischen Suizidraten und hohen

Temperaturen während der Wachstumssaison, die die Erträge zurückgehen lassen. Laut der Studienautorin Tamma Carlton führt bei Temperaturen über zwanzig Grad ein Temperaturanstieg eines einzigen Tages um einen Grad im Durchschnitt zu siebzig Suiziden. Allerdings dürfte der Klimawandel lediglich den ohnehin bestehenden ökonomischen Druck des gegenwärtigen Systems auf Kleinbauern nur noch weiter verschärfen.

Bodenverdichtung

In Europa sind schätzungsweise dreißig Millionen Hektar Ackerland weitgehend irreparabel verdichtet. Die Hauptursachen der Bodenverdichtung sind die intensive Bodenbearbeitung und zunehmende Achslasten der immer schwerer werdenden eingesetzten landwirtschaftlichen Nutzfahrzeuge wie Traktoren, Mähdrescher und Kartoffel- beziehungsweise Rübenerntemaschinen. Die schweren Maschinen erdrücken die unterschiedlichen Lebenszonen des Bodens und verhindern die essenzielle Bodenbelüftung durch Komprimierung der Bodenporen. Die beinahe überall sichtbaren Konsequenzen eines verdichteten Bodens mit geschwächter Bodenstruktur sind Ertragsrückgang, Bodenmüdigkeit, Wassererosionszunahme durch verringerte Wasseraufnahme bis hin zu Überschwemmungsgefahren.

Bis eine feinkrümelige Bodenstruktur wiederhergestellt ist, kann es lange dauern. Versuche auf Lösslehm in Baden-Württemberg haben gezeigt, dass es bei Stilllegung verdichteter Äcker erst frühestens nach zehn Jahren zu einer Wiederauflockerung des Bodens durch natürliche Prozesse kommt.

Pflug

Aufgrund der zunehmenden Bodenverdichtung mit all den einhergehenden Problemen werden große vielscharige Mammutpflüge eingesetzt, um den Boden aufzulockern. Mit vielen PS und unter enormem Energieaufwand in Form fossiler Brennstoffe wird dem verdichteten Boden zu Leibe gerückt. Die dem Umpflügen zugrunde liegende Rationale ist (abgesehen von der Urbarmachung), dass durch das Wenden und Lockern der dichte Boden wieder belüftet wird und so das Wachstum und die Fruchtbarkeit der Kulturpflanzen gewährleistet werden soll. Auch eine effiziente Aussaat, das Einarbeiten des Düngers in den Boden und die Unkrautbekämpfung sollen dadurch bewerkstelligt werden. Durch den Einsatz von immer größeren Maschinen sollen schließlich der personelle und der zeitliche Aufwand verringert werden.

Für die Bodenlebewesen – über ihre unschätzbare Bedeutung für uns Menschen wird noch ausführlich zu berichten sein – kommt das Umstürzen der Bodenschichten durch Pflügen ohnehin einer Katastrophe gleich. Glücklicherweise entdecken immer mehr Landwirte die katastrophalen Zusammenhänge zwischen Tiefpflügen mit schwerem Gerät und abnehmender Bodenfruchtbarkeit (bei gleichzeitig stark zunehmendem Betriebsmittelaufwand). Noch ist es eine Minderheit, aber die Revolution, die durch ihre Vorbildwirkung ausgeht, wird unaufhaltsam sein. Davon werde ich im dritten Teil des Buches berichten.

Perversion im Ackerbau

Erinnern Sie sich noch an die verklärte Ansicht meines Kollegen Dr. Herrmann, der glaubte, am Land sei alles in Ordnung, weil die Bauern in der auf den ersten Eindruck ach so grünen, ländlichen Umgebung alle lokal benötigten Nahrungsmittel anbauen würden? So wie er denken viele, wenn sie die grünen Felder während der klimatisierten Autobahnfahrt an sich vorüberziehen sehen. Tatsächlich ist aber seit Langem etwas faul im ländlichen Raum. Allein sechzig Prozent der europäischen Ackerflächen sind für die Produktion von Tierfutter reserviert und dienen daher nur auf dem Umweg des gemästeten Rinder-, Sau- oder Hühnermagens der menschlichen Ernährung.

Die tatsächliche Perversion ist jedoch, dass der Großteil des Ertrages der verbleibenden vierzig Prozent Anbaufläche nicht einmal auf Umwegen zur menschlichen Ernährung beiträgt. Wir betreiben vielmehr unsere Fernsehgeräte mit Mais. Ja, so ist es. Die blindwütige Förderung sogenannter alternativer oder erneuerbarer Energiequellen wie Raps, Mais, Elefantengras (*Miscanthus*) und Co. für die »grüne Energiewende« führte dazu, dass immer mehr dieser Energieträger auf den Feldern angebaut werden und zwecks Stromerzeugung in Biogasanlagen beziehungsweise als Brennstoff in Heizungspellets landen. Gemäß dem Motto »Tank statt Teller« wird aus Raps Biodiesel und aus Mais und Soja Bioethanol, wobei »Bio« hier nichts mit biologischem Landbau zu tun hat. Vielmehr werden beim Anbau reichlich Pestizide eingesetzt.

Dass die geernteten »grünen« Energiepflanzen mit fossilen Brennstoffen oft kilometerweit transportiert werden müssen, scheint dabei niemanden zu stören. In Deutschland hat sich zum Beispiel die monokulturelle Maisanbaufläche während des vergangenen Jahrzehnts nahezu verdoppelt, auf etwa ein Siebtel der gesamten landwirtschaftlichen Anbaufläche. Ökologischer Irrsinn. Doch der deutsche Biogas-Boom war fast so schnell vorbei, wie er angefangen hat, als man in Berlin beschloss, die lukrativen Förderungen für den Anbau von

Energiepflanzen nach zwanzig Jahren abzudrehen. Auch in Österreich stehen unzählige Biogasanlagen wieder vor dem Aus, weil die satten Förderverträge mit einem fixen Stromtarif ablaufen und sich dann der Betrieb nicht mehr rentiert. Auf der Strecke bleiben diejenigen, die durch die Umstellung ihres Betriebes vom Landwirt zum »Energiewirt« (so die Selbstbezeichnung) wurden – langfristige Verbindlichkeiten bei der Bank inklusive. In einem Interview mit der *Süddeutschen Zeitung* kommentierte ein betroffener Energiewirt die reflexartige Ausrichtung der Wirtschaftsweise an Fördergeldern ziemlich treffend: »Geld macht Gier, und Gier frisst Hirn.«

Allerdings ist es allzu menschlich, wenn Landwirte ihre Produktion von echten Lebensmitteln, deren Anbau mühsam ist und noch dazu schlecht bezahlt wird, auf einträglichere und weniger arbeitsintensive Feldfrüchte umstellen. Die gute finanzielle Förderung war schließlich auch der Grund für den jahrzehntelangen intensiven Anbau von Zuckerrüben.

Am Ende jeder Anbausaison werden Tausende Tonnen von Mais in Niederösterreichs Lagerhäusern abgeliefert. Der Hektarertrag ist zufriedenstellend, der Preis für lediglich sieben Arbeitsstunden pro Hektar und Jahr stimmt (die Flächenausgleichszahlungen kommen schließlich noch dazu), die Stimmung ist heiter. Allein, der Mais ist nicht zum menschlichen Verzehr bestimmt. Was nicht in Tiermägen landet (wo es vor allem im Falle von Wiederkäuern ohnehin von Natur aus nicht hingehört), wird zu Zitronensäure für den Weltmarkt. Ja, mein lieber Dr. Herrmann, kein guter Zuckermais für den Salat, sondern Zitronensäure für Nahrungsmittel- und Getränkeindustrie, technische Industrie sowie Waschmittelhersteller.

Ähnlich verhält es sich mit der Ernte von vielen Hektar gestreiftsamiger Sonnenblumen. Ihre Kerne landen nicht im Sonnenblumenöl, sondern werden als Vogelfutter über Hunderte Kilometer nach Deutschland gekarrt. Und falls es dich wundert, lieber Dr. Herrmann, warum italienische LKW auf niederösterreichischen Landstraßen unterwegs sind, dann lautet die Antwort: Unser Premium-Durum-Weizen geht nach Italien, da man dort für die Pastaherstellung zu wenig Hartweizenertrag hat. Du kannst ihn nach der Rückkehr von seiner 2000 Kilometer langen Reise in Form von »italienischen« Nudelspezialitäten in unseren Supermärkten erwerben.

Der Bio-hungrige Stadtmensch sollte beginnen, darüber nachzudenken, woher seine Nahrungsmittel kommen, wenn er beim Sonntagsausflug über Österreichs oder Deutschlands grün eingesäumte Landstraßen fährt. Landwirtschaft und Nahrungsmittelproduktion sind nämlich nicht automatisch dasselbe.

Die Sackgasse der industriellen Landwirtschaft

Eine Nation, die ihren Boden zerstört,
zerstört sich selbst.
Friedrich Albert Fallou

Wie konnte es eigentlich so weit kommen, dass Bauern und Landwirte zu Bodenbearbeitungspraktiken übergingen, die die fruchtbaren Böden unserer Erde dermaßen massiv schädigen? Sollte man nicht annehmen dürfen, dass jeder Bauer auf das ihm überantwortete Stück Land bestens achtgibt und dieses für seine Nachkommen erhält? Der erste und einfachste Grund lautet heutzutage: Wieso auf etwas aufpassen, das einem gar nicht gehört?

Pacht

In vielen Fällen moderner Landwirtschaft bleiben dem Bauern heute pro Hektar oft nur knapp hundert Euro Gewinn – vor Steuern, wohlgemerkt. Eine Gewinnsteigerung (im Wesentlichen über EU-Ausgleichszahlungen) ist nur durch Zupachten neuer Flächen möglich. Schleichend haben sich daher auch die Besitzverhältnisse auf dem Land verändert. Während vor fünfzig Jahren noch weniger als zehn Prozent der Landfläche verpachtet wurden, sind heute im Schnitt mehr als fünfzig Prozent der Äcker gepachtet. Teilweise mit Verträgen, die die Pacht von Jahr zu Jahr neu verhandeln. Die Folge des unkontrollierten Pachtwesens sind auch immer höhere Pachtpreise.

Ein wesentliches Problem liegt in der Verantwortlichkeit beziehungsweise im Fehlen derselben. Denn ähnlich wie Agrarspekulanten haben auch österreichische und deutsche Pächter mit kurzen Pachtverträgen ohne Garantie auf Verlängerung keinen Bezug zu dem Boden unter ihren Füßen. Der, der das gepachtete Land bewirtschaftet, hat wenig Motivation, aufwendige und möglicherweise teure Maßnahmen zu setzen, die die Fruchtbarkeit des Bodens erhalten oder gar steigern könnten.

Die Pächter streben daher danach, nicht zuletzt wegen der angestiegenen Pachtpreise, den maximalen Flächenertrag zu erwirtschaften. Warum sollte sich ein Pächter dabei überdurchschnittlich um die Erhaltung von Fruchtbarkeit und Qualität eines Ackers kümmern, der ihm nicht gehört? Jede bodenerhaltende, zukunftsfähige Maßnahme würde zunächst nicht nur Ertrags- und Profiteinbußen bedeuten, sondern bestenfalls dem Grundbesitzer oder, noch schlimmer, dem in Konkurrenz stehenden Nachpächter zugutekommen. Früher war man darauf bedacht, fruchtbaren Boden in gutem Zustand an die nachfolgende Generation weiterzugeben. Heute, wo Pachtverträge jedes Jahr neu verhandelt werden, ist dem Bewirtschafter die nachhaltige Qualität des Bodens egal, nicht zuletzt, da er nicht weiß, ob er nächstes Jahr als Pächter überhaupt zum Zug kommen wird: ein Flächenfraßsystem, das in der Falle der kurzzeitigen Profitmaximierung gefangen ist. Kulturelles Erbe und tradiertes landwirtschaftliches Know-how werden dabei ebenso wenig an die nächsten Generationen weitergegeben wie fruchtbarer Boden.

Die noch unangenehmeren Gründe für die derzeitige landwirtschaftliche Misere und die zunehmende Verschlechterung unserer Ernährung liegt in der Verbreitung von Mythen und Lügen durch die großen Nutznießer des gegenwärtigen Systems, die Konzerne. Sie haben es geschafft, durch beharrliches Wiederholen von ökologischem Un- wie Irrsinn den Landwirten und den Konsumenten den Kopf zu verdrehen. Ähnlich wie es die Pharmaindustrie mit den Ärzten seit Langem zu tun pflegt. Ohne dieses und jenes Mittel geht es nicht, kann weder Pflanze noch Mensch gesund werden. Und wie immer gilt: Wer nichts weiß, muss alles glauben.

Ist es nicht eine Ironie des Schicksals, dass sich heute ein Landwirt von seinen Produkten kaum selbst ernähren kann? Wie auch? Ein Schlag Zuckerrüben für feinsten Kristallzucker, ein Schlag Raps für Biodiesel, ein Feld Sonnenblumenkerne für Vogelfutter, ein paar Hektar Körnermais für Stärke- oder Zitronensäureproduktion und Elefantengras-Monokultur für die Pelletsheizung. Als Nahrung für den Menschen eignet sich das alles nicht. Im Gegenteil: Wertvoller Boden wird dabei in großem Maße verschwendet. Landwirtschaftliche Betriebe, die auf eigenem Grund und Boden die Nahrung und das Einkommen für eine Familie selbst (auch ohne Förderungen) erwirtschaften können, sind heute eine Rarität geworden.

Tödliche Ernte: die Mythen der Agrarindustrie

Industrielle Landwirtschaft schädigt Land, Wasser und Luft und gefährdet die Nachhaltigkeit der Biosphäre. Die massiven chemischen Einträge verursachen weitverbreitete Umweltkatastrophen sowie menschliche Krankheiten und Todesfälle. Monokulturen und die massive Lebensraumzerstörung reduzieren die Vielfalt unserer Pflanzen und Tiere. Die Praktiken in der fabriksartigen Tierzucht verursachen unvorstellbares Tierleid.

Trotz der noch auszuführenden verheerenden Folgen wird von den Medien und politischen Entscheidungsträgern immer noch schützend die Hand über die industrielle Landwirtschaft gehalten. Selten hört man kritische Fragen oder einen politischen Aufruf der Vernunft, die gegenwärtigen Praktiken des zunehmend katastrophalen Nahrungsmittelproduktionssystems zu überdenken. Diese beunruhigende Stille kann zum Teil auf den enormen wirtschaftlichen Erfolg der Agrarindustrie zurückgeführt werden, die seit Jahrzehnten mit der altbekannten Propagandatechnik der »großen Lüge« arbeitet.

Die Agrarkonzerne haben die Öffentlichkeit mit eigennützigen Mythen und Falschdarstellungen über die moderne Nahrungsmittelproduktion überschwemmt und tun dies weiter. Seit Jahrzehnten begegnen die Vertreter der großen Konzerne jeder Kritik an der industriellen Landwirtschaft wirksam mit der Strategie »Angriff ist die beste Verteidigung«. Die alternativen Fakten der Agrarindustrie sind vertraut geworden und als neue Wahrheit in das Unterbewusstsein vieler eingedrungen. Die meisten Landwirte, Aktivisten und politischen Entscheidungsträger, die das Paradigma der industriell hergestellten Lebensmittel infrage stellen, kennen die Litanei der Lügen auswendig: Industrielle Landwirtschaft ist notwendig, um die Welt zu ernähren, um uns sichere, nahrhafte und billige Lebensmittel zu liefern, um unsere Lebensmittel effizienter zu produzieren und uns eine größere Produktauswahl anzubieten und – die größte Lüge von allen – um unsere Umwelt zu schützen. Werden Vertreter des Big Business mit den mittlerweile unbestreitbaren Auswirkungen der industriellen Landwirtschaft auf Umwelt und unsere Gesundheit konfrontiert, weisen diese sofort auf die technologischen Fortschritte, insbesondere auf die jüngsten Errungenschaften der Biotechnologie als Allheilmittel hin, das alle Probleme lösen wird. Diese Behauptungen werden im Rahmen von Lobbying-Bemühungen der Branche und millionenschwerer Produktwerbung in den Medien effizient verbreitet. Durch Übernahmen und Fusionen immer größer werdende Megakonzerne, die Saatgut, Düngemittel und Pestizide aus einer Hand vertreiben, besitzen ausreichend Finanzmittel und politische Kanäle, um ihre alternativen Wahrheiten wieder und immer wieder zu verbreiten. Eine Aufgabe des vorliegenden Buches ist es, die betäubte Öffentlichkeit wachzurütteln, ehe es zu spät ist.

Mythos Nr. 1: Nur industrielle Landwirtschaft kann die Welt ernähren

Genauso dramatisch und medienwirksam wie vor der drohenden Existenzvernichtung von »Rübenbauern« gewarnt wird, sind auch die Warnungen der Agrarindustrie, dass die Weltbevölkerung vor einer Hungerkatastrophe stehe, wenn ihren Plänen und Forderungen (nach Patenten und Zulassungen) nicht nachgekommen würde. Eine dreiste

Lüge. Der einzige Antrieb für derartige Kassandrarufe sind die Gier und die Sorge um den Profit.

Wahr ist vielmehr, dass Hunger auf der Welt nicht primär aufgrund von Nahrungsmangel entsteht, sondern hauptsächlich durch Armut, kriegerische Konflikte, Korruption, skrupellose Machtausübung und auswärtige Einmischung, fehlendes oder geraubtes Land, die Expansion internationaler Konzerne, und ferner auf sozialer Ungleichheit beruht. In nicht wenigen Fällen sind alle genannten Faktoren miteinander verknüpft. Industrielle Landwirtschaft fördert tatsächlich den Hunger in vielen Ländern durch Abhängigkeit von teurem Saatgut und Betriebsmitteln. Dadurch werden Millionen von Kleinbauern zu neuen Leibeigenen gemacht oder vertrieben, während die Konzerne mit ihren Produkten und an den Börsen Milliardengewinne einfahren.

Land Grabbing

In den letzten Jahren machte sich ein neues Phänomen breit, das an finstere Zeiten des Kolonialismus erinnert. Ein Großteil der landwirtschaftlichen Nutzflächen in sogenannten Entwicklungs- und Schwellenländern ist, was die Besitzverhältnisse betrifft, nicht durch grundbücherliche Eintragungen verbrieft, sondern nach traditionellen Nutzungsübereinkünften verteilt oder wird seit Ewigkeiten im Kollektiv benutzt. Etwa 85 Prozent dieser Bauern, die die Ernährungsgrundlage der lokalen Bevölkerung erwirtschaften, bestellen in diesen Ländern zudem jeweils weniger als zwei Hektar Land. Die fehlende Beurkundung der Besitzverhältnisse macht es globalen Konzernen einfach, das Land von einer korrupten Regierung zu erwerben oder zu pachten. Von den Erträgen auf diesen Feldern sieht die lokale Bevölkerung nichts. Im Gegenteil, oft werden auch ganze Wasserläufe angezapft oder umgeleitet, um die neuen, jetzt industriell genutzten Ackerflächen (zum Teil werden sogar Schnittblumen für den Weltmarkt angebaut!) zu bewässern. Die lokale Bevölkerung verliert nicht nur ihr seit Generationen traditionell bebautes Land, sondern auch den letzten Rest an verfügbarem Wasser. »Land Grabbing« oder zu deutsch »Landraub« nennt sich dieser Prozess, der sich, seit sich herumgesprochen hat, dass fruchtbare Böden auf der Erde knapp werden, wie eine Seuche ausbreitet. Die Menschen, ihrer Existenzgrundlage beraubt, machen sich auf den Weg ... vorwiegend nach Europa.

Ein weiteres Problem, das sich durch dieses so unmoralische wie verbrecherische Handeln ergibt, ist der Umstand, dass der Boden nun nicht mehr von lokalen Bauern nachhaltig bewirtschaftet wird, sondern von profitorientierten Spekulanten, Agrarmanagern, Banken, Investmentfonds und Versicherungen. Diese beuten die Böden nach allen Regeln der Kunst aus, um Lebensmittel, Futtermittel und Agrartreibstoffe für den Export zu produzieren, und hinterlassen eine Agrarwüste, die dann über Jahrhunderte verseucht und unfruchtbar ist. Die lokale Bevölkerung hungert.

Auch in Europa, hauptsächlich im Osten, werden viele Grundstücksgeschäfte unter zweifelhaften, korrupten oder anderweitig fraglichen Umständen abgeschlossen. Die Investoren und Käufer sind vom selben Schlag wie die neuen Landbesitzer in Afrika. Im Zuge der allgemeinen Knappheit fruchtbarer Böden haben auch die Preise für Kauf und Pacht zugelegt und in manchen Ländern, gemessen an dem möglichen Ertrag, ein unrealistisch hohes Niveau erreicht.

Tatsächlich ist der einzige Garant, den Hunger auf der Welt zu bekämpfen, die lokale Produktion von Lebensmitteln. Nur kleinstrukturierte bäuerliche Betriebe können den Hunger auf der Welt nachhaltig und regional bekämpfen. In unseren Breiten zählen die Vorteile einer regionalen Wertschöpfungskette, das Einsparen von Energie und fossilen Brennstoffen durch den Wegfall Tausende Kilometer langer Transportwege, der Erhalt ländlicher und bäuerlicher Strukturen und die Versorgung mit gesunden Nahrungsmitteln, die für eine vollständige Neuausrichtung der regionalen Landwirtschaft sprechen.

Mythos Nr. 2: Industriell hergestellte Nahrungsmittel sind sicher, gesund und nahrhaft

Tatsächlich sind industriell angebaute und verarbeitete Nahrungsmittel wie auch der Boden, auf dem sie gedeihen, durch zahlreiche Pestizide kontaminiert. Die hauptsächlich angebauten Nahrungsmittel wie Mais, Weizen, Reis und Kartoffeln sind, im Übermaß genossen – und das ist bei westlicher Ernährung nun einmal der Fall –, wenig nahrhaft und mit allerlei chronischen Krankheitsbildern verbunden, insbesondere Fettleibigkeit, Typ-2-Diabetes und entzündlich-degenerativen Erkrankungen.

Mythos Nr. 3: Industriell hergestellte Nahrung ist billiger als regionale Bioprodukte

Würde man die im Rahmen der Produktion tatsächlich anfallenden Gesundheits- und Umweltkosten sowie die auf sozialer Ebene entstehenden Mehrkosten zum derzeitigen Regalpreis von industriell hergestellten Nahrungsmitteln hinzurechnen, wären sie in Wahrheit erheblich teurer als viele Bioprodukte.

Mythos Nr. 4: Industrielle Landwirtschaft ist effizient

Eine weitere, durch wissenschaftliche Arbeiten längst widerlegte Unwahrheit ist die Behauptung, industrielle Landwirtschaft sei produktionseffizient. Gerade kleine und kleinste bäuerliche Betriebe können mit einer größeren und vor allem qualitativ hochwertigeren Ernte aufwarten als große. Die globalisierte und konzerngetriebene Nahrungsmittelproduktion mit Monokultur und Massentierhaltung muss vor allem erhebliche Geldsummen für den stets steigenden mechanischen und chemischen Input aufwenden. Dies schadet langfristig der Umwelt und verursacht damit Kosten für zukünftige Generationen. Gut siebzig Prozent der weltweit verzehrten Nahrungsmittel werden immer noch von Kleinbauern, häufig Familienbetrieben, produziert und auf lokalen Märkten verkauft. Zudem produzieren sie mehr pro Fläche – ein seit Generationen erprobtes, nachhaltiges und effizientes Modell.

Warum konnte sich dennoch das kapitalistische Mantra »größer ist besser« in den Köpfen der Menschen festsetzen? Ein wesentlicher Grund hierfür ist die (absichtliche) falsche Berechnung von Effizienz und Produktivität, die nur den Ertrag pro Hektar als Vergleichsgröße heranzieht und die Kosten für Betriebsmittelaufwendungen, Umwelt- und Gesundheitsschäden ausklammert. Oft genug haben mir Bauern in den letzten Jahren geklagt, dass ihre Betriebsmittelaufwendungen über das Jahr für Saatgut, Dünger, Pestizide, Treibstoff, Technik etc. gerade durch den Verkauf der erzielten Ernte getragen werden. Ein Nullsummenspiel. »Gewinn«, das heißt den Lebensunterhalt, garantieren nur die flächenbezogenen EU-Förderungen aus Brüssel. Von Effizienz kann hier keine Rede sein.

Mythos Nr. 5: Industrielle Nahrungsmittel führen zu größerer Auswahl und Vielfalt

Auch diese Behauptung ist grundfalsch. Die bunten Produktpaletten unserer Supermärkte gaukeln uns lediglich eine Nahrungsvielfalt vor, die nicht existiert. Die Hauptinhaltsstoffe der unüberschaubaren Masse an billigen, sogenannten Convenience-Produkten sind immer die gleichen: Weizen, Mais und Co.

So konnten die Filmemacher Ian Cheney und Curtis Ellis in ihrer Dokumentation *King Corn* eindrucksvoll zeigen, dass ein Großteil der amerikanischen Lebensmittel (inklusive Hamburgerfleisch) auf Mais basiert beziehungsweise schlussendlich auf diesen zurückzuführen ist.

Unter der Schlagzeile »Wenn wir das sind, was wir essen, dann sind Amerikaner Mais und Soja« berichtete vor Kurzem ein US-Journalist mit Schrecken, dass eine Haaranalyse ergab, dass er zu 69 Prozent aus Mais bestehe. Denn in Bezug auf den enthaltenen Kohlenstoff lässt sich dessen Herkunft genau zurückverfolgen. Wenn wir also eine bestimmte Art von Nahrung essen und diese eine bestimmte Art von Kohlenstoff enthält, wird dieser in unseren Körper eingebaut, in unseren Geweben, in unseren Haaren, in unseren Fingernägeln, in den Muskeln ... überall.

Während des jahrtausendelangen Prozesses der Landwirtschaft haben sich – der bewussten wie unbewussten Selektion durch Mensch und Klima sei Dank – regional gut angepasste Pflanzensorten entwickelt. Das Gleiche gilt auch für landwirtschaftliche Nutztiere. Von Generation zu Generation wurden diejenigen Linien weitergezüchtet oder mit anderen gekreuzt, die am robustesten erschienen und den lokalen Ansprüchen, der Futterverfügbarkeit und den klimatischen Bedingungen entsprachen.

In der modernen Landwirtschaft hat sich die Pflanzen- und Nutztiervielfalt in den letzten Jahrzehnten allerdings massiv reduziert. Die Hauptursache liegt in der fortschreitenden Intensivierung und Industrialisierung der Landwirtschaft mit Konzentration auf ertragreiche und finanziell lukrative Monokulturen und Hochleistungstiere. Auf der Strecke blieben dabei Biodiversität und das genetische Potenzial der alten Haustierrassen und Nutzpflanzen, zum Beispiel betreffend Krankheitsresistenz oder Trockenheitstoleranz. Gerade in einer sich zusehends verändernden Welt könnte in vielen alten, an ihre speziellen Umweltverhältnisse über sehr lange Zeiträume gut angepassten Haustierrassen und Pflanzensorten der Schlüssel für unser Überleben stecken.

Die tatsächliche Vielfalt an Nahrungsmitteln, seien sie pflanzlicher oder tierischer Herkunft, erfuhr in den letzten hundert Jahren eine dramatische Abnahme und ist unwiederbringlich verloren. Die Ernährungs- und Landwirtschaftsorganisation der Vereinten Nationen (FAO) schätzt, dass mehr als drei Viertel (!) der genetischen Vielfalt unserer Nahrungsmittel (vor allem alte und regionale Sorten) während des letzten Jahrhunderts verloren gegangen sind. Laut FAO stammen 95 Prozent unserer aufgenommenen Kalorien von lediglich dreißig verschiedenen Pflanzenarten. Die Hauptursache hierfür ist die Präferenz der industriellen Landwirtschaft für einige wenige, für die Massenproduktion geeignete Sorten. Von Auswahl und Vielfalt also keine Spur!

Mythos Nr. 6: Industrielle Landwirtschaft schützt die Natur und die Wildtiere

Nichts liegt weiter entfernt von der Wahrheit als die Behauptung, konzerngetriebene Landwirtschaftspraktiken wären umweltfreundlich. In Wirklichkeit ist die industrielle Landwirtschaft einer der Hauptverantwortlichen für den zu verzeichnenden, weltweiten Biodiversitätsverlust! Intensive Bodenbearbeitung und Ausnutzung beziehungsweise Beackern jedes Quadratzentimeters Boden in Verbindung mit wahnwitzigem Düngemittel- und Pestizideinsatz zerstört unzählige Lebensräume, verseucht Erdböden und Grundwasser und tötet komplexe pflanzliche und tierische Lebensgemeinschaften. Viele davon für uns auf den ersten Blick unsichtbar.

Mythos Nr. 7: Biotechnologische Innovationen werden in Zukunft die Probleme der industriellen Landwirtschaft lösen

Die einzigen Nutznießer biotechnologischer Innovationen, sprich Gentechnik, sind die großen Konzerne. Sie können ihre konzentrierte

Marktmacht durch das Kombinationsangebot von genetisch modifiziertem, herbizidresistentem Saatgut in Verbindung mit den passenden Spritzmitteln (*Roundup-ready*) oder insektizidproduzierende Pflanzen (*Bt-Crops*) weiter ausbauen. Die gegenwärtige Misere wird dadurch verschlimmert, denn die Biodiversität insbesondere des Saatgutes und damit auch die Ernährungssicherheit der Bevölkerung in einer vom Klimawandel gebeutelten Welt ist damit noch mehr gefährdet als je zuvor.

Das ursprüngliche Versprechen der Agrarindustrie hinsichtlich gentechnisch verändertem Saatgut war mehr Ertrag, um die Welt zu ernähren, bei gleichzeitig weniger Bedarf an Spritzmitteln. Gehalten wurde dieses Versprechen nicht. Das zeigt ein Vergleich von Europa mit den USA. Während genetisch modifiziertes Saatgut in Europa bis heute nicht zugelassen ist, kommt es in den USA seit 1995 zum Einsatz. Mit der Folge, dass der Herbizideinsatz in den USA sogar um 21 Prozent gestiegen ist!

Auch wenn man es dem Konsumenten immer wieder eintrichtern möchte, Fakt ist, gentechnisch modifiziertes Saatgut bietet keinerlei Vorteile für Landwirte oder Verbraucher. Eine von mehreren US-Universitäten durchgeführte Auswertung von 8200 Feldversuchen der am häufigsten angebauten gentechnisch modifizierten, herbizidtoleranten Sojabohnen enthüllte, dass diese 6,7 Prozent weniger (!) Ertrag einbringen und bis zu fünfmal mehr Herbizide benötigten als nicht gentechnisch modifizierte Sorten. Außerdem wurden weitere Nachteile festgestellt: fehlerhaftes Wachstum, Anfälligkeit für Krankheiten, Fruchtabwurf und schließlich geringe wirtschaftliche Erträge für Landwirte.

Das Einzige, wozu gentechnisch modifiziertes Saatgut in der Lage ist, ist der Ausbau des Monopols und des Gewinns der großen Agrar- und Lebensmittelkonzerne. Kleine landwirtschaftliche Familienbetriebe werden in den Ruin getrieben. Die längst erforderliche Wende zu einer nachhaltigen Landwirtschaft, die die Lebensmittelsicherheit und die Gesundheit auf der Welt garantieren könnte, wird durch Einsatz von Gentechnik in der Landwirtschaft verhindert. Wie gesagt, bis jetzt leben wir in Europa ohne genmanipuliertes Saatgut, die Frage ist allerdings, wie lange noch, angesichts des massiven Industrielobbyings in Brüssel.

In Form von Futtermitteln wie Sojabohnen und Sojaschrot importiert die EU jährlich aber ohnehin 33 Millionen Tonnen an genetisch modifizierten Pflanzen, vorwiegend aus Nord- und Südamerika. Der Import von Sojabohnen aus den USA ist in der zweiten Jahreshälfte 2018 um mehr als hundert Prozent gegenüber dem Vorjahr angestiegen. Immerhin, weltweit liegt der Gentechnik-Anteil an der Sojaproduktion (die sich in den letzten zwanzig Jahren mehr als verdoppelt hat) bei knapp achtzig Prozent! In unsere Nahrung gelangt Gentechnik-Soja also ohnehin über Milchkühe, Schweine- und Hühnerfleisch sowie Eier. Da hilft das ganze Gentechnikverbot wenig.

Die einfältige und durchschaubare Behauptung der Industrie, Nahrungsmittelsicherheit könne auch durch Gentechnik erreicht werden, ist eine gravierende wie gefährliche Fehlinformation. Die unablässigen Ankündigungen von Bayer, BASF, Syngenta, Dow und DuPont-Pioneer, dass mit gentechnisch veränderten Nutzpflanzen der Welthunger bekämpft, die Energieversorgung gesichert oder dem Klimawandel begegnet wird, dienen einem einzigen Zweck: dem Verkauf ihres Saatgutes mit den dazupassenden agrochemischen Produkten und der Beherrschung des Weltmarktes. Wer Milliarden verdient, dem ist jedes Mittel recht.

Vom Winde verweht ...

... und vom Regenwasser abgeschwemmt. Das ist nicht der Titel eines Hollywoodklassikers, sondern der eines realen Dramas, das sich im Zuge der Intensivierung landwirtschaftlicher Praktiken immer mehr ausbreitet. Diese Problematik betrifft aber nicht nur die Bewohner Pakistans oder der Sahelzone, sondern zerstört auch fruchtbares Ackerland in Europa, Asien, den USA und Australien. Das Fatale dabei ist, dass die Verarmung unserer Böden von außen oft nicht bemerkbar ist, da die Schönheit der grünen Kulturlandschaft oft darüber hinwegtäuscht. Der Ernst der Lage lässt sich nicht zuletzt daran ablesen, dass die Ernährungs- und Landwirtschaftsorganisation der UNO (FAO) das Jahr 2015 zum Internationalen Jahr der Böden erklärt hat. Das Problem ist keineswegs neu. Bereits 1992 wies man im Zuge des Erdgipfels von Rio de Janeiro, an dem 170 Nationen teilnahmen, darauf hin, dass die Böden weltweit bis zu drei Viertel verarmt sind. Dennoch fährt die Weltgemeinschaft ein Vierteljahrhundert später mit ihrem selbstzerstörerischen Kurs fort und finanziert den Fortschritt um jeden Preis mit Milliardensummen.

Laut einem Bericht der United Nations Convention to Combat Desertification (UNCCD; UN-Konvention zur Bekämpfung der Wüstenbildung) aus dem Jahr 2013 haben sich Wüstenbildung (Desertifikation), Verschlechterung der Bodenqualität (Bodendegradation) und Dürren im 20. und insbesondere im 21. Jahrhundert weltweit beschleunigt. In den letzten vierzig Jahren hat die Erde ein Drittel (!) ihres verfügbaren Ackerlandes durch Erosion, Degradation und Desertifikation verloren. Im selben Zeitraum hat sich die Weltbevölkerung verdoppelt. Trotz gezielter Gegenmaßnahmen verlieren wir weltweit jedes Jahr mehr als zwölf Millionen Hektar Land in Form fruchtbarer Ackerböden, sodass sich die Situation zunehmend verschlechtert. Das entspricht einem geschätzten Gegenwert von 400 Milliarden US Dollar verlorener landwirtschaftlicher Produktionskapazität. Ist der fruchtbare Boden einmal abgeschwemmt und im Meer gelandet, kann er nicht wieder ohne Weiteres »erzeugt« werden.

Bereits vor 2000 Jahren forderte der römische Schriftsteller Columella in seinem Werk über die Landwirtschaft, dass sich die besten Köpfe mit dem Boden beschäftigen müssten, um das Römische Reich vor dem Untergang zu bewahren. Der Rest ist gewissermaßen Geschichte …

Vor allem Mais ist als sogenannte Reihenkultur erosionsgefährdend. Auch findet aufgrund der langsamen Entwicklung der jungen Maispflanzen erst Mitte bis Ende Juni der Reihenschluss und damit eine Bodenbedeckung statt. Bei nicht standortangepasstem Anbau kann es daher zu beträchtlichen Erosionsprozessen durch Wasser und Wind kommen. Was dann im Zuge eines Starkregenereignisses passiert, sollte sich jeder Stadtmensch einmal aus der Nähe angesehen haben. Innerhalb weniger Minuten bewegt sich die dünne, kaum durch Wurzeln zusammengehaltene oberste Erdschicht – auch bei geringster Hangneigung – in Form von Schlammlawinen talwärts beziehungsweise in Richtung der nächstgelegenen Straße. Die freiwilligen Feuerwehren haben alle Hände voll zu tun, die Straßen freizuschaufeln. Was übrig bleibt, sind an Humus verarmte Felder mit reichlich herumliegenden freigelegten Steinen. Auch für den landwirtschaftlichen Laien ein Schreckensbild. Unzählige Rillen mit Tiefen von dreißig, fünfzig oder mehr Zentimetern zeigen den Abfluss der Regenmassen samt Humus auch noch Tage später. Ist die Saat noch nicht aufgegangen, werden diese Narben in der Regel rasch mit geeignetem Gerät »weggepflügt«. Spricht man Landwirte auf dieses Phänomen direkt an, scheint zwar den meisten der Ernst der Lage langsam, aber sicher einigermaßen bewusst zu werden, dennoch dürften sich viele mit dem Unterpflügen des Erosionsschadens als einzige (kosmetische) Maßnahme begnügen. Keiner meiner Gesprächspartner konnte sich aber an ein vergleichbares Ausmaß an Bodenerosion durch Starkregenereignisse während der 1990er-Jahre oder gar davor erinnern. Alle waren sich einig, dass dies ein in den letzten Jahren rapide zunehmendes Phänomen darstellt.

Lediglich einzelne dazwischenliegende Felder, die mit der pfluglosen Technik der Direkt- beziehungsweise Mulchsaat bestellt worden sind, und einzelne landwirtschaftlich ungenutzte Brachen bleiben regelmäßig von der intensiven Rillenerosion verschont, denn hier können die Wassermassen weitgehend vom durchwurzelten und vor allem belebten Boden aufgenommen werden. Wie wesentlich diese sogenannte »Lebendverbauung« der Böden für unsere Zukunft ist, werden wir später noch sehen.

Fakt ist, dass der ländliche Raum zunehmend verödet und bereits viele Regionen in Europa zu Agrarwüsten geworden sind. In Spanien sind seit den 1980er-Jahren geschätzte dreißig Prozent (!) der landwirtschaftlichen Böden unwiderruflich desertifiziert, also zu Agrarwüsten geworden – in erster Linie durch monokulturellen Getreideanbau.

Am 8. April 2011 wirbelten Sturmböen mit einer Geschwindigkeit von über hundert Kilometern pro Stunde riesige Staubwolken auf, sodass die Autofahrer auf der deutschen Autobahn A19 südlich von Rostock innerhalb von Sekunden keine Sicht mehr hatten. Bei der folgenden Massenkarambolage verloren acht Menschen ihr Leben, 130 wurden zum Teil schwer verletzt. Die Ursache: Kaum überschaubare landwirtschaftliche Monokulturen und falsche Bodenbearbeitung ließen den Boden austrocknen und setzten ihn so ungehinderter Winderosion aus. In der Bundesrepublik Deutschland sind 2,6 Millionen Hektar Ackerland mittlerweile als erosionsgefährdete Flächen eingestuft. Erosion durch Wind ist aufgrund des gleichmäßigeren Flächenabtrages zwar auf den ersten Blick nicht so deutlich zu erkennen, aber keinesfalls weniger problematisch. Allein im Bundesland Mecklenburg-Vorpommern wurden bereits 2002 25 Prozent der Böden als stark, 35 Prozent als mittel winderosionsgefährdet eingeschätzt. Überraschen sollte uns das eigentlich nicht, denn an Präzedenzfällen mangelte es in der Vergangenheit keineswegs.

Black Sunday

Zur Urbarmachung für die landwirtschaftliche Bodennutzung wurde im mittleren Westen der USA Präriegras hemmungslos gerodet. Als nach Jahren intensiven Weizenanbaus und Überweidung durch Rinder und Schafe Bodenerosion und lang anhaltende Dürren in den damals im Zuge der Weltwirtschaftskrise der 1930er-Jahre stark angeschlagenen USA zusammentrafen, entwickelte sich das Phänomen der sogenannten »Dust Bowl«, der Staubschüssel. Nach jahrelangem, ungeniertem Pflügen wurden mehrere Ernten hintereinander durch anhaltende Trockenheit und permanente Staubstürme vernichtet und die Menschen in ihren Häusern eingeweht. Aufgrund der massiven Staubbelastung verstarben zahlreiche Menschen sogar an staubbedingter Lungenentzündung. Die tiefen Wurzeln des Präriegrases hatten bis dahin die oberen Bodenschichten jahrtausendelang vor Erosion bewahrt, die nun in relativ kurzer Zeit massiv einsetzte. Am Sonntag, dem 14. April 1935, kam es schließlich zu der finalen Katastrophe, als das Gebiet der Great Plains von einem der schlimmsten Staubstürme in der US-amerikanischen Geschichte heimgesucht wurde. Das verheerende Naturphänomen, das geschätzte 300 Millionen Tonnen Mutterboden aus dem Präriegebiet verwehte, verursachte Hunderte Todesopfer, immense wirtschaftliche und landwirtschaftliche Schäden und führte dazu, dass Hunderttausende Farmer, ihrer Lebensgrundlage beraubt, ihre Heimat für immer verließen. Der letzte verbliebene fruchtbare Boden wurde praktisch über Nacht weggeblasen. Die gigantische Staubwolke legte sogar das öffentliche Leben in weit entfernten Städten wie Washington und New York lahm. Ein eindrucksvolles Beispiel dafür, was die Kombination von Dürre, Erosion, nacktem Boden und Wind verursachen kann. Die Ursache lag in rücksichtsloser landwirtschaftlicher Bodennutzung, der finale Auslöser in der anhaltenden Trockenheit. Wir sollten diese Ereignisse vor nicht einmal hundert Jahren, heute, im Zeitalter des Klimawandels und der weiteren Intensivierung der Landwirtschaft, nicht vergessen.

Schlecht beraten? Die undurchsichtige Rolle der eigenen Interessenvertretungen

Wem vertrauen Sie mehr, wenn es um fraglich notwendige Reparaturarbeiten Ihres Autos geht? Dem Mechaniker in der teuren Werkstatt, der von Ihrem Auftrag wirtschaftlich profitiert, oder dem Mechaniker der unabhängigen Prüfstelle Ihres Automobilclubs, der für seine fachliche Auskunft keinerlei Extralohn zu erwarten hat? Wie verhält es sich beim Ankauf eines Gebrauchtwagens? Vertrauen Sie den Worten des privaten Verkäufers oder Gebrauchtwagenhändlers oder doch lieber der unabhängigen Ankaufsüberprüfung Ihres Automobilclubs oder unabhängigen Crashtests?

Erstaunt es Sie also, dass sich ein Großteil der Landwirte bei Fragen und Problemen auf ihren Betrieben an den Bauernverband, ihre Interessenvertretung, wendet? Grundsätzlich wäre doch genau das eine der Kernaufgaben einer Interessenvertretung. Aber ist man dort als kleiner Bauer tatsächlich immer gut und objektiv beraten?

EU-weit werden es immer mehr Bauern, die ihren sogenannten Interessenvertretungen den Rücken kehren, weil sie der Meinung sind, dass diese nur den Interessen der Großkonzerne und einer kleinen Anzahl von Großproduzenten dienen. Natürlich auf Kosten der mehrheitlich kleineren Betriebe. Dabei stellen sich viele der abtrünnigen Bauern nicht zwingend einer Modernisierung der Landwirtschaft entgegen. Sie sind sich lediglich einig, dass die industrielle Ausbeutung der Böden mit den immer effizienter werdenden modernen Methoden, um damit um jeden Preis am Weltmarkt teilzunehmen, falsch ist, und sie hinterfragen dabei zunehmend die Unabhängigkeit ihrer Berufsverbände.

»Wachstum ist das einzig Wahre«

Egal, ob Österreich oder Deutschland. Die Verhältnisse sind überall ähnlich undurchsichtig, und die Verflechtungen von Bauernvertretung, Industrie und Politik allgegenwärtig. Bei einer der regelmäßigen Mitgliederversammlungen des Landvolkes, so nennt sich der niedersächsische Bauernverband, hält dessen Präsident Werner Hilse eine Brandrede für Wachstum als einzige moralisch vertretbare Möglichkeit. Hilse ist als Betreiber eines 300-Hektar-Betriebes samt einer großen Schweinemastanlage selbst Landwirt und zudem Vizepräsident des Bundesdeutschen Bauernverbandes. Seine Worte sind kein Produkt spontaner, rhetorischer Eingebung und alles andere als zufällig. Er liest die mit Bedacht gewählten Worte von seinem vorbereiteten Manuskript …

»Weltweit ist es aus meiner Sicht Beihilfe …, na ja ich will nicht sagen zum Mord. Wer die Ressourcen auf der Welt nicht nutzt oder dafür Sorge trägt, dass diese Ressourcen nicht genutzt werden können, trägt aus meiner Sicht dazu bei, dass wir auf dieser Welt nicht genügend Grundlage haben, um alle Menschen zu ernähren.« Nach kurzem, zögerlichem Applaus der anwesenden Landvolk-Mitglieder poltert Hilse in Bierzeltmanier routiniert weiter: »Wer ein Zurück will aus der sogenannten Massentierhaltung in eine Hinterhofhaltung, der muss wissen, das funktioniert nicht, meine Damen und Herren!«

Vor einem Kamerateam des NDR offenbart Hilse dann in der Sendung *45 Minuten*, dass er selbst kaum Zeit habe, in seinem Stall zu stehen. Zu zeitaufwendig sei die Verbandsarbeit, wegen der er die ganze Woche unterwegs sei. Wie lukrativ seine Tätigkeit ist, verrät er nicht. Allein die EU-Förderung des 300 Hektar umfassenden Betriebes beträgt jedes Jahr Zigtausende Euro. Hilse ist mit seinen Aussagen nicht zimperlich. Die freie Marktwirtschaft sei eine gute Sache. Dass dabei die großen die kleineren Betriebe verdrängen, müsse man so hinnehmen.

Angesichts dieser offen zur Schau getragenen Gesinnung stellt sich die Frage, ob Werner Hilse tatsächlich der Interessenvertreter aller Bauern, vor allem auch der kleineren Betriebe, ist. Immerhin neunzig Prozent der deutschen Schweinebauern haben kleinere Betriebe als er. Die Recherche der NDR-Journalisten offenbart ein bedenkliches Bild: Wie viele Agrarfunktionäre verdient Hilse – wie sein Stellvertreter Holzenkamp – sein Geld nicht nur als Landwirt, sondern verfügt, dank seiner Geschäftigkeit in unterschiedlichen Interessenverbänden, über ein ansehnliches Zusatzgehalt. So ist er nicht nur Präsident des niedersächsischen Landvolkes und Vizepräsident des Bundesdeutschen Bauernverbandes. Er sitzt wie sein Stellvertreter auch in zahlreichen Aufsichtsräten und anderen Gremien von großen Agrarunternehmen. Das Pikante dabei: Als Aufsichtsratsmitglied landwirtschaftlicher Industriebetriebe verdient er mehr als im Präsidium der bäuerlichen Interessensvertretung. Ein Interessenkonflikt?

Stellvertreter Holzenkamp sitzt zudem als Agrarexperte der CDU im Deutschen Bundestag und stimmte – eigentlich kaum anders zu erwarten – gegen den Entwurf des neuen Tierschutzgesetzes, der vorsah, das

Kastrieren der Ferkel ohne Betäubung und Brandzeichen bei Pferden zu verbieten. Den Versuch, eine tierschutzgerechte Landwirtschaft zu erreichen, hält er für »weltfremd«, wie er im Interview sagt. Hilse, der seine 2500 Schweine auf engstem Raum auf sichtlich strohfreiem Spaltenboden hält und das im Interview als »klarerweise kein Kuschelzoo« bezeichnet, ist um keine Ausrede verlegen. So gäbe es seiner Meinung nach auch in Fußballstadien »Menschen, die eng aneinander stehen …«. Auf Nachfrage des Journalisten, ob es sich bei seinem Betrieb um Massentierhaltung handle, antwortet Hilse trocken: »Eine Masse Tiere ist das.« Das habe aber nichts damit zu tun, dass es die Tiere deswegen schlecht hätten. Die Forderung nach tierschutzgerechter Haltung nervt ihn. Von denen, die keine Ahnung hätten, möchte er sich nicht sagen lassen müssen, was richtig oder falsch sei. Starke und selbstbewusste Worte des umtriebigen Agrarexperten aus Niedersachsen.

Also vorwärts ohne Rücksicht auf Verluste und Tierwohl? Liegt die Zukunft der Bauern tatsächlich in der Agrarindustrie, wie sie sich ein Werner Hilse vorstellt? Oder wird in Zukunft vor allem das partnerschaftliche Bündnis der Bauern mit der von ihnen versorgten regionalen Gesellschaft unsere Ernährung und landschaftliche Biodiversität nachhaltig sicherstellen?

Industrielle Tierzucht

Die genetische Vielfalt unserer Nutztiere hat, wie die des Saatgutes, während des letzten Jahrhunderts rapide abgenommen. Die Artenvielfalt ist bedroht und damit auch die globale Lebensmittelversorgung. Der weltweite Fleischbedarf wird heute im Wesentlichen aus nur fünf Nutztierarten gedeckt. In vielen Fällen wurden die Rassen auf maximale Produktion gezüchtet und andere Nachteile wie erhöhte Krankheitsanfälligkeit dabei in Kauf genommen. Eine Seuche, die eine dieser Arten träfe, würde sich verheerend auf die Versorgung unzähliger Menschen auswirken, da Erreger in einer globalisierten Warenwirtschaft keine Grenzen kennen.

In Österreich werden jährlich 77 Millionen Hühner, über 5,2 Millionen Schweine, mehr als 600 000 Rinder, knapp 270 000 Schafe und Lämmer, 60 000 Kälber und mehr als 55 000 Ziegen und Kitze geschlachtet. Das Traurige dabei ist, dass ein beträchtlicher Anteil nicht in unseren Mägen landet, sondern weggeworfen wird. Der Pionier der nachhaltigen Küche und der *Nose-to-Tail*-Philosophie, Fergus Henderson, bemerkte einmal dazu: »Wenn man ein Tier tötet, ist es nur höflich, es komplett zu verwerten.«

Auch in der Bundesrepublik Deutschland leben in diesem Moment gut 27 Millionen Schweine. Doch wo sind sie? Obwohl sie mitten unter uns leben, hat sie noch kaum jemand zu Gesicht bekommen, denn sie leben bis auf einige wenige Ausnahmen in großen Mast- und Zuchtanlagen ohne Sonnenlicht, ohne die Möglichkeit, ihre Bedürfnisse auszuleben, ein beschäftigungsloses Leben auf Spaltenböden über ihren eigenen Exkrementen.

Schweinezucht heute: schneller, billiger, rücksichtsloser

Wie sehr sich die Einstellung der Landwirtschaft und der Gesellschaft zur Schweinezucht innerhalb des letzten Jahrhunderts verändert hat, offenbart ein Blick in *Schlipf's Handbuch der Landwirtschaft* von 1898. Dort heißt es: »Die Schweinezucht hat für Land- und Hauswirtschaft deshalb eine so große Wichtigkeit, weil durch die Schweine die Abfälle der Küche, der Molkerei und anderer Gewerbe, wie Bierbrauereien, Brennereien, Mühlen, Bäckereien etc. vorteilhaft verwertet werden können. Schweinezucht in größerer Ausdehnung mittels Ankauf des nötigen Futters zu betreiben, wird nur in seltenen Fällen einen Nutzen gewähren. Dagegen ist es unter den meisten Verhältnissen empfehlenswert, in der Landwirtschaft soviel Schweine zu halten, dass man durch dieselben die Abfälle der Küche, der Molkerei, leichte Körner, Obst, Kartoffeln, Rüben etc. verwerten kann.«

Heute wird Schweineaufzucht und Mast wie eine Fließbandproduktion, zum Teil unter erbärmlichen Bedingungen und unter Zukauf sämtlichen Futters, betrieben. Da kleinere Schweinezucht- und Mastbetriebe keine großflächigen Betriebe sind und daher nur wenig flächenbezogene Fördergelder aus dem EU-Topf erhalten, noch dazu die überwiegende Mehrheit der Kunden für das Kilo Schweinefleisch kaum etwas bezahlen möchte, ist ein wirtschaftliches Arbeiten in den Sieben-Tage-die-Woche-rund-um-die-Uhr-Betrieben kaum noch möglich. Zudem stiegen die Futtermittelpreise in letzter Zeit stetig an und machen bereits bis zu siebzig Prozent der Kosten der Schweinefleischproduktion aus. Ein Umstand, der die Lage der kleineren Betriebe weiter verschärft. Schweinemäster verdienen nach Abzug der Unkosten wie Futter etc. derzeit im Schnitt etwa 15 Euro pro Sau, die das Schlachtgewicht von knapp hundert Kilo erreicht hat. Dabei wird klar, dass eine Gewinnsteigerung nur durch Erhöhung der Stückzahl möglich ist. Der Trend geht auch hier in Richtung Wachstum. So stieg der durchschnittliche Bestand an Schweinen seit 1995 von 35 Tieren pro Betrieb auf 110 Tiere im Jahr 2016 an. Immer noch relativ beschaulich, wenn man bedenkt, dass in der EU Betriebe mit mehreren Tausenden Schweinen auf engstem Raum keine Seltenheit mehr sind. In einzelnen Tierfabriken stehen sogar mehr als 50000 Tiere! Das Ziel ist jedenfalls vorgegeben. Von einer Sau wird erwartet, dass sie mehr als zwanzig Ferkel im Jahr wirft, die täglich etwa 800 Gramm an Gewicht zulegen. Zehn Prozent »Produktionsverlust« (sprich: tote Tiere) werden standardmäßig einkalkuliert. Wie sehr die Entwicklung in Europas industrieller Tierzucht aus dem Ruder gelaufen ist, hat der deutsche Tierarzt Matthias Wolfschmidt vor Kurzem in seinem Buch *Das Schweinesystem: Wie Tiere gequält, Bauern in den Ruin getrieben und Verbraucher getäuscht werden* festgehalten.

Was ist eigentlich im Schweinemastfutter enthalten?

Neben dem Hauptbestandteil Gerste setzt sich der zweite große Bestandteil aus Sojabohnen und sogenanntem Sojabohnenextraktionsschrot zusammen, hinzu kommen Weizen, Mais und andere Futterpflanzen.

Das Problem dabei: Soja ist größtenteils gentechnisch verändert und kommt seit mehr als zehn Jahren überwiegend aus Übersee, genauer aus Nord- und Südamerika. Aufgrund der weltweiten Nachfrage nach billigem Soja stieg dort der Anbau in den letzten Jahren exponentiell an. Die EU importierte im Jahr 2018 allein aus den USA 35 Millionen Tonnen Soja.

So mancher Bauer möchte nachhaltig wirtschaften und gentechnikfreies Soja füttern. Aber gibt es GVO-freies (GVO = gentechnisch veränderter Organismus) Soja auf dem Weltmarkt überhaupt? Es ist prinzipiell kaum zu bekommen, da der Anbau von Biosoja rückgängig ist, und wenn, dann selbstverständlich empfindlich teurer als das massenhaft importierte GVO-Soja. Die großen Importeure müssten eine komplett getrennte Logistik vorhalten und bei jeder Lieferung von gentechnikfreiem Soja ihre Silos reinigen, damit sich die GVO-Ware nicht mit dem GVO-freien Soja vermischt. Kaum zu bezahlen also, wenn man bereits täglich an der Wirtschaftlichkeitsgrenze arbeitet. Trotzdem füttern viele verantwortungsvolle Bauern gentechnikfreies Futter, ohne für ihre Produkte wie Fleisch und Milch nur einen Cent mehr zu bekommen.

Welche Nachteile sind mit genetisch modifiziertem Soja insbesondere für den Menschen verbunden? Dazu muss man sich fragen, warum die genetisch veränderten Pflanzen von der Industrie überhaupt dermaßen als Fortschritt gepriesen werden. Die Antwort liegt in der Pestizidresistenz der genetisch veränderten Pflanzen. Die in die Gene der Pflanzen eingeschleusten Herbizidresistenzen erlauben es, während der gesamten Anbauperiode Breitbandherbizide einzusetzen, ohne dass die transgenen Nutzpflanzen davon beeinträchtigt werden. Die Idee der Hersteller dabei: Wir verkaufen genetisch modifizierte, glyphosatresistente Pflanzen beziehungsweise deren Saatgut *und* das dazu passende Herbizid Glyphosat aus einer Hand. Was anfänglich nach einem Erfolg aussah, entwickelte sich in den letzten Jahren zu einem Desaster, denn das Unkraut begann – die Evolution macht's möglich – Resistenzen gegen das Herbizid zu entwickeln. Die Folge ist ein stark zunehmender Einsatz des Breitbandherbizides, immer häufiger in Kombination mit anderen, zum Teil noch giftigeren Substanzen, die eine entsprechende Belastung von Umwelt und Mensch mit sich bringen. In der EU ist der Anbau dieser glyphosatresistenten Pflanzen zwar nicht erlaubt, wohl aber ihr Import, etwa als Futtermittel in Form von Soja.

In Südamerika hat der Einsatz von Glyphosat aufgrund der zunehmenden Resistenzen in Form sogenannter »Superweeds« innerhalb der letzten zehn Jahre erheblich zugenommen. Ein tödlicher Kreislauf. Damit sind aber auch die Argumente der Hersteller widerlegt, der Anbau herbizidresistenter Pflanzen führe zu einem verringerten Herbizidverbrauch. Ebenso steigt der Glyphosatgehalt der importierten Sojabohnen. Der zulässige EU-Grenzwert für Glyphosat in Sojabohnen liegt derzeit bei zwanzig Milligramm pro Kilogramm (maximaler Rückstandswert MRL). Tatsächlich wurde dieser Grenzwert erst 1996 angehoben, als Monsanto seine herbizidresistente RoundupReady®-Sojabohne auf den Markt brachte. Grenzwerte folgen also nicht wissenschaftlichen Erkenntnissen, sondern faktisch nachgewiesenen Rückständen. Werden mehr Rückstände gefunden, wird der Grenzwert angehoben, und schon ist wieder alles quasi »im grünen Bereich«.

Was hat nun der Glyphosat-Wahnsinn in Südamerika mit uns zu tun? Die Antwort erhält man, wenn man der Nahrungskette folgt: Glyphosat im Futter (Soja) – Glyphosat im Schweinefleisch – Glyphosat im Menschen.

Milch

Milch ist seit Jahrtausenden ein Bestandteil unserer Ernährung. Innerhalb weniger Jahrzehnte hat sich aber unser Verhältnis auch zur Milch und zur Haltung der Milchkühe radikal verändert. Alleine in Europa ist der Milchmarkt hundert Milliarden Euro schwer, und es werden jährlich fast 200 Millionen Tonnen Milch und Milchpulver von Großkonzernen produziert und vermarktet. Seit Europa Milch auch nach Asien, Afrika und Südamerika exportiert, ist der europäische Milchmarkt regelrecht explodiert. Die Folgen sind computertechnikgesteuerte Massentierhaltungen, Zuchtoptimierung auf Milchleistung, verkürzte Lebenszeit der Tiere (viele Milchkühe erleben ihren fünften Geburtstag nicht, obwohl sie grundsätzlich gut zwanzig Jahre alt werden können), ein Wachsen der Großbetriebe und ein kontinuierliches Verschwinden der kleinen Milchbauern. Dabei ist das Geschäft für die Milchbauern, auch die großen, in der Regel ein Defizitgeschäft. Der Milchpreis, der vom Weltmarkt diktiert und von den großen Molkereikonzernen bezahlt wird, liegt zum Teil weit unter den Produktionskosten. Der zunehmende Preisdruck kann nur mehr durch gesteigerte Produktion abgefedert werden.

Viele Milchbauern haben mittlerweile auch Probleme, Gras oder Heu für die tägliche Fütterung ihrer Tiere zu bekommen. Ein durchschnittlicher Betrieb kann schon mal mehrere Tonnen an Grünfutter pro Tag benötigen. Es fehlt an Wiesen. Seit Ackerflächen den besseren Ertrag liefern, wurden die Wiesen umgepflügt und die Tiere in den Stall gestellt. Dort stehen sie 365 Tage im Jahr.

Glücklich grasende Kühe sieht man auf jeder zweiten Milchpackung, doch in der Realität sind sie selten anzutreffen. Mit Produkten wie Heumilch und Weidemilch soll zwar unsere Gesundheit und das Wohl der Tiere (durch garantierte Weidehaltung während der Vegetationsperiode) verbessert werden, doch existieren bis dato keine EU-weiten Regelungen. Der Großteil der Billigmilch produzierenden, zweckoptimierten Hochleistungsmilchkühe erhält zusätzlich zum Grundfutter wie Grassilage, Heu und Maissilage auch Kraftfutter in Form von Soja, Weizen, Gerste, Hafer, Mais, Ackerbohnen, Erbsen, Raps und Sonnenblumen, um eine entsprechende Milchleistung zu garantieren. Artfremdes Futter, wohlgemerkt. Und das, obwohl der Verdauungstrakt der Kühe eigentlich für die Verdauung und Verwertung von Grünfutter beziehungsweise Raufutter in Form von Gras und Heu optimiert ist. Ein wahres Wunderwerk der Natur, wenn man bedenkt, dass der bovine Verdauungstrakt es fertigbringt, aus einem grundsätzlich eher minderwertigen Rohstoff eine mehrere hundert Kilo schwere Kuh inklusive Milchleistung zu versorgen.

Darüber hinaus können wir nur Milch von Kühen trinken, die ständig schwanger sind. Ohne Kälber keine Milch. Während die Lebensdauer von Hochleistungsmilchkühen ohnehin nur wenige Jahre beträgt, werden die männlichen Bullenkälber der Fleischproduktion in Mastbetrieben zugeführt. Für sie gibt es keine andere Verwendung. Ein Problem, das wir bereits aus der Legehennenzucht kennen.

Milch ist zudem ein billiger Rohstoff, der in allerlei Produkten verarbeitet wird. Diesen Umstand muss man mitberücksichtigen, wenn man fordert, dass der Konsument für einen Liter Milch mehr als einen Euro, vielleicht sogar zwei Euro bezahlen soll, um der Kostenwahrheit bei der Produktion in bäuerlichen Betrieben Rechnung zu tragen. Die Lebensmittelindustrie hat wenig Interesse, dass der Milchpreis anzieht und zu deutlich mehr als dem gegenwärtigen Hungerlohn von den Bauern bezogen wird. Gibt es Überschüsse, kann man den Produzenten leicht unter Druck setzen und die Ware bleibt billig und damit auch alle mit Milchpulver beziehungsweise Milchprotein angereicherten Produkte. Die Hauptprofiteure der gegenwärtigen Misere sind die großen Konzerne, allen voran die Molkereiindustrie und die Nahrungsmittelindustrie.

Mit rapider Zunahme des Wohlstandes in China wurden Milch und Milchprodukte auch in Asien zu einem gefragten Luxusartikel. Die Milchwerbung gaukelt den Chinesen dabei vor, dass ihre Kinder durch den Konsum von Milchprodukten für eine kompetitive Welt von morgen größer und klüger werden. Im aufstrebenden China ist der soziale Status von eminenter Bedeutung. In Europa hat damit der Wettlauf um den chinesischen Markt begonnen. Da die Chinesen ein durchaus innovationsfreudiges Volk sind, dauerte es freilich nicht lange, bis die weltgrößten Kuhställe und Molkereien in China gebaut wurden. Europäische Großmolkereien beteiligen sich dabei als Aktionäre intensiv an diesem Wachstumsmarkt. Eine sonderbare Entwicklung, wenn man bedenkt, dass mit dem Erfolg der chinesischen Milchwirtschaft der Druck für die europäischen Produzenten noch größer wurde und die Molkereikonzerne den Produzenten in Europa ohnehin zu wenig bezahlen. Das Nachsehen hat der europäische Milchbauer. Den Profit streift die Industrie ein, entweder in Europa selbst oder durch Beteiligung auch in Asien. Der Konsument kann zusehen. Um sich vor Augen zu führen, in welchen Größenordnungen in China Milchproduktion betrieben wird, sei der Film *Das System Milch* des Filmemachers Andreas Pichler empfohlen.

Da Europa einen Milchüberschuss ungeahnten Ausmaßes produziert, wird der Großteil der überschüssigen Milch unter erheblichem Energieaufwand zu Milchpulver getrocknet, das dann in den neuen Hoffnungsmarkt Afrika exportiert werden kann. Da die EU aber die Milchherstellung hochgradig subventioniert, können die afrikanischen Produzenten ohne Subventionen dem Preisdruck nicht standhalten und müssen aufgeben. Dabei stellt die EU Entwicklungshilfegelder genau für diese unter Preisdruck stehenden afrikanischen Kleinbauern bereit. Die europäischen Steuerzahler bezahlen also doppelt: Einerseits wird der europäische Bauer subventioniert, andererseits wird der dadurch in Bedrängnis geratene afrikanische Bauer mit Entwicklungshilfegeldern gestützt. Obwohl das alles absurd klingt und es ja auch ist, wird die Produktion jährlich weiter gesteigert. Das derzeitige System schädigt alle, sowohl den afrikanischen Milchbauern als auch den europäischen, der ohne direkte Zahlungen aus Brüssel nicht überleben könnte – mit dem Unterschied, dass die europäischen Kleinbauern langsam und leise aussterben und die afrikanischen sich auf den Weg machen, um über das Mittelmeer in das gelobte Land Europa zu gelangen. Der Rest des Dramas ist bekannt, die Zusammenhänge allerdings kennen wenige. Ein krankes System, derzeit ohne Aussicht auf Besserung.

Das Gülle-Problem

Ein weiteres Problem der intensiven Hochleistungstierhaltung ist der tägliche Anfall von Stoffwechselendprodukten in rauen Mengen. So ist zum Beispiel im Schnitt mit ca. drei Liter Gülle pro produziertem Liter Milch zu rechnen. Bei 20000 Liter Milchproduktion pro Tag sind das 60000 Liter (!) eines äußerst problematischen Abfallstoffes.

Allein in Deutschland fallen jedes Jahr mehr als 1,5 Milliarden Liter Gülle an. Die Ursache sind immer mehr Tiere in immer größeren Betrieben. Bei Milchproduktion und Fleischproduktion anfallende Güllemengen sind ein Problemstoff, mit dem mittlerweile sogar lukrativer Handel getrieben wird. Wer Gülle lagert oder »entsorgt«, kann damit gutes Geld verdienen. Auch Antibiotika, die in der Tiermast und Tierzucht eingesetzt werden, gelangen über die tierischen Ausscheidungen in die Gülle und somit auf die Felder. Keime, die im Darm der Tiere bereits durch Antibiotikagabe Resistenzen erlangt haben, gelangen ebenfalls mit der Gülle auf die Felder. Kommen Bodenbakterien mit Gülle-Antibiotika in Kontakt, können auch diese Resistenzen aufbauen und an andere Bakterien weitergeben. Laut entsprechenden Studien sterben in Europa jährlich zumindest 25000 Menschen (!) an unbeherrschbaren Infektionen durch resistente Keime. Der ungezügelte Antibiotikaeinsatz in großen Mastbetrieben ist eine der Ursachen hierfür.

In der modernen Hochleistungsmilchproduktion stammt maximal ein Drittel der Energie aus Gras, zwei Drittel der Futtermittelenergie kommen vom Acker in Form des angesprochenen Kraftfutters, das die meisten Landwirte zukaufen müssen und das in der Regel nicht aus ökologischem Landbau stammt. Soja wird vorwiegend aus Südamerika importiert, wo es unter Einsatz steigender Mengen an Giften wie Glyphosat produziert wird. Dabei können Kühe ohnehin nur einen Bruchteil des Energiegehaltes von Soja verstoffwechseln, da ihre Mägen nicht dafür angepasst sind. Eine ökologische Schreckensbilanz, wenn man bedenkt, dass für Sojaanbau Wälder in großem Stil abgeholzt werden müssen, nur damit wir hier bei uns Billigstmilch produzieren können. Abgesehen von Transportkosten und der CO_2-Bilanz, könnten mit dem für Rinder artfremden, aber grundsätzlich durchaus nahrhaften »Futter« wie Soja und Getreide Menschen eigentlich direkt und viel effizienter ernährt werden.

Dazu kommt, dass das importierte proteinreiche Soja hohe Stickstoffausscheidungen über die Gülle zur Folge hat, da Protein einen hohen Stickstoffanteil hat. Wir importieren also Stickstoff, der, auch wenn er auf die Felder ausgebracht wird, von den Pflanzen in dieser

Form kaum verwertet werden kann. Nitrat wird in großen Mengen aus den Böden ausgewaschen und landet im Grundwasser und damit in unseren Körpern, wo es zu Nitrit umgewandelt wird. Nitrit steht im Verdacht, Krebs auszulösen. Europas Böden weisen stellenweise bereits einen stark überhöhten Nitratgehalt auf. Ammoniak und das stark klimaschädliche Treibhausgas Lachgas (Distickstoffmonoxyd, N_2O) werden dabei an die Atmosphäre abgegeben. Dass aber die Ausscheidungen von Tieren nicht unbedingt zur Kategorie der Problemstoffe zählen müssen, werde ich später noch diskutieren.

Die Perversion der Biozertifizierung

Während der zunehmende Markt für giftfreie Bioprodukte sicher einen Schritt in die richtige Richtung darstellt, so ist mit der Bezeichnung »Bio« noch lange nicht automatisch alles in Ordnung. Denn der (weitgehende) Verzicht auf Spritzmittel und Kunstdünger sagt nichts darüber aus, wie viele Ressourcen tatsächlich verschwendet wurden, welchen (oft langen) Weg das Nahrungsmittel zurückgelegt hat, wie es um den Boden bestellt ist und ob die Produzenten angemessen entlohnt worden sind. Auch gesund muss »Bio« nicht unbedingt sein. So haben auch biologisch hergestellte Produkte wie Biozucker oder Bioweizenmehl dieselbe nachteilige Wirkung auf den menschlichen Organismus wie ihre konventionell hergestellten Pendants.

Schön, dass es Biozertifizierte Chiasamen aus China und Bioshrimps aus Vietnam in unseren Supermarktregalen gibt. Tatsächlich müssten Abertausende Biokontrolleure täglich in Asien unterwegs sein, um die ordnungsgemäße biologische Herstellung dieser Produkte zu überprüfen. Diese existieren aber nicht, weil das unbezahlbar wäre.

Auch unser Hunger nach Biogemüse während des ganzen Jahres führt zunehmend zu ökologischen Katastrophen. So kommt in Europa viel Biogemüse aus Spanien, ein Großteil davon aus dem Anbaugebiet Almeria um die Stadt El Ejido an Spaniens Südküste. »El mar del plástico«, Plastikmeer, wird die weltweit größte Anbaufläche unter Folie mittlerweile bezeichnet, die jeder auf den Weltraumsatellitenbildern von Google Maps und Co. in ihrer Ausdehnung mit Schaudern betrachten kann. Insgesamt sind hier 36000 Hektar Boden mit Plastikfolie überzogen. Für ein Kilo Biotomaten werden im Schnitt 180 Liter Wasser verbraucht. Von der Ausbeutung zumeist afrikanischer Hilfsarbeiter und dem wenig klimafreundlichen, weil langen Transportweg bemerken die Bio-hungrigen Supermarktkunden hierzulande nichts.

EU-weit werden jährlich 21 Milliarden Euro Umsatz mit Bioprodukten gemacht. Tendenz stark steigend. Weil sich also mit Bio viel Geld machen lässt, passt sich die Industrie an und suggeriert Bio, wo Massenware drinnen ist. Saftige Almwiesen und glückliche Tiere zieren die Verpackungen mit Biozertifikat ebenso wie fröhlich grinsende Dorfmetzger. Auch wenn diese Produkte die unterschiedlichen Anforderungen der verschiedenen Biozertifikate (die ohnehin kaum ein Kunde kennt) zwar grundsätzlich erfüllen, so handelt es sich in der Regel um Massenware aus industrieller Produktion. Schon der Begriff »Zertifizierung« selbst stammt aus der industriellen Massenproduktion.

Landwirtschaft war bis vor Kurzem auch keine zu vereinheitlichende Massenfertigung. Für die kleinen regionalen Produzenten ist die Biozertifizierung samt regelmäßiger Kontrollen ein teures Unterfangen, die großen stemmen die damit verbundenen Mehrkosten hingegen mit Leichtigkeit. Die Perversion in diesem Zusammenhang ist, dass diejenigen, die sich um ein gutes Produkt bemühen, auch noch dafür bezahlen müssen, wohingegen konventionelle Betriebe mit Gift und Kunstdünger ungeschoren davonkommen. Ab 2021 müssen Biobauern sogar selbst dafür Sorge tragen, dass keine Pestizide aus der »konventionellen Umgebung« auf ihre Felder geraten.

Dabei würde der Begriff »konventionell« im engeren Sinne eigentlich bedeuten, dass es sich um eine Produktion ohne chemischen Input handelt. Denn vor der Einführung von Pestiziden war »Bio« jahrtausendelang die herkömmliche, also konventionelle landwirtschaftliche Betriebsform. Es wäre daher nichts logischer, als belastete Lebensmittel aus Produktionen mit reichlich Chemieeinsatz mit einem entsprechenden Warnhinweis zu versehen. Die damit verbundenen Kosten sind der Industrie und nicht den Biobauern zu verrechnen. Warum wacht hier die Politik nicht auf? Wer giftbelastete Nahrungsmittel produziert, sollte auch für den Schaden aufkommen!

Bio ist also nicht automatisch mit gesund oder ökologisch nachhaltig gleichzusetzen. Auch die Konzerne haben erkannt, dass mit dem »Bio-Schmäh« reichlich Geld zu verdienen ist. Einkauf bei einem lokalen Betrieb des Vertrauens, dessen Produktionsweise man kennt, macht teure Biozertifizierung ohnehin überflüssig.

Der Verlust der Unschuld im Biolandbau

Der Anteil ökologischer Landwirtschaftsfläche an der Gesamtlandwirtschaftsfläche in der EU wächst kontinuierlich. Finanziell belohnt sollte allerdings nur jemand werden, der den Bodenaufbau nachhaltig fördert. Aber Bio alleine reicht dafür keineswegs aus, denn auch im Biolandbau wird nicht immer ökologisch nachhaltig gewirtschaftet.

Der Biolandbau, der sich bislang eigentlich gegen die Industrialisierung und Chemieanwendung in der Landwirtschaft gewehrt hat, ist heute selbst zu einem lukrativen Markt für weltweit dominierende

Agrokonzerne wie Bayer und Syngenta geworden. Denn auch wenn im Biolandbau die Verwendung von synthetischen und mineralischen Düngern verboten ist, so werden aufgrund des wirtschaftlichen Drucks auch im Biolandbau sogenannte Biohilfsstoffe (zum Beispiel Produkte für den biologischen Pflanzenschutz) in großen Mengen zugekauft. Eine echte Kreislaufwirtschaft, in der wie früher das Tierfutter und der Dünger in Form tierischer Ausscheidungen für die Felder selbst produziert wird, ist selten geworden.

Anstatt sich um ganzheitliche Ansätze zu bemühen, sind mittlerweile auch viele Biobauern dazu übergegangen, bei einem Schädlingsproblem sofort zu Pflanzenschutzmitteln (wenn auch biologischen) zu greifen, um das Symptom »Pflanzenkrankheit« zu bekämpfen. Ganz ähnlich läuft das in der heute dominierenden Schulmedizin ab, denn auch hier werden Symptome mit einfachen Medikamenten viel lieber (und rascher) behandelt, als dass man der tatsächlichen Ursache nachgeht und diese behebt. Anstatt den schmerzenden Stein im Schuh zu entfernen, nehmen wir also lieber ein Schmerzmittel ein, um das Problem zu lösen? Wäre es nicht einfacher, den Stein zu entfernen?

Dass der Trend zur Spezialisierung und Monokulturalisierung auch vor dem Biolandbau nicht haltmacht, konnte ich während der sogenannten Biofeldtage im Sommer 2018 auf dem Biolandgut Esterházy im Burgenland in erschütternder Deutlichkeit erleben. Neben zahlreichen kleinen Familienbetrieben war auch die Industrie – vor allem in Form eines großen Landwirtschaftsmaschinenherstellers als Hauptsponsor – gut vertreten. Wie sich zeigte, wird auch im Biolandbau dem Boden mit schwerem Gerät zu Leibe gerückt. So war man auch bei den gut besuchten Maschinenvorführungen nicht kleinlich, sondern zeigte ganz ungeniert, wie tief ein schweres Gerät pflügt.

Auch Bio ist daher nicht zwingend gleichbedeutend mit ökologisch verträglicher, Boden aufbauender Landwirtschaft. Immerhin konnte man sich etwas abseits des gigantischen Maschinenparks, der durchaus auch mit einzelnen bodenfreundlichen Innovationen aufwarten konnte, über das große Problem der Bodenverdichtung durch immer schwerer werdende PS-Monster informieren. Was aber die Biofeldtage auch ganz deutlich zeigten: Der Publikumsandrang war enorm und auch das Wissen in der Bevölkerung um die Bedeutung von nachhaltig und umweltverträglich hergestellten Nahrungsmitteln ist deutlich im Zunehmen.

Die knappe Ressource Wasser

Das beste und gesündeste Getränk, an das sich der menschliche und tierische Organismus seit Urzeiten »angepasst« hat, ist sauberes Süßwasser. Allerdings ist es schon einige Zeit her, dass man gefahrlos aus jedem Fluss, Bach oder See dieser Erde trinken konnte. Mittlerweile ist sauberes Trinkwasser eine der wertvollsten Ressourcen auf unserem Planeten geworden, und viele Wissenschaftler gehen davon aus, dass die Kriege der Zukunft wegen Wasserknappheit beziehungsweise hoheitlichen Ansprüchen auf das lebensnotwendige Nass geführt werden. Selbst nicht zum direkten Verzehr geeignetes Wasser, sondern Wasser allein zum Zwecke der Landwirtschaft wird im Zuge der zunehmenden weltweiten Wasserknappheit immer kostbarer. Gerade die landwirtschaftliche Bodennutzung, die Grundlage unserer Ernährung, nimmt besonders viel Wasser in Anspruch. So liegt der durchschnittliche Wasser-Fußabdruck in Österreich bei ca. 4377 Liter pro Kopf und Tag (!). Davon werden 2,6 Prozent für Haushalte, knapp 14 Prozent für die industrielle und ganze 83,5 Prozent für die landwirtschaftliche Produktion benötigt. Trinkwasser macht also nur einen Bruchteil unseres Wasserbedarfs aus, der größte Anteil geht in die Landwirtschaft. Im Zeitalter der Globalisierung besteht unser Wasserbedarf aber nur zu 32 Prozent aus heimischem Wasser. Der überwiegende Rest wird bei der Herstellung von importierten Lebensmitteln im Ausland bei der dortigen Herstellung verbraucht. Die wenigsten Menschen haben eine Vorstellung davon, wie viel Wasser bei der Produktion von Lebensmitteln aufgewendet werden muss. So benötigt die Produktion von nur einem Kilo Hühnerfleisch ca. 3900 Liter Wasser, von einem Kilo Getreide ca. 1400 Liter, von einem Liter Milch oder einem Kilo Kartoffeln jeweils ca. 1000 Liter und von einem erntereifen Apfel etwa siebzig Liter Wasser. Ohne Wasser geht es nicht.

Nur wenige Konsumenten bedenken, dass Schadstoff-, Chemie- und Antibiotika-belastetes Oberflächenwasser unserer Äcker früher oder später zu unserem Grundwasser wird oder in die Gewässer gelangt und schlussendlich in den Ozeanen landet. Durch landwirtschaftliche Praktiken kam es in den letzten Jahrzehnten so zu einer Vervielfachung der Stickstoff- und Phosphateinträge in den Weltmeeren, wo sogenannte Todeszonen entstehen, in denen kein Leben mehr zu finden ist. Dieser durch Überdüngung des Meerwassers ausgelöste Effekt – in der Fachsprache als Eutrophierung bezeichnet – lässt sich an vielen Orten der Welt beobachten.

Pestizide: Gift auf dem Acker

Unter dem Namen Pestizide versteht man im allgemeinen Sprachgebrauch alle chemischen Verbindungen, die gegen tierische und pflanzliche Schädlinge eingesetzt werden. Seit über hundert Jahren werden in der Landwirtschaft chemische Hilfsmittel auf Feldern und in Weingärten eingesetzt, mit dem Ziel, den Ertrag zu garantieren beziehungsweise zu steigern. Zu Beginn waren es hauptsächlich mineralische Kunstdünger, später, vor allem im Zuge der sogenannten »Grünen Revolution« in den 1960er-Jahren, mit neuen landwirtschaftlichen Hochleistungs- beziehungsweise Hochertragssorten kamen auch unzählige, teilweise extrem toxische Pestizide hinzu.

In Deutschland werden jährlich 40000 Tonnen Pestizide ausgebracht. In Österreich sind es immerhin gut 4000 Tonnen an »Pflanzenschutzmitteln«, so die schönfärberische Bezeichnung, die ihren Weg auf die Äcker finden. Wie immer man sie auch bezeichnen mag, schlussendlich handelt es sich um giftige Verbindungen, deren einzige Daseinsberechtigung im effizienten Abtöten von unerwünschtem Leben auf dem Feld liegt. Pro Jahr werden auf einem Hektar landwirtschaftlicher Nutzfläche durchschnittlich 8,8 Kilo Pestizide verteilt, wobei rund vierzig Prozent davon auf Herbizide (wie zum Beispiel Glyphosat) entfallen, die auf sogenannte Ackerunkräuter abzielen und damit die Nahrungsgrundlage von Insekten und Vögeln abtöten. Und nicht nur auf den Feldern finden diese »Unkrautregulierungsmaßnahmen« Anwendung, sondern auch in nicht unbeträchtlichen Mengen in Stadtparks, in Spielplätzen und auf den adrett gepflegten Gärten zu Hause.

Franz S., Bauer in dritter Generation in Oberösterreich, erklärt mir im Gespräch am Feldrand seinen jährlichen Chemieeinsatz am Beispiel des konventionellen Rapsanbaus: 240 Kilo Stickstoff pro Hektar brauche er, dazu Phosphor und Kali für die Grunddüngung. An Pestiziden spritzt er einmal im Jahr Herbizid gegen das Unkraut, dreimal Fungizid gegen Pilzerkrankungen und drei- bis fünfmal im Jahr Insektizide, je nach Schädlingsbefall. Ohne diesen horrenden Einsatz an Agrarchemie, sagt er, gehe es heute nicht mehr. Er wirkt dabei ziemlich bedrückt. Ganz geheuer sei ihm der steigende Chemieeinsatz nicht, räumt er ein. Ohne Agrarchemie ließe sich aber die geforderte Masse nicht produzieren, erklärt er hilflos. Masse statt Klasse. Das Problem dabei, so Franz, sei die Abwärtsspirale: Je mehr produziert werde, umso mehr sinkt der Preis und umso unwirtschaftlicher wird in der Folge der teure Einsatz von Agrarchemie. So wie Franz habe ich in den letzten zehn Jahren viele Landwirte in Österreich und Deutschland klagen gehört. Die befreiende Umstellung auf Bio haben bisher nur die wenigsten gewagt.

Eigentlich sollte man glauben, dass nach jahrzehntelangem Einsatz von Pestiziden den Schädlingen irgendwann einmal der Garaus gemacht sein müsste. Doch das Gegenteil ist der Fall. Immer häufiger müssen Pestizide eingesetzt werden, denn das Ökosystem ist instabil, manche Arten sind pestizidresistent geworden, und das fordert immer mehr Chemieeinsatz. Es verhält sich wie der unkritische Antibiotikaeinsatz in der Human- und Tiermedizin, unter der die resistenten Keime in den letzten Jahrzehnten immer mehr zunahmen und mittlerweile ein ernst zu nehmendes Problem darstellen. Das dahinterstehende universelle Prinzip nennt sich Evolution durch Selektion.

Im heutigen mittleren Westen der USA sieht die Lage besonders trist aus. Hier werden ausschließlich Roundup-resistenter, genetisch modifizierter Mais und Soja auf nicht enden wollenden Monokulturflächen angebaut. Der Einsatz von Glyphosat ist hier seit Jahrzehnten selbstverständlich, der Verbrauch weiter steigend. Mehrmals pro Jahr werden hier viel höhere Konzentrationen und Mengen ausgebracht als beispielsweise in Europa, um die Felder »schön sauber zu halten« und die Arbeit zu erleichtern. Monsanto verkauft diesen chemischen Unkrautvernichtungswahn dreist als »umweltschonende Maßnahme«. Laut dem Hersteller müsse dadurch nicht mehr so viel gepflügt werden, was die Freisetzung von CO_2 und die Verdunstung von Wasser verhindere, so die Firmenargumentation. Glyphosat, das umweltschonende Ackergift? Wohl kaum. Vor allem in Nord- und Südamerika klagen die Landwirte mittlerweile über glyphosatresistentes Unkraut auf den Äckern, über sogenannte Superweeds.

Tatsächlich fordert auch die Ernährungs- und Landwirtschaftsorganisation der Vereinten Nationen (FAO) eine Reduktion des weltweiten Pestizideinsatzes. Bisher verhallte diese Forderung allerdings ungehört, denn wir verzeichnen derzeit weiterhin einen weltweiten Anstieg in der Verwendung von Pflanzenschutzmitteln. Wir haben uns in den letzten Jahrzehnten in eine beinahe ausweglose Situation gebracht. Dabei war bis in die 1950er-Jahre – das sollte man nicht vergessen – auch eine Landwirtschaft weitgehend ohne Pestizide möglich. Der Großteil der chemischen Verbindungen war damals noch gar nicht synthetisiert, sprich erfunden. Wie weit wir es gebracht haben, ist bereits daran zu erkennen, dass konventionelle Landwirte ernsthaft behaupten, eine Landwirtschaft ohne Pestizideinsatz wäre illusorisch, ja sogar schlecht (!) für die Umwelt. Das kommt der Behauptung gleich, Gesundheit wäre nur durch permanenten Medikamenteneinsatz möglich. Auch wenn das der Pharmaindustrie gefallen würde, sollten wir aber nicht vergessen, dass Kopfschmerzen auch nicht die Folge eines »Aspirin-Mangels« sind!

Gehirnwäsche?

Bei zahlreichen Diskussionsveranstaltungen zur Zukunft der Landwirtschaft hat mich immer wieder erstaunt, wie einige konventionell wirtschaftende Landwirte ihr Gift- und Düngerarsenal verteidigen, als würde man sie körperlich attackieren. Konfrontiert mit Publikationen und gut dokumentierten Beispielen funktionierender und finanziell äußerst rentabler Ökolandwirtschaft, behaupten sie dennoch standhaft wie wortgewaltig, dass eine Landwirtschaft ohne Agrochemie und schweres Gerät niemals funktionieren könne. Wer anderes behauptet, verstünde ohnehin nichts vom Landbau. Auffällig dabei ist, dass vollkommen ortsunabhängig immer dieselben, längst widerlegten Argumente der Industrie nachgebetet werden. Die Gehirnwäsche dürfte auch hier, ähnlich wie durch die Pharmaindustrie bei zahlreichen Ärzten, erfolgreich gewesen sein.

Selbst manche Wissenschaftler mit finanziellen Verflechtungen zur Industrie stehen gerne mit Argumenten Gewehr bei Fuß. Laut einer 2010 veröffentlichten britischen Studie hätte ein Verbot von Glyphosat signifikante Folgen für Landwirtschaft und Umwelt.[25] Ohne Glyphosat würden die Landwirte häufiger pflügen müssen, um das Unkraut einzudämmen, was den Arbeitsaufwand um fünfzig Prozent erhöhen würde. Auch wären mehr treibstoffhungrige Maschinen notwendig, geerntetes Getreide müsste zusätzlich getrocknet werden und seine Qualität würde sinken. Die Autoren schätzten Mehrkosten in Höhe von 473 britischen Pfund pro Hektar bei Weizen und 470 Pfund pro Hektar bei Raps. Außerdem würden in der Folge die Lebensmittelpreise steigen. Hinsichtlich der Umwelt würde der Wegfall der pfluglosen Bodenbearbeitung zu erhöhter Bodenerosion, Vernässung und dem Verlust organischer Substanz und Biodiversität führen. Produktivitätsverluste würden zu einer Ausdehnung der Anbaufläche und vermehrten Importen von Weizen und Raps führen. Häufigeres Pflügen und die Umwandlung von Gras- in Ackerland zur Kompensierung niedrigerer Erträge würde die Treibhausgasemissionen um geschätzte zwölf Millionen Tonnen CO_2-Äquivalent ansteigen lassen.

Beinahe beschleicht einen angesichts dieser engstirnigen wie einfältigen Betrachtungsweise mit pseudowissenschaftlichem Deckmäntelchen das Gefühl, dass Landwirtschaft vor der Markteinführung von Glyphosat & Co. in der zweiten Hälfte der 1970er-Jahre gar nicht möglich gewesen wäre. Was ist nur los in den Köpfen dieser Menschen? Wie kann man sich einer so naiven Denkweise völlig kritiklos ausliefern? Auch jeder Drogenabhängige führte einmal ein Leben ganz ohne Drogen, auch wenn er oder sie sich das nach jahrelangem Drogenmissbrauch vielleicht nicht mehr vorstellen kann! Das Hauptargument der wenigen großen Hersteller ist immer wieder das gleiche: Angstmache vor dem Phantom »Welthunger«. Dass es aber in Wahrheit auch ganz anders geht, werden wir später noch sehen.

Unbedenklich?

Bedeutet die Tatsache, dass Glyphosat im Tierexperiment und *in vitro* (also im Reagenzglas) eine sehr geringe Giftigkeit – im Fachjargon

Toxizität – auf Säugetierzellen aufweist, dass die Substanz für den Menschen (und natürlich auch für andere Säugetiere) als harmlos einzustufen ist? Das behaupten jedenfalls die Hersteller. Aber wie wird das überhaupt untersucht? Und was wurde untersucht? Wer legt fest, wie viel ein durchschnittlicher Mensch »verträgt«, ohne dabei krank zu werden oder schlimmstenfalls gar zu sterben. Wie lange muss ich Glyphosat oder andere Chemikalien über Umwelt und Nahrung aufnehmen oder an Versuchstiere verfüttern, bis zum Beispiel Krebs entsteht? Und um welche der zahlreichen Krebsformen könnte es sich dabei handeln? Welche zellulären oder subzellulären Mechanismen könnten bei welcher Konzentration zur Schädigung führen?

Dünger

Durch den steigenden Einsatz von mineralischem Kunstdünger konnten im Laufe des 20. Jahrhunderts die Weizenerträge pro Fläche um 400 Prozent gesteigert werden. Während in den 1960er-Jahren noch ca. zwei Tonnen Weizen pro Hektar geerntet wurden, so betrug der Ertrag Mitte der 1970er-Jahre bereits gut das Doppelte. Heute sind es in Abhängigkeit vom Wetter nicht selten sieben bis acht Tonnen, die mit erheblichem Düngemittelaufwand erzielt werden können.

Wird ein Boden landwirtschaftlich genutzt, geht früher oder später (in Abhängigkeit der Bodenbeschaffenheit) der Nährstoffgehalt zur Neige. Um die mit den Nutzpflanzen entnommenen Nährstoffe zu ersetzen, düngen konventionell arbeitende Landwirte ihre Felder in aller Regel mit reichlich synthetischem Mineraldünger, der hauptsächlich Stickstoff (N), Phosphor (P) und Kali (K) in unterschiedlicher Zusammensetzung enthält. Ein wesentliches Problem ist dabei die übermäßige Zufuhr von stickstoffhaltigen Mineralstoffen, die die Pflanzen nicht mehr aufnehmen können. Der überschüssige Stickstoff gelangt so in das Grundwasser (und somit in das Trinkwasser), wo er zu erheblicher Nitratbelastung führt und das Ökosystem belastet. Gelangt er in Gewässer, führt dies zunächst zu einer Algenblüte, dann zum Absterben von Algen und Cyanobakterien und schließlich zu Sauerstoffmangel mit einhergehendem Auslöschen der vorhandenen Lebensgemeinschaften im Gewässer. Der Zusammenbruch kompletter Fischgründe, in denen die Schwärme der lukrativen Speisefische um bis zu neunzig Prozent verschwunden sind, ist längst Realität. Das leise Sterben unter der Meeresoberfläche und in unseren Gewässern wird allerdings von der Öffentlichkeit kaum bemerkt. Vor allem das Bodenleben leidet erheblich unter der großzügigen Verwendung von mineralischem Kunstdünger, der noch dazu in allernächster Zukunft zur Neige gehen wird.

Wie die Industrie die Wissenschaft manipuliert

Haben Sie sich eigentlich schon einmal gefragt, wie Ihr Arzt seine Informationen bezüglich aktueller Richtlinien und »Neuerungen« in der Arzneimitteltherapie bezieht? Die Chancen stehen nicht schlecht, dass er zu der großen Zahl von Ärzten gehört, die ihr Wissen von einem Vertreter eines Pharmaunternehmens ins Ohr geflüstert bekommen oder regelmäßig an einer von der Pharmaindustrie gesponserten Fortbildungsveranstaltung teilnehmen, bei der es hinterher zumindest feine Brötchen mit Bier, Wein und Sekt gibt. Glauben Sie mir, ich weiß, wovon ich hier rede. Selbst Flugreisen, Hotelnächtigungen und Kongressteilnahmen (zusammen nicht selten mit weit über tausend Euro zu Buche schlagend) sind meiner persönlichen Erfahrung nach keine Seltenheit, sondern für viele Kollegen eine willkommene finanzielle Entlastung. Die großzügige Zuwendung des Pharmaunternehmens macht's möglich. Während diese Konstellation nicht automatisch schlecht sein muss oder gar zwingend mit unlauteren Absichten oder Korruption verbunden ist, so ergibt sich in vielen Fällen doch eine erheblich schiefe Optik bezüglich der Objektivität der vermittelten Informationen. Eine positive Einstellung zu dem »förderlichen« Pharmaunternehmen hat man hinterher in jedem Fall.

Eine Frage wird mir immer wieder gestellt: Sind zugelassene Lebensmittel, Nahrungsergänzungsmittel, Arzneimittel und chemische Substanzen (darunter auch Insektizide, Herbizide und Fungizide) aller Art nicht ohnehin sicher? Wurden diese nicht ausführlich auf ihre Sicherheit durch offizielle unabhängige Stellen geprüft? Was im Handel frei erhältlich ist oder vom Arzt verschrieben wird, muss doch sicher sein, oder? Nun ja, diese Frage beziehungsweise Feststellung bringt uns zum Kern eines Dilemmas. Woher wissen wir, was wir glauben zu wissen? Wer macht all die Studien? Und noch viel wichtiger: Wer bewertet diese auf ihre Glaubwürdigkeit, Validität und Relevanz? Der große blauäugige Irrglaube der Bevölkerung ist, dass Wissenschaft immer klare Antworten schafft. Zumindest wird dies häufig in vereinfachter Form so transportiert. Im World Wide Web finden wir täglich Heerscharen von Menschen, die sich zutrauen, wissenschaftliche Forschung kurz und bündig beurteilen zu können. Vielfach ohne über die entsprechenden Grundkenntnisse in den Naturwissenschaften und der Statistik zu verfügen. Die Welt ist kompliziert geworden, auch für studierte Naturwissenschaftler. Immer mehr stellt sich heraus, dass einfache Modelle der Realität nicht gerecht werden und dass die täglich neu entdeckten

Zusammenhänge und zellulären Wirkungskaskaden doch komplexer sind als angenommen.

Wussten Sie, dass Pharmafirmen ihre für die Arzneimittelzulassung notwendigen Medikamentenstudien (bzgl. Wirkung und unerwünschten Wirkungen) selbst durchführen beziehungsweise durchführen lassen und dass die Inhalte dieser Studien oft gar nicht das Licht der Öffentlichkeit erblicken, weil sie als Firmengeheimnisse eingestuft werden? Dass man mit dem geeigneten Versuchsaufbau und Studienprotokoll ein Medikament besser dastehen lassen kann, als es tatsächlich ist, wird Ihnen jeder seriöse Wissenschaftler bestätigen. Das ist noch weitgehend legal. Das Unterdrücken von Informationen hinsichtlich gefährlicher Nebenwirkungen hingegen nicht. Vorgekommen ist aber genau das in der unmittelbaren Vergangenheit nicht so selten und hat im Falle des Bekanntwerdens (nebst einem Skandal) zu immensen Schadenersatzzahlungen durch Pharmaunternehmen mit allseits bekannten Namen geführt.

Und wenn wir schon dabei sind: Wer führt eigentlich die Studien zur Toxizität von Agrarchemikalien wie Herbiziden und Insektiziden durch, bevor diese durch die Behörden zugelassen werden und auf unserer Nahrung landen? Unabhängige staatliche Prüfstellen? Leider fällt auch hier die Antwort äußerst beunruhigend aus, da wieder einmal der Bock zum Gärtner gemacht wird. Die Hersteller belegen mit ihren ureigenen Studien (!) die Unbedenklichkeit ihrer Produkte. Genau wie die Pharmafirmen. Gewissermaßen als Sahnehäubchen dieser Perfidie werden diese »Studien« noch dazu als Firmengeheimnisse unter Verschluss gehalten und können nicht, wie in der Wissenschaft eigentlich üblich, von anderen Experten kritisch geprüft werden. Der Patentschutz und wirtschaftliche Interessen machen es möglich. Das Prozedere ist immer dasselbe: Die vom Hersteller eingereichten Dossiers für eine Zulassung bestehen nicht selten zu einem großen Teil aus unpublizierten (sogenannten non-peer-reviewed) Studien. Forderungen, diese Studien der Öffentlichkeit über die Publikation in Fachzeitschriften (peer-reviewed) oder eine Offenlegung der Rohdaten zugänglich zu machen, wurde bisher mit dem Argument der notwendigen Geheimhaltung begegnet, um die Firmengeheimnisse zu wahren. Das soll sich nun ab 2019 ändern.

Unabhängige publizierte Studien, die eine berechtigte Besorgnis nahelegen oder gar schädigende Effekte nachweisen, werden in den Dossiers häufig als »nicht wissenschaftlich« eingestuft und abgelehnt. Interessanterweise folgen die Zulassungsbehörden und Agenturen für Risikobewertung häufig der Einschätzung der zulassungswerbenden Konzerne, indem kritische, unabhängige, der Öffentlichkeit zugängliche Studien, die vom Hersteller als mangelhaft bezeichnet wurden, tatsächlich nicht in die Bewertung aufgenommen werden. Gerade im

Falle von Glyphosat schien dies mehr die Regel als die Ausnahme gewesen zu sein.

Auch einen Vorstoß seitens des Bundesinstituts für Risikobewertung, die marktfertige Substanz Glyphosat samt den anderen toxischen Zusätzen zu prüfen, wurde bereits im Jahr 2000 abgelehnt, indem keine entsprechenden Gelder von der Politik zugesprochen wurden. Warum? Die Mitarbeiter der unabhängigen Lobbying-Überwachung Corporate Europe Observatory (CEO) fanden heraus, dass es sich offenbar um Zugeständnisse im Rahmen der laufenden TTIP-Verhandlungen mit den USA handelte. In den USA sind die Grenzwerte für potenziell gefährliche Pestizide um ein Vielfaches höher. Was läge also näher, als die EU-Grenzwerte ebenfalls anzuheben, um einen sanften Übergang zu gewährleisten?

EFSA und BfR

Das Motto der Europäischen Behörde für Lebensmittelsicherheit (EFSA) lautet: »Verlässliche Wissenschaft für sichere Lebensmittel«. Klingt gut, allerdings ist die Europäische Behörde für Lebensmittelsicherheit (EFSA) regelmäßig von beträchtlichen Interessenkonflikten betroffen. Nach Einschätzung von Corporate Europe Observatory standen im Jahr 2018 fast die Hälfte (46 Prozent) der EFSA-Experten in einem finanziellen Interessenkonflikt durch direkte oder indirekte Verbindungen mit der Industrie. 2015 waren es noch sage und schreibe 59 Prozent!

Kann die EFSA ihrer Aufgabe, europäischen Institutionen unabhängige wissenschaftliche Beratung in Fragen der Lebensmittelsicherheit bereitzustellen, auf diese Weise überhaupt nachkommen? Immerhin macht die Risikobewertung von Industrieprodukten etwa zwei Drittel der Arbeit von EFSA aus. Einige Entscheidungen der EFSA in der Vergangenheit (unter anderem bzgl. Glyphosat oder Bisphenol-A) lassen an der Unabhängigkeit und Arbeitsweise der Institution erhebliche Zweifel aufkommen. Genau wie die EFSA führt auch das deutsche Bundesinstitut für Risikobewertung (BfR) tatsächlich gar keine eigenen Studien durch, sondern verlässt sich auf das, was ihnen von der Industrie an Studien zur Verfügung gestellt wird. Welche Gewichtung diese Studien haben, brauche ich hier wohl nicht näher zu erörtern.

International Life Sciences Institute

Die Konzerne bedienen sich sogar eines eigenen »Forschungsinstitutes«, des sogenannten International Life Sciences Institute (ILSI), zu dessen insgesamt etwa 400 Sponsoren unter anderem bekannte Namen wie Unilever, Nestlé, Danone, Mars, PepsiCo, Monsanto, General Mills, Kellogg, Kraft Foods, Pioneer, Coca-Cola Company und viele andere zählen. Obwohl ILSI darauf besteht, keine Lobby-Agentur zu sein, und behauptet, »einen ausgewogenen Ansatz zur Lösung von Problemen von gemeinsamem Interesse für das Wohlergehen der Allgemeinheit« zu suchen, muss man sich schon aus grundsätzlichen Überlegungen heraus fragen, warum große Firmen Jahr für Jahr beträchtliche Geldbeträge (offenbar zur Wahrung ihrer Interessen) an ein sogenanntes »Institut für Lebenswissenschaften« bezahlen, das von Coca-Cola, Heinz, Kraft, General Foods und Procter & Gamble mitbegründet wurde und von Lebensmittel-, Chemie-, Pestizid-, Biotechnologie- und Pharmaunternehmen reichlich gesponsert wird. In den Jahren zwischen 1983 und 1998 unterstützte ILSI sogar die Tabakindustrie bei ihren Versuchen, die legislative Kontrolle über die Tätigkeiten der Industrie zu untergraben. Dabei ist es doch immer wieder so simpel – »Just follow the money«. Es handelt sich um milliardenschwere Weltkonzerne und jedes Kind lernt bereits in der Grundschule, dass das grundlegende privatwirtschaftliche Prinzip das Streben nach Gewinn ist und nicht die Förderung unabhängiger Wissenschaft, die im schlimmsten Fall ihre eigenen Produkte kritisch hinterfragt und damit kommerziell schädigt. Auch zeigt sich eines immer wieder: Um je mehr Geld es geht, umso skrupelloser werden die Methoden.

Kirschen pflücken

»Cherry picking«, so nennt man in der Wissenschaft (und nicht nur dort) das zutiefst menschliche Bestreben, sich die Rosinen in Form von wissenschaftlichen Ergebnissen, die die eigenen Interessen stützen, herauszupicken. Im Falle der großen globalen Konzerne, seien es nun Pharma-, Nahrungsmittel- oder Agrarindustrie, sind diese Interessen ziemlich einfach dingfest zu machen. »Shareholder Value«, »Wachstum« und »Profit« sind die Gottheiten, denen sich alles unterzuordnen hat. Dabei werden von der Industrie selektiv jene Studien zitiert, die die Botschaft, diese und jene Substanz sei harmlos und völlig unbedenklich für den Menschen, untermauern sollen.

Die nicht unbeträchtliche und Gott sei Dank stetig steigende Anzahl an Publikationen von unabhängigen Wissenschaftlern wird dabei häufig völlig ignoriert. Ist ein Ignorieren nicht mehr möglich, wird versucht, den dahinterstehenden Individuen ihre wissenschaftliche Glaubwürdigkeit und fachliche Befähigung abzusprechen. Schlägt auch dieses Unterfangen fehl oder hat es nicht die gewünschte Wirkung (im Social-Media-Zeitalter gibt es auch positive Aspekte, nämlich dahingehend, dass sich die Aussagen kritischer Geister rasch verbreiten und nicht so leicht unterdrückt werden können), werden härtere Geschütze aufgefahren. Denn, wenn ignorieren und lächerlich machen keine Wirkung zeigen, wird versucht, die entsprechenden Quälgeister wirtschaftlich oder persönlich zu ruinieren und damit mundtot zu machen. Die Liste der Beispielsfälle ist mittlerweile lang geworden … Wir sollten in diesem Zusammenhang nicht vergessen: Hier geht es nicht um irgendwelche lächerlichen Geldbeträge, sondern um jährliche Milliardengewinne und die Interessen global operierender Konzerne!

Ein Beispiel: Als das Team der unabhängigen Wissenschaftler um Gilles-Eric Séralini von der Universität Caen in Frankreich im Rahmen eines zweijährigen Fütterungsversuches mit Glyphosat die Entstehung von Krebsgeschwülsten in Experimenten an Ratten nachweisen konnte, wurde die Studie massiv kritisiert und sein Team erheblichem Druck ausgesetzt. Das gipfelte darin, dass Monsanto es durch intensives Lobbying fertiggebracht hat, dass die wissenschaftliche Arbeit schließlich von der Zeitschrift *Food and Chemical Toxicology* zurückgezogen wurde. Für einen Wissenschaftler von internationalem Rang ist dieses Vorgehen ruinös, da es schwerwiegende Mängel oder wissenschaftlichen Betrug unterstellt. Was erst später bekannt wurde, ist die Tatsache, dass der Editor von Food and Chemical Toxicology als Berater von Monsanto fürstlich entlohnt wurde und sich eigentlich in einem Interessenkonflikt befand. 2014 wurde die Studie durch das Fachmagazin *Environmental Sciences Europe* allerdings erneut veröffentlicht, um der Wissenschaftsgemeinschaft einen kritischen Blick auf die ursprünglich zurückgezogene Studie zu geben. Erst im Zuge der Veröffentlichung der sogenannten *Monsanto-Papers* (Tausende interne, geheime E-Mails von Monsanto-Mitarbeitern mit brisantem Inhalt) im Rahmen eines Gerichtsprozesses im Jahr 2017 wurde das ganze Ausmaß des skrupellosen Vorgehens des Konzerns bekannt. Selbst Angestellte von Monsanto dürften an Studien mitgeschrieben haben, die dann unter dem Namen von angeblich unabhängigen Wissenschaftlern publiziert wurden. Fast ein Hohn, wenn auf der Homepage von Monsanto zu lesen ist: »Integrität, Respekt und Transparenz sind unsere Grundwerte.«

Es mutet geradezu grotesk an, dass die Wissenschaftler um Séralini von den Konzernen und aus Kreisen der Politik dafür kritisiert wurden, weil sie das ganze Produkt in marktfertiger Formulierung (also die Substanz Glyphosat samt den im Handel befindlichen Zusätzen wie Benetzungsmittel etc., zum Beispiel Roundup®) testeten und nicht die Reinsubstanz Glyphosat alleine. Reines Glyphosat wird in der Landwirtschaft aber gar nicht eingesetzt, da die Reinsubstanz alleine nicht sonderlich wirksam ist.

Ein viel größeres, weil nicht immer klar erkennbares Problem ist der finanzielle Einfluss der Industrie auf die Forschung. Weltweit funktioniert biomedizinische Forschung zu einem wesentlichen Teil durch die Finanzierung über sogenannte Drittmittel, Gelder in Form von Forschungsförderungen durch die Industrie. Ohne diese drittmittelfinanzierten Forschungsprojekte wäre wissenschaftliches Arbeiten an den Universitäten kaum noch möglich, da die staatlichen Forschungsförderungsbeiträge zu gering dotiert sind. Diese Vorgangsweise ist akzeptiert und keinesfalls automatisch mit »gekauften Ergebnissen« gleichzusetzen. Bescheid wissen sollte man aber über diese Verquickung von Forschungsergebnissen und Industriegeldern dennoch. Denn nur weil jemand einen Doktortitel und einen weißen Mantel trägt, macht ihn das nicht automatisch zu einer integren Persönlichkeit mit universellem Wahrheitsanspruch.

Zielstrebig

Was der Laie kaum weiß: Wissenschaftliche Studien lassen sich bereits von Beginn an so anlegen (»designen«), dass schon mit hoher *a priori* Wahrscheinlichkeit das vom Sponsor gewünschte Ergebnis erzielt wird (man spricht dabei von sogenannter funding bias oder sponsorship bias). Das geht zum Beispiel über die »richtige« Auswahl der zu untersuchenden Zielvariablen, das gezielte Auswählen der Probanden (Menschen, Versuchstiere etc.) beziehungsweise Vergleichspopulationen, die Auswahl des »richtigen« Beobachtungszeitraumes und den cleveren Einsatz spezieller statistischer Methoden. Wie auch immer die Ergebnisse einer Studie ausfallen mögen, am stärksten wird schlussendlich die Interpretation der Ergebnisse wahrgenommen, sowohl in der Fachwelt als auch in den Medien. Dies setzt aber wiederum grundlegende Kenntnis sowohl auf dem Gebiet der Statistik als auch betreffend die naturwissenschaftlichen Zusammenhänge auf dem jeweiligen Sachgebiet voraus.

So ist beispielsweise kaum ein durchschnittlicher Journalist (ja, auch »Wissenschaftsjournalist«) in der Lage, den Unterschied zwischen relativem und absolutem Risiko zu erklären. Geht es aber um die korrekte Interpretation der erhobenen und publizierten Daten und die Frage, wie bedeutsam die gefundenen Effekte tatsächlich sind (zum Beispiel die Wirksamkeit eines Medikaments, die Toxizität einer Substanz, die Risiken einer gewissen Ernährungsform), so ist dieser Unterschied in statistischer Betrachtungsweise von zentraler Bedeutung!

Gefällt das Ergebnis der industriefinanzierten Studie dennoch nicht, wird es auch nicht publiziert (sogenannter publication bias). So wird es oft von vornherein vertraglich festgelegt.

Negative Forschungsergebnisse, also der fehlende Nachweis eines Zusammenhanges, werden in wissenschaftlichen Fachzeitschriften ohnehin ungern publiziert, da negative Resultate nicht »sexy« sind und kaum von Interesse zu sein scheinen.

Auch in der modernen Schulmedizin dreht sich beinahe alles um profitbringende Arzneimitteltherapien. Bei derart vielen chronisch kranken Patienten ist es ein mehr als lukratives Geschäft für die wenigen großen Pharmakonzerne, für jedes menschliche Leiden ein passendes Medikament anbieten und verkaufen zu können. Aber sind die Medikamente wirklich so gut, wie sie angepriesen werden, und daher ihr Geld wert?

Allen Roses, Vizepräsident für Genetik bei GlaxoSmithKline (GSK), des größten britischen Pharmaunternehmens, räumte schon 2003 ein, dass die meisten verschreibungspflichtigen Arzneimittel bei den meisten Menschen nicht wirken. Weniger als die Hälfte der Patienten, die die teuersten Medikamente verschrieben bekämen, würde tatsächlich von ihnen profitieren, so Roses. Was bei Insidern der Pharmaindustrie bereits lange ein offenes Geheimnis war, schockiert bis heute jeden gutgläubigen medizinischen Laien. »Die große Mehrheit der Medikamente – mehr als neunzig Prozent – wirkt nur bei dreißig bis fünfzig Prozent der Patienten«, so Dr. Roses. »Ich würde nicht sagen, dass die meisten Mittel nicht wirken. Ich würde sagen, dass die meisten Arzneimittel bei dreißig bis fünfzig Prozent der Menschen wirken«, wird Roses in der englischen Zeitung *The Independent* zitiert.[26]

Tatsächlich wirken Krebs-Medikamente lediglich in einem Viertel der Fälle, Alzheimer-Medikamente maximal bei jedem dritten Patienten und Arzneimittel gegen Depression, Schizophrenie, Diabetes, Migräne, Asthma und rheumatoide Arthritis bestenfalls in fünfzig bis sechzig Prozent der Fälle. Eine ernüchternde Bilanz, denn die Nebenwirkungen wurden dabei nicht einmal berücksichtigt.

Dr. Marcia Angell war 29 Jahre Chefredakteurin der weltweit einflussreichsten medizinischen Fachzeitschrift *The New England Journal of Medicine*. In ihrem Buch *The Truth about the Drug Companies: How They Deceive Us and What to Do about It* (auf Deutsch unter dem Titel *Der Pharma-Bluff* erschienen), das einer erbarmungslosen Abrechnung gleichkommt, schreibt die integre Ärztin: »Es ist nicht mehr möglich, einem Großteil der veröffentlichten klinischen Forschung zu vertrauen oder sich auf das Urteil vertrauenswürdiger Ärzte oder maßgebliche medizinische Richtlinien zu verlassen. Ich freue mich nicht über diese Schlussfolgerung, die ich in meinen zwei Jahrzehnten als Editor des *New England Journal of Medicine* langsam und widerwillig erreichte.«

Auch der englische Arzt und seit 1995 ebenfalls Chefredakteur einer der angesehensten medizinischen Fachzeitschriften, *The Lancet*, Richard Horton gab vor Kurzem ebenfalls öffentlich zu bedenken, dass möglicherweise die Hälfte der veröffentlichten biomedizinischen Literatur falsch sei. Dabei ist allerdings nicht immer finanzielles Interesse oder gar Korruption das Problem. Auch mangelhafte wissenschaftliche Methodik und statistische Probleme führen häufig zu wenig verlässlichen Ergebnissen.

Die gängige Praxis der industriellen Einflussnahme auf die Entstehung von wissenschaftlichen »Erkenntnissen« durch Lobbyisten in großem Stil führt mittlerweile in der Bevölkerung zu einigem Misstrauen in gesundheitspolitische Entscheidungen und zu weitverbreiteter Wissenschaftsverdrossenheit bei den Konsumenten. Aus meiner Sicht eine äußerst gefährliche Entwicklung, wenn die Konsumenten sich eher von sektiererischen Glaubensbekenntnissen als von einer auf unabhängigen wissenschaftlichen Fakten basierenden Politik leiten lassen. Nur unabhängige, durch die öffentliche Hand finanzierte, transparente Wissenschaft kann das Vertrauen der Konsumenten in das System der Nahrungsmittelproduktion wiederherstellen.

Im Sinne aller Bürger beziehungsweise Konsumenten ist daher zu fordern, dass in Entscheidungs- und Beratungsgremien, Zulassungsbehörden, Risikobewertungsagenturen, Ausschüssen und Redaktionen von wissenschaftlichen Fachzeitschriften keine Personen mit gegenwärtigen oder ehemaligen Verbindungen zur rein interessens und profitgelenkten Industrie sitzen dürfen!

Lobbying: die Allmacht der Konzerne

In Brüssel arbeiten laut der NGO LobbyControl ca. 25000 Lobbyisten mit einem Jahresbudget von 1,5 Milliarden Euro. Brüssel ist damit nach Washington die zweitgrößte Lobby-Hauptstadt weltweit. Auf jeden EU-Parlamentarier kommen somit geschätzte vierzig Lobbyisten! Das Problem dabei: Etwa siebzig Prozent der Lobbyisten arbeiten für Unternehmen und Wirtschaftsverbände, die ungleich mehr Geld zur Verfügung haben als die öffentlichen Interessenverbände, die für den kleinen Bauern oder den Konsumenten eintreten. Zusätzlich zur »vierten Gewalt« der Medien gelten daher die Lobbyverbände oft auch als die »fünfte Gewalt« im Staat beziehungsweise in der EU. Viele Politiker sind schließlich sogar froh, dass ihnen die Lobbyisten ihre Änderungsanträge für Gesetzesvorlagen bereits vorgefertigt überreichen. Das erspart Arbeit und eingehende mühsame Auseinandersetzung mit der oft komplexen Thematik. Ein weiteres Problem ist der Umstand, dass viele Politfunktionäre nach dem Ausscheiden aus der Politik in die Interessenverbände wechseln und sich dort ihr Insiderwissen gewissermaßen »vergolden« lassen.

Neben der Autoindustrie sind es vor allem Pharma-, Lebensmittel- und die Agrarindustrie, die durch Lobbying versuchen, ihre Interessen durch Gesetzesänderungen durchzusetzen. Also genau jene Industriezweige, die unmittelbar oder mittelbar mit unserer Gesundheit und unserer Ernährung verbunden sind. Die einzelnen Unternehmen schließen sich dabei zu Lobbygruppen zusammen, um so noch mehr Einfluss auf die Politik zu erlangen. COPA-COGECA nennt sich etwa die größte Lobbygruppe der industriellen Landwirtschaft. Einer der Hauptverbündeten der industriellen Landwirtschaft ist (neben der Chemieindustrie) die Lebensmittelbranche. Von Coca-Cola bis Nestlé, von Danone bis Kellogg's – sie alle sind Mitglieder des Wirtschaftsverbandes FoodDrink Europe, ein riesiger Lobbyapparat.

Ein unverzichtbarer Helfer der industriellen Landwirtschaft ist die Chemieindustrie. BASF, der weltweit größte Chemieproduzent mit einem Jahresumsatz von siebzig Milliarden Euro, ist strategisch in allen bedeutenden Lobbyverbänden und Netzwerken auf seinem Gebiet eingebunden.

Die erwähnte hohe Anzahl an Lobbyisten – die verharmlosende Selbstbezeichnung: »Politikberater« – ist nur durch die hohen, auf dem Spiel stehenden Summen zu verstehen. Es geht wieder einmal um das Geld und um sonst nichts! Seltsam ist nur, dass es offenbar die wenigsten Bürger erzürnt, wenn die Konzerne mit der Politik auf Kuschelkurs gehen und sich dabei intensiv darum bemühen, dass Grenzwerte für Gifte hinaufgesetzt, gesundheitsgefährdende Substanzen als »Pflanzenschutzmittel« zugelassen und irreführende Inhalts- und Nährwertangaben auf Fertignahrungsmitteln beschlossen werden. Letzten Endes sind es mehr als eine halbe Milliarde EU-Bürgerinnen und -Bürger, die mit den Auswirkungen des Lobbyismus auf die Qualität ihrer Lebensmittel, ihrer Gesundheit und der Landwirtschaft leben müssen.

Das dabei regelmäßig wiederkehrende, aber schlussendlich verlogene Totschlagargument der Agrarlobby: Sicherstellung von Welternährung und Arbeitsplätzen durch industrielle Landwirtschaft – inklusive Gift und Kunstdünger. Dass die industriell organisierte Agrarwirtschaft keinesfalls den Welthunger beseitigt, sondern vielmehr die Zukunft aller Menschen gefährdet, ist längst klar. Doch je stärker der Gegenwind aus der mündigen Zivilgesellschaft, desto aggressiver wird das industrielle Lobbying, um weiterhin die wirtschaftlichen Interessen zu sichern und den Profit weiter zu steigern.

Die Lobbyagentur Hume Brophy betreibt die *Glyphosate Task Force*, eine Plattform der Glyphosathersteller, die die rezente Wiederzulassung der Chemikalie beantragt haben. Sie agiert nicht nur intransparent, sondern leugnet auch die Wissenschaftlichkeit von Studien, die Glyphosat für möglicherweise krebserregend halten.

Die Argumentation der Industrie, ihre eigenen Studien seien korrekt und von höchster Güteklasse, all das jedoch, was unabhängige Forscher betreiben, sei keine seriöse Wissenschaft, ist eigentlich schon für sich genommen entlarvend. Seien Sie das nächste Mal achtsam, Sie werden dieses Vorgehen wieder und immer wieder antreffen. Sie erinnern sich noch an Werner Hilse, den Vizepräsidenten des Bauernverbandes? Auch er möchte sich von denen, die keine Ahnung haben, nichts vorschreiben lassen.

Das Problem der Subventionen

Im Jahr 2018 betrug das EU-Budget für die Unterstützung von Landwirtschaft, Fischerei, Klimaschutz und biologischer Vielfalt 59 Milliarden Euro. Die Agrar-Subventionen sind der größte Posten im EU-Haushalt. Der größte Anteil, nämlich über siebzig Prozent dieses EU-Agrarhaushalts, ist für die sogenannten Direktzahlungen an europäische Landwirte bestimmt. Der Landwirt bekommt Geld für jeden Hektar, den er bewirtschaftet, egal, was auf der Fläche passiert. Derzeit fließen aus Brüssel rund 1,36 Milliarden Euro in die österreichische Landwirtschaft. Eigentlich sollte mit diesen Mitteln aus der EU-Agrarpolitik gewährleistet werden, dass

- für etwa achtzig Prozent der Staatsfläche Verantwortung getragen und insbesondere die Besiedelung in den Berggebieten und benachteiligten Gebieten aufrechterhalten wird;
- nachhaltige, umweltgerechte Wirtschaftsweisen in großem Umfang zur Anwendung kommen;
- die Versorgung mit sicheren und qualitativ hochwertigen Nahrungsmitteln gesichert wird;
- die reizvollen und vielfältigen Kultur- und Erholungslandschaften erhalten und gepflegt werden;
- erneuerbare Energie und Rohstoffe zur Verfügung gestellt werden;
- durch Investitionen Arbeitsplätze in Gewerbe, Industrie und Dienstleistungsbetrieben gesichert werden;
- für den Schutz des Bodens, des Waldes sowie für die Reinhaltung des Wassers und der Luft gesorgt wird.

Funktioniert hat das bisher kaum, denn Subventionen und Fördergelder in der Landwirtschaft (in Form der Einkommensgrundsicherung und »grünen« Direktzahlung für den Klima- und Umweltschutz förderliche Landbewirtschaftungsmethoden) sind schlussendlich wie Drogen. Zuerst freuen sich die Empfänger und gewöhnen sich über die Jahre daran. Am Ende ist man abhängig und vollkommen handlungsunfähig. Seit der Weizen an der Börse zu Weltmarktpreisen gehandelt wird, sind die Preise im Sinkflug. Russischer Weizen konkurriert mit deutschem oder österreichischem Weizen, obwohl bei uns die Umweltauflagen den Landwirt mehr kosten. Von den in der Europäischen Union jährlich ausbezahlten flächenbezogenen, landwirtschaftlichen Förderungen profitieren nur große Betriebe, kleine Betriebe gehen leer aus. Ein paar Zahlen, damit Sie sich das derzeitige System Landwirtschaft besser vorstellen können: Die durchschnittliche Arbeitszeit auf dem Acker beträgt bei reiner Getreidewirtschaft von der Aussaat bis zur Ernte (inklusive Dünger und Spritzmittelfahrten) etwa sechs bis sieben Arbeitsstunden pro Hektar. Kaum vorstellbar. Nicht vierzig Arbeitsstunden pro Woche, sondern lediglich wenige Stunden pro Jahr! Die moderne Landwirtschaftstechnik macht es möglich. Während dieser Zeit kommt der heutige Landwirt mit dem Boden allerdings kaum direkt in Berührung. Viele Landwirte haben, so leid es mir tut, das zu sagen, den Bezug zum Boden unter ihren Füßen verloren.

Mit welchem Einkommen ist durch klassische konventionelle Landwirtschaft im Feldbau zu rechnen? Im Falle von Körnermais ist beispielsweise mit einem durchschnittlichen Hektarertrag von acht bis neun Tonnen (in sehr guten Jahren bis zu zwölf Tonnen) zu je achtzig bis hundert Euro zu rechnen. Bei Weizen sind es durchschnittlich fünf Tonnen pro Hektar zu je etwa 160 bis 180 Euro pro Tonne. In Jahren mit schlechter Ernte wie beispielsweise 2017 und 2018 können es aber durchaus auch nur zwei bis drei Tonnen Weizen (bei Durum-Weizen nur 1,5 Tonnen und bei Braugerste zwei Tonnen) mit entsprechend weniger Einnahmen sein. Von den Einnahmen noch abzuziehen ist der Preis für Saatgut, Spritzmittel und Treibstoff sowie der Pachtpreis pro Hektar (zumindest 350–500 Euro pro Hektar). Klingt nach einem Defizitgeschäft. Ist es in vielen Fällen auch.

Einkommensseitig kommen allerdings die flächenbezogenen Direktzahlungen aus dem EU-Topf hinzu. Sie sind es, die den Landwirten im derzeitigen System das Einkommen sichern. Mehr Fläche, mehr Einkommen.

Aus zahlreichen Gesprächen mit Landwirten aus ganz Österreich ist mir angesichts der EU-Förderungspolitik vor allem eine Handlungsmaxime klar geworden: Die meisten schauen nur mehr drauf, wie sie sich maximal der Gelder aus den Agrartöpfen der EU bedienen können. Schlichte Maximierung. Die anderen tun es schließlich auch. Nur wenige Bauern sind dagegen immun und tun aus ihrer Verantwortung heraus, was dem Acker guttut, um dessen Fruchtbarkeit für zukünftige Generationen zu erhalten.

Der Verbraucher könnte das derzeit (noch) steuern. Wenn allerdings das Land einmal in der Hand von agrarindustriellen Großbetrieben ist, dann wird auch der kritische Kunde durch sein Kaufverhalten nicht mehr viel ändern können. Sind die Bauern einmal weg, kommen sie nicht wieder.

»Greening« und wieder einmal der Hunger der Welt

Die EU-Kommission befürchtet mit Recht, dass die Böden durch intensive Landwirtschaft zu stark beansprucht werden, und hat daher verordnet, dass ein gewisser Mindestprozentsatz der landwirtschaftlich genutzten Fläche als ökologische Vorrangflächen aus der Produktion herausgenommen werden müssen. Bezahlt wird das durch Förderungen der sogenannten zweiten Säule. Diese Gelder sind also für Leistungen gedacht, die die Landwirte für Umwelt-, Klima- und Tierschutz erbringen.

Der deutsche Bauernverband, vertreten durch Werner Hilse, ist da ganz anderer Meinung. Dazu Hilse im NDR-Interview: »Also, wir sehen darin ein paar Punkte, die nicht mehr in die Zeit passen. Ganz besonders liegt das in dem Bereich, wo man sagt, für das Greening sollen sieben Prozent der Fläche aus der Produktion, aus der Intensität herausgenommen werden. Das halten wir für kontraproduktiv in der Zeit, wo wir alle Ressourcen brauchen.« Um dann noch das altbekannte Sprüchlein herunterzuleiern, um diese Meinung zu legitimieren: »Ein Verschenken der heutigen Ressource ist in meinen Augen eine Beihilfe zum Hunger!« Da ist es wieder, das viel zitierte Märchen, immerhin ist es diesmal nicht »Beihilfe zum Mord«, sondern lediglich »Beihilfe zum Hunger«. Wer will dafür schon verantwortlich sein, geschweige denn Beihilfe leisten?

Glaubt wirklich jemand daran, dass es darum geht, den viel zitierten »Hunger auf der Welt« zu verhindern? Oder geht es nicht doch viel eher um Profitsteigerung und Maximierung? Denn mit dem sogenannten »Greening«, also der Stilllegung von Äckern zugunsten ökologischer Vorrangflächen, lässt sich aus Sicht der Agrarindustrie kein Geschäft machen.

Leider ist das Greening tatsächlich eine Maßnahme mit wenig Nachhaltigkeit für die Natur, denn kurzfristige Stilllegung und die Pflanzung etwa einer simplen Leguminosenmischung bringen der Biodiversität auf lange Sicht wenig. Bezahlt werden müssten vielmehr konkrete Maßnahmen wie Humusaufbau, Biodiversität im Boden und Erosionsschutz. In Brüssel stehen für das Budget ab 2020 derzeit leider alle Zeichen auf »Weiter wie bisher«.

Essensvernichtung

Weltweit landen jedes Jahr 1,3 Milliarden Tonnen Lebensmittel, das entspricht etwa einem Drittel der Nahrungsmittel, im Müll. Gefüttert wird der tägliche Nahrungsmittelmüllberg durch Verluste entlang der Wertschöpfungskette in der Landwirtschaft (nicht alles, was geerntet wird, entspricht schließlich der Erwartung des Einzelhandels beziehungsweise des Kunden), der Logistik, im Einzelhandel (abgelaufene oder verdorbene Ware, insbesondere in der Frischeabteilung), in der Gastronomie und in den Haushalten (durch schlechtes Kühlschrankmanagement und eine Überflussmentalität). Für Europa schätzten die Autoren einer FAO-Studie aus dem Jahr 2011 einen jährlichen Verlust von ca. 300 Kilo pro Person.[27]

Etwa hundert Kilo davon sind weggeworfenes Essen allein im Haushalt, obwohl vieles davon durchaus genießbar wäre. Die Gründe sind banal. So landet häufig im Müll, was in Form und Aussehen nicht der erwarteten Norm entspricht. Hinzu kommen fehlerhafte Einkaufsplanung, übertriebene Vorsicht bei Haltbarkeitsdaten oder schlichter Überfluss. In Wien wird täglich jene Menge an Brot als Retourware vernichtet, mit der die zweitgrößte Stadt Österreichs, Graz, versorgt werden könnte. Insgesamt würden die Lebensmittel, die wir in Europa und Nordamerika wegwerfen, ausreichen, um die Hungernden der Welt dreimal zu ernähren.

Nachdem bei der österreichischen Kartoffelernte 2018 ein großer Prozentsatz der Knollen Fraßspuren des Drahtwurmes (Larven einer Käferart) aufwies, landeten bis zu zwei Drittel der Ernte, obwohl durchaus genießbar, auf dem Müll. Das Gesetz will es so: Ware mit Spuren von Tierfraß darf nicht in den Handel, auch wenn ihr sonst nichts fehlt. Um essbare Ware wegzuwerfen, braucht es manchmal nicht einmal ein Gesetz: Weil der Chinakohl im Handel idealerweise 1,5 Kilo haben soll, muss er vorher »zurechtgetrimmt« werden. Dabei geht schon mal ein Drittel der Chinakohlernte auf den Kompost oder in den Müll. Radieschen mit welken gelben Blättern sind für den Handel nicht »attraktiv« und landen ebenfalls im Müll. Etwa ein Viertel der Karotten wird aufgrund von Form, Farbe oder Rissen nach der Ernte aussortiert. Der verwöhnte Kunde möchte glatte und glänzende Möhrchen, daher wird der Großteil gleich nach der Ernte durch eigene Poliermaschinen geschickt.

Mit dem weggeworfenen Gemüse landen natürlich auch die verbrauchten Ressourcen Strom, Treibstoff und Wasser sinnlos im Müll. Auch die Herstellung der eingesetzten Spritz- und Düngemittel verschlang sinnlos Energie und Ressourcen. Der Konsument, also Sie und ich, ist mit schuld, denn Waren mit geringem Makel, wie zum Beispiel ein Apfel mit einer Druckstelle, werden von den meisten Kunden nicht gekauft.

Grotesk, aber wahr: Während das Wegwerfen von Lebensmitteln durchaus legal und straffrei ist, muss man beim Herausholen von weggeworfenen, aber durchaus noch essbaren Nahrungsmitteln aus den Mülltonnen der Supermärkte im schlimmsten Fall mit einer Anzeige rechnen.

Fakt ist, dass österreichische Haushalte jährlich bis zu 157 000 Tonnen an angebrochenen und original verpackten Lebensmitteln wegwerfen. In ärmeren Ländern werfen die Menschen erheblich weniger Nahrungsmittel weg. Dort entsteht der Verlust hauptsächlich (über vierzig Prozent) nach der Ernte und der anschließenden mangelhaften Lagerung.

Ein wesentliches Ziel, um die Ernährung der Weltbevölkerung in Zukunft sicherzustellen, muss es daher sein, diesen unglaublichen Verlust von *einem Drittel (!) aller weltweit produzierten Lebensmittel* einzudämmen. In jedem anderen industriellen Produktionszweig wäre ein Verlust in dieser Größenordnung weder tolerierbar, noch wirtschaftlich tragbar. Immerhin entspricht dieses Drittel auch dem Anteil an sinnlosem Treibstoff-, Düngemittel- und Spritzmittelverbrauch und trägt darüber hinaus zur fortschreitenden Klimaveränderung bei. Wer eindrucksvolle Bilder benötigt, um sich dieses ineffiziente Lebensmittelvernichtungsdrama vorstellen zu können, dem sei der Film *We feed the World* des österreichischen Filmemachers Erwin Wagenhofer sowie der Kinofilm *Taste the waste* vom Filmemacher Valentin Thurn empfohlen.

Plastikmüll

Auch die Menge an sinnlosem Plastikmüll (die Menge hat sich seit 1980 verzehnfacht!) ist ein Umwelt- und Gesundheitsproblem. Laut eines Artikels im Wissenschaftsmagazin *Science* produzieren wir weltweit jährlich 275 Millionen Tonnen Plastikmüll, von denen zwischen fünf und dreizehn Millionen Tonnen in den Ozeanen landen.[28] Im Pazifik gibt es mittlerweile sogar eine schwimmende Plastikinsel, mit einer Ausdehnung dreimal so groß wie Frankreich. Schätzungen zufolge befinden sich bereits jetzt 150 Millionen Tonnen Plastik in den Meeren. Wenn wir diesen Weg weiter fortsetzen, wird es, so die Studienautoren, bis 2050 möglicherweise mehr Plastik als Fische im Meer geben.

Das Problem mit dem Plastikmüll ist nicht nur die jahrhundertelange Dauer bis zur Zersetzung, sondern auch die darin enthaltenen chemischen Substanzen wie Weichmacher (zum Beispiel Phthalate) und die Tatsache, dass an Mikroplastik auch reichlich toxische Substanzen anhaften können. Welche Wirkung Mikroplastik auf den menschlichen Körper hat, ist derzeit unzureichend erforscht. Möglicherweise schädigt es den Magen-Darm-Trakt und fördert die Entstehung von Entzündungen. Fest steht, dass wir bereits Plastik in unseren Körpern haben. Forscher der Medizinischen Universität Wien und des Umweltbundesamtes konnten unlängst im Rahmen einer Studie Mikroplastik im menschlichen Stuhl nachweisen. In zehn Gramm Stuhl wurden durchschnittlich rund zwanzig Mikroplastikpartikel von neun verschiedenen Kunststoffarten gefunden. Im menschlichen Blut konnten im Rahmen von Studien Weichmacher und Bisphenol A (BPA) nachgewiesen werden. Das sind äußerst bedenkliche Stoffe, die sich aus Kunststoffen herauslösen können.

Es geht auch anders. Ist es nicht peinlich, dass es gerade das afrikanische Land Ruanda bereits 2008, also vor mehr als zehn Jahren, geschafft hat, Plastiktüten und Verpackungen generell zu verbieten, während in Europa von politischer Seite diesbezüglich zaghaft herumgehampelt wird? In der Hauptstadt Kigali sieht man kein einziges Fitzelchen Kunststoff herumliegen, während bei uns entlang der entlegensten Landstraßen haufenweise Kunststoffmüll den Straßengraben füllt. Dabei war es einfach. Ruanda beschloss Herstellung, Einfuhr sowie Gebrauch von Plastiktüten und Verpackungen (Letztere mit einzelnen Ausnahmen im Lebensmittelsektor nach behördlicher Erlaubnis) mit Geldstrafen oder gar Gefängnis zu belegen. Die Folge: Das Land ist sauber, Wirtschaft und Tourismus boomen.

Klimawandel: schlichte Erwärmung oder Apokalypse?

Das Weltklima ändert sich. Keine Frage. Jeder, der mehrere Lebensjahrzehnte überblicken kann, merkt, dass sich etwas verändert. Kaum ein Tag vergeht, ohne dass wir in den täglichen Nachrichten daran erinnert werden. Die globale Erwärmung oder besser der Klimawandel ist präsent und wird mit einer steigenden Anzahl von extremen Wetterereignissen rund um den Globus in Verbindung gebracht. Die Zahl der Klimaflüchtlinge wird weltweit mittlerweile auf zwanzig Millionen Menschen geschätzt.

Spätestens seit der ehemalige US-Vizepräsident Al Gore mit seinem Oskar-preisgekrönten Dokumentarfilm *Eine unbequeme Wahrheit* den Einfluss des Menschen auf die globale Erwärmung für alle weitgehend verständlich darlegte, ist zumindest die prinzipielle Möglichkeit einer drohenden weltweiten Katastrophe in unser Unterbewusstsein eingedrungen.

Mit unserer derzeitigen Lebensweise sind wir auf dem besten Weg zu einer Vier-Grad-Erwärmung bis zum Ende dieses Jahrhunderts. Viele Klimawissenschaftler sind mittlerweile der Ansicht, dass wir nur eine fünfprozentige Chance haben, das Pariser Klimaziel von maximal zwei Grad Erwärmung zu erreichen, aber dafür eine zehnprozentige Chance, am Ende des Jahrhunderts tatsächlich bei sechs Grad globaler Erwärmung zu landen!

Als wesentlicher Faktor für die objektivierbare mittlere Temperaturzunahme wird vor allem der durch menschliche Aktivität verursachte atmosphärische Anstieg des Treibhausgases CO_2 genannt. Aber wie kann es sein, dass ein Gas, das lediglich 0,04 Volumenprozent unserer Atemluft ausmacht, von derart großer Bedeutung ist?

Untersuchungen von Eisbohrkernen haben gezeigt, dass das Verhältnis zwischen dem CO_2-Anteil und dem Rest der Atmosphäre während der letzten 650 000 Jahre relativ konstant geblieben ist. Erst in den letzten fünfzig Jahren stieg der CO_2-Anteil in der Atmosphäre auf beinahe das Doppelte an. Erstmals seit mindestens 800 000 Jahren hat der Kohlendioxidgehalt der Atmosphäre die Marke von 400 ppm (*Parts per Million*) überschritten. Mit zu den wesentlichen Verursachern von Treibhausgasen zählen intensive Landnutzung, Urbanisierung und Industrialisierung, das Abholzen der Wälder, insbesondere der Regenwälder, sowie die inflationäre Nutzung der endlichen Ressource fossiler Energieträger. Gerade Letztere tragen durch ihre Verbrennung mit einem Anteil von gut zwei Drittel zu den Treibhausemissionen in Form von CO_2 bei. Unmengen fossiler Energie benötigen vor allem die Herstellung von Kunstdünger, die landwirtschaftlichen Geräte sowie der schlicht perverse Transport der geernteten Konsumgüter quer über den Globus.

Derzeit beträgt der österreichische Durchschnittswert der produzierten CO_2-Äquivalente pro Person und Jahr etwa 14 Tonnen. Aber was heißt das schon? Wer von uns kann sich darunter etwas vorstellen? Ist das viel oder wenig? Und vor allem: Kann ich als Einzelperson das vermeiden? Wie wir sehen werden, führt der Weg zu einem klimafreundlicheren Lebensstil über viele kleine Schritte und jede und jeder kann dazu erheblich beitragen.

Energiehunger

Während des 20. Jahrhunderts wurde weltweit zehnmal mehr Energie verbraucht als während der kompletten Menschheitsgeschichte davor. Hauptsächlich in der Form von fossilen Brennstoffen. Neben der Industrie und dem Individualverkehr verbraucht vor allem der Schiffs- und Flugverkehr Unmengen dieser endlichen Ressource. Im Jahr 2018 verkehrten weltweit gut 200 000 Flüge pro Tag, wobei sich bis zu 19 000 Flugzeuge gleichzeitig in der Luft befanden. Wissenschaftler sind sich einig, dass der Flugverkehr die schädlichste Form des Personen- und Warentransports ist. Emissionen, die durch die Massenfliegerei in die Atmosphäre geblasen werden, sind außerdem die am stärksten wachsende Schadstoffquelle der Welt. In den nächsten zwei Dekaden erwartet die Luftfahrt einen weiteren Anstieg der Flugpassagiere um hundert Prozent. Zurzeit sind etwa 1200 neue Flughafenbauprojekte rund um den Globus in Planung. Für das Jahr 2035 wird erwartet, dass sich gut 40 000 Flugzeuge gleichzeitig in der Luft befinden werden.

Auch die landwirtschaftliche Großproduktion ist heute ohne fossile Treibstoffe undenkbar geworden. Seit dem Beginn der Landwirtschaft vor etwa 10 000 Jahren hat die Menschheit durch landwirtschaftliche Aktivitäten wie Pflügen ca. 500 Gigatonnen CO_2 in die Atmosphäre freigesetzt. Der meiste in dieser Kohlendioxidmenge enthaltene Kohlenstoff (C) wurde allerdings erst durch die menschlichen Aktivitäten während der letzten Jahrzehnte (!) intensiver Landwirtschaft aus dem Boden in die Atmosphäre verschoben. Die extensive Nutzung fossiler Brennstoffe zeichnet für weitere 350 Gigatonnen CO_2 verantwortlich. Somit wurden durch menschliche Aktivitäten bislang 850 Gigatonnen CO_2 aus dem Boden in die Atmosphäre verlagert, das meiste davon seit ca. 1880. Eine schier unvorstellbare Menge.

Sogar die Klimaerwärmung selbst setzt weiter Mengen an CO_2 aus den Böden frei. Denn selbst bei Einhaltung des Klimaziels von maximal zwei Grad Erderwärmung werden diese zwei Grad bis Mitte dieses Jahrhunderts weitere zig Billionen Kilogramm Kohlenstoff aus dem Boden in die Atmosphäre freisetzen. In der Wissenschaft wird dieses zyklische, selbstverstärkende Phänomen »Carbon Feedback« oder »Climate Change Feedback« bezeichnet.

Ein, zwei oder drei Grad, was macht das schon aus? Das fragen sich viele Bürger. Vielleicht hilft es, wenn wir uns den Menschen in diesem Zusammenhang ansehen. Aus medizinischer Sicht macht es sehr wohl einen gehörigen Unterschied, ob Sie 41 Grad oder 43 Grad Fieber haben, denn das eine ist mit dem Leben vereinbar, das andere kaum.

Die Zunahme des atmosphärischen CO_2 führt auch zu einer Ansäuerung (Abnahme des pH-Wertes) der Weltmeere, was wiederum zu einem Absterben des Phytoplanktons (vor allem Algen und Cyanobakterien) führt. Dieses produziert einen beträchtlichen Anteil (fünfzig bis achtzig Prozent!) des Sauerstoffes für die Welt, in der wir leben. Durch ansteigende Meerestemperaturen und die Ansäuerung der Weltmeere ist die Menge des marinen Phytoplanktons im Vergleich zu 1950 bereits um vierzig Prozent zurückgegangen.

Bringt der CO_2-Anstieg höhere Ernten?

Interessanterweise wachsen viele Pflanzen unter einer erhöhten CO_2-Konzentration besser, da sie ja das CO_2 »einatmen«, um es für die Erzeugung von Zuckermolekülen zu verwenden. Es wird in diesem Zusammenhang vom »Düngeeffekt des CO_2« gesprochen, und in der Tat kann man etwa in Glashäusern tatsächlich den Ertrag steigern, wenn zusätzlich CO_2 eingebracht wird. Diese Technologie nennt sich »Free Air Carbon Dioxide Enrichment« oder kurz FACE-Technologie. Manche Wissenschaftler behaupteten daher allen Ernstes, dass die zu beobachtende ansteigende CO_2-Konzentration in der Atmosphäre tatsächlich eine Steigerung der Erntemenge um zusätzliche 36 Prozent ermögliche.[29] Später wurde die zu erwartende Steigerung nur mehr mit 13 Prozent angegeben.[30]

Neben der korrekten theoretischen Grundlage mag das auch unter kontrollierten Glashausbedingungen mit regelmäßiger Wasserversorgung und nährstoffreichem Boden funktionieren, aber bei ganzheitlicher Betrachtung wird auch einem Kind klar, dass dies nicht auf die Realbedingung weltweiter Landwirtschaft anzuwenden ist. Allein die Beobachtungen von Extremwetterereignissen während der letzten Erntejahre lassen am landwirtschaftlichen Nutzen des atmosphärischen CO_2-Anstiegs im Rahmen des globalen Klimawandels nicht nur erhebliche Zweifel aufkommen, sondern widerlegen derart lächerliche Argumentationen.

So werden bei dieser Sicht neben der stattfindenden Temperaturerhöhung die ebenfalls zu beobachtenden veränderten Niederschlagsmuster und die damit verbundenen Dürreperioden samt Grundwasserspiegelabsenkung ebenso wenig berücksichtigt wie die durch Starkregenereignisse stattfindende und sich durch jahrzehntelange intensive Bodennutzung verschlimmert habende Bodenerosion durch Abschwemmung der Humusschicht. Es ist schlicht zynisch, zu behaupten, der globale CO_2-Anstieg sei ein Segen für die Menschheitsernährung, weil die Ernten reichlicher ausfallen würden. Es ist einzig und allein eine selektive, vorwiegend theoretische Sicht der Dinge, mit deren Hilfe die Industrie gegen drastischere Klimaschutzmaßnahmen argumentieren möchte. Das bringt uns zu einem weiteren beunruhigenden Phänomen unserer Zeit: das professionelle Säen von Zweifeln mithilfe der Wissenschaft und der Riege der organisierten Klimaskeptiker.

Die Kunst des professionellen Zweifelsäens

Spätestens seit Donald Trump in den USA zum Präsidenten gewählt wurde, ist die simple Behauptung und Verbreitung »alternativer Fakten« salonfähig geworden, die eigene rücksichtslose, ausschließlich profitorientierte Politik mithilfe von Deregulierungsmaßnahmen voranzutreiben. »Clean Coal« (als ob es das gäbe) wird gefördert, Klimaschutzabkommen werden boykottiert und der Umweltschutz sowie der Konsumentenschutz mundtot gemacht. Was in Europa dank des Engagements von NGOs und besorgter Bürger in diesem Ausmaß (noch) unvorstellbar erscheint, funktioniert tatsächlich vor den Augen der teilnahmslosen Bevölkerung im sprichwörtlichen Land der unbegrenzten Möglichkeiten.

Die USA sind weit weg und interessieren uns nicht, könnte man sagen. Die Gefährlichkeit des Phänomens der alternativen Fakten liegt aber in deren grundsätzlichem Erfolg. Das Erfinden von ins eigene Weltbild passenden Tatsachen wird zunehmend salonfähig und verbreitet sich dank Internet rasend schnell. Allein die simple Tatsache, dass professionell, teilweise auch mithilfe von gewissenlosen oder dummen Wissenschaftlern und anderen, selbst ernannten »Experten«, erfolgreich Zweifel in der Bevölkerung gesät werden können, ist sehr bedenklich. Das Beispiel macht Schule. Nicht dass große Konzerne das professionelle Säen von Zweifeln erst seit Trump betreiben. Das tun sie schon seit vielen Jahrzehnten. Aber mittlerweile scheint jede Hemmschwelle verloren gegangen zu sein. Während man sich früher noch bemühte, im Verborgenen seinen wirtschaftlichen Vorteil zu sichern, geschieht es jetzt vollkommen ungeniert vor den Augen der gelähmten Öffentlichkeit und mithilfe der häufig unkritischen Medien. So gut wie niemand kann heute ernsthaft behaupten, von den Bestrebungen der großen Multis, das Saatgut zu manipulieren und zu patentieren, nichts gehört zu haben. Massentierhaltung, überhandnehmender Pestizideinsatz, Land Grabbing, Zerstörung von Ökosystemen, Dieselskandal, Klimakatastrophe. Jeder hat davon gehört, die meisten dürften sich davon aber nicht wirklich betroffen fühlen. Der Durchschnittsbürger scheint einerseits ohnehin informationsgesättigt zu sein, andererseits aufgrund der unzähligen, widersprüchlich erscheinenden Informationen (das Spektrum reicht von Weltuntergang bis »so gut ging es uns noch nie«) in einer eigenartigen Schockstarre zu verharren.

Veganer retten die Welt?

Auch die Massentierhaltung, die den immer rasanter steigenden Fleischbedarf decken soll, trägt vor allem mit einem beträchtlichen Methanausstoß zum Klimawandel bei. So sind einer Studie des Institute for Agriculture and Trade Policy (IATP) und der Umweltorganisation GRAIN zufolge die fünf größten Fleisch- und Molkereikonzerne der Welt für mehr Treibhausgasemissionen verantwortlich als die größten Erdölkonzerne ExxonMobil, Shell und BP zusammen. Im Wesentlichen soll dafür der Methangasausstoß der wiederkäuenden Tiere verantwortlich sein. Methan, ein Nebenprodukt des Darmbakterienstoffwechsels, besteht zwar in der Atmosphäre deutlich kürzer, wirkt aber als Treibhausgas 28-mal stärker als CO_2 und erwärmt daher die Atmosphäre um ein Vielfaches. Auch der mit Massentierhaltung verbundene, hohe Bedarf an Futtermitteln wie Soja und der steigende Bedarf an großen Weideflächen führt in einigen Ländern zur großflächigen Abholzung von Tropenwäldern, was auf Umwegen einen negativen Einfluss auf unsere Atmosphäre hat.

Laut Greenpeace kann jeder, der sich »ausgewogen« und fleischreduziert ernährt, pro Jahr rund 400 Kilogramm CO_2-Emissionen vermeiden. Aber fällt das wirklich ins Gewicht? Wie viel sind 400 Kilogramm CO_2? Mindestens dieselbe Menge an CO_2 wird bereits durch tausend bis zweitausend gefahrene Autokilometer (abhängig vom Verbrauch) in die Luft geblasen. Bei einem einfachen Flug von Wien nach New York werden laut CO_2-Rechner pro Person überhaupt gleich rund 1,5 Tonnen CO_2 (!) ausgestoßen.

Wäre also die weltweite pauschale Abschaffung der Tierhaltung und des Fleischverzehrs die Rettung vor der drohenden Klimakatastrophe? Oder haben wir uns dabei wieder nur einen singulären Aspekt herausgepickt und die größeren Zusammenhänge missachtet? Wir werden die Antworten darauf im zweiten Teil des Buches suchen.

Auf jeden Fall effizient, weil mit zahlreichen anderen positiven Effekten verbunden, ist der Einkauf von lokal produzierten und gehandelten Biolebensmitteln, auch Fleisch. Wer auf Pestizide, Kunstdünger und lange Transportwege verzichtet, trägt zu einem geringeren CO_2-Ausstoß bei und fördert dabei lokale Landwirtschaft. Ökologisch nachhaltig produzierte Lebensmittel benötigen bei der Produktion nur etwa die Hälfte der Energiemenge, die bei konventioneller Landwirtschaft verbraucht wird.

Gaias Fieber

Manche Wissenschaftler interpretierten etwas plakativ die gegenwärtig ansteigenden Temperaturen auf globaler Ebene als »Fieber des Superorganismus Gaia«. Das von Lynn Margulis und James Lovelock Mitte der 1960er-Jahre entwickelte *Gaia-Konzept* (benannt nach der Urmutter in der griechischen und römischen Mythologie) betrachtet die Erde und ihre Biosphäre wie ein einziges Lebewesen, quasi als einen komplexen Superorganismus.

Ähnlich dem Fieber, das wir im Rahmen einer Infektion entwickeln, und dessen wesentliche Aufgabe es ist, unseren Organismus bei der Beseitigung des jeweiligen Krankheitserregers zu unterstützen, könnte der globale Klimawandel, zumindest philosophisch wie wissenschaftstheoretisch, als Gaias Fieber zur Wiedererlangung ihrer Gesundheit interpretiert werden. Immerhin, der sich rasch vermehrende Erreger *H. sapiens* hat Gaias Organsystemen mittlerweile erheblichen Schaden zugefügt.

Verlust der Artenvielfalt: das leise Sterben

Laut zahlreichen Wissenschaftlern steht der Planet derzeit am Beginn des sechsten großen Massenaussterbens, wobei bisher der Fokus vor allem auf dem Verlust beziehungsweise der Gefährdung von größeren Tieren lag, da diese naturgemäß leichter zu untersuchen sind. So sind derzeit vermutlich zwischen zehn und dreißig Prozent der Säugetier-, Vogel- und Amphibienarten vom Aussterben bedroht. Nigel Stork von der University of Melbourne hielt dem in einer 2010 erschienenen Publikation in der Fachzeitschrift *Biodiversity and Conservation*, entgegen, dass nach Auswertung der derzeitigen Datenlage tatsächlich weniger als ein Prozent aller Organismen in den letzten Jahrhunderten ausgestorben sei.[31] Schätzungen, wonach täglich eine oder gar hundert Arten aussterben würden, fehle die empirische Grundlage, so Stork.

Aber was bedeutet eigentlich »weniger als ein Prozent«, wenn wir die Grundgesamtheit der weltweit existierenden Arten nicht einmal kennen? 1995 wurde im Rahmen einer Erhebung der globalen Biodiversität im Auftrag der Vereinten Nationen für die Erde insgesamt eine Zahl von rund 1,75 Millionen beschriebenen Arten angegeben. Heute, mehr als zwanzig Jahre später, rechnet man mit insgesamt über zwei Millionen *beschriebenen* Arten. Es liegt aber in der Natur der Sache, dass die Dunkelziffer viel höher liegt. So wurde die vermutete globale Gesamtzahl aller Arten in den vergangenen zwei Jahrzehnten ganz unterschiedlich zwischen 3,6 Millionen und 112 Millionen geschätzt. Somit bewegt sich rein rechnerisch der Einprozentanteil ausgestorbener Arten immerhin zwischen 20000 und über einer Million. Natürlich sind das weitgehend substanzlose Zahlenspiele, denn insbesondere in der Tiefsee und im Erdboden harren mit ziemlicher Sicherheit noch viele Millionen unbekannter Arten ihrer Entdeckung. Besonders spannend und unübersichtlich wird es, wenn wir uns in das Reich der kleinsten Lebensformen, wie Bakterien, Archaea, Einzeller und Pilze, begeben. Allein die Anzahl der vermuteten Bakterienarten wurde mit der unvorstellbaren Zahl von einer Milliarde geschätzt[32], wobei noch erschwerend hinzukommt, dass gerade bei Bakterien der Artbegriff eine durchaus diffizile Sache ist.

Auch wenn es also schwierig ist, stichhaltige Belege für ein weltweites *Massen*sterben zu erbringen, so gibt es aber tatsächlich Beweise für einen weitverbreiteten *Artenverlust* und starken Rückgang der Populationen auf lokaler und regionaler Ebene. Gerade diese zahlenmäßige Abnahme an Arten, die für das Funktionieren eines Ökosystems wichtig sind, ist mit erheblichen (messbaren) negativen Konsequenzen verbunden.

Insekten sind bei Weitem die vielfältigsten und am häufigsten vorkommenden Tiere auf der Erde. Schätzungen zufolge übertrumpfen sie an Masse die Menschheit um das 17-Fache. Sie sind für das reibungslose Funktionieren aller Ökosysteme essenziell, da sie als Nahrung für andere Lebewesen, als Bestäuber und als Nährstoffrecycler fungieren. Geht es der Umwelt schlecht, geht es den Insekten schlecht und somit allen von ihnen abhängigen Organismen und Kreisläufen, seien es Pflanzen oder Tiere.

Das große Insektensterben hat längst begonnen

In den nächsten Jahrzehnten könnten über vierzig Prozent der Insektenarten aussterben, wobei Schmetterlinge, Bienen und einige Käferarten offenbar am stärksten betroffen sein werden. Das ist die alarmierende Schlussfolgerung einer 2019 publizierten Zusammenfassung aller in den letzten vierzig Jahren veröffentlichten Langzeitbeobachtungen und Bestandserhebungen von Insekten.[33]

»Die Auswirkungen, die dies für die Ökosysteme des Planeten haben wird, sind katastrophal, um es gelinde auszudrücken, da Insekten die Basis vieler Ökosysteme der Welt sind«, so die Studienautoren. Allerdings, und das könnte die tatsächliche Dramatik des Massensterbens weit *unter*schätzen, stammten fast alle der 73 ausgewerteten Studien aus Europa und den USA, da diese Regionen über die umfassendsten historischen Aufzeichnungen verfügen. Für weite Teile des Planeten ist es weiterhin unklar, wie es den Insekten geht. Vieles spricht dafür, dass es gerade um die wirbellosen Tiere in den Tropen schlechter bestellt ist als in gemäßigteren Klimazonen. Betroffen ist laut Studienautoren eine Vielzahl verschiedener Insektenordnungen und Spezies, darunter auch viele weitverbreitete Arten. Beispielsweise ist die Zahl der verbreiteten Schmetterlingsarten zwischen 2000 und 2009 auf landwirtschaftlich genutzten Flächen in England um 58 Prozent zurückgegangen. Bei Libellen, Eintags-, Stein- und Köcherfliegen soll bereits eine nicht unbeträchtliche Anzahl von Arten ausgestorben sein, heißt es in dem Artikel.

Laut dieser zusammenfassenden Studie, erschienen in dem Wissenschaftsfachblatt *Biological Conservation*, ist der Verlust von geeigneten Lebensräumen die Hauptursache für das beobachtete Verschwinden der Insekten. Als weitere Ursachen kommen vor allem erhebliche Umweltbelastungen durch Pestizide und Düngemittel in landwirtschaftlichen Betrieben weltweit und die toxischen Emissionen aus Fabriken und Städten hinzu. Vor allem die während der letzten zwanzig Jahre neu zugelassenen Insektizide wie Neonicotinoide und Fipronil sind als stark wirksame Nervengifte für Insekten aller Art besonders gefährlich. Kein Wunder, denn das ist ja auch ihr ureigener Zweck. Derart geschwächte Insekten sind in der Folge dann aber auch anfälliger für Parasiten und alle möglichen Krankheiten. Und als wäre das noch nicht genug, setzt auch der Klimawandel den Insekten zu. Denn gerade Insekten in tropischen Regionen haben oft eine sehr enge Toleranzbreite was optimale Entwicklungstemperaturen betrifft. So konnte in den Regenwäldern Puerto Ricos während der letzten Jahrzehnte ein massiver Rückgang eines Großteils (98 Prozent!) der bodenlebenden Insekten verzeichnet werden.

In ungewöhnlich deutlichen Worten wird von den Autoren der Zusammenhang zwischen landwirtschaftlichen Praktiken und dem Massensterben betont: »Wenn wir unsere Methoden zur Nahrungsmittelproduktion nicht ändern, sind Insekten in ihrer Gesamtheit in einigen Jahrzehnten auf dem Weg zum Aussterben.« Nicht zuletzt aus diesem Grund brauchen wir eine ökologische Landwirtschaft, die ohne Gifte auskommt und die Artenvielfalt gezielt fördert.

Aufsehenerregende Berichte über ein stattfindendes Insektensterben gab es in den vergangenen Jahren immer wieder in den Medien, wobei sich die Interessenverbände der Industrie immer rasch ereiferten, die Schwächen, soll heißen Bedeutungslosigkeit, dieser Publikationen hervorzuheben. So sorgte zuletzt eine deutsche Studie aus dem Jahr 2017, in der auf einen Rückgang der Fluginsekten um 75 Prozent (!) innerhalb der letzten 25 Jahre hingewiesen wurde, für Aufsehen.[34] 1989 gingen den Wissenschaftlern im Schnitt 1,6 Kilogramm Insekten in jede Falle. Im Jahr 2014 waren es nur noch 300 Gramm pro Falle. Besonders schwer wiegt die Tatsache, dass diese Erhebung, auch bekannt unter dem Namen *Krefelder Studie*, in einem Naturschutzgebiet (!) durchgeführt wurde, also in durchaus größerem Abstand von agrarisch genutzten Flächen. Angesichts der nun gesammelten Informationen aus 73 derartiger Studien wird es wohl schwierig für die Leugner des Massensterbens, die verheerende Bedrohungssituation für den Planeten und damit uns Menschen herunterzuspielen.

Ist Ihnen das nicht auch sehr merkwürdig vorgekommen? In den Sommermonaten der letzten Jahre musste man an der Tankstelle nur selten durch mühsames Rubbeln die hartnäckigen Insektenkadaver von der Windschutzscheibe entfernen. Im Sommer 2018 habe ich Windschutzscheibe und Kühlergrill nicht ein einziges Mal von klebrigen Insektenresten befreien müssen. Das Auto blieb sauber.

Wenn das Verschwinden von Insektenarten nicht gestoppt werden kann, hat dies katastrophale Folgen sowohl für die Ökosysteme des

Planeten, als auch für das Überleben der Menschheit, so der Wissenschaftler und Studienautor Francisco Sánchez-Bayo von der University of Sydney, Australien. Die Verlustrate von *jährlich* 2,5 Prozent während der letzten 25 bis 30 Jahre sei »schockierend«. Begonnen hat das leise Sterben der Insekten zwar schon vor über hundert Jahren mit dem Beginn des 20. Jahrhunderts, in den Fünfziger- und Sechzigerjahren beschleunigte sich allerdings der Untergang und erreichte in den letzten zwei Jahrzehnten alarmierende Ausmaße.

Und tatsächlich geht es schneller, als in früheren Schätzungen prognostiziert, und die Aussichten sind im wahrsten Sinne des Wortes vernichtend: In zehn Jahren wird es ein weiteres Viertel weniger sein, in fünfzig Jahren ist vermutlich nur noch die Hälfte übrig und in hundert Jahren wird es, wenn es so wie in den letzten Jahrzehnten weitergeht, keine Insekten mehr geben.

Aber wen juckt es schon, wenn es weniger Insekten auf der Erde gibt? Heißt das nicht gleichzeitig auch weniger Lästlinge und Schädlinge in der Landwirtschaft und in unseren Gemüsebeeten? Welche negativen Auswirkungen sollte das für uns Menschen schon haben?

Vogelsterben

Wenn man bedenkt, dass achtzig Prozent der Biomasse von Insekten in 25 bis 30 Jahren verschwunden sein werden, ist das wahrlich ein großes Problem. Zunächst einmal hat es gravierende Auswirkungen auf die in der Nahrungskette nachgeschalteten, insektenfressenden Tierarten, also vor allem Vögel, Reptilien, Amphibien und Fische. Fehlt deren Nahrungsquelle, verenden auch diese Tiere aufgrund von Nahrungsmangel. In unseren Breiten sind vor allem Tiere wie Vögel, Fledermäuse und Igel von ausreichend Insektennahrung abhängig. Und tatsächlich beobachten wir zeitgleich auch ein verheerendes Vogelsterben in Europa. Laut Greenpeace leben zum Beispiel in Österreich nur noch halb so viele Feldlerchen wie noch vor wenigen Jahren. Kiebitze und Ortolane sind vom Aussterben bedroht. Rebhühner sieht der aufmerksame Wanderer kaum noch. Die bunt gefiederten Blauracken sind gänzlich verschwunden.

Vielerorts ist es also auch in unseren Breiten auf den Feldern in den letzten Jahren still geworden, denn die Populationen bestimmter Feldvögel sind in Europa deutlich zusammengeschrumpft. Während in Nordamerika die Graslandvögel verschwinden, nehmen auch in den Tropen, in Skandinavien, Australien, China, der Mittelmeerregion und in vielen anderen Regionen dieser Erde die Vogelbestände ab. Von den mehr als 10 000 Vogelarten, so die Weltnaturschutzunion IUCN, sind rund 13 Prozent vom Aussterben bedroht, 190 Arten werden in der

Roten Liste der bedrohten Arten geführt, teilweise in der Kategorie der höchsten Gefährdungsstufe.

Aber auch bei den Vögeln liegt das Problem weniger im tatsächlichen Aussterben von einzelnen Arten als in einem massiven zahlenmäßigen Rückgang der Populationen. Von 1980 bis 2016 sind in der EU rund 56 Prozent aller Feldvögel wie Feldlerchen, Kiebitze, Feldsperlinge oder Stare verschwunden, wie aus einem europaweiten Vogelmonitoring des European Bird Census Council hervorgeht. Hunderte Millionen Tiere sind damit schlicht verschwunden. Der Naturschutzbund Deutschland geht für die Bundesrepublik von einem Schwund von mehr als vierzig Prozent der Feldvögel seit 1980 aus. In jüngeren EU-Mitgliedstaaten wie Bulgarien, Polen oder Lettland gingen die Bestände sogar noch stärker zurück.

Die zunehmende Mechanisierung, die Etablierung großer Monokulturen, die Zerstörung von Hecken sowie der Einsatz von Pestiziden sind verheerend für die Feldvögel. In den letzten Jahren ist mir zunehmend aufgefallen, dass mit schwerem landwirtschaftlichen Gerät immer näher an die Windschutzgürtel und Feldwege herangefahren wird, um evtl. noch ein bis zwei Saatreihen dazuzugewinnen und um den möglichen Ertrag geringfügig zu steigern. Viele Feldvögel finden dadurch entweder gar keine Nistplätze mehr, oder ihre Nester werden samt Küken durch die Landmaschinen zerstört. Feldlerchen, Kiebitze und Rebhühner schaffen es in Regionen mit industrieller Landwirtschaft kaum noch, ihre Brut großzuziehen. Die Rechnung ist relativ einfach: Keine Blühstreifen und Ruhezonen nebst viel Pestiziden bedeutet keine Insekten als Nahrung und kein Nistplatz; was wiederum heißt: keine Feldvögel wie Rebhühner und Co. Wo diese fehlen, haben auch Raubvögel keine ausreichende Nahrungsquelle mehr. Fehlen die Raubvögel, können sich Schädlinge wie Feldmäuse leichter vermehren, und so weiter und so fort ... Dass nebst Niederwild natürlich auch andere Wildtierarten aufgrund des Fehlens von Versteckmöglichkeiten, ruhiger Rückzugsräume und sinkender Artenvielfalt bei Wildkräutern und Nahrungsangebot jedes Jahr weniger werden, braucht einen in diesem Zusammenhang nicht weiter wundern.

Aber nicht nur Ackergifte und das Fehlen von Rückzugsmöglichkeiten führen zum Populationsrückgang bei Vögeln. Auch von Menschen erbaute Hindernisse stellen ein zunehmendes Problem dar. So sterben in Europa weit über 100 000 Vögel täglich (!) durch den Zusammenprall mit Objekten. Hinzu kommen beträchtliche Ausfälle durch Straßenverkehr und Hauskatzen.

Die Ursachen des mittlerweile zweifelsfrei dokumentierten verheerenden Artenschwundes in unseren Natur- und Kulturlandschaften sind weitgehend bekannt. Zu ihnen zählen vor allem:

- zunehmend intensive, industrielle Landwirtschaft;
- massive Düngung;

- steigender Pestizideinsatz;
- Monokulturen in Land- und Forstwirtschaft;
- ungebremste Verbauung, einhergehend mit weitgehender Versiegelung wertvoller Flächen;
- Ausbau der Infrastruktur mit zunehmender Lichtverschmutzung und Verkehrsbelastung;
- stetig steigender Flächenbedarf einer stark wachsenden Bevölkerung;
- sterile Gärten;
- regional: ausgeprägter, intensiver Tourismus;
- Ausbau der Infrastruktur (zum Beispiel Glasscheiben);
- Windräder und Starkstromleitungen;
- mangelnde Grüninseln;
- Klimawandel.

Der Zustand der Ökosysteme zum Jahrtausendwechsel

Zu Beginn des neuen Jahrtausends wurde vom damaligen UN-Generalsekretär Kofi Annan das Großprojekt »Millennium Ecosystem Assessment« ins Leben gerufen, das unter der Beteiligung von mehr als 1300 weltweiten Wissenschaftlern die Aufgabe hatte, die Folgen der globalen Ökosystemveränderungen der letzten Jahrzehnte für das menschliche Wohlbefinden zu untersuchen und die wissenschaftlichen Grundlagen für jene Maßnahmen zu sammeln, die erforderlich wären, um die Erhaltung und nachhaltige Nutzung dieser Systeme und ihren Beitrag zum menschlichen Wohlbefinden zu verbessern.[35]

Kurz zusammengefasst, lauteten die wenig erfreulichen Ergebnisse etwa wie folgt: Allein in den vergangenen fünfzig Jahren hat der Mensch die globalen Ökosysteme schneller, umfangreicher und nachhaltiger verändert als in vergleichbaren Zeitabschnitten der gesamten Menschheitsgeschichte davor. Ursachen für diese Veränderungen sind vor allem die nicht nachhaltige Erzeugung von Nahrung und der Zugriff auf die essenziellen, aber durch Missmanagement und Kurzzeitdenken immer knapper werdenden Ressourcen wie sauberes Trinkwasser, Holz und Treibstoff. Dies hat zu einem erheblichen und weitgehend irreversiblen Verlust in der Vielfalt des Lebens auf der Erde geführt.

Die Fähigkeit der Ökosysteme des Planeten, zukünftige Generationen zu ernähren und ihnen als Lebensgrundlage zu dienen, kann nicht mehr länger als gesichert angenommen werden. Durch geeignete Maßnahmen wäre es zwar grundsätzlich möglich, die Beeinträchtigung vieler Ökosysteme in den kommenden fünfzig Jahren weitgehend einzudämmen. Allerdings, und das ist wohl der unangenehmste Teil dieser fünfbändigen Studie, wären hierzu erhebliche Änderungen in Politik und Lebensweise notwendig, die derzeit nicht umgesetzt werden.

Ernüchterndes Fazit: Die massiven Umweltveränderungen der letzten Jahrzehnte haben dazu geführt, dass Gesundheit und Lebensgrundlage zukünftiger Generationen nicht mehr garantiert werden können, und die Politik schläft beziehungsweise lässt sich weiter von den Interessen der Industrie am Gängelband führen. Maximales Profitstreben und Kurzzeitdenken schadet aber am Ende allen: dem Land, den Tieren, den Landwirten und deren Familien sowie den Konsumenten. Es profitiert nur die Industrie. Wie lange noch, ist allerdings fraglich.

Warum ist der Biodiversitätsverlust ein Problem?

Biodiversität trägt direkt und indirekt zu vielen Bereichen des menschlichen Wohlbefindens, einschließlich Ernährungssicherheit und Gesundheit, bei. Die biologische Vielfalt kommt den Menschen nicht nur durch ihren Beitrag zum materiellen Wohlstand und Lebensunterhalt zugute. Biodiversität trägt auch zu Sicherheit, Widerstandsfähigkeit, sozialen Beziehungen, Gesundheit und Entscheidungsfreiheit bei. Im Zuge der Ökosystembestandsaufnahme wird davon ausgegangen, dass sich die negativen Veränderungen bzgl. der Biodiversität fortsetzen oder sogar beschleunigen werden.

Durch die Umwandlung natürlicher Ökosysteme in vom Menschen dominierte Ökosysteme während des letzten Jahrhunderts haben viele Menschen profitiert. Gleichzeitig haben die damit einhergehenden Einbußen an Biodiversität dazu geführt, dass viele Menschen benachteiligt wurden und sich die Armut in einigen sozialen Gruppen noch verschärft hat. Die wesentlichen Treiber des Verlustes an Biodiversität und die Abnahme von Ökosystemleistungen sind tief greifende Veränderungen des Lebensraums, Klimawandel, Einschleppung invasiver gebietsfremder Arten, Übernutzung der Ressourcen und Umweltverschmutzung.

Ökosysteme sind die Lebenserhaltungssysteme des Planeten - einschließlich der Spezies Mensch und aller anderen Lebensformen! Gesunde, funktionierende terrestrische und marine Ökosysteme sind die Quelle unserer Nahrung - eine Voraussetzung für Gesundheit und Leben. Allerdings haben sich Struktur und Funktion der Ökosysteme der Welt in der zweiten Hälfte des 20. Jahrhunderts durch menschliche Aktivitäten schneller verändert als zu irgendeinem anderen Zeitpunkt in der Geschichte der Menschheit. Die Natur wurde zum Spekulationsobjekt des 20. und 21. Jahrhunderts. Der ökonomische Wert der Natur ist allerdings nicht in Zahlen zu beziffern, denn kein Lebewesen stellt eine Rechnung für seinen Beitrag zum Leben auf der Erde.

Wir werden die hier noch nicht angesprochene Komplexität des Bodenökosystems und seine Bedeutung für unser Leben noch genauer unter die Lupe beziehungsweise das Mikroskop nehmen. Dass es auch hier nicht zum Besten bestellt ist, sollte Sie nach dem bisher Gesagten nicht mehr verwundern.

Die Erde wird jedenfalls weiter existieren und mit ihr Millionen von Arten. Das Schauspiel der Evolution wird auch in Zukunft weitergehen. Das steht außer Frage. Es ist eine wissenschaftliche Tatsache, dass von allen bisher existierenden Arten über die Zeit und vor allem durch fünf große Aussterbewellen 99,9 Prozent bis heute ausgestorben sind. Das Aussterben von Arten aufgrund unterschiedlicher Ursachen ist und war nie das Ende der Welt, sondern erdgeschichtliche Realität. Was uns derzeit beunruhigen sollte, ist lediglich das durchaus plausible und möglicherweise unmittelbar bevorstehende Szenario des Endes der Spezies Mensch im Zuge einer sechsten, vom *Homo sapiens* weitgehend selbst verursachten, Aussterbewelle. Wir würden uns in die große Mehrheit der 99,9 Prozent zwanglos einfügen. Das 2015 mit dem Pulitzerpreis ausgezeichnete Sachbuch *Das sechste Sterben: Wie der Mensch Naturgeschichte schreibt*[36] der US-Autorin Elizabeth Kolbert führt uns dieses erschreckend naheliegende Szenario deutlich vor Augen.

Zudem stehen wir an der Spitze der Nahrungspyramide. Bei jeder Aussterbewelle waren es die Lebewesen an der Spitze der Pyramide, die als Erste ausstarben. Die belebte Erde war vor uns hier, sie wird auch in Zukunft bestehen. Das sollten wir uns in Erinnerung rufen, wenn es darum geht, unseren Fortbestand zu sichern. Es wird lediglich wieder Millionen Jahre dauern, bis die Erde in neuer Vielfalt erblüht. Eine unvorstellbare Größenordnung, die uns bei den bevorstehenden Entscheidungen allerdings nicht tangieren sollte.

Entwicklung der Weltbevölkerung

Nachdem die Weltbevölkerung bereits im Jahr 2011 die Sieben-Milliarden-Menschen-Marke überschritten hat und wir derzeit bei rund 7,6 Milliarden Menschen halten, geht das Wachstum allen Prognosen nach unaufhaltsam weiter. Die Vereinten Nationen erwarten 2050 knapp zehn Milliarden Menschen auf dem Globus. Für das Jahr 2100 werden gar 11,2 Milliarden Menschen prognostiziert. Ist das Boot bereits jetzt voll? Oder gar schon längst zu klein? Wie viele Menschen wird unsere Erde ernähren können? Die Schätzungen der Experten und Organisationen gehen angesichts dieser alles entscheidenden Frage weit auseinander und es wird wohl mehr von dem *Wie* als dem *Ob* abhängen.

Vor etwa 75000 Jahren, so die Auffassung vieler Anthropologen, dürfte der moderne Mensch mit weltweit nur etwa 1000 bis 10000 Individuen in seinem Fortbestand erheblich bedroht gewesen sein. Als Ursache für das damalige Drama wird unter anderem ein Ausbruch des Supervulkans Toba auf Sumatra diskutiert (sogenannte Toba-Katastrophentheorie). Die Nachfahren dieser durchaus überschaubaren Menschengruppe verbreiteten sich in der Folge von Ostafrika aus über alle Kontinente. Am Ende der letzten Eiszeit vor 10000 Jahren lebten weltweit aber vermutlich nur ca. fünf bis zehn Millionen Menschen. Mit Beginn unserer Zeitrechnung tummelten sich auf der Erde ca. 300 Millionen, 1500 Jahre später, mit Beginn der Neuzeit, bereits ca. 500 Millionen Menschen. Noch im Spätmittelalter erlitt die Weltbevölkerung teilweise drastische Einbrüche durch Pest, Pocken und andere Seuchen. Ab dem Jahr 1700 setzte dann ein exponentielles Bevölkerungswachstum ein. Erstmals in der Menschheitsgeschichte lag die Verdoppelungszeit der Weltbevölkerung im Bereich von Jahrhunderten und schließlich mehreren Jahrzehnten. Während ich dieses Manuskript verfasse, wächst die Weltbevölkerung in jeder Minute um über 150 Menschen oder mehr als 1,5 Millionen Menschen pro Woche, wobei der überwiegende Anteil des Bevölkerungswachstums derzeit in den Entwicklungsländern beziehungsweise ärmeren Staaten der Welt stattfindet. In vielen sogenannten höher entwickelten Ländern nimmt die Bevölkerung dagegen ab.

Und wie sieht es mit der Altersverteilung aus? Die UNO erwartet bis zum Jahr 2050 einen weltweiten Zuwachs bei den Übersechzigjährigen von derzeit gut zehn Prozent auf knapp 22 Prozent bei gleichzeitigem Rückgang des Bevölkerungsanteils der Kinder (bis 15 Jahre) von heute knapp dreißig Prozent auf ca. zwanzig Prozent. Die klassische Bevölkerungspyramide wird also künftig auf dem Kopf stehen. Prinzipiell müssen uns diese Zahlen aber nicht in Zukunftsängste versetzen. Wie gesagt, die alles entscheidende Frage wird das »Wie?« sein, vor allem in Bezug auf die Nutzung der zur Verfügung stehenden Ressourcen.

Von wesentlicher Bedeutung wird allerdings der Umstand sein, dass immer mehr Menschen in mehr oder weniger großen Städten wohnen werden, wobei vor allem die Anzahl sogenannter Megacities zunehmen wird. Im Jahr 2007 lebten erstmals in der Geschichte mehr Menschen in Städten als auf dem Land. Der Anteil der Stadtbevölkerung wird bis zum Jahr 2030 voraussichtlich auf über sechzig Prozent steigen und im Jahr 2050 rund siebzig Prozent erreichen.[37] Genau umgekehrt verhielt es sich noch 1950, wo mehr als siebzig Prozent auf dem Land lebten.

Überbevölkerung?

Global gesehen lebt die Weltbevölkerung derzeit so, als hätte sie 1,5 Erden zur Verfügung. Wenn alle Menschen auf der Welt so leben würden wie wir Europäer oder die US-Amerikaner, bräuchten wir mindestens 2,5 bis 3 Erden. Die haben wir nicht. Und das blöde Gerede von Kolonien auf Mond und Mars entbehrt derzeit ohnehin jeder vernünftigen Grundlage.

Die Organisation *Global Footprint Network* hat, um unsere derzeitig katastrophale Situation zu verdeutlichen, den sogenannten *Earth Overshoot Day* (auch »Welterschöpfungstag«) ins Leben gerufen. Es ist dies der Tag in einem laufenden Kalenderjahr, an dem die menschliche Nutzung nachwachsender Rohstoffe das Angebot und die Kapazität der Erde zur Reproduktion dieser Ressourcen übersteigt. Er entspricht also gewissermaßen dem Datum, an dem wir beginnen, unser Konto zu überziehen, also ins Defizit rutschen. Während dieser Tag im Jahr 1971 noch auf den 21. Dezember fiel (damals ging es sich gerade noch knapp aus), so war es zur Jahrtausendwende schon der 1. November und im Jahr 2018 bereits der 1. August. Wir verbrauchen also derzeit in sieben Monaten die Ressourcen, die wir eigentlich über zwölf Monate nutzen müssten, um das Auslangen zu finden. Dass wir in naher Zukunft noch mehr Menschen sein werden, macht dieses Szenario noch erheblich brisanter. Wirtschaftet die westliche Welt so weiter wie bisher, wird es unweigerlich zu einem Kollaps kommen.

Armut und Hunger werden von einigen Wissenschaftlern als die Kernprobleme in Verbindung mit dem rasanten Bevölkerungsanstieg gesehen. Ihrer Ansicht nach ist der globale ökologische Fußabdruck der Menschheit – vor allem in den Bereichen Flächenverbrauch, Erdölverbrauch, Überfischung der Weltmeere, Entwaldung, Wasserverbrauch und Schadstoffausstoß – bereits jetzt viel zu groß und wird im

Zusammenhang mit dem Wachstum der Weltbevölkerung weiter an Bedeutung gewinnen. Insbesondere knapp werdende Süßwasserressourcen werden nach Vorausberechnungen der Vereinten Nationen für eine steigende Zahl der, durch Wassermangel bedingten, Todesfälle und bewaffneten Konflikte verantwortlich sein. So soll in dreißig Jahren knapp die Hälfte der Weltbevölkerung von Wasserknappheit oder gefährlichem Wassermangel betroffen sein.

Wird es also in absehbarer Zeit eng auf dem Planeten Erde? Oder ist die Tragfähigkeit des Ökosystems Erde bereits erreicht? Der Begriff *Tragfähigkeit* bezeichnet in der Ökologie die maximale Zahl von Organismen einer Art, die in einem bestimmten Lebensraum für unbegrenzte Zeit existieren können, ohne diesen nachhaltig zu schädigen beziehungsweise ohne selbst zugrunde zu gehen. Aber ist es zulässig, Gesetzmäßigkeiten aus der Biologie auf den Bereich menschlicher Gesellschaften zu übertragen? Einige Wissenschaftler bezweifeln, dass die Tragfähigkeit der Erde bereits erschöpft sei. Ihrer Ansicht nach seien vielmehr soziale, wirtschaftliche und ökologische Probleme aufgrund politischer Fehlleistungen sowie eine schlechte Verteilung der insgesamt ausreichenden Ressourcen schuld an der sich abzeichnenden Misere. Theoretisch kann man davon ausgehen, dass auch bei einer Weltbevölkerung von knapp zehn Milliarden die Ernährung der Menschheit möglich sein wird. Theoretisch jedenfalls, denn mit der gegenwärtigen Praxis der rücksichtslosen Ressourcenausbeutung, einhergehend mit sozialer Ungleichheit, wird es mit Sicherheit nicht möglich sein, sondern in Hunger, Seuchen und Verteilungskriegen enden. Eng mit der derzeitigen Situation verbunden sind auch die zu verzeichnenden Epidemien einiger nichtübertragbarer chronischer Krankheiten.

Fruchtbarer Boden für alle?

Wenn man die weltweit verfügbare Ackerfläche auf alle Menschen gerecht verteilen würde, gäbe es derzeit für jeden ca. 2000 Quadratmeter fruchtbaren Boden. Die Frage ist nun, was man auf dieser Fläche anbauen müsste, um das Auslangen für alle Menschen zu finden. Futtermittel für den derzeitigen hohen Fleischkonsum und Pflanzen für die Biosprit-Erzeugung scheiden mit Sicherheit aus. Auch das Wegwerfen von Nahrungsmitteln hat bei dieser Flächenverfügbarkeit keinen Platz mehr. Nur eine hocheffiziente und dabei auch *gleichzeitig nachhaltige* Ressourcennutzung wird ein Überleben für die ständig steigende Bevölkerung gewährleisten können.

Tatsächlich brauchen wir in Europa gegenwärtig mehr als 4000 Quadratmeter pro Einwohner. Eine Fläche, die uns gar nicht zur Verfügung steht, sondern in andere Länder ausgelagert wird. Die EU wurde daher zum Importweltmeister bei der Einfuhr landwirtschaftlicher Produkte, die auf einer Fläche angebaut werden, die der Größe Deutschlands entspricht und für die teilweise Tropenwälder weichen mussten. Das derzeitige System läuft also nur auf Kosten anderer.

Ein wesentlicher Grund für den überdurchschnittlichen Bodenbedarf ist neben großen Verlusten der große Bedarf an Fleisch und Milchprodukten. So benötigt die Herstellung von einem Kilo Rindfleisch ca. 46 Quadratmeter Boden, die Produktion von einem Kilo Käse etwa 37 Quadratmeter. Im Vergleich dazu benötigt man für die Ernte von einem Kilo Gemüse weit weniger als einen Quadratmeter.

Rund 33 Prozent der weltweiten Anbauflächen werden für die Produktion von Tierfutter verwendet, in der Europäischen Union sind es sogar gut sechzig Prozent! Dabei ist bekannt, dass der Wirkungsgrad bescheiden ausfällt. Aus hundert Kalorien Futterpflanzen werden bestenfalls zwanzig bis dreißig Kalorien Fleisch. Fruchtbarer Boden wird auf diese Weise zweckentfremdet, denn Rinder sollten eigentlich Grasland nutzen, das sich für den Ackerbau nicht eignet. Selbst in Österreich werden derzeit für die Produktion von Kraftfuttermitteln wie Mais und Soja mehr als die Hälfte der Ackerflächen verwendet. Zusätzlich importieren wir jedes Jahr etwa eine halbe Million Tonnen Sojafuttermittel, zum größten Teil gentechnisch verändertes und pestizidbelastetes Soja aus Süd- und Nordamerika. Das vergleichsweise kleine Österreich »importiert« mittlerweile also aufgrund des Fleisch- und Milchhungers der Bevölkerung über 1,2 Millionen Hektar Land.

Kollaps?

Warum verließen die Menschen früherer Kulturen ihre mit großem Aufwand errichtete Infrastruktur? Dank unzähliger archäologischer und umwelthistorischer Befunde wissen wir, dass die Menschen früherer Epochen ihr Land offenbar jedes Mal, wenn auch unbeabsichtigt, übergebührlich beansprucht hatten und die Folgen erst bemerkten, als es zu spät war. Die aufgrund des Wohlstandes ebenfalls unbeabsichtigte, weil automatisch eingetretene Bevölkerungszunahme hat in den meisten Fällen dazu beigetragen. Bei anhaltenden Trockenperioden und Ernteausfällen als Folge unvorhergesehener Klimaveränderungen (gewissermaßen der finale Auslöser) verließen die Menschen dann in der Regel ihre Behausungen und zogen fort. In vielen Fällen kam es während des gesellschaftlichen Niederganges auch zu gewalttätigen Auseinandersetzungen.

Auch heute steht die globale Gesellschaft genau wie früher vor denselben Problemen der ungehemmten Übernutzung ihrer Ressourcen und dem wachsenden Problem der Überbevölkerung. Hinzu treten aber auch – und das ist von wesentlicher Bedeutung – neue Bedrohungen wie der manifeste, durch menschliche Aktivitäten verursachte Klimawandel, eine globale Abnahme der Bodenfruchtbarkeit, die zunehmende Umweltverschmutzung, drohende Energieversorgungsprobleme, die Gefahr von Pandemien und ein Rückgang der Biodiversität. Der gravierendste Unterschied zu früheren Gesellschaften ist, dass unsere heutigen technischen Möglichkeiten, in relativ kurzer Zeit ziemlich große Schäden anrichten zu können, um ein Vielfaches größer sind als noch vor wenigen Jahrhunderten. All das spielte in früheren Gesellschaften keine bedeutende Rolle, macht unsere gegenwärtige Lage aber um ein Vielfaches brisanter.

Aber warum tun Gesellschaften törichte Dinge wie Bäume fällen, die schließlich über Bodenerosion zu ihrem Untergang führen? Eine Erklärung ist, dass die mögliche Entwicklung eines Problems als Folge des eigenen Handelns nicht vorauszusehen war beziehungsweise dass frühe Vorzeichen nicht richtig gedeutet werden konnten. Ein weiterer Grund könnte sein, dass das Problem nicht erkannt wurde, obwohl es bereits aufgetreten war. Diese Konstellation trat vor allem dann ein, wenn sich ein Problem über einen sehr langen, für den Menschen nur schwer zu überblickenden, Zeitraum entwickelte. Die erstaunlichste und verhängnisvollste Variante ist, dass die Gesellschaft das Problem als solches zwar erkannt hat, aber erst gar nicht versuchte, das aufgetretene Problem zu lösen. Einer der typischen Gründe für dieses paradoxe, aber zutiefst menschliche Verhalten sind Interessenkonflikte. So sehen wir uns auch heute vor der schwierigen Interessenabwägung zwischen kurzfristigen Profiten (die unweigerlich zur Katastrophe führen werden) oder nachhaltiger Nutzung mit den damit verbundenen Veränderungen und Einschränkungen.

Die alles entscheidende Frage dabei: Sind wir in der Lage beziehungsweise willens, tief verwurzelte politische, wirtschaftliche und vielleicht sogar kulturelle Werte über Bord zu werfen und neue Wege zu gehen, wenn sich unsere Bedingungen drastisch geändert haben? Die Aufgabe von nicht mehr zeitgemäßen Wertvorstellungen ist sicherlich für viele schwierig und schmerzhaft.

Wie steht es zum Beispiel mit unserem ungezügelten Konsumdenken als Folge der freien Marktwirtschaft und der »Religion« *Wachstum um jeden Preis*? Diese Denkweise hat uns über die letzten paar Generationen hinweg zwar außerordentlichen Wohlstand gebracht, ist aber angesichts der nun rasch immer knapper werdenden Ressourcen nicht mehr länger vertretbar.

Gefangen in der Falle des Kurzzeitdenkens

Das vernünftige, vorausschauende Denken beziehungsweise das prophylaktische Handeln ist für die Spezies Mensch offenbar nur schwer umzusetzen. Die Geschichte des *Homo sapiens* hat eines traurigerweise immer wieder gezeigt: Die Mehrheit von uns Menschen handelt immer erst *nach* eingetretenen Katastrophen, sie begibt sich erst dann in Therapie, wenn es schon zu spät ist oder wenn der Schaden nicht mehr abgewendet werden kann beziehungsweise schon eingetreten ist. Kurzzeitgratifikationen übertrumpfen nachhaltige und zukunftsfähige Handlungsweisen. Jetzt ein großes Auto fahren, später mit den Folgen leben. Jetzt kaufen, später zahlen. Heute Süßigkeiten schlemmen, nächste Woche (vielleicht) laufen gehen. Kurzzeitgratifikationen stehen bei *Homo sapiens* stets im Vordergrund. Damit sind wir Sklaven des ökonomischen Imperativs.

Das Problem gradueller Prozesse und des »neuen Normal«

Wir neigen dazu, Änderungen nicht zu bemerken, wenn sie allmählich über mehrere Jahrzehnte oder Generationen ablaufen, da sich der Bezugspunkt still und leise ändert. Langsame Veränderungen in Bezug auf das, was wir täglich sehen, werden unsichtbar und dadurch von großen Teilen der Bevölkerung schlichtweg ignoriert.

In diesem Zusammenhang drängt sich die Geschichte von dem Frosch im heißen Wasser auf: Als ein Mann einen Frosch kochen wollte und ihn in heißes Wasser warf, sprang der Frosch wieder heraus. Klar, der Frosch bemerkte den Temperaturunterschied und wollte schon gar nicht gekocht werden. Das nächste Mal setzte der Mann den Frosch in kaltes Wasser und erhöhte die Temperatur nur sehr langsam. Der Frosch blieb als wechselwarmes Tier angesichts der langsamen Temperaturerhöhung sitzen, ohne sich dabei der drohenden Gefahr bewusst zu werden. Als das Wasser schließlich den Siedepunkt erreichte, war der Frosch dermaßen geschwächt, dass es kein Entrinnen mehr gab. Er landete auf dem Teller des Mannes.

Die Lehre aus dieser Geschichte (deren Wahrheitsgehalt ich nicht überprüft habe) ist, dass wir ab und zu einen Blick auf das Thermometer werfen sollten, um zu sehen, wie heiß das Wasser bereits ist. Graduelle Prozesse sind heimtückisch.

Anmerkungen

1 WHO (2017) Noncommunicable diseases: the slow-motion disaster. www.who.int/publications/10-year-review/en/.

2 Dehghan M et al. (2017) Associations of fats and carbohydrate intake with cardiovascular disease and mortality in 18 countries from five continents (PURE): a prospective cohort study. Lancet. 390(10107):2050–2062.

3 Vienna Declaration on Nutrition and Noncommunicable Diseases in the Context of Health 2020. WHO European Ministerial Conference on Nutrition and Noncommunicable Diseases. 4–5 July 2013.

4 Mu Q et al. (2017) Leaky Gut As a Danger Signal for Autoimmune Diseases. Front Immunol. 8:598.

5 Zhao W et al. (2019) The gut microbiome in food allergy. Ann Allergy Asthma Immunol. 122(3): 276–282.

6 Fattorusso A et al. (2019) Autism Spectrum Disorders and the Gut Microbiota. Nutrients. 11(3):E521; Fowlie G et al. (2018) The Perturbance of Microbiome and Gut-Brain Axis in Autism Spectrum Disorders. Int J Mol Sci. 19(8):E2251; Horvath K, Perman JA (2002) Autistic disorder and gastrointestinal disease. Curr Opin Pediatr. 14(5):583–7.

7 Nigg JT et al. (2012) Meta-analysis of attention-deficit/hyperactivity disorder or attention-deficit/hyperactivity disorder symptoms, restriction diet, and synthetic food color additives. Journal of the American Academy of Child and Adolescent Psychiatry. 51(1):86–97 e8; Sonuga-Barke EJ et al. (2013) Nonpharmacological interventions for ADHD: systematic review and meta-analyses of randomized controlled trials of dietary and psychological treatments. The American journal of psychiatry. 170(3):275–89; Pelsser LM et al. (2011) Effects of a restricted elimination diet on the behaviour of children with attention-deficit hyperactivity disorder (INCA study): a randomised controlled trial. Lancet. 377(9764):494–503.

8 Del-Ponte B et al. (2019) Dietary patterns and attention deficit/hyperactivity disorder (ADHD): A systematic review and meta-analysis. J Affect Disord. 252:160–173.

9 Fond G et al. (2014) Anxiety and depression comorbidities in irritable bowel syndrome (IBS): a systematic review and meta-analysis. Eur Arch Psychiatry Clin Neurosci. 264(8):651–60; Park AJ et al. (2013) Altered colonic function and microbiota profile in a mouse model of chronic depression. Neurogastroenterol Motil. 25(9):733-e575; Sibelli A et al. (2016) A systematic review with meta-analysis of the role of anxiety and depression in irritable bowel syndrome onset. Psychol Med. 46(15):3065–3080.

10 Dorsey ER et al. (2018) The Emerging Evidence of the Parkinson Pandemic. J Parkinsons Dis. 8 (Suppl 1):S3–S8.

11 Carlsen E et al. (1992) Evidence for decreasing quality of semen during past 50 years. BMJ. 12; 305(6854):609–13.

12 Auger J et al. (1995) Decline in semen quality among fertile men in Paris during the past 20 years. N Engl J Med. 332(5):281–5.

13 Giwercman A et al. (1993) Evidence for increasing incidence of abnormalities of the human testis: a review. Environ Health Perspect. 101 Suppl 2:65–71.

14 Sengupta P et al. (2017) Evidence for decreasing sperm count in African population from 1965 to 2015. Afr Health Sci. 17(2):418–427.

15 Brevik EC (1999) Soil, Food Security and Human Health. In: Verehre, W (Hrsg.): Soil, Plant Growth and Crop Production. – UNESCO Encyclopedia Life Support Systems (EOLSS). www.eolss.net.

16 Gardner CD et al. (2018) Effect of Low-Fat vs Low-Carbohydrate Diet on 12-Month Weight Loss in Overweight Adults and the Association With Genotype Pattern or Insulin Secretion: The DIETFITS Randomized Clinical Trial. JAMA. 319(7):667–679.

17 Zeevi D et al. (2015) Personalized Nutrition by Prediction of Glycemic Responses. Cell. 163(5):1079–1094.

18 Lewis SJ, Heaton KW (1997) Stool form scale as a useful guide to intestinal transit time. Scand J Gastroenterol. 32(9):920–924.

19 www.wko.at/branchen/industrie/nahrungs-genussmittelindustrie/Faktencheck_Zucker_November_2018.html (zuletzt aufgerufen am 31.5.2019).

20 Kearns CE, Apollonio D, Glantz SA (2017) Sugar industry sponsorship of germ-free rodent studies linking sucrose to hyperlipidemia and cancer: An historical analysis of internal documents. PLoS Biol. 15(11):e2003460.

21 Kearns CE, Schmidt LA, Glantz SA (2016) Sugar Industry and Coronary Heart Disease Research: A Historical Analysis of Internal Industry Documents. JAMA Intern Med. 176(11):1680–1685.

22 O'Connor A (2015) Coca-Cola Funds Scientists Who Shift Blame for Obesity Away From Bad Diets. The New York Times, August 9, 2015; O'Connor A (2016) How the Sugar Industry Shifted Blame to Fat. The New York Times, September 12, 2016; O'Connor A (2017) Sugar Industry Long Downplayed Potential Harms. The New York Times, November 21, 2017.

23 www.ruebenbauern.at (zuletzt aufgerufen am 31.5.2019).

24 Carleton TA (2017) Crop-damaging temperatures increase suicide rates in India. PNAS. 114 (33):8746–8751.

25 Sarah K et al. (2010) How Valuable is Glyphosate to UK Agriculture and the Environment? Outlooks on Pest Management. 21(6):280–284.

26 Connor S (2003) Glaxo chief: Our drugs do not work on most patients. Independent, 8 Dezember 2003. www.independent.co.uk/news/science/glaxo-chief-our-drugs-do-not-work-on-most-patients-5508670.html.

27 Gustavsson J, Cederberg C, Sonesson U (2011) Global food losses and food waste - Extent, causes and prevention. Food and Agriculture Organization of the United Nations. www.fao.org/3/mb060e/mb060e00.pdf.

28 Jambeck JR et al. (2015) Marine pollution. Plastic waste inputs from land into the ocean. Science. 347(6223):768–71.

29 Schimmel D (2006) Climate Change and Crop Yields: Beyond Cassandra. Science. 312(5782): 1889–1890.

30 Long SP et al. (2006) Food for Thought: Lower-Than-Expected Crop Yield Stimulation with Rising CO_2 Concentrations. Science. 312(5782):1918–1921.

31 Stork NE (2010) Re-assessing current extinction rates. Biodiversity and Conservation. DOI: 10.1007/s10531-009-9761-9.

32 Dykhuizen D (2005) Species Numbers in Bacteria. Proceedings of the California Academy of Sciences. 56 S1(6):62–71.

33 Sánchez-Bayoa F, Wyckhuysb KAG (2019) Worldwide decline of the entomofauna: A review of its drivers. Biological Conservation 232:8–27.

34 Hallmann CA et al. (2017) More than 75 percent decline over 27 years in total flying insect biomass in protected areas. PLoS One.12(10):e0185809.

35 www.millenniumassessment.org/en/index.html (zuletzt aufgerufen am 31.5.2019).

36 Elizabeth Kolbert (2016) Das sechste Sterben: Wie der Mensch Naturgeschichte schreibt. suhrkamp taschenbuch.

37 United Nations World Population Prospects: https://population.un.org/wpp (zuletzt aufgerufen am 31.5.2019).

Teil 2

Die unsichtbaren Zusammenhänge

Evolution und die Einheit des Lebens

Im ersten Teil des Buches haben wir gesehen, wie verfahren, manche mögen sagen: beinahe aussichtslos unsere Situation in den letzten Jahrzehnten geworden ist. Da ich mich nicht zu den ideologiegetriebenen Alarmisten zählen möchte, denn diese Fraktion verhindert jeglichen vernünftigen und sachlichen Diskurs, würde ich die Situation auf Basis der Fakten am ehesten so bewerten: Die Menschheit und die von ihr bewohnte Erde sind jetzt, am Ende des zweiten Jahrzehntes des neuen Jahrtausends, in einem kritischen Zustand. Bevor wir uns aber im dritten Teil des Buches möglichen Auswegen zuwenden, sollten wir uns zunächst kritisch mit der Komplexität des Lebens, den Zusammenhängen und den Ereignissen auseinandersetzen, die zu dem (von mir als »leises Sterben« bezeichneten) diagnostizierten zunehmenden Verfall unserer Gesundheit und unserer Lebensgrundlage und dem damit verbundenen drohenden Kollaps führten.

Vielfalt

Neuere Studien basierend auf dem Vergleich der Erbsubstanz (DNA und RNA) ergaben, dass die Verwandtschaftsverhältnisse der Lebewesen am besten durch drei miteinander verbundene Gruppen (Domänen) repräsentiert sind: die Bakterien, die Archaea und der ganze Rest, die sogenannten Eukarya. Bakterien und Archaeen (einzellige Organismen ähnlich den Bakterien) sind durch das Fehlen eines Zellkerns gekennzeichnet und werden daher als Prokaryoten bezeichnet. Eukaryoten hingegen haben einen definierten Zellkern und umfassen neben Einzellern vor allem die vielzelligen Tiere (zu denen auch wir Menschen zählen), Pflanzen und Pilze. Eine vierte Gruppe biologischer Erscheinungsformen, die Viren, sind zwar keine lebenden Organismen im engeren Sinne und daher nicht in dieses Schema eingeschlossen, aber dennoch von maßgeblicher biologischer Bedeutung.

Prokaryoten: Beginn des Lebens

Die frühesten Hinweise auf Leben reichen 3,5 Milliarden Jahre zurück, wobei in den ersten 1,5 Milliarden Jahren vermutlich ausschließlich Prokaryoten die Erde bewohnten. So klein und unbedeutend diese Prokaryoten auch erscheinen mögen, so waren sie doch die Wegbereiter für einen radikalen Wandel des Lebens auf der Erde. Sie bevölkern bis heute die vielfältigsten Lebensräume. Die bereits sehr früh aufgetretenen Archaeen (manchmal auch Urbakterien genannt) können zum Beispiel zahlreiche Energiequellen nutzen. Neben organischen kommen für sie anorganische Verbindungen wie Schwefelwasserstoff (in der Umgebung von Tiefseeschloten), Ammonium und Eisen als Energielieferanten infrage. Irgendwann in der Geschichte dieses Planeten begannen Mikroben aus Kohlenstoff und Lichtenergie energiereiche Verbindungen zu synthetisieren, ein Vorgang, den wir Photosynthese nennen und bei dem Sauerstoff, als Abfallprodukt, frei wird. Es waren diese Prokaryoten, die durch ihren Stoffwechsel den Sauerstoffgehalt der Atmosphäre vor ca. 2,4 Milliarden Jahren innerhalb relativ kurzer Zeit auf ein bis zehn Prozent des heutigen Niveaus ansteigen ließen. Dieser »Sauerstoffrevolution« genannte Prozess hatte einen fundamentalen Einfluss auf die nachfolgende Evolution des Lebens auf der Erde.

Den wenigsten Menschen ist bewusst, dass auch heute die Prokaryoten für die Aufrechterhaltung der Ökosysteme von derart großer Bedeutung sind, dass alle anderen Lebewesen (inklusive uns Menschen) ohne sie keine Überlebenschance hätten. Nur eine ganz kleine Minderheit der Prokaryoten sind Bakterien, die beim Menschen Infektionen hervorrufen können. Der weit überwiegende Teil der Bakterien und Archaeen ist aber für den Menschen harmlos oder sogar lebensnotwendig.

In allen Ökosystemen müssen die organischen Moleküle beziehungsweise deren Atome ständig recycelt werden. Prokaryoten zählen neben den Pilzen zu den wichtigsten Zersetzern (Destruenten), indem sie tote Tiere (von groß bis winzig klein) und abgestorbenes Pflanzenmaterial abbauen und zerlegen und damit Elemente wie etwa Kohlenstoff, Stickstoff und Schwefel wieder verfügbar machen. Ohne ihre Arbeit käme das Leben auf der Erde rasch völlig zum Erliegen. Die von ihnen umgesetzten und an ihre Umwelt abgegebenen Moleküle kommen anderen Organismen als Lebensgrundlage zugute. So geben Cyanobakterien Sauerstoff an die Atmosphäre ab, andere Prokaryoten sind in der Lage, den atmosphärischen Stickstoff zu binden und ihn so für andere Organismen zur Herstellung von Aminosäuren (Bausteine der Proteine) und Nukleinsäuren (Bausteine der Erbsubstanz) zur Verfügung zu stellen. Für das Pflanzenwachstum steuern die Prokaryoten die notwendigen Makronährstoffe (wie Stickstoff, Phosphor, Kalium, Magnesium, Schwefel und Kalzium) und Mikronährstoffe (wie etwa Eisen, Zink, Mangan, Kupfer, Bor, Molybdän und Chlor) in ausreichenden Mengen bei. Diese Nährstoffe werden

»essenzielle Nährstoffe« genannt, da sie für das Pflanzenleben unabdingbar sind.

Die ersten Eukaryoten

Die ersten Fossilien von einzelligen eukaryotischen Organismen sind etwa 1,8 Milliarden Jahre alt. Sie sind erheblich komplexer gebaut als Prokaryoten und grundsätzlich vom selben Bautyp, dem auch unsere Körperzellen entsprechen. So besitzen sie zum Beispiel einen von einer Membran umgebenen Zellkern und sogenannte Zellorganellen, unter anderem in Form von Mitochondrien (und im Falle der Pflanzen von Plastiden). Sie sind für den Energiehaushalt der Zellen von maßgeblicher Bedeutung. Auf die übrigen Organellen der Eukaryoten-Zellen kann ich hier aus Platzgründen nicht weiter eingehen, wiewohl sie natürlich von großer Bedeutung sind. Das Spannende dabei ist, dass die genannten Zellorganellen mit hoher Wahrscheinlichkeit früher selbst eigenständige Prokaryoten waren, die von größeren Zellen einfach »verschluckt« wurden. Sie werden in der Biologie als sogenannte Endosymbionten bezeichnet, da die Wirtszelle mit diesen neuen Gästen ab diesem Zeitpunkt erhebliche Vorteile hatte und vice versa. Im Laufe der Zeit verschmolzen diese Endosymbionten mit ihrem Wirt zu einer funktionellen, untrennbaren Einheit. Ein wesentlicher Befund, der diese Sichtweise stützt, ist die Tatsache, dass sowohl Mitochondrien als auch Plastiden eine eigene DNA mitsamt dazugehöriger Übersetzungsmaschinerie in Form sogenannter Ribosomen besitzen. Da die Mitochondrien, die Kraftwerke unserer Körperzellen, bakteriellen Ursprungs sind, darf es uns eigentlich nicht wundern, dass sie gegenüber manchen Antibiotika äußerst empfindlich reagieren. Dass sich Antibiotika nur gegen bakterielle Zielstrukturen richten und deshalb für menschliche Zellen ungefährlich sind, ist reine Theorie, die unsere evolutionären Wurzeln außer Acht lässt. Mit einem Wort: Arzneimittelnebenwirkungen existieren unter anderem aufgrund unseres bakteriellen Erbes!

Es dauerte weitere 500 Millionen Jahre, bis die ersten mehrzelligen Organismen aus eukaryoten Zellen vor 1,2 Milliarden Jahren auftraten. Es waren zunächst relativ einfache mehrzellige Kolonien, innerhalb derer jede Zelle die gleiche Funktion hatte. Sie kamen daher mit wenig Signalaustausch zwischen den einzelnen Zellen aus. Durch die Herausbildung differenziert organisierter Zellen mit unterschiedlichen Funktionen wurden die mehrzelligen Organismen zunehmend komplexer. Die ersten größeren vielzelligen Organismen erschienen viel später, nämlich erst vor ca. 600 Millionen Jahren, zunächst in Form von wirbellosen Meerestieren wie Schwämmen, Quallen und Würmern.

Vor rund 500 Millionen Jahren gab es dann einen spektakulären Schub evolutionärer Veränderung, und es begannen im Zuge der sogenannten kambrischen Artenexplosion schließlich auch die ersten Pflanzen, Pilze und Tiere das Festland zu erobern. Diese alte, enge Partnerschaft von Pilzen und Pflanzen ist bis heute bestehen geblieben, denn die Wurzeln vieler Pflanzen stehen mit Pilzen in inniger, symbiotischer Beziehung, in der die Pilze die Pflanzen bei der Absorption von Wasser und Mineralien aus dem Boden unterstützen. Wie wunderbar diese Symbiose bis heute funktioniert und welche zentrale Bedeutung sie für unsere Nahrungsmittelproduktion hat, werden wir uns noch genauer ansehen.

Das heutige vielfältige Sammelsurium von Säugetieren, Vögeln und Blütenpflanzen tauchte erst in den letzten siebzig Millionen Jahren auf. Heute sind 1,2 Millionen Arten von vielzelligen Lebewesen bekannt. Mit den noch nicht beschriebenen Arten wird geschätzt, dass es zehn bis zwanzig, vielleicht sogar dreißig Millionen Arten oder mehr sein könnten. Was die einzelligen Prokaryoten betrifft, so haben wir nicht einmal eine blasse Ahnung von deren noch unbekannter Vielfalt.

Ein gemeinsamer Vorfahre

Evolutionsbiologen schlossen aus molekulargenetischen Analysen, dass alles existierende Leben von einem einzigen gemeinsamen Vorfahren abstammen muss. Die Tatsache, dass heute Millionen von Arten auf der Erde leben, ist die Folge eines Prozesses, den wir Evolution nennen. Gut lassen sich die engen Beziehungen zwischen den heute lebenden Organismen mit dem molekularen Baum des Lebens durch Vergleiche der Erbinformationen veranschaulichen. Und tatsächlich, wir sind nicht mehr und nicht weniger als eine zufällige Spielart innerhalb des kleinen Astes der Tiere in diesem wunderbaren Baum der Biodiversität. Bei genauer Betrachtung der Darstellung erkennen wir, dass es zweifellos die Mikroorganismen sind, die die Zweige des Biodiversitätsbaumes dominieren. Sie dominieren sowohl in Artenvielfalt als auch in absoluter Anzahl und sind dennoch für unser Auge unsichtbar. Sie waren es auch, die den größten Teil der langen Zeitspanne der Evolution während der letzten 3,5 Milliarden Jahre einnahmen. Ohne Prokaryoten wäre die Entwicklung höherer Lebewesen wie Pflanzen und Tiere (einschließlich uns Menschen) gar nicht möglich gewesen.

Die Einheit des Lebens

Seid fruchtbar und mehrt euch, füllt die Erde und unterwerft sie
und waltet über die Fische des Meeres,
über die Vögel des Himmels und über alle Tiere,
die auf der Erde kriechen!
GENESIS 1,28

Der Mensch sei die Krone der Schöpfung, alle anderen Lebensformen seien getrennt zu betrachten und bei Bedarf zu unterwerfen. *Dominium terrae* – Macht euch die Erde untertan! Diese Selbstwahrnehmung des Menschen dominierte das menschliche Denken und Handeln von der Spätantike über das Mittelalter bis in die Neuzeit. Dabei ist diese eingeschränkte Sichtweise einer der fundamentalsten Irrtümer der Menschheit. Wir sind, das lehrt der Blick in jedes Unterstufen-Biologielehrbuch, keineswegs eine entrückte Spezies, für die andere Regeln zu gelten haben, sondern eine Spielart des unglaublich diversen Baumes des Lebens auf dieser Erde. Schimpansen teilen sich mit uns 99 Prozent ihres Genoms, und selbst unsere Haustiere wie Hunde und Katzen tragen viele menschenidente Gene in sich. Wir besitzen aber auch Gene von Fruchtfliegen, Löwenzahn und vielen anderen Lebensformen.

Es mag vielen nicht bewusst sein oder gefallen, aber alle Lebensformen auf der Erde beruhen auf einem gemeinsamen System. So ist allen Lebewesen die universelle Verwendung von DNA-Molekülen zur Speicherung genetischer Informationen und die Ribosomen-Technik der Proteinsynthese gemein. Bei allen Lebensformen dienen Proteine als Enzyme und Katalysatoren. Die Bausteine sämtlicher Proteine aller Lebewesen auf der Erde sind ausnahmslos immer die gleichen zwanzig Standard-Aminosäuren. Sie sind die universellen Grundbausteine des Lebens. Die Nukleinsäuren (DNA) bestehen aus einzelnen Nukleotiden, die sich wiederum bei *allen* Lebewesen aus einem Basen-, einem Zucker- und einem Phosphatanteil zusammensetzen, wobei lediglich fünf unterschiedliche Basen existieren. Drei dieser Nukleotide bilden ein sogenanntes DNA-Triplett, das bei *allen* Lebewesen für *dieselbe* Aminosäure kodiert. Der genetische Code ist somit universell und gilt für alles Leben auf Erden, für Menschen genauso wie für Mikroben und Pflanzen. Alle Lebensformen nutzen Proteine und Lipide zur Herstellung ihrer Zellmembranen. Und schließlich ist auch die Verwendung des ATP-ADP-Zyklus für chemische Lebensenergie universell. Von Spezialisierungen abgesehen, funktionieren alle Zellen nach demselben Prinzip. Hat sich im Laufe der Evolution ein zellulärer Baustein, Mechanismus oder Stoffwechselprozess erst als nützlich erwiesen, so wurde er in den abstammenden Arten beibehalten. Wir haben also eine lange Vergangenheit!

Aus diesem Grund bestehen unsere Körper aus einem Mosaik unterschiedlichster Merkmale und Eigenschaften verschiedenen Alters. Wie schon erwähnt, sind unsere zellulären Energielieferanten, die Mitochondrien mit ihrer eigenen DNA, nichts anderes als vor langer Zeit »verschluckte« Bakterien. Stammzellen evolvierten vor ca. ein bis zwei Milliarden Jahren, um das Gewebe vielzelliger Organismen zu »reparieren«. Ihre Entwicklung schuf aber gleichzeitig die Voraussetzung für die Krebsentstehung.

Die Aufnahme eines speziellen Retrovirus in das Genom eines unserer Vorfahren vor ca. 500 Millionen Jahren legte den Grundstein für die Evolution des sogenannten adaptiven Immunsystems der Wirbeltiere, inklusive des Menschen. Überhaupt war die Integration fremder DNA-Abschnitte in unser Genom über Viren ein wesentlicher Treiber für die Evolution des Menschen und anderer Lebewesen, sodass manche Wissenschaftler auch von »Virolution« (in Anlehnung an »Evolution«) sprechen.

Die universellen Prinzipien der Evolution

Wiewohl hier sicher kein Platz ist, um ausführlich das komplexe »Wunder« der Evolution abzuhandeln, so möchte ich doch mit dem einen oder anderen Missverständnis aufräumen. Zunächst müssen wir uns von der Vorstellung verabschieden, dass Evolution ein zielgerichteter Prozess mit Sinn und Zweck ist, der unweigerlich zu besseren und höheren Lebensformen führt. Evolution ist die Folge des Prinzips der Selektion (und nicht der Anpassung, wie manchmal fälschlich behauptet wird). Wenn vererbliche Variation eines »Merkmals« den Reproduktionserfolg beeinflusst, dann wird sich dieses Merkmal unvermeidlich über Generationen ändern. Führt ein genetisch bedingtes Merkmal in Abhängigkeit von den jeweils vorherrschenden Umweltbedingungen nicht zum Reproduktionserfolg oder besitzt keinerlei andere Vorteile, wird es über kurz oder lang verschwinden. Umgekehrt heißt das auch, dass alles, was den Reproduktionserfolg sicherstellt, sich durchsetzen wird, egal, welche negativen Konsequenzen sich daraus zum Beispiel nach der Reproduktionsphase ergeben. Viele Resultate des Evolutionsprozesses stellen daher einen Kompromiss dar, der das Überleben ermöglicht. Perfekte »Anpassung« existiert nicht. Deshalb kann es auch keine »perfekt angepasste« Ernährung für uns Menschen geben, denn die Umwelt war und ist veränderlich. Manche Nahrungsmittel vertragen wir besser, manche schlechter.

Problematisch wird es für einen Organismus allerdings dann, wenn er plötzlich in einem gänzlich anderen Lebensraum leben muss als jenem, in dem er sich über lange Zeiträume hinweg entwickelt hat. Es kommt zum Phänomen des »Mismatch«, also quasi zu einer »Nicht-übereinstimmung« zwischen genetischer Ausstattung und vorherrschenden Lebensbedingungen. Dieser evolutionäre Mismatch ist eine wesentliche Ursache für viele der nichtübertragbaren Krankheiten, mit denen wir uns derzeit konfrontiert sehen. Der Mensch hat seine Umwelt, seine Ernährungsweise und Lebensgewohnheiten durch den sogenannten kulturellen Fortschritt in relativ kurzer Zeit (im Vergleich zu seiner langen evolutionären Vorgeschichte) fundamental verändert, dass es unweigerlich zu Entgleisungen in Form von Krankheiten kommt. Ich werde diesen Faden in Kürze wieder aufnehmen, wenn vom Übergang zum Ackerbau und den Folgen die Rede sein wird.

Was uns Bakterien jedenfalls voraushaben, ist ihre sehr kurze Generationsdauer und die Fähigkeit, sich gegenseitig mit DNA auszuhelfen. Das heißt, dass die auf Selektion basierenden »Anpassungsprozesse« (also Evolution) um ein Vielfaches schneller geschehen als bei Wirbeltieren wie dem Menschen. Ein aktuelles Beispiel ist die Selektion von resistenten und unter Umständen beim Menschen krankheitsauslösenden Bakterien durch unkritische Antibiotikatherapie (Superbugs). Ebenso aktuell und auf denselben Prinzipien beruhend ist die Selektion von resistenten Unkräutern (Superweeds) auf dem Acker durch wiederholten und steigenden Spritzmitteleinsatz in der Landwirtschaft. In beiden Fällen kann das rasche Auftreten von Resistenzen durch die Anwendung von geringeren Dosen unterschiedlicher Wirkstoffe vermieden beziehungsweise hintangehalten werden.

Menschwerdung

Der früheste Vertreter der Stammlinie Mensch erschien überhaupt erst vor etwa sechs Millionen Jahren, als er sich von derjenigen des Schimpansen trennte. *Homo sapiens*, der moderne Mensch, betrat schließlich irgendwann vor 200000 bis 300000 Jahren die Bühne des Lebens auf der Erde, und zwar in Afrika. Vor rund 40000 Jahren beschleunigten sich dann die kulturellen Innovationen der Menschen deutlich, und seit dem Aufkommen von Ackerbau vor ca. 11000 Jahren (und etwas später der Viehhaltung) greift der Mensch auch in größerem Umfang in seine Umwelt ein. Ein Phänomen, das sich innerhalb der letzten Jahrhunderte und insbesondere während der letzten Jahrzehnte exorbitant beschleunigt hat.

Vergessen ist die Tatsache, dass der Mensch mit Prokaryoten dieselbe Vergangenheit teilt und diese Vergangenheit in seinen Zellen sogar mit sich trägt. Dass das aber bei Weitem noch nicht die ganze gemeinsame Geschichte von Mensch und Prokaryoten ist, werden wir sehen. Fest steht: Wenn die Uhr der Erdgeschichte eine Stunde darstellen würde, hätten wir Menschen erst vor weniger als 0,2 Sekunden unseren ersten Auftritt gehabt.

Mensch aus Erde

Wir Menschen sind, um es auf den Punkt zu bringen, ultimativ paradoxe Menschenaffen. Wir sind nackt, gehen aufrecht auf zwei Beinen, haben ein großes Hirn, beherrschen Feuer- und Werkzeugnutzung und entwickelten unzählige Sprachen, die uns eine differenzierte Kommunikation ermöglichen. Dennoch sind wir ständig auf der Suche nach uns selbst und wissen vermutlich als einzige Spezies, dass unser Tod unausweichlich ist. Aber wir haben Hoffnung. Wir reifen als Kinder langsam heran, geben Kultur und Wissen an unsere Nachkommen weiter, können mitfühlend oder verlogen sein und gestalten unsere Zukunft basierend auf dem kollektiven Verständnis unserer Vergangenheit. Was wir Menschen auf unserer relativ kurzen Reise zur (so scheint es jedenfalls) weltbeherrschenden Spezies allerdings vergessen haben, ist, dass wir zwingend und unwiderruflich mit unserer Herkunft und unserer natürlichen Herkunftsumgebung verbunden sind. Sie bezweifeln das etwa?

Warum haben so viele von uns Zimmerpflanzen, gehen in Parks spazieren, machen Urlaub am Meer oder im Gebirge, besuchen regelmäßig zoologische Gärten, halten Haustiere, picknicken in der Wiese, liegen im Garten auf der (korrekt zum Golfrasen gestutzten) Wiese oder sitzen im Familien- und Freundeskreis rund um den mit Steaks garnierten Grill? Die Antwort auf diese Fragen ist vermutlich die tief im kollektiven Unterbewusstsein verwurzelte Sehnsucht nach unserer Vergangenheit, der evolutionären Arena, in welcher wir gut 99 Prozent der Menschwerdung unser Dasein verbracht haben.

Bis vor wenigen Generationen wussten wir es noch: All unsere Nahrung entsteht durch oder im Boden. Unser Leben war und ist vom Boden abhängig. Tatsächlich entstammt fast jedes der Atome, die unsere Körpermoleküle aufbauen, direkt oder indirekt aus dem Boden. Haben Sie darüber schon einmal nachgedacht? Welcher Ernährungsform Sie auch frönen, ob Fleisch, Fast Food oder strikte vegane Kost, alles, einfach alles kommt aus dem Erdboden. Genauer gesagt, aus einer dünnen Schicht, der obersten Haut unserer begrenzten Erde. Übrigens, wussten Sie, dass der Name des ersten in der Bibel erwähnten Menschen, Adam, auf Hebräisch so viel wie »Erdling« bedeutet? In Genesis 2,7 wird der Name Adam auch mit dem hebräischen Wort »adamah« in Beziehung gebracht, was wiederum so viel wie Erdboden bedeutet. Folgt man der biblischen Darstellung, war es dieser Erdboden, aus dessen Staub der Mensch von Gott erschaffen wurde, als ihm dieser den Lebensatem in die Nase blies. Etwas später folgten dann »alle Tiere des Feldes und alle Vögel des Himmels« (Genesis 2,19), zumindest wenn es nach der Bibel geht. Vermutlich kann man die Ausdrücke Adam und Adamah auf die Grundbedeutung »Haut« oder »Oberfläche« zurückführen.

Garten Eden

Mit dem Ende der letzten Eiszeit (mit starken Klimafluktuationen) vor etwa 11500 Jahren entwickelte sich im Bereich des sogenannten »fruchtbaren Halbmondes«, einem Gebiet, das sich von der südlichen Levante über Südostanatolien bis hin zum Zagros-Gebirge an der heutigen irakisch-iranischen Grenze erstreckt, in relativ kurzer Zeit ein stabiles und warmes Klima. Die Menschen lebten, wie mehrere hunderttausend Jahre zuvor, als nomadische Jäger und Sammler, wenngleich es bereits längere stationäre Phasen gab. Denn die Natur gab ihnen ab diesem Zeitpunkt im Überfluss Nahrung, wenngleich auch zur selben Zeit die sogenannte Megafauna (zum Beispiel Wollhaarmammut, Wollnashorn, Riesenhirsch und Steppenwisent) vermutlich durch intensive Bejagung während der letzten Eiszeit bereits stark zurückgegangen war. Anstatt Auerochsen (dem Stammvater unserer Rinder) und großen Hirschen wurden nun vermehrt kleinere Wildtiere wie Gazellen, Wildziegen, Hasen und Rebhühner gejagt. Diese Änderung im Jagdverhalten ist für sich bereits bemerkenswert, da diese Tierpopulationen sich rasch reproduzierten und daher dem Druck einer intensiven Bejagung besser standhielten als die Megafauna. Dies alleine führte zu längeren regionalen Aufenthalten der Menschen. Alles in allem lebte der Mensch am Ende der letzten Eiszeit, während des Überganges vom Pleistozän zum Holozän, zunächst in einem durchaus reichhaltigen Garten Eden.

Jenseits von Eden: die Ursprünge der Landwirtschaft

> *Und zum Manne sprach er: Weil du gehorcht hast der*
> *Stimme deines Weibes und gegessen von dem Baum,*
> *von dem ich dir gebot und sprach: Du sollst nicht davon essen –*
> *Verflucht sei der Acker um deinetwillen! Mit Mühsal sollst du*
> *dich ernähren ein Leben lang. Dornen und Disteln soll*
> *er dir tragen, und du sollst das Kraut auf dem Felde essen.*
> 1. Mose 3, 17–18

Seit dem Sündenfall gibt es für den Menschen – zumindest zu Lebzeiten – keinen paradiesischen Garten Eden mehr. Daran lässt die Schöpfungsgeschichte der Bibel keinen Zweifel. Das Leben auf verfluchtem Acker war aber noch bei Weitem nicht alles. Auf ebendiesem Acker kam es in der zweiten biblischen Generation aus Neid und Habgier gleich zur nächsten

Katastrophe, dem Brudermord. Alles nur Gleichnisse ohne wahren Hintergrund? Wenn wir im Folgenden die Geschichte des Ackerbaus genauer betrachten, werden wir sehen, dass diesen und anderen Zeilen aus dem Alten Testament durchaus konkrete Ereignisse zugrunde liegen könnten.[1]

Beginn des Ackerbaus: der Sündenfall?

Im Folgenden wollen wir uns einen kurzen Überblick über eines der wichtigsten Kapitel in der Geschichte des Menschen verschaffen: den Beginn des Getreide-Ackerbaus während eines Zeitraumes von gut zwei- bis dreitausend Jahren in einem Gebiet Südwestasiens.

Eine typische Fundstelle ist Jeff el Ahmar am Ufer des Euphrat im heutigen Syrien, die bereits vor ca. 11500 Jahren über einen Zeitraum von etwa 500 Jahren besiedelt worden war. Während der Dauer der Besiedelung über mehrere Jahrhunderte, so die archäologische Interpretation der Funde, nahm der Anteil der Getreidearten zu und der Anteil der Gräser mit kleineren Samen sank, was auf eine schwerpunktmäßige Ernährung durch Cerealien hinweist. Auch die Anlage unterirdischer Getreidespeicher, die zahlreich gefundenen Mahlsteine zur Mehlherstellung sowie reichlich Knochen und Kot von Hausmäusen weisen auf die frühe Bedeutung der Vorratshaltung von Getreide hin.[2]

Zunächst wurden Wildgerste und Wildroggen, später Wildeinkorn kultiviert, aber noch nicht »domestiziert«, das heißt, die Wildformen behielten über Jahrhunderte ihr Aussehen und ihre Eigenschaften, wie etwa kleine Körner und leicht zerfallende reife Ähren. Während der Besiedelungsperiode entstanden gemeinschaftlich genutzte Gebäude, die die Entstehung sozialer Institutionen nahelegen. Allerdings finden sich in dieser frühen Zeit der Sesshaftigkeit noch keinerlei archäologische Hinweise auf Tierhaltung oder gar Domestikation von Wildtieren. Fleisch wurde immer noch wie Abertausende Jahre zuvor durch die Jagd zum Beispiel auf Gazellen oder Auerochsen beigeschafft.

Es dauerte bis vor etwa 9500 Jahre, bis ein halbwegs vernünftiges, weil ergiebiges Ensemble von Getreidesorten und Hülsenfrüchten »herausgezüchtet« beziehungsweise selektiert wurde. Dabei handelte es sich vor allem um Einkorn (*Triticum monococcum*), Emmer (*Triticum dicoccum*), Gerste (*Hordeum vulgare*), Linsen (*Lens culinaris*), Erbsen (*Pisum sativum*), Kichererbsen (*Cicer arietinum*) und Flachs beziehungsweise Lein (*Linum usitatissimum*). Erst nach weiteren 1500 Jahren wurden diese Sorten tatsächlich flächendeckend und intensiv angebaut. Der Übergang von mehrjähriger Gräservielfalt zu einer einjährigen Monokultur war schließlich vollzogen.

Es kann angenommen werden, dass die Domestizierung dieser Pflanzen kein vorsätzlicher, zielgerichteter Prozess war, sondern ebenfalls ein Resultat der natürlichen Selektion darstellt. Während des Abschneidens von Kornähren mit primitiven Sicheln aus Holz mit eingesetzten, scharfkantigen Feuersteinen verblieben bei manchen Pflanzen mehr Körner an der Ähre als bei anderen. Bei der nächsten Aussaat wurden dann aus ebendieser »selektionierten« Ernte wieder Samenkörner benutzt, was über den Lauf der Zeit zu einer Selektion von Getreide mit weniger fragilen Ähren und somit einer ertragreicheren Ernte führte.

Die beginnende Koexistenz von Getreide und Mensch entspricht, aus ökologischen Gesichtspunkten betrachtet, zunächst einer mutualistischen Symbiose, also einer Lebensgemeinschaft, aus der beide Partner Vorteile zogen. Das Getreide wurde durch die Ausbildung stabilerer Ähren zunehmend auf die händische Aussaat durch den Menschen angewiesen. Der Mensch wiederum wurde aufgrund der zunehmenden Monokultur dieser Getreidepflanzen von diesen als Nahrungsgrundlage abhängig.

Gerade dieses Abhängigkeitsverhältnis des Menschen vom Getreide veranlasste den Erfolgsautor Yuval Noah Harari in seinem Bestseller: *Eine kurze Geschichte der Menschheit*, überspitzt, aber zulässig von einer »Domestizierung des Menschen durch den Weizen« zu sprechen. Aus »Sichtweise« des Weizens ein bemerkenswert akkurater Ansatz: Als *Homo sapiens* noch als nomadisierender Jäger und Sammler herumstreifte, war Weizen beziehungsweise dessen Urform nicht mehr als ein unbedeutendes Wildgras. Eines unter vielen. Ein paar tausend Jahre später ist Weizen das erfolgreichste Gras des Planeten Erde mit Monokulturen über eine Fläche von weit mehr als zwei Millionen Quadratkilometern. Der Weizen schaffte es tatsächlich, den Menschen zur Sesshaftigkeit zu bewegen, um fortan einen Großteil seiner Arbeitszeit in seine Pflege zu investieren. Die Menschen machten steinige und unwirtliche Gebiete durch Schwerstarbeit urbar, damit er es leichter hatte, zu wachsen und sich zu verbreiten, sie bauten komplexe Bewässerungssysteme, damit er nicht austrocknete, sie bewachten und umzäunten die Felder, damit sich keine Tiere an ihm gütlich tun konnten, und sie sammelten sogar die Exkremente ihrer Tiere auf, um ihn damit zu düngen. Der Mensch wurde wahrlich zum Sklaven des Weizens und bezahlte dies noch dazu mit erheblichen Gesundheitseinbußen. Der Weizen aber florierte, wurde immer dicker und dicker und verbreitete sich in Windeseile über den ganzen Globus.

Diese etwas andere Betrachtungsweise hat etwas für sich, wie überhaupt eine Änderung der Perspektive in der Biologie häufig spannende Einsichten gewährt. Wir werden das später bei der Betrachtung der den Menschen in großer Zahl besiedelnden Mikroorganismen noch einmal deutlich und mit einiger Ernüchterung zur Kenntnis nehmen müssen.

Was bekam der Mensch dafür vom Weizen als Gegenleistung? Nichts! Zumindest wenn man das einzelne, mangelernährte, Kariesgeplagte, Infektionskrankheiten ausgesetzte und krisengeschüttelte Individuum irgendwo innerhalb der letzten Jahrtausende betrachtet. Körperliches Wohlergehen bis in das hohe Alter, nach heutigem Standard, ist nämlich nicht die Währung, in der beim Prozess der biologischen Evolution bezahlt wird. Die evolutionäre Währung heißt DNA, und je erfolgreicher sich gewisse Abschnitte der Erbinformation unter den vorherrschenden Bedingungen verbreiten, desto erfolgreicher ist eine Spezies, zumindest aus evolutionärer Sicht. Auch wenn dies unter Umständen mit erheblichen individuellen Einbußen von Gesundheit und Lebensqualität verbunden ist. Dieses Paradigma der Evolution ist das für die meisten Laien am schwersten zu begreifende Faktum. Was zählt, ist, um es vereinfacht zu sagen, das *Überleben bis zum Reproduktionsalter* und die *erfolgreiche Reproduktion* selbst. Je häufiger dies geschieht und Gene erfolgreich weitergegeben werden, desto erfolgreicher im Sinne der Evolution. Ein gesundes, zufriedenes und langes Leben in Wohlstand ist offenbar sekundär beim »Geschäft der Fortpflanzung«. Wir sehen das auch heute in dem Umstand, dass die höchsten Geburtenraten in den ärmsten Regionen dieser Erde zu verzeichnen sind.

Die ersten Nutztiere

Bei der Domestizierung von Tieren wie Schafen, Ziegen, Rindern und Schweinen verhielt es sich vermutlich ähnlich wie mit dem Getreide. So dürfte weniger eine gezielte Domestikation vorgelegen haben als eine graduelle Selektion aufgrund der vorherrschenden Umstände. Vermutlich hielten die Menschen, vor allem in den nördlichen Gebieten des fruchtbaren Halbmondes, zunächst hauptsächlich Schafe und in geringerer Anzahl Ziegen in der Nähe ihrer Behausungen, da deren natürliches Vorkommen aufgrund von Jagddruck damals möglicherweise bereits zurückging. Auffällig in Verbindung mit den archäologischen Funden ist ein starker Überhang weiblicher Tiere, was darauf hindeutet, dass die weiblichen Tiere vermutlich seit ca. 9500 Jahren zumindest teilweise für die Milchgewinnung und Weiterzucht gehalten wurden. Die männlichen Tiere dienten vorwiegend der Fleischproduktion. Die Domestizierung von Schweinen dürfte vor ca. 9000 Jahren ihren Ausgangspunkt in Südostanatolien genommen haben und breitete sich daraufhin wie alle landwirtschaftlichen Praktiken westwärts und später Richtung Norden aus.

Landwirtschaft als Folge von »Selektion«

Aus evolutionsbiologischer Sicht verhielt sich das kulturelle Merkmal »Landwirtschaft« fast wie ein Gen, auf das positiver Selektionsdruck ausgeübt wurde, weil es mit einem selektiven Vorteil verbunden war.

Denn ist ein Merkmal (in diesem Falle eine Technik) mit besserem Überleben und erhöhten Reproduktionsraten verbunden, wird es sich mit der Zeit durchsetzen und von Generation zu Generation erfolgreich weitergegeben werden. Ein weiterer Selektionsvorteil des sesshaften Lebensstils war der deutlich kürzere Geburtenabstand im Vergleich zu nomadischen Jäger-und-Sammler-Gesellschaften, bei denen das nächste Kind erst dann geboren und aufgezogen werden konnte, wenn das vorige abgestillt und weitgehend »selbstständig« war, also in der Regel alle drei bis vier Jahre. Die biologische Grundlage hierfür ist ein natürlicher Mechanismus der Geburtenkontrolle, der sich Laktationsamenorrhoe nennt. Stillende Mütter haben, hormonell bedingt, kaum einen Eisprung und damit eine viel geringere Wahrscheinlichkeit, schwanger zu werden. Populationen, bei denen früher abgestillt wird, mit resultierenden Geburtenintervallen von ein bis zwei Jahren verdrängen in kürzester Zeit quasi automatisch Populationen, deren Lebensweise mit gut doppelt so langen Reproduktionsintervallen verbunden ist. Es ist ein schlichtes Zahlenspiel. Die damit allerdings verbundenen Kosten: eine erhöhte Kindersterblichkeit, da sehr früh statt nahrhafter Muttermilch Getreidebrei als Nahrungsersatz verabreicht werden musste. Aber von den Nachteilen wird später ausführlich die Rede sein. Das Bevölkerungswachstum stand zunächst mit Sicherheit im Vordergrund, wie archäologische Funde aus dem Nahen Osten belegen.

Aufgrund archäologischer und ethnografischer Forschungsergebnisse kann also angenommen werden, dass frühe landwirtschaftliche Subsistenzökonomie ein Merkmal (im Sinne einer kulturellen Strategie) war, auf das über die Zeit (aus evolutionsbiologischer Sicht einem Augenblick entsprechend) natürliche Selektion wirkte und sich damit unweigerlich durchsetzte. An dieser Stelle möchte ich nochmals ausdrücklich darauf hinweisen, dass dieser »Selektionsvorteil« nicht zwingend mit einem tatsächlichen »Vorteil« im Sinne eines besseren Ernährungs- und Gesundheitszustandes verbunden sein muss und, wie wir noch sehen werden, auch nicht war. Tatsächlich hatten Technologie und Landnutzung zwar einen positiven Einfluss auf das Bevölkerungswachstum, aber einen negativen Effekt auf den Lebensstandard und die Gesundheit der Menschen.

Es lag kein vorsätzliches Handeln des damaligen Menschen vor. Sesshaftigkeit und Landwirtschaft waren die unweigerlichen Folgen, ja gerade ein Zwang, der damals vorherrschenden Rahmenbedingungen. Warum sollten sich die Menschen eines Lebensstils angenommen haben, der nachweislich mit einem schlechteren Gesundheitszustand verbunden war als noch zu reinen Jäger-und-Sammler-Zeiten? Warum sollten sich Menschen, noch dazu freiwillig, in einen *way of life* fügen, der mit erheblich mehr Arbeitsaufwand verbunden war als das Leben in Jäger-und-Sammler-Verbänden? Wer tauscht freiwillig ein gesundes und freizeitreiches Leben gegen ein Leben in Krankheit und Arbeitserschöpfung mit dem jährlich wiederkehrenden Risiko einer Hungersnot? »Niemand«, ist die einzige Antwort. Es passierte ganz ohne Ziel und Plan, wie alles in der Evolution. Die daraufhin entstandenen Technologien zur verbesserten Landnutzung waren dringend notwendig geworden, da der steigende Bevölkerungsdruck die Menschen unweigerlich dazu zwang, die Produktion pro Fläche zu steigern und dabei erfinderisch zu sein. Bis heute.

Feindseligkeiten: als Kain den Abel erschlug

> *Und Abel wurde ein Schäfer, Kain aber wurde ein Ackermann.*
> *Es begab sich aber nach etlicher Zeit, dass Kain dem Herrn Opfer brachte von den Früchten des Feldes. Und auch Abel brachte von den Erstlingen seiner Herde und von ihrem Fett. Und der Herr sah gnädig an Abel und sein Opfer, aber Kain und sein Opfer sah er nicht gnädig an. Da ergrimmte Kain sehr und senkte finster seinen Blick. [...] Da sprach Kain zu seinem Bruder Abel: Lass uns aufs Feld gehen! Und es begab sich, als sie auf dem Felde waren, erhob sich Kain wider seinen Bruder Abel und schlug ihn tot.*
> 1. Mose 4,3–8

Mit zunehmender Bevölkerungsdichte und Ausbreitung der Landwirtschaft (auch in archäologischen Zeitkategorien passierte das in relativ kurzer Zeit) und dem damit verbundenen Besitzanspruch auf Grund und Boden kam es aber auch unweigerlich zu Gewalt und kriegerischen Auseinandersetzungen. Vor der Sesshaftigkeit musste sich bei Gebietskonflikten (darunter sicher blutige Auseinandersetzungen) die schwächere oder unterlegene Gruppe ein neues Territorium suchen, um weiterhin ihre Lebensgrundlage zu erjagen und zu ersammeln. Nach dem Sesshaftwerden und dem Beginn der agrarischen Lebensweise mit rasch ansteigenden Bevölkerungszahlen wurde ein Ausweichen immer schwieriger. Dies führte alsbald, wie uns die archäologischen Daten von Ausgrabungen zeigen, zu heftigen Gewaltausbrüchen. Der Kampf um Grund, Boden und günstige Standorte war ein Kampf ums Überleben geworden, wobei teilweise bis zu einem Drittel der männlichen Stammesmitglieder ihr Leben lassen musste. Erst viel später wurde durch die Etablierung von Feudalsystemen im Zuge der Errichtung von Königreichen und anderer Herrschaftsstrukturen eine gewisse Stabilität erreicht. Allerdings in der Regel auch nur für kurze Zeit und keinesfalls zum Wohle der dabei unterdrückten Bevölkerungsmehrheit. Ein Blick in die Geschichtsbücher lässt daran keinen Zweifel.

Die Ausbreitung der neuen Ökonomie der Landwirtschaft in Richtung Nordwesten in die Gebiete Anatoliens und des heutigen Griechenlands fand erst vor weniger als 9000 Jahren statt. Vor ca. 7500 bis 7000 Jahren erreichte die agrarische Lebensweise die Iberische Halbinsel und die Gebiete nördlich der Alpen.

Ähnlich wie in den deutschen Orten Talheim, Herxheim und Schöneck-Kilianstädten konnten Archäologen auch in Schletz (Gemeinde Asparn an der Zaya, Niederösterreich) Hinweise dafür finden, dass vor etwa 7000 Jahren in Zentraleuropa weitreichende gesellschaftliche Veränderungen mit Ausbrüchen brutaler zwischenmenschlicher Gewalt stattfanden. Im Falle des jungsteinzeitlichen Massakers von Schletz (ca. 5300–5200 v. Chr.) wurden in den Gräbern der einst befestigten Siedlung der Linearbandkeramik-Kultur Skelettreste von über hundert Menschen, vorwiegend Männer, mit tödlichen Hiebverletzungen und multiplen Schädelbrüchen freigelegt, die zwingend auf einen gewaltsamen Tod schließen lassen.[3] Dieser Fund korrigierte die bisherige Vorstellung vom friedlichen Zusammenleben in der Jungsteinzeit.

Möglicherweise waren zu diesem Zeitpunkt auch in Mitteleuropa die nutzbaren Ressourcen in einigen Gebieten erstmals erschöpft beziehungsweise beginnende Mangelware. Meine Kollegin, die renommierte Wiener Anthropologin Maria Teschler-Nicola, hat sich mit den Funden von Schletz ausführlich auseinandergesetzt und fasst die möglichen Ursachen für das damalige Massaker wie folgt zusammen: klimatische Veränderungen, Abfall des Grundwasserspiegels, zunehmende Trockenheit und Ernteausfälle, höhere Bevölkerungsdichte, Übernutzung der Landschaft, gesellschaftliche Umbrüche, Engpässe bei der Rohstoffversorgung, fragliche Katastrophen und Epidemien. Fest steht, dass an zahlreichen Skeletten tatsächlich auch Mangelerscheinungen, entzündliche Veränderungen und Hinweise für körperlichen Stress festgestellt wurden. Fest steht aber auch, dass die genannten möglichen Ursachen heute, im Zeitalter von rapider Bevölkerungszunahme, deutlicher Klimaveränderungen und steigender sozialer Ungleichheit, weltweit nichts an Aktualität eingebüßt haben.

In Generationen gedacht

Um an dieser Stelle unsere Perspektive auf die zeitlichen Horizonte zu lenken, sollten wir beginnen, die Betrachtung von Zeiträumen in menschliche Generationen umzurechnen. Dinge, die vor 10 000 Jahren passierten (und wie wir gesehen haben, war dies eine ganze Menge und der Grundstock unserer heutigen Lebensweise sowie Zivilisation), liegen lediglich 400 (!) Generationen zurück. Dieser Berechnung liegt das in der Anthropologie durchaus übliche Veranschlagen einer Generationsdauer mit 25 Jahren zugrunde. In Mitteleuropa begann die landwirtschaftliche Nutzung der Böden demnach vor ca. 300 Generationen und in Großbritannien überhaupt erst vor 240 Generationen menschlichen Lebens. Nicht viel Zeit aus evolutionsbiologischer Sicht, bei der graduelle Selektionsprozesse immer nur nach zumindest einer Generation stattfinden können. Der Nordamerikanische Kontinent wurde überhaupt erst vor 21 Generationen durch Christoph Columbus »entdeckt«, wenngleich er schon früher besiedelt wurde. Dieser Zeitpunkt wird als Ende des Mittelalters und Beginn der Neuzeit definiert. Wir werden diese Generationensichtweise beibehalten, da sie meines Erachtens zum Nachdenken anregt und die wesentlichen Ereignisse unserer Zivilisation und landwirtschaftlichen Lebensgrundlage in ein anderes, viel konkreteres Licht stellt.

So fand die sogenannte Grüne Revolution, also die in den 1960er-Jahren beginnende Entwicklung moderner landwirtschaftlicher Hochleistungs- beziehungsweise Hochertragssorten mit den damit einhergehenden gravierenden Umweltschäden durch massiven Düngemittel- und Pestizideinsatz, überhaupt erst vor etwas mehr als zwei (!) Generationen statt. In nur zwei Generationen haben wir es also geschafft, unsere Lebensgrundlage ernsthaft zu gefährden, das sind verschwindende 0,5 Prozent der Zeitspanne, in der *Homo sapiens* bereits Landwirtschaft betreibt.

Der größte Fehler in der Geschichte der Menschheit?

Die, wie wir gesehen haben, auf evolutionären und ökologischen Prinzipien beruhenden, in der Wissenschaft als landwirtschaftliche oder neolithische »Revolution« bezeichneten Veränderungen, beginnend vor etwa 11500 Jahren, ermöglichten in der Folge eine in großen Schritten fortschreitende, kulturelle Evolution des Menschen. Diese Revolution, die eigentlich viel mehr ein gradueller »Übergang« während mehrerer Jahrtausende war, aber aufgrund der weitreichenden Folgen durchaus als »Revolution« bezeichnet werden darf, führte zu fundamentalen sozialen Veränderungen im Leben der Menschen, ermöglichte eine kulturelle Diversifizierung und ist die Grundlage unseres heutigen hoch technisierten Lebens in Wohlstand. All unsere Errungenschaften während der letzten tausend Jahre wären nicht möglich gewesen, wenn sich jeder Mensch täglich selbst um seine Nahrungsbeschaffung kümmern müsste. Der bekannte Biologe und Wissenschaftsautor Jared Diamond bezeichnete diese Revolution (und nichts weniger war es schlussendlich) in einem Beitrag im Wissenschaftsmagazin *Discover* im Jahr 1987 als »The Worst Mistake in the History of the Human Race«.[4]

Warum bezeichnet jemand den Übergang von Jäger- und Sammlerkulturen zu sesshaften Bauern mit domestizierten Tieren und Pflanzen als den größten Fehler der Menschheitsgeschichte? War nicht die Entwicklung des Menschen während der letzten 10000 Jahre bis heute stets eine Geschichte des Fortschrittes und des Erfolges? Nun, die Antwort auf diese Frage hängt davon ab, welches Maß wir anlegen wollen. Technischen Fortschritt? Kulturelle Errungenschaften? Sozialer Frieden? Stabilität und Gerechtigkeit? Oder, und diese Betrachtung ist der rote Faden in diesem Buch, den Zustand unserer Umwelt im Wechselspiel mit unserer physischen und psychischen Gesundheit? Aber der Reihe nach.

Für den Fortschrittsgläubigen ist die Antwort doch zunächst ganz einfach: Der Mensch mit seiner Intelligenz wandte sich der landwirtschaftlichen Lebensweise zu, weil sie der effizienteste Weg ist, mit weniger Arbeit mehr Menschen zu ernähren. Felder mit Getreide und Weiden mit domestizierten Tieren können tatsächlich erheblich mehr Menschen satt machen als ausgedehnte Landschaften mit saisonal mühsam nachzustellendem Wild und vereinzelten Fundstellen von Nüssen, Beeren, Wurzeln und sonstigen essbaren Pflanzen. Ein Jäger und Sammler musste doch angesichts des Nahrungsangebotes einer landwirtschaftlichen Niederlassung deren Vorteile sofort erkennen und Pfeil und Bogen gegen den Pflug eintauschen. Wenn die Ernte über die mageren Jahreszeiten gelagert werden kann, bleibt viel Zeit, sich kulturellen Tätigkeiten und technischen Innovationen zu widmen. Wie soll jemand ein Requiem komponieren, die Decke der Sixtinischen Kapelle ausschmücken (beziehungsweise sie überhaupt zunächst erbauen) oder einen kolonialen Eroberungsfeldzug anführen, wenn er tagein, tagaus mit Nahrungserwerb beschäftigt ist? Aus der Sicht des Fortschrittsgläubigen war die landwirtschaftliche Lebensgrundlage eine eindeutige Verbesserung. Gar kein Zweifel. Aber woran ist diese Verbesserung zu messen? Welche Belege haben wir dafür? Geht es uns Menschen tatsächlich besser seit den gravierenden Veränderungen am Ende der letzten Eiszeit, seit wir Pfeil und Bogen gegen Sichel und Pflug eingetauscht haben? Woher wissen wir, wie es den jungsteinzeitlichen Jägern und Sammlern erging?

Gesundheit und frühe Landwirtschaft

Um diese Frage zu beantworten, könnten wir das Leben der letzten verbliebenen, sogenannten »primitiven« Jäger- und Sammlerpopulationen dieser Erde als Vergleich heranziehen. Dabei werden wir feststellen, dass deren wöchentlicher Zeitaufwand zur Befriedigung ihrer grundlegenden Ernährungsbedürfnisse erstaunlich gering ausfällt. So wenden sogenannte »primitive Gesellschaften« wie die *Hadza* (Nomaden in Tansania) oder die *Kung!* (Buschmänner der Kalahari) gerade einmal etwa 15 Stunden (oder weniger) pro Woche auf, um sich gesättigt auf die faule Haut legen zu können. Dabei haben sie noch eine mehr oder weniger große und nährstoffreiche Nahrungspalette zur Auswahl. Bäuerlich lebende Gesellschaften hingegen decken damals wie heute ihren Kalorienbedarf aus einer äußerst geringen Auswahl kohlenhydratreicher wie nährstoffarmer Pflanzen wie Weizen, Reis, Mais und Kartoffeln (die Eckpfeiler der heutigen weltweiten Ernährung!) und sehen sich einer drohenden Hungersnot ausgesetzt, sobald die Ernte aufgrund klimatischer oder anderer Widrigkeiten einmal (oder gar öfters hintereinander) ausfällt. Beispiele für Letzteres gibt es in der Geschichte unzählige.

So führte vor gar nicht allzu langer Zeit zwischen 1845 und 1849 in Irland eine fatale Lebensmittelknappheit infolge mehrerer Missernten zu einer Periode des Massenverhungerns (*The Irish Famine*), der Krankheitsepidemien und schließlich der Emigration. Nachdem etwa eine Million Iren verhungerte und eine weitere Million auswanderte, war die Bevölkerung der Insel um beinahe 25 Prozent geschrumpft. Auch im Europa außerhalb Irlands forderte die damalige Hungersnot neben unglaublichem Leid der Bevölkerung insgesamt rund 100 000 Todesopfer. Die ausgedehnte Nahrungsmittelkrise beeinflusste auch die Unruhen im Zuge der europäischen Revolutionen von 1848 maßgeblich. Die unmittelbare Ursache der Hungersnot war der aus Nordamerika nach Europa eingeschleppte Erreger der Kraut- und Knollenfäule mit dem Namen *Phytophthora infestans*.

In weiten Teilen Europas und insbesondere in Irland pflanzte man damals das Grundnahrungsmittel Kartoffeln in großflächigen Monokulturen an und machte sich auf diese Weise praktisch von der Kartoffel als Nahrungsmittel abhängig. Ohne entsprechende Fruchtwechselwirtschaft mit anderen Feldfrüchten konnten sich die ausgelaugten Böden über Jahrzehnte nicht erholen und der Krankheitserreger konnte sich, auch unter dem Einfluss starker Regenfälle, in den Böden gut vermehren und diese durchseuchen.

Wir sehen also, dass simple biologische und klimatische Phänomene in Verbindung mit menschlichen Fehlleistungen zu Katastrophen und Revolutionen ungeahnten Ausmaßes führen können. Grotesk mutet es an, wenn Proponenten und Vertreter der agrochemischen Industrie in Vorträgen behaupten, die irische Hungerkatastrophe hätte ihre Ursache in dem damaligen Fehlen von Pestiziden gehabt. Denn, so die tatsächlich getätigten Aussagen, mit den modernen Pflanzenschutzmitteln wäre jede Missernte vermeidbar gewesen und die Welternährung auch in Zukunft gesichert. Tatsächlich lag aber auch damals wie heute die Ursache in extremer sozialer Ungleichheit und Unterdrückung. Den irischen Bauern ließen die englischen Großgrundbesitzer nur die kleinsten und schlechtesten Flächen, um sich selbst zu ernähren. Kartoffeln mit ihrem relativ hohen Nahrungsenergieertrag pro Flächeneinheit waren daher die Kulturpflanze der Wahl. Das Auftreten von *Phytophthora* erledigte den Rest.

Bereits im Jahr 1815 führte der Ausbruch eines Vulkans in Indonesien (ganz ohne menschliches Zutun) im Folgejahr 1816 in großen Gebieten Europas und Nordamerikas zum sogenannten »Jahr ohne Sommer«, wofür die große Menge an Staub und vulkanischer Asche in der Atmosphäre verantwortlich zeichnete. Das Resultat der niedrigen Temperaturen und anhaltenden Regenfälle in Teilen Europas waren katastrophale Missernten in den darauffolgenden Jahren, was unter anderem dazu führte, dass der Getreidepreis in Deutschland und Teilen Österreichs 1817 das Dreifache, vereinzelt gar das Vierfache des Niveaus von 1815 erreichte.

Die Mär von der Verbesserung der persönlichen Lebensumstände durch Aufnahme von Ackerbau und Viehzucht ist durch zahlreiche archäologische Funde eindeutig widerlegt. Die wissenschaftliche Fachrichtung der Paläopathologie, die Untersuchung von freigelegten Skeletten und erhaltenen Kotresten auf pathologische Veränderungen beziehungsweise Parasiten, zeigt die negativen gesundheitlichen Veränderungen, die mit der Sesshaftigkeit und dem Leben in größeren Verbänden einhergingen. So ging die Körpergröße zurück,[5] die Zähne wiesen eine hohe Frequenz kariöser Veränderungen und eitriger Abszesse auf, die untersuchten Skelettreste zeigten die typischen Veränderungen von Mangelernährung, Anämie, Tuberkulose, Lepra und zahlreichen anderen Krankheiten, und in den sogenannten Koprolithen (versteinerter Kot) wurden unzählige Darmparasiten nachgewiesen. Zudem wiesen die Skelette zu einem hohen Prozentsatz die typischen degenerativen Veränderungen der Wirbelsäule auf, die mit der schweren körperlichen Arbeit auf den Feldern einhergehen.[6] Untersuchungen des amerikanischen Anthropologen George Armelagos zufolge sank bei einer Population amerikanischer Ureinwohner die Lebenserwartung von 26 Jahren bei der Geburt zur Zeit vor der Landwirtschaft auf 19 Jahre nach dem Übergang zum Maisanbau.

Jared Diamond gibt drei wesentliche Gründe an, warum die landwirtschaftliche Lebensweise der Gesundheit des Menschen abträglich war und ist. Erstens genossen Jäger und Sammler eine abwechslungsreiche Ernährung, während frühe Bauern den größten Teil ihrer Nahrung aus einer oder wenigen stärkehaltigen Feldfrüchten bezogen: eine Ernährung mit »billigen« Kalorien auf Kosten schlechter Ernährung. Heute liefern nur drei kohlenhydratreiche Pflanzen – Weizen, Reis und Mais – den Großteil (sechzig Prozent) der von der menschlichen Spezies verzehrten Kalorien. Diesen Grundnahrungsmitteln fehlt es jedoch an bestimmten Vitaminen, Spurenelementen, essenziellen Aminosäuren und, wenn sie wie heute in hoch raffinierter Form verzehrt werden, auch an Ballaststoffen. Zweitens drohten die Bauern wegen der Abhängigkeit von einer äußerst geringen Auswahl an Pflanzen zu verhungern, sobald die Ernte versagte. Drittens führte die bloße Tatsache, dass die Landwirtschaft die Menschen dazu brachte, sich zu größeren Verbänden zusammenzutun, von denen viele Handel mit anderen derartigen Gesellschaften betrieben, zur raschen Ausbreitung von Parasiten und Infektionskrankheiten. Der Verbreitung von Epidemien war bei Populationen, die in kleinen Gruppen verstreut lebten beziehungsweise umherzogen, ein natürlicher Riegel vorgeschoben. Tuberkulose und Durchfallerkrankungen mussten erst das Aufkommen von Landwirtschaft, Masern und Beulenpest den Beginn von Großstädten abwarten.

Neben Mangelernährung, Hunger und Epidemien trug die Landwirtschaft zu einem weiteren Fluch der Menschheit bei: einer tiefen Klassenspaltung, einer bis heute immer größer werdenden Kluft zwischen Arm und Reich. Bei Jägern und Sammlern, die kaum Vorräte über das Jahr anlegten und von den wilden Pflanzen und Tieren lebten, die sie täglich sammelten beziehungsweise erlegten, konnte es keine königlichen Herrscher geben. Man war aufeinander angewiesen. Soziale Parasiten, die von den Nahrungsmitteln anderer lebten, gab es nicht. Erst in einer bäuerlichen Bevölkerung konnte sich eine gesunde, nichtproduzierende Elite über die kranke Masse erheben. Die archäologischen Befunde belegen dies eindrucksvoll.

Anzunehmen ist auch, dass die bäuerliche Lebensweise die Ungleichheit der Geschlechter förderte. Während in nomadisierenden Gesellschaften die Frauen im Schnitt nur alle vier Jahre gebaren, sich lange dem Nachwuchs widmeten, während die Männer auf die Jagd gingen, wurden diese Intervalle im Zuge der landwirtschaftlichen Lebensweise immer kürzer und resultierten in einem schlechteren Gesundheitszustand der Frauen, die zusätzlich für die nun hinzugetretene, schwere Feldarbeit herangezogen wurden.

Weizen

Die verschiedenen Arten des Weizens stellen heute nach Mais, aber noch vor Reis mit über 700 Millionen Tonnen Ertrag pro Jahr das am zweithäufigsten angebaute Getreide der Welt dar. Die geschätzte Anbaufläche für Weizen beläuft sich weltweit auf über 200 Millionen Hektar. Weltweit wurden im Laufe der Geschichte geschätzt mehr als 25000 verschiedene Weizensorten von Pflanzenzüchtern produziert. Der größte Teil der Weltproduktion von Weizen wird verarbeitet und in Form von Brot, diversen anderen Backwaren, Pasta und Nudeln konsumiert. Im Nahen Osten und in Nordafrika wird Weizen in Form von Bulgur und Couscous verzehrt. Darüber hinaus bieten die breite Verfügbarkeit von Weizenmehl und die funktionellen Eigenschaften von Glutenproteinen die Grundlage für ihre breite Verwendung als Zutat in der Lebensmittelverarbeitung.

Unsere Vorfahren aßen, wie bereits erwähnt, mit ziemlicher Sicherheit bereits als Jäger und Sammler hin und wieder geröstete Wildgerste und Gräsersamen. So wurden zum Beispiel auch Funde von steinernen Mörsern für die Zubereitung von Mehl auf ein Alter von über 20000 Jahren geschätzt. Das heißt, bereits vor dem »offiziellen« Beginn von Ackerbau und Viehzucht aß der Mensch offenbar wilde Getreideformen, allerdings vermutlich in eher geringen Mengen als »Zubrot«. Die damals auf heißen Steinen zubereiteten ballaststoffreichen Fladen hatten allerdings nur wenig mit heutigem Brot gemeinsam.

Das Zuchtziel immer robusterer und ertragreicherer Weizensorten wurde während der letzten hundert Jahre zwar erreicht, über die möglichen gesundheitlichen Nebenwirkungen durch eine mögliche Veränderung der Eiweißzusammensetzung des Weizens machte man sich ebenso wenig Gedanken wie über die Auswirkungen von stark raffiniertem Weißmehl. Kann es sein, dass der moderne Weizen aufgrund seiner veränderten Zusammensetzung tatsächlich immer mehr Unverträglichkeiten und Allergien auslöst oder uns sogar richtig krank macht? Die neuen Weizenhochleistungssorten wurden jedenfalls nicht durch ein strenges Zulassungsverfahren, das zum Beispiel neuartige

Lebensmittel (sogenannte Novel-Foods) durchlaufen müssen, getestet. Weizen war ja schon immer da, warum also überprüfen?

Kein Weg zurück

Aus heutiger Sicht muss man sich folgende Frage stellen: Warum merkten die Menschen nicht bald, dass sie mit Aufnahme der agrarischen Lebensweise einen großen Fehler begingen und viel von ihrer früheren Freiheit und Gesundheit einbüßten, also einen schlechten Deal machten? Warum kehrten sie der Landwirtschaft nicht rasch wieder den Rücken, um ihrer früheren Lebensweise nachzugehen.

Nehmen wir nur die Anhänger der in den letzten Jahren sehr stark an Anhängerschaft gewinnenden Paleo-Diät-Bewegung. Zugrunde liegt die durchaus berechtigte Annahme, dass der Mensch vor Beginn des Ackerbaus eine viel weniger auf simplen Kohlenhydraten beruhende, sondern eher fett- und proteinreiche Nahrung in Verbindung mit reichlich unverdaulichen Ballaststoffen zu sich genommen hat und daher gesünder war. Ernährungsphysiologische Studien der letzten Jahre deuten zwar durchaus darauf hin, dass in dieser Sichtweise einiges an Wahrheit steckt, allerdings haben hier viele Paleojünger eine sehr vereinfachte Sicht der Dinge, denn die Nahrung während eines großen Teils der menschlichen Evolution war mit Sicherheit unterschiedlich und abhängig von den lokalen Gegebenheiten der jeweiligen geografischen Region. Olivenöl, Kokosöl, Avocados, Molkeeiweißpulver und Dosensardinen waren sicher nicht verfügbar. Vermutlich war gerade die fehlende Spezialisierung und Anpassung der Gattung *Homo* an eine bestimmte Ernährungsweise der entscheidende Überlebensvorteil, der die Ausbreitung in ganz unterschiedliche ökologische Nischen dieser Erde erst ermöglichte. Abgesehen von einzelnen Ausnahmen (wie zum Beispiel Honig) führen aber die meisten natürlichen, unverarbeiteten Lebensmittel nicht zu einem raschen Blutzuckeranstieg mit dauerhaft hohem Insulinspiegel wie unter einer modernen westlichen Ernährung mit rauen Mengen an raffinierten Kohlenhydraten. Auch Verunreinigungen mit Pestiziden, Antibiotika, Weichmachern oder Schwermetallen waren früher mit Sicherheit nicht Teil der täglichen Ernährung.

Zurück zur eingangs gestellten Frage, deren Antwort simpel erscheint: Die Menschen bemerkten einfach nicht, dass sie sich auf einen verdammt schlechten Deal einließen, als sie sich vor etwa 10 000 Jahren der agrarischen Lebensweise zuwandten. Unsere individuelle Wahrnehmung ist auf viel kürzere Zeitintervalle beschränkt – bis heute. Eine Ausnahme stellen lediglich eine Handvoll Evolutionsbiologen, Anthropologen und Archäologen dar, die naturgemäß in Generationen denken müssen, übertroffen nur mehr von wenigen Geologen und Paläontologen, die die Erde und alles Leben darauf überhaupt in den unfassbar großen Zeiträumen der Erdzeitalter, also in Jahrmillionen, betrachten.

Der Rest der Menschheit ist grundsätzlich mit sich selbst und seiner Gegenwart beschäftigt. Das zeigt sich leider auch in den Agenden unserer politisch Verantwortlichen. Gedacht wird bestenfalls in Legislaturperioden, in Ausnahmefällen in Jahrzehnten. Aber kaum jemand denkt (zumindest heutzutage) in mehreren Generationen! Man will ja schließlich wiedergewählt werden, also investiert man in schnell umsetzbare Maßnahmen ohne langfristige Vision. Wozu auch, die nächste Wählergeneration erlebt man selbst – zumindest politisch – ohnehin nicht. Es wäre allerdings ungerecht, nur die politische Kaste dieser Sichtweise zu bezichtigen. Wir alle sind als Spezies Mensch so »verdrahtet«, dass wir kurzzeitige Belohnungen gegenüber Langzeitstrategien bevorzugen. Das sieht man heute in beschämender Weise, wenn wir im Zeitalter der massiv steigenden Umweltemissionen die jährlichen Automobilmessen besuchen, bei denen den prestigegeilen Käufern immer größere, PS-strotzende SUVs angeboten werden, obwohl die Mehrheit ohnehin in Städten mit asphaltierten Straßen wohnt. Offenbar vergessen scheinen die erst wenige Jahre zurückliegenden Betrügereien im Zuge des Abgasskandals. Wir wollen das rohstoffverschlingende Gefährt jetzt und scheren uns einen Dreck darum, wie zukünftige Generationen mit der von uns angerichteten Misere umgehen werden. Auch in der industriellen Landwirtschaft wird die Frage der Zukunftsfähigkeit des gegenwärtigen Modells nur von wenigen gestellt. Hauptsache die Regale unserer Wohlstandsgesellschaft sind gefüllt und die Börsenkurse der Unternehmen florieren. Die kleinen bäuerlichen Produzenten hochqualitativer Nahrungsmittel bleiben dabei auf der Strecke.

Die Menschen vor zehntausend Jahren hatten keine Archäologie und keine Geschichtsschreibung, um die negativen Veränderungen über mehrere Generationen zu erkennen. Sie wurden in eine Kultur mit ihren vorherrschenden Rahmenbedingungen hineingeboren und taten, was soziale und kulturelle Normen der Zeit vorschrieben. Der sogenannte Fortschritt (eigentlich die zunehmende Abhängigkeit) war innerhalb eines relativ kurzen Menschenlebens nicht zu bemerken. Erst über viele Generationen betrachtet, ist die immer auswegloser werdende Situation erkennbar. Es scheint allerdings so zu sein, dass selbst im Zeitalter der Geschichtsschreibung der Mensch nur sehr bedingt in der Lage ist, aus dem Scheitern beziehungsweise aus den Fehlern früherer Generationen zu lernen. Die Geschichte wiederholt sich nicht ohne Grund.

Die frühen Bauern wussten lediglich, wenn sie nur hart genug für ihre Ernte arbeiteten, würde es allen Familien- und Clanmitgliedern gut gehen. Sie konnten aus damaliger Sicht verständlicherweise keinesfalls abschätzen, dass die resultierende Zunahme der Bevölkerung in den Folgegenerationen zu schwerwiegenden Umweltveränderungen und Problemen führen würde. Mangelernährung, die Zunahme von Infektionskrankheiten, die Instabilität von Monokulturen und die ihnen bevorstehenden kriegerischen Auseinandersetzungen waren aus damaliger Sicht nicht absehbar. Die Vergangenheit lag (bis auf einzelne eindeutige Höhlenmalereien mit Jagdszenen) im Dunkeln, die Zukunft war nicht kalkulierbar beziehungsweise im täglichen Daseinskampf auch nicht von Bedeutung. Ein Weg zurück stand nicht zur Debatte, der erreichte »Wohlstand« wurde mit aller Kraft behütet und bis in die heutige Zeit mit ihrem Zwang zu wirtschaftlichem Wachstum und technischem Fortschritt immer weiter ausgebaut.

Unabhängig von der eingeschränkten Lern- und Einsichtsfähigkeit des *Homo sapiens* sind die nicht zielgerichteten Prozesse der biologischen und kulturellen Evolution auch keine Ereignisse, die sich so einfach rückgängig machen ließen. Hier sind wir nun angekommen und können nicht mehr zurück, so viel ist sicher.

Das Erstaunliche dabei ist, in welch kurzem Zeitraum diese fragwürdige Revolution stattfand. Während eines Großteils der Menschwerdung war der »Lifestyle« der Jäger und Sammler ein nachhaltiges und stabiles Erfolgsmodell. Der Einfluss des Menschen und seiner Vorfahren auf die Umwelt war über Hunderttausende, um nicht zu sagen Millionen von Jahren nicht spürbar. Wir waren in dem komplexen Szenario der Evolution eine Spezies von unzähligen, deren Fortbestand und Schicksal zunächst mehr als ungewiss war.

Die Menschheit in 24 Stunden

Wenn wir die Geschichte der Menschwerdung einer 24-Stunden-Uhr gleichsetzen, auf deren Zifferblatt 100 000 Jahre einer Stunde entsprechen, wird uns allerdings klar, wo wir uns derzeit befinden: Wenn unsere Geschichte um 00:00 Uhr begonnen hat und wir uns nun am Ende der 24 Stunden befinden, dann begannen die ersten Menschen erst um 23:54 Uhr (!), das entspricht der Zeit von vor ca. 10 000 bis 11 000 Jahren, mit der landwirtschaftlichen Lebensweise.

Jetzt, wo es wieder Mitternacht schlägt und vor wenigen Sekunden zwei Weltkriege geschlagen wurden und wir auf dem Höhepunkt unserer bisherigen technischen Möglichkeiten stehen, ist die alles entscheidende Frage: Werden wir mithilfe unserer im Tierreich einzigartigen Intelligenz einen Ausweg finden, um die stetig anwachsende Bevölkerung gerecht und gesund zu ernähren und den Weltfrieden zu bewahren? Oder stehen wir vor der größten gesellschaftlichen Spaltung, vor der größten Katastrophe, die die Menschheit je gesehen hat? Im Mittelpunkt wird neuerlich die einzige Ressource stehen, die menschliches Leben ermöglicht: fruchtbarer Boden.

Die alte Kraft des Bodens – Fundament des Lebens

Die Geschichte lehrt uns, dass das Schicksal menschlicher Zivilisationen von wenigen Zentimetern fruchtbaren Bodens abhängt. Gesunder und fruchtbarer Boden ist das größte Kapital eines Landes und jeder Zivilisation. Unsere Gesundheit hängt direkt von der Gesundheit des Ackerbodens ab. Die Fruchtbarkeit der Böden ist Ursprung unserer Nahrung und ausschlaggebend für unser Überleben. Bereits vor dem Ackerbau betrieben die Menschen vermutlich schon Gartenbau in kleinem Stil. Seit der Mensch Ackerbau betreibt, wird Göttern gehuldigt, werden ihnen Opfer dargebracht, um reiche Ernten und sichere Erträge zu erbitten. Die Bauern erkannten im Laufe der Jahrtausende durch genaue Naturbeobachtung, wie sie ihre Felder fruchtbarer machen und ihre Tiere leistungsstark und gesund erhalten konnten. Nichts wurde weggeworfen, der Großteil der Abfälle wurde an Ort und Stelle der Produktion auch wieder dem Stoffkreislauf zugeführt. In den letzten Jahrhunderten, insbesondere aber in den letzten Jahrzehnten steigerte sich die zunehmende Optimierung der Landwirtschaft durch technische, chemische und biotechnologische Innovationen aber in einem Ausmaß, das die universellen Grundlagen des Lebens zugunsten eines blinden Fortschrittsglaubens in Vergessenheit geraten ließ. Immer mehr sollte, so die kapitalistische Vorgabe, nach dem Prinzip des kurzfristigen Maximalertrages aus dem Boden herausgeholt werden.

Es war schon immer so: Je perfekter die Technik, desto geringer die Nachhaltigkeit, selbst zu Zeiten, als wir noch als Jäger und Sammler umherstreiften. So dürfte zum Beispiel, wo immer der Mensch auf der Erde zum ersten Mal auftrat, die Verbesserung der gemeinschaftlichen Jagdtechnik dazu geführt haben, dass das Großwild entweder ausgerottet oder stark dezimiert wurde. Vor allem in Gegenden der Erde, in die der Mensch erst relativ spät vordrang und die Tiere nicht genug Zeit hatten, ein gesundes Misstrauen (sprich Fluchtinstinkt) gegenüber dem bewaffneten *Homo sapiens* zu entwickeln. Dieses Streben nach Effizienz und immer besserer Technik ist eine einzigartige Eigenschaft des Menschen. Je besser die Schiffe gebaut wurden, je mehr Bäume wurden abgeholzt. Je besser die landwirtschaftlichen Geräte wurden, desto mehr wurde Raubbau an der Substanz der Böden betrieben. Was möglich ist, muss schließlich auch umgesetzt werden. Über Nachhaltigkeit machte sich der Mensch bis heute nur selten Gedanken.

Bei alldem stetigen technologischen Fortschritt dürfen wir keinesfalls vergessen, dass die Sicherung unserer Zukunft weltweit von fruchtbaren Böden abhängig ist. Die Tatsache, dass lediglich eine dünne fruchtbare Schicht auf der Erdoberfläche unser Überleben sichert, scheint nur in den Köpfen weniger Menschen verankert zu sein. Bedenken Sie, unabhängig davon, was Sie essen, dass Sie mit jedem Produkt gleichzeitig begrenzten fruchtbaren Boden konsumieren! Er muss regelmäßig erneuert werden, um auch in Zukunft unsere Nahrungsmittel sicherzustellen. Dieser fruchtbare Boden sieht je nach geografischer Lage unterschiedlich aus, besteht aber im Wesentlichen aus mineralischen Bestandteilen unterschiedlicher Korngröße (Sand, Schluff und Ton), Luft, Wasser und organischem Material (Wurzeln, Lebewesen und Humus). Die optimale Zusammensetzung und physikalische Struktur dieser Bestandteile machen fruchtbaren, für ertragreichen Ackerbau geeigneten Boden aus.

Das Edaphon: die Erde lebt

Dass sich im Boden auch unzählige Lebewesen aufhalten, ist der Wissenschaft zwar schon länger bekannt, aber über die vielfältige Zusammensetzung, das Ausmaß und die Interaktionen im sogenannten Bodennahrungsnetz sowie dessen Bedeutung für ein gesundes Wachstum widerstandsfähiger Pflanzen wurde erst in den letzten Jahrzehnten vieles bekannt.

Die Anzahl der in einem Quadratmeter gesundem Boden existierenden Lebewesen ist für den menschlichen Verstand nur schwer zu fassen. Zu viel Nullen, kaum auszusprechende Zahlen und für die meisten unbekannte Namen. Erst unter dem Mikroskop erschließt sich die Fülle des Bodenlebens in seiner Vielfalt. Und selbst die mit einem Lichtmikroskop erreichbare tausendfache Vergrößerung reicht bei Weitem nicht aus, um alles Leben in der Erde sichtbar zu machen. Zu klein sind die meisten Bakterien und morphologisch, also aufgrund ihres Aussehens, ohnehin nicht zu unterscheiden. Der Großteil der Bakterien lässt sich aber auch im mikrobiologischen Labor gar nicht auf den üblichen Petrischalen kultivieren. Erst die moderne Technologie des sogenannten *Next Generation Sequencing* machte es möglich, die vorhandenen Arten über ihre Erbinformation zu klassifizieren.

Welche Bedeutung sollten diese Lebewesen auch schon haben, wenn man doch nur Pflanzen in der Matrix Erde anbauen möchte? Bodenlebewesen wurden in der Landwirtschaft, falls man ihnen überhaupt Aufmerksamkeit schenkte, lange eher als kuriose Begleiterscheinung angesehen. Dem Boden kam nur eine gewisse Haltefunktion für die Pflanzenwurzeln zu. Würde man nur ausreichend Dünger auf die Pflanzen geben, könnten die Pflanzen gedeihen. Wer düngt aber den Boden in natürlichen Ökosystemen wie zum Beispiel in dichten Wäldern mit all ihrer Pflanzenvielfalt?

In über Jahrmillionen entstandenen ökologischen Nahrungsnetzen hat jeder Mitspieler seine Bedeutung. »Nichts macht Sinn in der Biologie, außer im Lichte der Evolution«, schrieb in den 1970er-Jahren einst der bekannte Naturwissenschaftler Theodosius Dobzhansky. Ihm war es wichtig, den einzelnen Organismus in einem größeren Zusammenhang zu sehen. »Ein Individuum«, so Dobzhansky, »welches aus dem System, in dem es normalerweise vorkommt, genommen wird, ist unvollständig und mag nicht zu leben fähig sein.«

Nach alldem, was wir heute wissen, hatte Dobzhansky vollkommen recht. Alle Lebewesen haben für das Funktionieren und die Stabilität eines natürlichen Systems eine mehr oder weniger wichtige Bedeutung, die ihnen der Jahrmillionen andauernde Prozess der Evolution zugewiesen hat. In der Wissenschaft der Ökologie gibt es mittlerweile unzählige Beispiele dafür, welche verheerenden Folgen es haben kann, wenn nur eine einzige Art eines komplexen Systems abhandenkommt oder hinzugefügt wird. In Unkenntnis der vielfältigen Wechselwirkungen sind wir aber oft nicht imstande, die Bedeutung der einzelnen Arten zu verstehen und ihr Vorhandensein zu schätzen. Schon gar nicht, wenn wir sie noch nie zu Gesicht bekommen haben, geschweige denn über ihre Existenz Bescheid wissen.

Worin liegt also nun die Bedeutung des Bodennahrungsnetzes für uns Menschen? Die einfache Antwort ist, dass erst ein reichhaltiges Bodenleben den erfolgreichen Anbau von pflanzlichen Nahrungsmitteln ermöglicht. Ohne ein funktionierendes und hochdiverses Bodennahrungsnetz sind Pflanzenkrankheiten, Unkräuter und Schädlinge im Acker- und Gartenbau früher oder später so sicher wie das Amen im Gebet. Die richtige Bodenstruktur und eine gute Belüftung sind die Voraussetzungen für gutes Pflanzenwachstum. Um zu verstehen, worauf eine gute Bodenstruktur beruht, müssen wir uns zunächst die Entstehung von fruchtbaren Erdböden und die im Erdboden vorhandenen Lebewesen genauer ansehen.

Der Unterschied zwischen Erde und Rohboden

In einem Jahrtausende bis Jahrmillionen andauernden Prozess wurden mineralische Ablagerungen (Gesteine) durch physikalisch-chemischen Aufschluss, also vorwiegend durch Regen und Winderosion sowie Gletscherabrieb und Frostzyklen, zunächst zum sogenannten Rohboden. Dieser rein mineralische, leblose Anteil des Bodens (ca. 45–50 Prozent) besteht aus feinen Gesteinspartikeln unterschiedlicher Korngröße wie

Sand, Schluff und Ton in wechselnder Zusammensetzung. Dieser Roh- oder Grobboden, auch Bodenskelett bezeichnet, ist aber noch lange kein fruchtbarer Boden, sondern zunächst nur anorganische Masse. Neben ca. 25 Prozent Luft und 25 Prozent Wasser (Voraussetzung hierfür ist eine gute Durchlüftung) braucht es noch weitere fünf Prozent organisches Material, bevor wir tatsächlich von Erdboden sprechen können. Fünf Prozent! Nicht viel, aber von essenzieller Bedeutung, wenn der Boden fruchtbar sein soll. Dieser kleine organische Anteil des Bodens besteht wiederum aus ca. achtzig Prozent Humus, zehn Prozent Wurzeln und zehn Prozent Lebewesen. Es ist just dieser, relativ gesehen, verschwindend kleine Anteil lebender Organismen (ca. 0,5 Prozent des Bodens), der die mineralische Masse aus totem Gestein zum Leben erweckt und fruchtbare Erdböden entstehen lässt und sie auch erhält. Das Fehlen von Bodenleben ist gleichbedeutend mit fehlendem Pflanzenwachstum, zumindest unter natürlichen Bedingungen ohne Mineraldünger. Erst durch den langsamen, natürlichen Eintrag von organischem Material, das lebende Bodenorganismen enthielt, bildete sich schließlich im Laufe der Erdzeitalter lebender, sich selbst erhaltender Erdboden, wie wir ihn kennen. Im Idealfall ein gut funktionierendes, aber kaum sichtbares, weil verborgenes Ökosystem und die Grundlage jeglichen Lebens auf der Erde. Hinter dem vielfältigen Bodenleben stecken auch essenzielle Nährstoffkreisläufe, die ohne diese Lebewesen nicht stattfinden würden. Betrachten wir also zunächst die Mitglieder dieses Bodennahrungsnetzes, die unterschiedlicher nicht sein könnten.

Das Mikrobiom des Bodens

Bevor ich ausführlicher auf die Bodenlebewesen und deren wesentliche Bedeutung eingehe, möchte ich an dieser Stelle erstmals einen für dieses Buch ganz wesentlichen Begriff vorstellen, den Begriff des sogenannten Mikrobioms.

Im weitesten Sinne bezeichnen die Begriffe Mikrobiom und Mikrobiota (abgeleitet von griechisch *mikrós* für ›klein‹ und *bíos* für ›Leben‹) die Gesamtheit aller Mikroorganismen dieser Erde. Dieses Mikrobiom umfasst *alle* Mikroorganismen der Erdkruste, aller Gewässer und der Erdatmosphäre. Eingeschlossen sind damit freilich auch alle von Mikroorganismen außen und innen besiedelten, mehrzelligen Organismen. Die Begriffe Mikrobiom und Mikrobiota werden häufig synonym verwendet, obwohl eigentlich mit Mikrobiom die Gesamtheit aller Gene der in einem Lebensraum beziehungsweise einer ökologischen Nische vorkommenden Mikroorganismen und mit Mikrobiota die ökologische Gemeinschaft von verschiedenen Mikroben in einem Lebensraum gemeint ist. Die Mikrobiota umfassen die unterschiedlichsten Arten von Bakterien, Pilzen, Archaeen und Viren. Die Forschung zu diesem Gebiet ist noch relativ jung, da die technischen Voraussetzungen erst seit etwa zehn Jahren existieren.

Denn in der Mikrobiom-Forschung werden die Mikroorganismen nicht klassisch im Labor herangezüchtet oder eingefärbt unter dem Mikroskop betrachtet, sondern durch eine neue molekularbiologische Technologie namens Hochdurchsatz-Gensequenzierung (auch *Next Generation Sequencing*) bestimmt. Erst diese technische Errungenschaft ermöglichte es, zusammen mit sehr leistungsstarken Computern, auch all jene Mikroorganismen über ihre Erbinformation zu identifizieren, die bis heute aufgrund ganz spezieller Wachstumsanforderungen im Labor nicht kultiviert werden konnten. Und wie sich herausstellte, ist das die ganz, ganz große Mehrheit! Tatsächlich kennen wir von vielen neu entdeckten Mikroorganismen nur die Signatur ihrer Gene, speziell der sogenannten 16s-rRNA, einer Ribonukleinsäure der bakteriellen Ribosomen. Ribosomen kommen in den meisten Zellen vor und übersetzen den genetischen Code in die Aminosäurenreihenfolge von Proteinen.

Die Erforschung des Mikrobioms und seiner Bedeutung für den gesunden und kranken Trägerorganismus zählt neben der Forschungsrichtung der Epigenetik zu den wohl faszinierendsten wissenschaftlichen Entwicklungen der letzten Jahre und eröffnete innerhalb kürzester Zeit revolutionäre Sichtweisen. Beinahe täglich werden fundamentale Forschungsergebnisse zu diesem Gebiet in biomedizinischen Fachzeitschriften publiziert. Ob auch wir Menschen ein Mikrobiom besitzen beziehungsweise von Mikrobiota besiedelt sind und was das für uns bedeuten würde, werden wir in Kürze sehen. Aber zunächst zu den winzigen Organismen im Erdboden.

Bakterien

Sie sind praktisch überall. Je mehr wir nach ihnen suchen, desto häufiger finden wir sie in unglaublicher Zahl und an Orten, wo wir sie nie vermutet hätten. Kaum ein Bauer, Landwirt oder Gärtner weiß über ihre Existenz, geschweige denn über ihre Bedeutung für das Leben der Pflanzen Bescheid. Keine Organismenart ist in gesunden Böden häufiger anzutreffen als Bakterien. Sie beherrschen das Leben im Boden. Der Hauptgrund ihrer Unscheinbarkeit liegt in ihrer Größe oder besser ihrer Winzigkeit. Allein in dem Punkt am Ende dieses Satzes würden zwischen 300000 und 500000 von ihnen Platz finden. In einem Teelöffel gesunden Erdbodens leben mehr Bakterien als Menschen auf der Erde: viele Milliarden!

Sie sind uns in beinahe jeder Hinsicht überlegen und die wahren Herrscher der Welt. Der Großteil von ihnen ist uns aber keineswegs feindlich gesinnt. Ihre Überlegenheit entspringt in erster Linie ihrer kurzen Generationsdauer im Bereich von wenigen Minuten, innerhalb derer sie sich durch Zellteilung vermehren können. Unter optimalen Bedingungen wie etwa in einem Labor mit ausreichend Nahrungssubstrat kann ein einzelnes Bakterium innerhalb von zwölf Stunden bis zu fünf Milliarden (!) Nachkommen haben. Glücklicherweise wird dieses unglaubliche Vermehrungspotenzial unter natürlichen Gegebenheiten durch zahlreiche Umweltfaktoren eingeschränkt. Im Erdboden sind dies zahlreiche Fressfeinde wie einzellige Lebewesen und Fadenwürmer oder ein Mangel an Bodenfeuchtigkeit. Ohne ein gewisses Maß an Feuchtigkeit können sich Bakterien nicht weiterbewegen und weisen nur einen eingeschränkten Stoffwechsel auf. Im Extremfall sterben sie ab (und werden von anderen Bakterien später recycelt) oder sie gehen in eine Art Dauerschlafzustand über, um irgendwann einmal unter besseren Bedingungen wieder am Leben im Boden teilzunehmen.

Bakterien besitzen aber noch weitere Eigenschaften, die sie zu überlegenen Lebewesen machen. Eine davon ist die Art, Teile ihrer Erbinformationen an andere Bakterien weiterzugeben. Während Lebewesen mit geschlechtlicher Reproduktion (wie wir) nur nachfolgenden Generationen (vertikal) ihre Gene weitergeben können, sind Bakterien in der Lage, über einen Prozess, der horizontaler Gentransfer oder Konjugation bezeichnet wird, DNA-Abschnitte direkt an ihre Nachbarn über eine Zell-zu-Zell-Verbindung weiterzureichen. Auf uns Menschen umgelegt, würde das etwa mit der Weitergabe der genetischen Information zum Beispiel für unsere Augen- oder Haarfarbe durch einen simplen Handschlag gleichkommen. Der horizontale Gentransfer ist sogar zwischen entfernt verwandten Organismen möglich und trägt erheblich zur bakteriellen Anpassungsfähigkeit, zum Beispiel, was die Nutzung unterschiedlicher Nährstoffe oder Antibiotikaresistenzen betrifft, bei.

Eine weitere Möglichkeit der Prokaryoten, ihren Datensatz an Erbinformation zu erweitern, ist die unglaubliche Fähigkeit, sogar frei herumliegende DNA-Abschnitte aufzunehmen und zu integrieren (eine sogenannte Transformation). Und schließlich können auch Viren dazu beitragen, dass Genabschnitte zwischen Bakterien ihren Besitzer wechseln (eine sogenannte Transduktion).

Aber nicht nur schnelle Vermehrung und horizontaler Gentransfer machen die Bakterien so einzigartig und überlegen. Auch die Fähigkeit vieler Arten, rasch auf veränderte Umweltbedingungen (Sauerstoff, CO_2, Temperatur etc.) mit einer Stoffwechselumstellung reagieren zu können, verschafft ihnen einen enormen Überlebensvorteil. Hinzu kommt, dass Bakterien über einen Mechanismus in der Lage sind, untereinander über Signalmoleküle zu kommunizieren (sogenanntes Quorum-sensing). Auf diese Weise koordinieren Bakterien zum Beispiel die gemeinsame und daher effektivere Abgabe von antibiotischen Substanzen oder sie schließen sich zu sogenannten Biofilmen zusammen. Diese Biofilme bestehen aus einer vor Umwelteinflüssen und Schadstoffen schützenden Schleimschicht mit darin gemeinsam lebenden Mikroorganismen wie Bakterien, Algen, Pilzen oder Protozoen. Bakterien sind im Schutz von Biofilmen tausendfach resistenter gegen Umwelteinflüsse als einzelne frei lebende. Gerade für Bodenbakterien ist dieses gemeinschaftliche Leben innerhalb von Biofilmen an verschiedenen Oberflächen wie zum Beispiel Wurzeln wichtig, da sie auf diese Weise in einem quasi künstlich geschaffenen, wässrigen Milieu überleben, Hungerperioden überstehen und bei Regen nicht fortgespült werden können.

Mit der Bildung von Biofilmen stehen Bakterien hinsichtlich ihrer Bedeutung für einen fruchtbaren Boden (neben den Pilzen) an vorderster Stelle, da sie damit die »Klebstoffe« bilden, die die kleinen Bodenklümpchen, die sogenannten Mikroaggregate, bestehend aus leblosen Mineralien und organischer Substanz, zusammenhalten. Mikroaggregate sind die kleinsten Strukturen des Bodens, die Bausteine eines fruchtbaren Erdbodens.

Obwohl Bakterien so unheimlich winzig sind, zählen sie nach den Pilzen zu den wichtigsten Zersetzern im Erdreich, da sie durch eine unglaubliche Vielfalt an Enzymen in der Lage sind, organische Substanzen abzubauen und in verwertbare Bestandteile zu zerlegen. Der dabei von ihnen aufgenommene Kohlenstoff, Stickstoff, Schwefel und andere Nährstoffe werden in den Bakterien und damit im Boden gespeichert beziehungsweise nach deren Absterben langsam an die Pflanzenwurzeln abgegeben. Warum Bakterien und Pilze sich besonders gerne in großer Dichte just um die Pflanzenwurzeln herum aufhalten, werden wir bei genauerer Betrachtung der Pilze sehen.

Manche Bakterien können nur unter Anwesenheit von Sauerstoff leben (sogenannte Aerobier), andere wiederum nur unter striktem Ausschluss von Sauerstoff (sogenannte Anaerobier). Dazwischen gibt es auch Abstufungen, da manche auch fakultativ unter den jeweils anderen Gegebenheiten leben können (sie werden dann als »fakultativ aerob« beziehungsweise als »fakultativ anaerob« bezeichnet). Grundsätzlich benötigen die meisten, zu einer guten Bodengesundheit beitragenden Bakterien Sauerstoff, um zu gedeihen. Ein gut belüfteter Erdboden oder Komposthaufen ist daher der Garant für fruchtbares Bodenleben. Unter Sauerstoffmangel gedeihen hauptsächlich anaerobe Organismen, wozu auch viele Krankheitserreger zählen. Dieser Zustand ist an üblen Fäulnisgerüchen erkennbar. Hilfreiche aerobe Bakterien wie die Aktinomyzeten sind hingegen für das saubere und frische Aroma gesunder, humöser Böden verantwortlich.

Eine zentrale Rolle spielen die Bodenbakterien auch in den Nährstoffkreisläufen des Bodens. So bauen sie zum Beispiel kohlenstoffhaltige Biomasse ab und setzen dabei durch die sogenannte Bodenatmung bodennahes Kohlendioxid frei, das wiederum von den Pflanzen oberirdisch für den Aufbau ihrer Zellstrukturen »eingeatmet« und genutzt wird. Auch der Umstand, dass Pflanzen Luftstickstoff selbst nicht verwerten können, macht Bakterien zu essenziellen Pflanzenpartnern. Sie können den Luftstickstoff an Wasserstoff oder Sauerstoff fixieren und auf diese Weise den essenziellen Pflanzennährstoff Stickstoff in Form von Ammonium, Nitrat oder Nitrit bereitstellen. Das Bakterium Rhizobiom lebt sogar *innerhalb* von Pflanzenwurzeln, vor allem der Leguminosen, und bildet dabei mit dem freien Auge sichtbare Bakterienkolonien in Form von Knöllchen an den feinen Wurzeln aus.

Wie bereits erwähnt, sind Bakterien eine Art Lunchpaket voller Nährstoffe. Im Unterschied zu künstlich ausgebrachtem chemischen Mineraldünger haften sie aber an Bodenpartikeln an und können daher nicht so leicht ausgewaschen werden. Hinzu kommt, dass sich Bakterien hauptsächlich in Wurzelnähe aufhalten und so nach dem Absterben oder Gefressenwerden ihre Nährstoffe exakt dort frei werden, wo sie gebraucht werden.

Während sich unter den Bodenbakterien zwar durchaus auch potenzielle Krankheitserreger finden, so ist gerade eine hohe Bakterienvielfalt (vor allem aerober Keime) im Boden ein wesentlicher Garant dafür, dass sich die schädlichen Keime nicht ungehindert vermehren können. Sie sind dadurch einem ständigen Wettbewerb ausgesetzt. Dies ist eines der wichtigsten Grundprinzipien der Ökologie und der Hauptgrund, warum die Erhaltung einer hohen Biodiversität in *allen* Ökosystemen von so großer Wichtigkeit ist. Vielfalt ist ein wesentlicher Faktor für Balance und Stabilität! Ein zentrales Prinzip, das uns später noch einmal bei der Besprechung des Ökosystems Mensch begegnen wird.

Archaea

Als ungewöhnliche Lebewesen und bis vor Kurzem noch als Untergruppe der Bakterien angesehen, sind die Archaeen erst in letzter Zeit in den wissenschaftlichen Fokus der Bodenforschung geraten. Bis dahin nahm man nämlich an, dass Archaeen ausschließlich in extremen Habitaten wie heißen Quellen, Schwefelansammlungen, Salzseen, Wüsten oder tief im arktischen Boden vorkommen würden. Sie wurden daher zunächst als sogenannte extremophile Urbakterien klassifiziert. Erst moderne molekularbiologische Sequenzierungsverfahren konnten ihre eigene Stellung klären und zeigten zudem, dass sie tatsächlich auch im Erdboden eine wichtige Rolle, insbesondere bei der Stickstofffixierung spielen. Neben den Eukaryoten und den Bakterien bilden Archaeen seit 1990 eine eigene, vermutlich die älteste Domäne im zusammenhängenden Baum des Lebens. Und nicht nur das: Einige Forscher schätzen mittlerweile, dass alle Archaeen in den Ozeanen (als Plankton) und den Erdböden zusammengenommen die häufigste Lebensform auf Erden darstellen. Obwohl sie bezüglich Größe und Aussehen durchwegs nicht von Bakterien zu unterscheiden sind (manche weisen allerdings ganz eigenwillige Formen auf), so besitzen sie zahlreiche Besonderheiten hinsichtlich Zellwandaufbau und Stoffwechsel, deren Erläuterung den Rahmen dieses Buches sprengen würde. Mittlerweile wissen wir jedenfalls, dass Archaeen nicht nur für die Methanemissionen von Rindern und anderen Wiederkäuern, in deren Verdauungstrakt sie vorkommen, verantwortlich zeichnen, sondern dass sie sogar im menschlichen Darmtrakt residieren und im Zusammenspiel mit Bakterien unter anderem unsere Verdauung regulieren. Und schließlich produzieren Archaeen eine eigene Klasse von Antibiotika, sogenannte Archaeocine, ein Produkt von Jahrmilliarden Evolution und im Zeitalter zunehmender Antibiotikaresistenzen in Zukunft möglicherweise auch für humanmedizinische Anwendungen von Bedeutung.

Pilze

Bei den Pilzen verhält es sich ähnlich wie bei allen anderen im Verborgenen agierenden, teilweise mikroskopisch kleinen Lebensformen: Der Wissenschaft sind zwar gut 100000 verschiedene Arten bekannt, die wahre Artenzahl, so sie je bestimmt werden kann, dürfte aber eher bei einer Million liegen. Der Laie kennt oft nur die sichtbaren Fruchtstände einiger Arten in Form von Speise- oder Giftpilzen sowie gesundheitsgefährdende Schimmelpilze an Wänden und verdorbenen Nahrungsmitteln. Der konventionelle Landwirt denkt bei dem Wort Pilz wohl zunächst an Pflanzenschädlinge, denen um jeden Preis mit Fungiziden der Garaus gemacht werden muss. Kaum jemandem sind aber die Pilze als wichtige Bestandteile des Nahrungsnetzes fruchtbarer Böden geläufig.

Sie stehen als die wichtigsten Destruenten zwar noch vor den Bakterien, teilen sich mit diesen aber viele Aufgaben in den Nährstoffkreisläufen des Bodens. Darüber hinaus besitzen sie eine Reihe von Eigenschaften, die sie für fruchtbare Böden und effizientes Pflanzenwachstum unverzichtbar machen. Zunächst sind Pilze nicht wie die meisten Bakterien auf einen kleinräumigen Aufenthaltsort beschränkt, sondern in der Lage, den Erdboden mit ihren dünnen Pilzfäden, den sogenannten Hyphen, zu durchwachsen und auf diese Weise Nährstoffquellen zu erschließen, die für andere Lebewesen, einschließlich der Pflanzen, unerreichbar sind. Während die wenige Mikrometer dicken Hyphen für das freie Auge unsichtbar sind, können wir deren dickere Zusammenschlüsse als weißes, fadenförmiges Myzel in der Erde, im Laub oder in verrottendem Holz sehen. Die Fähigkeit von Pilzen, meterlange, ja teilweise sogar kilometerlange Hyphen und Myzelien auszubilden und über diese miteinander verbundenen Zellen Nährstoffe zu transportieren, hat ihnen auch die Bezeichnung »Internet des Bodens« eingebracht.

An den Spitzen ihrer Hyphen geben Pilze stark saure Verdauungsenzyme an ihre Umgebung ab, die sie in die Lage versetzen, so gut wie alle organischen Materialien bis hin zu dem stabilen Holzbaustoff Lignin zu zersetzen und die frei werdenden Nährstoffe wie Phosphor, Kupfer, Zink, Eisen und Stickstoff aufzunehmen. Ja selbst anorganisches Gesteinsmaterial (!) können Pilze auflösen und so die darin gebundenen essenziellen Pflanzennährstoffe wie Phosphor mobilisieren. Bei einem mineralischen Bodenanteil von gut fünfzig Prozent handelt es sich daher um eine nie versiegende Phosphorquelle. Es bedarf nur der Pilze, dieses Phosphor zu mobilisieren und an die Wurzeln der Pflanzen heranzutragen. Wie die Bakterien speichern auch lebende Pilze Nährstoffe in hohem Maße. So hat ein pilzreicher Boden auch immer reichlich Nährstoffe für ein gesundes Pflanzenwachstum zur Verfügung.

Die bereits erwähnten Mikroaggregate aus organischen und mineralischen Stoffen werden auch von unzähligen Pilzhyphen durchzogen. Die dadurch entstehenden Zwischenräume beziehungsweise Poren lassen Luft und Wasser in den Boden eindringen. Sie erinnern sich: Erst durch eine ausreichende Sauerstoffzufuhr in einem gut belüfteten Boden können die nützlichen aeroben Mikroorganismen wachsen und schädliche Organismen, sprich Krankheitserreger, zurückgedrängt werden. Pilze sondern zudem eine Substanz namens Glomalin ab, die zusätzlich zu den feinen Wurzelhärchen der Pflanzen und den Biofilm-bildenden Bakterien die kleinen Erdklümpchen wie ein Klebstoff zusammenhält.

Die wohl erstaunlichste Eigenschaft, die sich im Laufe von Jahrmillionen der Evolution herausgebildet hat, ist die Fähigkeit von Pilzen, mit Pflanzen eine einzigartige symbiotische Lebensbeziehung einzugehen, die beiden Partnern nutzt. Eine Form dieser Beziehung sind die allseits bekannten Flechten, die auch unter ungünstigen Bedingungen auf Steinen oder Baumrinden wachsen können. Während der Pilz mit seinen wirkungsvollen Enzymen aus Stein oder Holz Nährstoffe mobilisiert und an seinen Partner, in dem Fall von Flechten eine Alge, abgibt, erhält dieser im Tausch kohlenhydratreiche Assimilate der zur Photosynthese befähigten Alge.

Mykorrhiza

Eine zweite, erheblich intensivere und häufigere Partnerschaft gehen die sogenannten Mykorrhiza-Pilze mit den Wurzeln der meisten Pflanzen ein. Auch in diesem Fall mobilisieren die Pilze, die in Bodenabschnitte und feinste Zwischenräume vordringen können, die von den Pflanzenwurzeln selbst nicht erreicht werden, Nährstoffe wie Kali und Phosphor aus dem mineralischen Boden und stellen diese der Pflanze in verwertbarer Form zur Verfügung. Da Mykorrhiza in der Erde kein Sonnenlicht erhält, kann sie nicht wie die Pflanzen an der Sonne Nährstoffe in Form von Kohlenhydraten wie Zucker assimilieren, sondern bekommt diese von den Pflanzen über das Wurzelsystem bereitgestellt. Die Pflanze versorgt quasi im Tauschgeschäft die Pilze an ihrer Wurzel mit Nährstoffen. Viele Pflanzen, darunter auch die meisten Nutzpflanzen, gedeihen überhaupt erst richtig gut, wenn sie an ihren Wurzeln diese Symbiose zur besseren Nährstoffversorgung eingehen.

Bei den von der Pflanze abgegebenen Wurzelausscheidungen, den sogenannten Wurzelexsudaten, handelt es sich im Wesentlichen um Zuckerverbindungen, deren Zusammensetzung durch die jeweilige Pflanze und die Bodenbedingungen bestimmt wird. Die Pflanze kann sich damit, je nach Bedarf, ihre Bakterien und Pilze heranlocken und gewissermaßen als »Haustiere« halten. Auf diese Weise lagern sich auch unzählige nützliche Bakterien den Wurzeln an und schützen diese schon allein durch ihre reine Anwesenheit. Denn sind einmal alle freien Plätze rund um die Wurzeln durch harmlose Bakterien besetzt, haben Krankheitserreger kaum eine Chance, an die Wurzeln heranzukommen und diese zu schädigen. Zudem sind Pilze wie Bakterien selbst in der Lage, eine Vielzahl von antibiotischen Substanzen zu bilden, um sich gegen Widersacher zur Wehr zu setzen. Sie erinnern sich noch an die Fähigkeit der Bakterien, Biofilme zu bilden: Die mit schleimigen Biofilmen überzogenen Wurzeln sind erheblich besser geschützt und daher viel resistenter als nackte. Das Faszinierendste dabei ist, dass die Pflanze mit ihren zuckerhaltigen Ausscheidungen weitgehend selbst dafür sorgt, dass ihre Wurzeln von nützlichen Bakterien und Pilzen umgeben sind.

Die Mykorrhiza-Pilze können ohne Wurzelexsudate als Kohlenhydratquelle nicht leben. Die Pflanzen wiederum sind auf die Lieferung von essenziellen Nährstoffen und Wasser durch die Pilze angewiesen. Diese wunderbare, mehrere hundertmillionen Jahre alte Beziehung findet sich bei über neunzig Prozent aller Pflanzen! Vermutlich existieren Mykorrhiza-Pilze bereits seit 900 oder gar 1200 Millionen Jahren.

Im Falle der sogenannten arbuskulären Mykorrhiza wachsen die Pilze sogar *in* die Wurzelrindenzellen ein (!) und bilden dort, um den Nährstoffaustausch zu optimieren, kleine bäumchenartige Strukturen aus (*arbusculum* = lateinisch für Bäumchen). Unzählige Versuche haben gezeigt, dass Pflanzen erst in Verbindung mit Mykorrhiza-Pilzen gesund und widerstandsfähig zu ihrer vollen Größe heranwachsen können. Die Pflanzen gestatten einem fremden Organismus, in ihre Wurzelzellen einzuwachsen, um dort zwecks Nährstoffaustausch ihre kleinen Bäumchen auszubilden – wohl die innigste Form einer Symbiose.

Rhizosphäre: die unsichtbare Welt der Wurzeln

Die Nahtstelle von Pflanzen und Boden ist im Wesentlichen durch zwei Gegebenheiten gewährleistet: erstens durch die Ausbildung von einem vielfach verzweigten Wurzelsystem samt feinen Wurzelhärchen und zweitens durch die Ausbildung einer Symbiose mit Mykorrhiza-Pilzen und Bakterien. Ähnlich wie bei dem mikroskopischen Aufbau unseres Darmes, so ist auch bei der Ausbildung der Pflanzenwurzeln, deren zentrale Aufgabe es ebenfalls ist, Nährstoffe für die oberirdische Pflanze aufzunehmen, das Prinzip der maximalen Oberflächenvergrößerung beherrschend. Wie das in unserem Darm genau aussieht, werden wir noch sehen. Wie erwähnt, hüllen sich Wurzeln förmlich in einen Organismenmantel ein, um eine Symbiose mit Mikroflora und -fauna des Bodens einzugehen. Auch hier bestehen Analogien und Parallelen zu unserem Darm, die uns noch beschäftigen werden.

Moderne konventionelle Landwirtschafts- und Gartenpraktiken nehmen auf diese geheimnisvolle, symbiotische Beziehung zwischen Pilzen und Pflanzen keine Rücksicht. Bodenverdichtung, Fungizide, Pestizide, Mineraldünger, mechanische Bodenbearbeitung, Umweltverschmutzung … all das zerstört die filigranen Pilzhyphen und letztendlich auch die Pilze wie die Bakterien. Es braucht nicht viel Fantasie, um sich auszumalen, was traditionelles Pflügen oder intensive, mechanische Bodenbearbeitung mit dem feinen Netzwerk an Pilzfäden im Boden anstellt. Hinzu kommen in den Boden eindringende Fungizide und übermäßiger Einsatz von mineralischem Dünger. All das lässt den Bodenpilzen in einem konventionell bestellten Acker kaum eine längere Überlebenschance. Der auf diese Weise nährstoffverarmte Boden schreit daher natürlich nach immer größeren Mengen an mineralischem Kunstdünger. Die agrochemische Industrie freut sich. Für die Pilze und das übrige Bodenleben ein fataler Teufelskreis.

Sind die Bedingungen erst einmal günstig, dann haben schädliche Pilze und Bakterien ein leichtes Spiel, in die Pflanzenwurzeln einzudringen, um, im Falle der Landwirtschaft, ganze Ernten zu vernichten. Durch Nährstoffmangel oder einseitigen Kunstdüngereinsatz geschwächte Pflanzen sind aber auch oberirdisch für unzählige Pilzerkrankungen anfällig. Die kurzsichtige Lösung im konventionellen Landbau: mehr Fungizide. Die einzige zukunftsweisende und nachhaltige Lösung sollte mittlerweile von selbst auf der Hand liegen: Durch Schaffung idealer Bedingungen muss ein hochdiverses Bodenleben sichergestellt werden. Pflanzenkrankheiten und Parasiten gehören dann eher zu den seltenen Ausnahmen.

Neben Bakterien, Archaeen und Pilzen gehören zu einem gesunden wie komplexen Bodennahrungsnetz auch Algen, Schleimpilze, einzellige Eukaryoten (Protozoa), Nematoden, Gliedertiere wie Insekten und die geheimnisvollen Regenwürmer. Das Leben des Bodennahrungsnetzes gleicht einem Drama, dessen Ausgang umso ungewisser ist, sobald ein oder mehrere Mitspieler überhandnehmen oder fehlen.

Protozoa

Protozoa, von denen bisher gut 60 000 verschiedene Arten klassifiziert werden konnten, sind bis zu mehrere hundertmal größer als Bakterien. Auch hier scheint die Lebensform der Symbiose mehr die Regel als die Ausnahme zu sein. So leben im Darm von Termiten Millionen von Bakterien und Zigtausende Protozoa (in Form sogenannter Geißeltierchen beziehungsweise Flagellaten) in einer einzigartigen Dreifachsymbiose. Denn erstaunlicherweise können Termiten den Holzbaustoff Lignin selbst gar nicht aufschließen. Sie benötigen zu diesem Zweck ihre mikroskopisch kleinen Helfer. Die Darmsymbionten der Termiten, die Flagellaten, bauen das Lignin ab, deren Symbionten wiederum, die Bakterien, fixieren Luftstickstoff und liefern diesen an die Geißeltierchen. Der Termitendarm bietet im Gegenzug Geißeltierchen und Bakterien einen sicheren Lebensraum. Diese und ähnliche der Biologie bisher bekannte Seilschaften repräsentieren vermutlich nur einen Bruchteil der vielfältigen Möglichkeiten von »Günstlingswirtschaft« in der Natur.

Im Erdboden kommt den Protozoen vor allem die Rolle der Populationskontrolle von Bakterien zu. Um nicht gefressen zu werden, »verstecken« sich Bakterien in den unzähligen kleinen Mikroporen eines gesunden Bodens oder innerhalb von Biofilmen. Aber auch untereinander gilt zwischen den Protozoen das Prinzip von Fressen und Gefressenwerden. Auch Nematoden werden entweder Opfer von Protozoa oder stehen in Wettbewerb mit diesen um Nährstoffe. Ein reichhaltiges Bakterienleben des Bodens gewährleistet somit reichlich Lebensgrundlage für Protozoa, welche wiederum schädliche Nematoden unter Kontrolle halten. Schließlich sind es die Ausscheidungsprodukte der Protozoa, Bestandteile von verdauten Bakterien, die als Nährstoffe kontinuierlich an die Pflanzenwurzeln abgegeben werden. Gut achtzig Prozent der Stickstoffaufnahme von Pflanzen stammen von verdauten und ausgeschiedenen Bakterien! In diesem Zusammenhang sei noch einmal daran erinnert, dass die Bakteriendichte und damit auch die frei werdenden Nährstoffe durch die Exsudate in Wurzelnähe bedingt sind; genau dort, wo die Nährstoffe von der Pflanze gebraucht werden!

Fadenwürmer (Nematoden)

In einem Teelöffel Erde leben etwa fünfzig Nematoden. Obwohl diese blinden Fadenwürmer, von denen mehr als 20 000 verschiedene Arten bekannt sind, im Schnitt etwa zwei Millimeter Länge aufweisen, sind sie mit freiem Auge aufgrund ihres geringen Durchmessers dennoch kaum sichtbar. Während die für Pflanzenwurzeln schädlichen Nematodenarten Stilett-artige Mundwerkzeuge aufweisen (um die Wurzeln zu penetrieren), fehlen diese bei den Bakterienfressern. Gemeinsam mit den Pilz-fressenden Nematoden setzen sie die Nährstoffe ihrer verdauten Opfer in pflanzenverfügbarer Form frei. Manche Nematoden ernähren sich auch von größeren Organismen, wie zum Beispiel Insektenlarven. Aufgrund ihrer überwiegend nützlichen Eigenschaften werden Nematoden auch im biologischen Landbau als natürliche Schädlingsbekämpfer eingesetzt. So sind für die Bekämpfung der Larven des gefürchteten Dickmaulrüsslers (eine Käferart) die insektenparasitischen Nematoden der Gattung *Heterorhabditis* besonders gut geeignet.

Aufgrund ihrer Größe sind Nematoden aber auf eine gewisse Porosität des Bodens und damit auch auf die Aktivität aller zuvor genannter Bodenlebewesen angewiesen. Durch schweres Gerät verdichtete Böden lassen auch Nematoden kaum ausreichend Lebensraum, was in der Folge zu einer schlechteren Nährstoffversorgung der Pflanzen führt. Selbst ihre Funktion als »Bakterien-Taxi« ist dabei nicht zu unterschätzen, denn Bakterien selbst können nur geringe Distanzen überwinden.

Darwins Würmer

Es ist weitgehend dem englischen Naturforscher Charles Darwin zu verdanken, dass der Regenwurm heute als einer der wichtigsten Nützlinge und Helfer der Garten- und Landwirtschaft angesehen wird. Noch zu Beginn des 19. Jahrhunderts galten Regenwürmer schlicht als Schädlinge. Angeregt durch die Schilderungen seines Onkels Josiah Wedgwood, untersuchte Charles Darwin viele Jahre lang die Ökologie und das Verhalten von Regenwürmern sowie deren Bedeutung für die Bodenbildung. Erst kurz vor seinem Tod publizierte Darwin im Jahre 1881, 22 Jahre nach dem Erscheinen seines bekannten Werkes über die Entstehung der Arten, seine Ergebnisse in einem Buch mit dem Titel: *Die Bildung der Ackererde durch die Thätigkeit der Würmer*. Binnen eines

Monats nach dem Erscheinen waren die 3500 Exemplare der englischen Erstausgabe vergriffen. Das Werk wurde in zahlreiche Sprachen übersetzt und von der internationalen Kritik überschwänglich gefeiert. Die Wiener Presse empfahl damals das Buch begeistert sogar mit dem Hinweis, es sei »fesselnd wie ein Feenmärchen«.

Darwins Buch führte dazu, dass sich das Wissen um die Nützlichkeit von Regenwürmern für den Ackerbau rasch verbreitete und auch außerhalb von Fachkreisen durchsetzte. Dabei sind die Aktivitäten der Regenwürmer gleich mehrfach für den fruchtbaren Boden hilfreich. Darwin beschrieb diesen Umstand wie folgt: »Sie lassen die Luft tief in den Boden hinabdringen. Sie erleichtern auch bedeutend das Hinabdringen der Wurzeln mäßiger Größe; und diese werden durch den Humus, mit welchem die Wurmröhren ausgekleidet sind, ernährt. Viele Samenkörner verdanken ihre Keimung dem Umstande, dass sie mit Wurmexcrementen bedeckt wurden.«

Alles richtig und bis heute unbestritten. Unter ökologisch wirtschaftenden Bauern ist es kein großes Geheimnis, dass viele Regenwurmgänge Luft und Wasser in den Boden eindringen lassen (und somit das Wasserhaltevermögen steigern), den Pflanzenwurzeln als einfach entlangzuwachsende Leitstruktur dienen und die Wände ihrer Gänge mit besonders nährstoffhaltigem und pH-Wert-neutralisierendem, weil verdautem Humus ausgekleidet sind, der dem Wurzelwachstum und somit gesunden Pflanzen förderlich ist. Regenwürmer ziehen auch organisches Material etwa in Form von Blättern in ihre Röhren, um es dort verrotten zu lassen. Zudem sind die Röhren auch Lebensraum für andere kleine Gliederfüßer.

Ein Elefant pro Hektar

Unter optimalen Bedingungen leben unter einer ungestörten mehrjährigen Grasfläche 300 bis 900 Regenwürmer pro Quadratmeter, deren Biomasse bis zu drei Tonnen (!) pro Hektar beträgt. Das entspricht etwa dem Durchschnittsgewicht eines afrikanischen Elefanten. Eine schier unvorstellbare, unsichtbare Masse. Ihre Röhren sind bis zu zwei Meter tief und pro Hektar hinterlassen sie gut achtzig Tonnen Regenwurmkot! Darin enthalten sind 280 Kilo Stickstoff. Für das deutsche Bundesland Baden-Württemberg wurde ein Gesamtgewicht der Regenwürmer von 2,3 Millionen Tonnen (!) errechnet – das ist fast das Doppelte der Masse aller baden-württembergischen Menschen und ihrer Rinder und Schweine zusammengenommen.

Besonders fasziniert schien Darwin auch von der Beobachtung gewesen zu sein, dass Steine, die ursprünglich auf dem Feld herumlagen, nach 15 Jahren in einer Tiefe von zehn Zentimetern gefunden werden konnten. Für Darwin eindeutig »eine Folge der großen Menge feiner Erde, welche beständig von den Würmern in der Form ihrer cylindrischre Excremente an die Oberfläche gebracht wird«. Und er setzt fort: »Diese Excremente werden früher oder später ausgebreitet und bedecken einen jeden auf der Oberfläche liegen gelassenen Gegenstand. Ich wurde hierdurch zu der Folgerung geführt, dass die ganze Ackererde über das ganze Land hin schon viele Male durch die Verdauungscanäle der Würmer gegangen ist und noch viele Male durchgehen wird.«

Vor dem Hintergrund dieser Leistungen ist die Erhaltung ihrer Häufigkeit und Vielfalt für die Fruchtbarkeit von Ackerböden daher von größter Bedeutung. Was schädigt oder beeinträchtigt Regenwürmer? Wieder einmal beinahe alles, was moderne industrielle Landwirtschaft zu bieten hat. Schwere, den Boden verdichtende Maschinen drücken die Regenwurmgänge zusammen, Mineraldünger und Gülle machen ihm das Leben schwer, genauso wie Maisanbau und Pestizide. »Saubere«, also nackte Böden und Vernichtung jeglichen Spontanwuchses durch Abtöten mit Glyphosat lässt die Regenwürmer verhungern. Intensivbearbeitung mit der Kreiselegge oder ähnlichem Gerät im falschen Moment kann zum Tod von bis zu siebzig Prozent aller Regenwürmer führen. Konventionell bestellte Felder mit starkem Maschinen- und Chemieeinsatz weisen daher häufig nicht einmal mehr dreißig Regenwürmer pro Quadratmeter auf. Manchmal fehlen sie sogar völlig.

Gerade in niederschlagsarmen Gebieten sind aber tiefe Wurzeln von besonderer Bedeutung für einen guten Ertrag. Fehlen Regenwürmer und ist der Boden stark verdichtet, kann die Pflanze keine ausreichende Wurzelversorgung aufbauen. Sie ist trockenheitsanfällig, abwehrgeschwächt und abhängig von Kunstdünger. Um dem müden Boden dann aber noch einen passablen Ertrag entreißen zu können, wird wieder mit viel Dünger und Pestiziden nachgeholfen. Die bekannte wie teuflische Abwärtsspirale. Auf Äckern, die mit dem bodenschonenden Direktsaatverfahren bestellt werden, sind die Regenwurmpopulationen durchschnittlich um gut dreißig Prozent höher als auf herkömmlich gepflügten Feldern. Wird auf schweres Gerät und Ackergift völlig verzichtet und ökologisch gewirtschaftet, steigen die Populationen wieder auf 400 bis 600 Regenwürmer pro Quadratmeter an.

Die Bedeutung der Regenwürmer spiegelt sich auch in ihrer Artenvielfalt wider. Von den weltweit mehr als 30 000 Regenwurmarten finden sich in unseren Breiten etwa vierzig verschiedene Arten. Darwin schloss seine Ausführungen zu den Regenwürmern mit den Worten: »Man kann wohl bezweifeln, ob es noch viele andere Thiere gibt, welche eine so bedeutende Rolle in der Geschichte der Erde gespielt haben, wie diese niedrig organisierten Geschöpfe.«

Wer sich der Faszination dieser für unser Überleben essenziellen Kreaturen nun nicht mehr entziehen kann, dem sei das frei verfügbare *Regenwurm Manifest* des WWF als weiterführende Lektüre ans Herz gelegt.[7]

Arthropoden

Im Tierreich gehören zu dem großen Stamm der Arthropoden (Gliederfüßer) ganz unterschiedliche Tiere, wie Insekten, Tausendfüßer, Krebstiere und Spinnentiere (Spinnen, Skorpione, Milben). Ein typisches Erkennungsmerkmal aller Arthropoden ist der in Segmente gegliederte Körper.

Rund achtzig Prozent aller bekannten lebenden Tierarten sind Gliederfüßer! Die größte Gruppe machen dabei die Insekten aus mit knapp einer Million bekannter Arten. Selbst nach zwei Jahrzehnten intensiver Beschäftigung mit Insekten überrascht mich diese Lebensform immer wieder von Neuem. Ihre Anpassung an die unterschiedlichsten Lebensräume, die Vielfältigkeit ihrer Lebensgewohnheiten, ihre unglaublichen Sinnesleistungen, Verdauung, Fortpflanzung und Entwicklungsstrategien – alles die Folge von mindestens 400 Millionen Jahren Evolution.

Für den Menschen gelten sie als Schädlinge, als Nützlinge, als Krankheitsüberträger, als Nahrungsmittel (etwa 500 Arten werden weltweit für die menschliche Ernährung genutzt) oder als lästige Begleiterscheinung eines Picknicks im Grünen. Fest steht, sie waren schon lange vor uns hier und, nach allem, was wir bisher von ihnen wissen, werden sie auch noch lange nach uns diesen Planeten bewohnen.

Vielen Insekten kommt als Pflanzenbestäuber eine große Rolle in unserer Nahrungsproduktion zu, da ohne sie keine Fruchtbildung stattfinden könnte. Im Bodennahrungsnetz haben viele Insekten die Funktion eines Schredders. Im Zuge ihrer fortwährenden Futtersuche und Nahrungsaufnahme sowie -ausscheidung kommt es zur Zerkleinerung und zum Aufschluss organischen Materials, was wiederum für ein reichhaltiges mikrobielles Bodenleben von entscheidender Bedeutung ist. Sie fungieren auch als wichtigstes Taxiunternehmen für unzählige Mikrobenarten, die an oder in ihnen anhaften. Die Möglichkeit zur Weiterverbreitung zum Beispiel von Bakterien steigert sich noch erheblich weiter, wenn das Insekt von einem der zahlreichen Fressfeinde, zum Beispiel einem Vogel, geschnappt wird.

Zu den aktivsten bodenbewohnenden Arthropoden zählen vor allem Milben, Springschwänze, Termiten und Ameisen. Ihre Interaktionen untereinander und in Bezug auf die restlichen Mitglieder des Edaphons sind so vielfältig und komplex, dass sie den Rahmen des vorliegenden Textes sprengen würden. Die Rolle von Arthropoden, insbesondere der Insekten, für die Funktion aller terrestrischen Ökosysteme ist wegen ihrer Allgegenwart kaum abzuschätzen. Aber auch hier gilt: Fressen und Gefressen werden. Je komplexer der Artenbestand, desto weniger können schädliche Arten die Oberhand gewinnen.

Drahtwürmer, die Larven von Schnellkäferarten (vor allem *Agriotes spp.*), haben letztes Jahr wieder für Schlagzeilen gesorgt. Drahtwürmer sind grundsätzlich nicht wählerisch und fressen alle Pflanzenteile, die sie im Boden finden. Vor allem durch Schäden an den Wurzeln von Kulturpflanzen wie Kartoffeln, Rüben und Mais sorgen sie in den letzten Jahren zunehmend für Ernteausfälle. »Drahtwurm bedroht Kartoffeln!«, »Eine Katastrophe biblischen Ausmaßes!« – so und ähnlich wurde die Situation in den Medien wortgewaltig dargestellt. Argumentativ unterstützt von der mächtigen Agrarlobby, waren auch die Schuldigen für den starken Drahtwurmbefall schnell gefunden, nämlich all jene, die sich für ein Verbot von Insektiziden der Gruppe der Neonicotinoide eingesetzt haben. Das im letzten Jahr verwendete Saatgut war aber noch erlaubterweise mit Neonicotinoiden gebeizt! An einem Fehlen dieser Insektizide kann es daher wohl nicht gelegen haben. Viel wahrscheinlicher ist, dass viele Pestizide offenbar nicht (mehr) wirken. Ähnlich verhält es sich beim Derbrüsselkäfer in der Zuckerrübenkultur.

Tatsächlich aber hängt die explosionsartige Vermehrung von diversen Schadinsekten mit der zu verzeichnenden katastrophalen Abnahme der Biodiversität auf den Äckern und in der Natur zusammen. So gibt es zum Beispiel auch im Falle der Drahtwürmer zahlreiche natürliche Fressfeinde, die unter natürlichen Bedingungen dafür sorgen, dass die Populationen in Schach gehalten werden oder weitgehend verschwinden. Mit dazu gehören Ameisenarten, Eidechsen, parasitoide Brack-, Roll- und Zehrwespen, Igel, Laufkäfer, Maulwürfe, Kröten, Maulwurfsgrillen, bestimmte Vogelarten wie die Amsel, der Specht, der Storch, der Turmfalke, der Waldkauz, das Rotschwänzchen oder der Wiedehopf. Das Problem dabei: Viele dieser Fressfeinde sind mittlerweile weitgehend verschwunden, da ihre unmittelbare oder mittelbare Nahrungsgrundlage, die Insekten, in den letzten Jahren massiv zurückgegangen ist!

Wirbeltiere

Die Rolle der Wirbeltiere, vor allem der Reptilien, der Säugetiere und der Vögel, ergibt sich in weiten Teilen bereits aus dem bisher Gesagten. Wie wesentlich selbst die Wirbeltiere an der Spitze des Bodennahrungsnetzes letztendlich als Konsumenten sind, sei an einem Beispiel aus der Mitte des letzten Jahrhunderts exemplarisch dargestellt: Als Mao Tse-tung in den 1950er-Jahren Vorsitzender der Volksrepublik China wurde, wollte er mit allen Mitteln China, das Reich der Mitte, revolutionieren. Tatsächlich aber brachte er seinem Volk mit dem sogenannten

»Großen Sprung nach vorn« die größte Hungerkatastrophe in der Geschichte der Menschheit, während der, neueren Berechnungen zufolge, 45 Millionen Menschen starben. Die meisten davon verhungerten.

Die massiven Ernteausfälle brauchten einen Schuldigen, und der war auch rasch gefunden: Laut Mao würden nämlich die Spatzen das ganze Getreide wegfressen. 1957 rief er daher sein Volk zum Krieg gegen die Spatzen auf, an dessen Ende geschätzte zwei Milliarden Vögel tot waren. Das Desaster folgte unmittelbar auf den Fuß. Die Ernteausfälle stiegen weiter drastisch an und die Hungersnot verschlimmerte sich, da nun die Spatzen fehlten, die ansonsten die Schadinsekten weitgehend in Schach hielten. Vielleicht hätte Mao nur ein bisschen in den Geschichtsbüchern blättern müssen, um sich die anschließende Blamage, als er Spatzen aus der Sowjetunion importieren musste, zu ersparen. Denn bereits Friedrich der Große hatte 1744 in Preußen ein Kopfgeld auf Sperlinge ausgesetzt. Auch er war der Ansicht gewesen, sie fräßen zu viele Körner von den königlichen Feldern. Die Folge war schon damals eine Vermehrung der Insekten gewesen. Die Schädlinge unter ihnen suchten sodann die königlichen Felder heim. Zahlreiche weitere Spatzenkriege folgten im Laufe der Geschichte und endeten so gut wie immer mit dem gleichen Resultat.

Der größte Schädling unter den Wirbeltieren in Bezug auf das Bodennahrungsnetz ist der Mensch mit all seinen rezenten Erfindungen wie schwerem landwirtschaftlichen Gerät, Herbiziden, Insektiziden, Fungiziden und Kunstdünger, die zu einem großen Teil für die Lebewesen, groß und klein, in und auf dem Boden, schädlich bis tödlich sind.

Anstatt tödlich einzugreifen, wäre der einzig sinnvolle Weg, im Einklang mit der Natur zu wirtschaften. Denn ein komplexes Bodennahrungsnetz ist der Dreh- und Angelpunkt, wenn es um die Regeneration von Humus auf unseren verbleibenden (derzeit noch) fruchtbaren Böden geht. Wird es aus dem Gleichgewicht gebracht, vermehren sich Schädlinge und Pflanzenkrankheiten. Geht der Raubbau zu weit und werden die Bodenmikroorganismen durch falsche Bodenbearbeitung und übermäßigen Chemieeinsatz vollständig abgetötet oder mit dem Regen fortgespült, kommt es zum Schlimmsten: der Umkehrung des Bodenbildungsprozesses. Denn werden die biogenen Strukturen in dem toten Boden weiter abgebaut, entstehen irgendwann wieder simple mineralische Ablagerungen. Ein Prozess, der ursprünglich Tausende von Jahren gedauert hat, um aus mineralischen Ablagerungen fruchtbare Erde entstehen zu lassen, kann so durch falsche Bewirtschaftung innerhalb weniger Jahrzehnte rückgängig gemacht werden. Derartig tote Böden und mineralische Ablagerungen sind derzeit weltweit am Zunehmen! Auch in Gegenden, die eigentlich bisher als durchaus fruchtbar galten, sieht man vielfach die ersten Symptome der bevorstehenden Verwüstung.

Mikrobiom: die heimliche Kraft hinter *allem* Leben?

Eigentlich hätte es uns klar sein müssen. Wenn der Boden ein Mikrobiom hat (engl.: *Soil Microbiome*), dann macht die Besiedelung durch die unzähligen winzigen Bakterien auch nicht vor allen anderen Lebensräumen inklusive der Lebewesen halt. Bei der Betrachtung des Bodenmikrobioms haben wir gesehen, dass Störungen der komplexen ökologischen Wechselwirkungen der bewohnenden Mikroben zu Mangelerscheinungen und Krankheiten führen. Die Pflanze bildet mit den Mikroorganismen im Boden eine lang erprobte und gut funktionierende Einheit. Aber was ist mit allen anderen Lebewesen dieser Erde?

Die Ergebnisse aus Wissenschaft und Forschung sprechen eine deutliche Sprache: Alle mehrzelligen Lebewesen sind im Rahmen der gemeinsamen evolutionären Entwicklung mit den Myriaden von Mikroben eine Beziehung eingegangen. Auch Tiere haben ihr persönliches Mikrobiom, jede Spezies ihr ureigenes. Und wenn es zu Störungen ihres Mikrobioms kommt (in der Regel durch äußere Einflüsse), werden auch sie krank.

Im Rahmen von Jahrmillionen der Co-Evolution mit Mikroorganismen haben viele Lebewesen Schlüsselprozesse ihres Stoffwechsels einfach ausgelagert. So benötigen Blattläuse ihre persönlichen Bakterien, um lebensnotwendige Vitamine zu produzieren, Termiten brauchen Bakterien, um in ihrem Darm die Zellulose des Holzes abzubauen. Seit Jahrzehnten ist bekannt, dass etwa das Bakterium *Wohlbachia* eine Vielzahl von Insektenarten bewohnt und bei Wespen der Gattung *Nasonia* sogar das Verhältnis der Geschlechter bei der Nachkommenschaft bestimmen kann.

Glyphosat und Bienen

Selbst unsere fleißigen Helfer, die Honig- und Wildbienen, sind – wie könnte es auch anders sein – mit einem eigenen Bienen-Mikrobiom ausgestattet. Und hier liegt vielleicht auch der Schlüssel, der zum besseren Verständnis des gegenwärtigen Bienensterbens in beunruhigendem Ausmaß führen könnte. Denn die beobachtete erhöhte Sterblichkeit von Bienenvölkern wurde bisher mehreren Faktoren zugeschrieben und ist auch bis jetzt nicht vollständig geklärt. Neben der seit Jahrzehnten bekannten Varroamilbe schädigen auch die direkt auf das Nervensystem der Insekten wirkenden Insektizide aus der Gruppe der Neonicotinoide diese hilfreichen Bestäuber.

Verwundert hat es mich daher nicht (aber dennoch erstaunt), in dem angesehenen Wissenschaftsjournal *Proceedings of the National Academy of Science* im Herbst 2018 zu lesen, dass das Breitbandherbizid Glyphosat auch das Darm-Mikrobiom der Honigbienen empfindlich stört und die Bienen in der Folge für andere opportunistische Krankheitserreger, mit denen sie sonst fertiggeworden wären, anfälliger werden.[8]

Laut Hersteller ist Glyphosat für Tiere, einschließlich Insekten (und Menschen), unschädlich, da es auf ein Enzym abzielt, das in diesen eukaryoten Lebensformen nicht vorkommt, sondern nur in Pflanzen und Mikroorganismen. Einfach betrachtet, klingt das ja recht logisch, aber wer hat sich dabei jemals Gedanken darüber gemacht, ob Honigbienen nicht vielleicht auch nützliche, wenn nicht gar lebensnotwendige Darmmikroorganismen beherbergen? Und in der Tat, auch die Bienen sind, wie Erick Motta und Mitarbeiter von der Universität Austin in Texas zeigen konnten, auf ein spezialisiertes Darm-Mikrobiom angewiesen, das das Wachstum der Bienen fördert und sie gegen Krankheitserreger schützt. Tatsächlich enthalten die meisten Bienen-Darmsymbionten das Enzym, auf das Glyphosat abzielt. Es bestehen lediglich Unterschiede hinsichtlich deren Toleranz gegenüber Glyphosat. Fest steht, die Exposition gegenüber Glyphosat verändert die Zusammensetzung des Mikrobioms der Bienen und erhöht ihre Anfälligkeit für Infektionen durch opportunistische Krankheitserreger.

Glyphosat-exponierte Bienen sind aber nicht nur krankheitsanfälliger. Wissenschaftler von der Universität Buenos Aires, Argentinien, und der Freien Universität Berlin fanden 2015 in einem Feldversuch heraus, dass Bienen, die mit Glyphosat in landwirtschaftlich üblicher Konzentration in Berührung kamen, erheblich beeinträchtigte kognitive Fähigkeiten hinsichtlich ihrer räumlichen Navigation aufwiesen.[9] Die Glyphosat-Bienen waren also im Vergleich zu den Kontrollbienen orientierungsloser und benötigten länger, um in den Bienenstock zurückzukehren. Langfristig und auf einen ganzen Bienenschwarm umgelegt, führt dieser energetische Mehraufwand sowie der reduzierte Futtereintrag zu einer Schwächung einer gesamten Kolonie und könnte, bei ohnehin schlechten Verhältnissen und anderen schädigenden Einflüssen, durchaus das Zünglein an der Waage hinsichtlich Überleben oder Absterben einer Bienenkolonie darstellen.

Chronischer Botulismus bei Rindern

In den letzten zwanzig Jahren häuften sich unter anderem in Norddeutschland rätselhafte Todesfälle von Rindern. Die Öffentlichkeit hat, abgesehen von einer Reportage des Senders mdr, von dem leisen Sterben der Tiere nicht viel Notiz genommen. Dabei stellte sich die Situation dramatisch dar. Mehr als tausend betroffene Höfe, Zigtausende tote Rinder, verwaiste Ställe – viele Landwirte standen vor den Trümmern ihrer Existenz, so der mdr-Report. Es begann in der Regel schleichend mit nachlassender Milchleistung, Muskelschwäche, Lähmungen, später Fehlgeburten, toten Kälbern, und schließlich begann das große Sterben im Stall. Selbst Rotwild wurde beobachtet, wie es sich nicht auf den Beinen halten konnte und zusammenbrach. Wissenschaftler vermuteten, dass die Ursache in einem hochgiftigen Bakterium namens *Clostridium botulinum* beziehungsweise dessen tödlichen Botulinumtoxinen, die stärksten derzeit bekannten biologischen Gifte, liegen könnte. *Clostridium botulinum* kommt in der Natur zwar überall vor, der Erreger liebt aber sauerstoffarmes Milieu und produziert nur unter diesen Bedingungen seine gefährlichen Toxine. Außerdem wird er normalerweise von vielen anderen Keimen in der Umgebung in der Vermehrung gehemmt.

Veterinärmediziner wiesen den Erreger und sein Toxin in einem hohen Prozentsatz der klinisch erkrankten Rinder im Kot nach. Die Tierärztin und Mikrobiologin Prof. Monika Krüger von der Universität Leipzig stellte in mehreren Studien fest, dass das Herbizid Glyphosat tatsächlich auf die gesundheitsfördernden Bakterien im Darm der Tiere (vor allem Lactobazillen, Bifidobakterien und *Enterococcus spp.*) abtötend wirkt, während pathogene oder krankheitsauslösende Bakterienspezies wie *Clostridium botulinum* durch Glyphosat nicht wesentlich beeinträchtigt werden und in der Folge mehr Botulinum-Neurotoxin produzieren.[10]

Dieses Nervengift ist nicht nur für Rinder, sondern auch für den Menschen hauptsächlich in Form von Lebensmittelvergiftungen gefährlich. Tatsächlich litten auch betroffene Landwirte an Symptomen, die dem relativ neuen Krankheitsbild des »Chronischen Botulismus«, bei dem kontinuierlich kleinste Toxinmengen freigesetzt werden, entsprachen. Im Blut der Landwirte konnten auch Antikörper gegen das Botulinum-Neurotoxin festgestellt werden. Prof. Dirk Dressler von der Medizinischen Hochschule Hannover sind die Symptome wie Ausfallerscheinungen im Muskelsystem des Menschen in Form von Lähmungen und Ausfällen im Bereich des autonomen Nervensystems (Blasenstörungen, Störungen der Pupillenmotorik, Schluckstörungen, Veränderungen des Schwitzens) bestens bekannt.

Vertreter des Gesundheitsamtes rieten übrigens damals den Landwirten allen Ernstes, ihre Kühe mit Schutzmasken, Schutzanzügen und Handschuhen zu melken und anschließend zu duschen! Nicht minder beunruhigend ist die Tatsache, dass zahlreiche der damals notgeschlachteten Rinder in den Handel und damit in die menschliche Nahrungskette gelangten.

Das Bundesinstitut für Risikobewertung (BfR) teilte dem Sender mdr auf Anfrage mit: »Nach den vorliegenden umfangreichen toxikologischen Daten gibt es jedoch bisher keine Anzeichen für eine spezifische antibakterielle Wirkung von Glyphosat ... Glyphosat ist kein Antibiotikum.«[11] Also doch nicht? Mitnichten! Der Fehler (oder die Irreführung?) ist hier ganz offensichtlich, denn - das muss man sich in diesem Zusammenhang wirklich auf der Zunge zergehen lassen - der Hersteller Monsanto selbst hat (für *jedermann* im Internet nachzulesen) den Wirkstoff Glyphosat als *antimikrobiell wirksame Substanz (= Antibiotikum!) zum Patent angemeldet!*[12]

Als Ursache für den teilweise tödlich verlaufenden chronischen Botulismus bei Hochleistungsrindern wird aufgrund verfügbarer wissenschaftlicher Studien die Fütterung von Kraftfutter (wir erinnern uns: mit Unmengen an Glyphosat behandeltes Soja aus Südamerika), ein Mangel an den Spurenelementen Mangan, Cobalt, Kupfer und Selen und eben auch die Belastung durch Glyphosat und seine Wirkung auf die Darmbakterien selbst diskutiert.

Eine Untersuchung der Tierärztlichen Hochschule Hannover, die zwischen dem Auftreten von *Clostridium botulinum* und einem chronischen Krankheitsgeschehen auf Milchviehbetrieben keinen direkten Zusammenhang bestätigen konnte, wies zahlreiche Mängel auf, dass man annehmen könnte, man wollte überhaupt keine chronische Botulismusintoxikation finden. Eine ausführliche Kritik der Studie kann in der Fachzeitschrift *Nutztierpraxis Aktuell*, Ausgabe 49, aus 2014 nachgelesen werden.[13]

In letzter Zeit hatten Rinder ohnehin keine gute Publicity, da sie mittlerweile auch aufgrund ihrer Verdauung als Sündenbock für den Klimawandel herhalten müssen. Zeit also, sich die Verdauung dieser Tiere genauer anzusehen.

Fleisch aus Gras

Ein großer Teil der weltweiten Böden ist karges Gras- beziehungsweise Weideland, das sich in vielen Regionen dieser Erde aufgrund der ökologisch-klimatischen Bedingungen nicht zum Landbau eignet. In diesen Regionen werden seit Jahrtausenden Wiederkäuer wie Rinder und Schafe gehalten, um aus dem an sich minderwertigen Rohstoff Gras die für die menschliche Ernährung geeigneten Rohstoffe Fleisch, Fett und Milch zu generieren. Deshalb sind Wiederkäuer wie Rinder oder Schafe prädestiniert zur Nutzung derjenigen Böden, die nicht beackert, aber durch Beweidung vor Erosion geschützt werden können.

Aber wie machen diese Tiere eigentlich aus »Dreck« »Gold«? So eindrucksvoll stellte sich mir dieser auf den ersten Blick wenig plausible Umstand dar, als ich vor Jahren einen kraftstrotzenden Zuchtbullen der Rasse Aberdeen Angus auf einer Weide stehen sah. Eine gute Tonne pures Muskelfleisch und das bei ausschließlicher Weidehaltung, sprich Grasnahrung! Hier musste offenbar eine effiziente Stoffwechselmaschinerie am Werk sein.

Das Geheimnis liegt im Pansen und den darin symbiotisch lebenden Mikroorganismen der Wiederkäuer – dem Kuh-Mikrobiom.

Das während des Verdauungsprozesses entstehende Methan, das 25-mal klimaschädlicher ist als CO_2, hat dazu geführt, dass Kühe immer häufiger als schreckliche Klimasünder gebrandmarkt und als Sündenbock hingestellt werden. Bei etwa 1,4 Milliarden Rindern weltweit, gelangt auf diese Weise eine ansehnliche Menge Methan in die Atmosphäre. Ein beliebtes Argument der Anti-Fleisch-Lobby, um grundsätzlich gegen den Fleischkonsum zu argumentieren. Dass die Menschen in den meisten wohlhabenden Ländern zu viel Fleisch essen und dass dies auch mit gesundheitlichen Nachteilen verbunden ist, gilt mittlerweile als unbestritten. Die Betonung liegt aber hier auf *zu viel*, denn Fleisch *per se* ist sicher nicht ungesund, sofern es unter natürlichen Bedingungen gewachsen ist. Im Gegenteil. Muss aber der nicht ganz unerhebliche Methanausstoß der Rinder nun tatsächlich zu einem weltweiten Aus des Fleischkonsums führen? Wie gesagt, in vielen kargen Regionen der Erde haben die Menschen gar keine andere Wahl, als von ihren Tieren und deren Produkten zu leben.

Eine natürliche Weidehaltung, das ist mittlerweile gut belegt, fördert sogar die Bodenfruchtbarkeit durch Steigerung des Bodenlebens enorm, da durch das bessere Pflanzenwachstum auch reichlich Kohlenstoff (aus atmosphärischem CO_2) in den Wurzeln gespeichert wird. Aus ihnen und den abgestorbenen Mikroorganismen entsteht schließlich Humus.

Problematisch hingegen sind die großen intensiven Massenzuchtbetriebe. Hier werden die massenhaft anfallenden stickstoffhaltigen Ausscheidungen der Tiere zum Problemstoff. Auch die Lagerung der Ausscheidungen in großen Gülletanks führt zu einer weiteren Methanproduktion. Die Kühe pauschal als Klimasünder hinzustellen, kommt der agrochemischen Industrie natürlich sehr gelegen. Tatsache ist, dass die höchsten, durch die Landwirtschaft verursachten klimaschädlichen Emissionen nicht durch die Methan rülpsenden Kühe, sondern durch Lachgas (N_2O), das durch die Ausbringung von Stickstoff-Kunstdünger entsteht, verursacht werden. Zudem wird für die Herstellung von Stickstoffdünger mittels Haber-Bosch-Verfahren reichlich fossile Energie benötigt. Lachgas alleine ist gut 300-mal klimaschädlicher als CO_2!

Eigentlich ist die Sache recht einfach, zumindest von biologischer Seite her betrachtet. Die Evolution hat die Wiederkäuer mit einem Verdauungssystem ausgestattet, das ausschließlich für die Verdauung von Gräsern optimiert ist. Nur dafür ist ihr komplexer Verdauungstrakt angelegt. In der modernen industriellen Rinderhaltung werden aber eigens gezüchtete Hochleistungsrassen zu einem beträchtlichen Teil mit Kraftfutter aus Soja und Mais gefüttert, um den Fleisch- und Milchertrag zu maximieren. Sie sind dadurch zum Nahrungskonkurrenten des Menschen geworden, da Soja und Mais (mit reichlich Dünge- und Spritzmittel!) auf Feldern angebaut werden, auf denen eigentlich Nahrungsmittel für den Menschen angebaut werden könnten. Hinzu kommt, dass vor allem das Soja zunächst um die halbe Welt transportiert werden muss, bevor es in Europa verfüttert werden kann. In fernen Ländern wie Südamerika wird für den Anbau reichlich wertvoller Tropenwald gerodet, der dadurch unwiederbringlich verloren geht. Die weitläufigen Grasflächen und Prärien dieser Erde entstanden aber erst durch die Wechselwirkung von großen umherziehenden Wiederkäuerherden mit den dort wachsenden Pflanzen.

Wie funktioniert nun dieser hocheffiziente Verdauungstrakt der Wiederkäuer? Wer den Kontakt zur Natur noch nicht gänzlich verloren hat und einmal die Gelegenheit hatte, Rinder oder Schafe längere Zeit zu beobachten, wird bemerkt haben, dass sich Fressphasen mit Wiederkauphasen abwechseln. Nach einer ununterbrochenen Fressphase von ein bis zwei Stunden lassen sich die Tiere gemütlich nieder, um mit dem Wiederkäuen der Nahrung zu beginnen. Dabei wird der zunächst grobe Grasbrei wieder portionsweise hochgewürgt und langsam fein zerkaut, um nach dreißig bis sechzig Sekunden wieder heruntergeschluckt zu werden. Das nun fein zerkleinerte Gras wird mit reichlich Wasser im Pansen vermengt und von den dort ansässigen Mikroorganismen (hundert Milliarden pro Milliliter Pansenfüllung!) als Nahrungssubstrat genutzt. Bei einer Füllung von gut fünfzig Kilogramm ist dabei die absolute Bakterienanzahl kaum vorstellbar, geschweige denn zu benennen. Diese winzigen Bakterien, Archaeen und Protozoa zerlegen nun die für die Kuh selbst unverdaulichen Pflanzenbestandteile mit ihren Enzymen, wobei sich die Gase Kohlendioxid und Methan zu bilden beginnen. Die Kuh muss rülpsen.

Was die Kühe und ihre Mikroorganismen betrifft, so leben diese in einer wunderbaren Symbiose: Die Kuh bereitet ihren Bakterien durch das Wiederkäuen die Nahrung fein auf (dadurch vergrößert sich die Angriffsfläche) und bietet ihnen einen wohlig warmen, optimalen Lebensraum. Die Mikroorganismen schließen für die Kühe in den Gärkammern im Gegenzug die unverdaulichen Nahrungsbestandteile auf. Im Rahmen des Fermentierungsprozesses entstehen täglich literweise Fettsäuren, die der Kuh als Energiespender dienen. Auch im Pansen gilt das Prinzip der maximalen Oberflächenvergrößerung durch Schleimhautfalten und Aussackungen. Dadurch können die Fettsäuren besser resorbiert werden. Und wie kommt das Rind zu seinen lebensnotwendigen Proteinen? Die im Futter enthaltenen Aminosäuren werden von den Mikroorganismen aufgeschlossen und zur Synthese von Proteinen genutzt, die sie zum Aufbau ihrer Zellwände und anderer Strukturen benötigen. Unter den optimalen Bedingungen vermehren sich die Pansenmikroben rasant. So entstehen mehrere Kilogramm Bakterien und Protozoa, die in weiterer Folge der Verdauung in den Labmagen gelangen. Die dortige Magensäure tötet die Unmengen an Mikroorganismen ab und die Verdauungsenzyme der Kuh zerlegen nun diese Mikroorganismen wieder in ihre Bestandteile, unter anderem Aminosäuren, die dann in der Darmschleimhaut resorbiert werden. Sie sind wiederum die Grundlage für das Muskelwachstum und die Milchproduktion der Rinder. So wird aus minderwertigem Gras ein tausend Kilo schwerer Aberdeen-Angus-Zuchtbulle. Ein komplexes Zusammenspiel, das über lange Zeit der Co-Evolution von Mikroorganismen und Rindern entstanden ist.

Wird das Verdauungssystem eines Wiederkäuers allerdings mit anderen Substraten wie Soja oder Mais konfrontiert, kann es leicht aus der Balance geraten, denn das ist etwa so, als würden sie Diesel in einen Benziner tanken. Bis zur BSE-Krise im Jahr 2000 wurden Rinder sogar mit Tiermehl gefüttert. So wurden vegetarische Wiederkäuer gegen ihre Natur zu Fleischfressern gemacht. Seit dem Fütterungsverbot von Tiermehl hat sich die Lage aber nicht gebessert, denn nun wird proteinreiches Kraftfutter gefüttert und das ist, wie gesagt, für das bovine Verdauungssystem nicht geeignet. Das Resultat sind krankheitsanfälligere Tiere, die einen gesteigerten Antibiotikaeinsatz benötigen, um ihre Gesundheit zu erhalten. Kühe gelten gemeinhin als schlechte Futterverwerter, was aber daran liegt, dass sie menschliche Nahrung wie

Mais, Soja und Getreide erhalten. Das für den Menschen unverdauliche Gras verwerten sie hingegen exquisit. Einigermaßen kurzsichtig ist es auch, aus der Tatsache, dass Rinder bei Sojafütterung weniger Methan produzieren (der Gärprozess verläuft nicht optimal), zu schließen, es wäre die bessere Fütterungsoption.

Ist das wirklich so schwer zu verstehen? Kühe sind hocheffiziente Grasfresser. Bei artgerechter Fütterung bleiben sie gesund und produzieren gesundes Fleisch, hochwertige Milch und verbessern die Böden. Kühe pauschal als Klimakiller Nr. 1 hinzustellen, ist genauso dumm wie die Behauptung, Kühe würden nicht zum Problem der globalen Erwärmung beitragen. Es sind schlicht zu viele Kühe in einem fragwürdigen Produktionssystem, das nur einem Zweck dient: billige Lebensmittel in großen Mengen zu produzieren.

Aber Milch und Fleisch aus Intensivproduktion sind nur scheinbar billig, wie Dr. Anita Idel in ihrem Buch *Die Kuh ist kein Klima-Killer!* dargelegt.[14] Denn die Rechnung, so die engagierte Tierärztin, komme später. Monokulturen für nicht artgerechte Futterpflanzen verdrängen die biologische Vielfalt und die CO_2-Speicher: das Grünland und den (Regen-)Wald.

Gras ist, systemisch betrachtet, was Fleisch und Milch betrifft, das uralte Bindeglied zwischen Sonne, Erde und uns. Und wieder einmal spielen Milliarden von Mikroorganismen eine lebensbestimmende Rolle dabei. Wir müssen, das sind wir unseren jahrtausendelangen wiederkäuenden Begleitern schuldig, dazu übergehen, weniger, aber dafür hochqualitatives Fleisch und Milchprodukte aus ökologisch verantwortungsvoller Weidehaltung mit Bedachtnahme auf Tierwohl und Tiergesundheit zu konsumieren. Der Weg geht nebst Verzicht über einen höheren Preis für tierische Produkte, der bei den Produzenten, den Bauern, ankommen muss. Meiden Sie Billigstfleisch aus Tierfabriken und greifen Sie zu Molkereiprodukten, die Kleinbauern und deren Familien ein faires Einkommen sichern.

Obwohl wir die Anzahl von weltweit gut 1,4 Milliarden Rindern eigentlich schleunigst drastisch reduzieren und auf eine andere Form der Tierhaltung umsteigen müssten, findet derzeit das genaue Gegenteil statt. Alles hat sich dem Konsum und dem Profit unterzuordnen.

Verursacht Fleischkonsum Krebs?

Die WHO veröffentlichte 2015 einen mittlerweile medial tausendfach, vorwiegend unkritisch verbreiteten Bericht, in dem geschlussfolgert wird, dass rotes Fleisch Krebs, insbesondere Dickdarmkrebs, hervorrufen kann.[15] In jeder Diskussion über gesunde Ernährung fällt seither früher oder später das Argument, jedes Kind wüsste bereits, dass rotes Fleisch ungesund sei. Besonders beunruhigt zeigt sich die breite Öffentlichkeit der Konsumenten von der Tatsache, dass die WHO den Fleischverzehr in dieselbe Kategorie eingestuft hat wie das Rauchen von Zigaretten, Asbest und Alkohol: Klasse 1, krebserregend. Was die hysterische *copy & paste*-Berichterstattung der meisten Medien verschwieg: Die Einstufung in Gruppe 1 bedeutet keinesfalls, dass die mit dem Konsum von Wurst oder Speck verbundene Gefahr mit der des Rauchens einer Packung Zigaretten pro Tag vergleichbar ist. Die Größenordnung des potenziellen Risikos durch Zigaretten ist eine gänzlich andere.

Tatsächlich stellt der Bericht lediglich einen statistischen Zusammenhang zwischen dem Verzehr von »verarbeitetem« Fleisch und Dickdarmkrebs (und »möglicherweise« anderen Krebsarten) fest. Wie groß ist dieses kolportiert erhöhte Risiko? Es lohnt durchaus, den Bericht im Detail zu lesen, anstatt sich auf die Überschrift zu beschränken.

Die WHO schätzt in ihrem Bericht, dass der tägliche Konsum von fünfzig Gramm »verarbeitetem Fleisch« (*processed meat*) oder von hundert Gramm »rotem Fleisch« (*red meat*) das Risiko von Darmkrebs um 18 Prozent beziehungsweise 17 Prozent erhöhen »könnte«, räumt aber auch ein, dass der Zusammenhang zwischen rotem Fleisch im Allgemeinen und Krebs *nicht* nachgewiesen werden konnte (!). So ist auch in einem Ergänzungsschreiben der International Agency for Research on Cancer (IARC) zu lesen: »Das Essen von rotem Fleisch hat sich noch nicht als Ursache für Krebs erwiesen.« Also was? Krebserregend oder nicht? Ein 18 Prozent erhöhtes Risiko klingt doch gefährlich. Wenn mein Risiko durch Fleischverzehr um ein Fünftel erhöht ist, möchte ich wissen, was meine Ausgangssituation, also mein Grundrisiko, ist. Darüber ist bei Medienberichten über den lediglich zweiseitigen Beitrag in der Fachzeitschrift *Lancet Oncology* allerdings so gut wie nie die Rede. Die Konsumenten sind zu Recht verwirrt.

Sehen wir uns die konkreten Zahlen dieser WHO/IARC-Einschätzung an. Insgesamt beträgt das grundsätzliche *Lebenszeitrisiko* (= Grundrisiko), dass jemand an Darmkrebs erkrankt, fünf Prozent. Es erkranken also unabhängig von Fleischkonsum fünf von hundert Menschen im Laufe ihres Lebens an Darmkrebs. Die WHO-Studie fand nun heraus, dass bei Fleischessern im Allgemeinen dieses Risiko um 18 Prozent höher ist als das Grundrisiko (relatives Risiko!) und daher, in absolutem Risiko ausgedrückt, damit schlussendlich ca. sechs Prozent beträgt. Es erkranken unter »den Fleischessern« also knapp sechs von hundert Menschen im Laufe ihres Lebens an Darmkrebs. (Fast) eine Person mehr als ohne Fleisch. Liest man nur die relative Risikoerhöhung von 18 Prozent, klingt das beängstigend. Der *absolute Risikoanstieg* unter der, wie wir noch sehen werden, heterogenen Gruppe der Fleischesser beträgt aber lediglich ein Prozent! Dabei wurde aber nicht einmal unter den verschiedenen Möglichkeiten, Fleisch zu konsumieren, unterschieden.

Pauschalverurteilung?

Eine derartig pauschale Verteufelung von Fleisch wie von der WHO-Studie ist aber keinesfalls gerechtfertigt. Denn Fleisch ist nicht gleich Fleisch. Von der Verarbeitung beziehungsweise der Zubereitung hängt es ab.

Sogenanntes verarbeitetes Fleisch wie etwa Wurstwaren, Schinken und Speck werden im Zuge ihrer Verarbeitung gepökelt und / oder geräuchert, um Geschmack, Aussehen und Haltbarkeit zu verbessern. Der Wissenschaft ist bereits lange bekannt, dass diese Verarbeitung zur Bildung potenziell kanzerogener Chemikalien wie Nitrosaminen und polyzyklischen aromatischen Kohlenwasserstoffen führt. Insbesondere die Verwendung von Nitrit-Pökelsalzen für eine Rotfärbung (anstatt unansehnlichem Braun) und längere Haltbarkeit wird als potenziell krebserregend gesehen.

Ebenso ist die Art der Fleischzubereitung von größter Bedeutung. Kaufen wir uns ein schönes Stück Rindfleisch vom Bio-Almochsen, haben wir mehrere Möglichkeiten. Das Anbraten in heißem Fett (welches Fett nehmen wir dafür eigentlich am besten?) oder das Grillen bringt ganz andere, nämlich durchaus potenziell gefährliche chemische Reaktionen mit sich als etwa das langsame Kochen in Wasser mit Wurzelgemüse und Markknochen. Braten wir mit Schweineschmalz oder doch in Rapsöl? Und wie lange lassen manche Grillbegeisterte ihr Fleisch am Grillrost schmoren? Bis sich eine knusprige schwarze Kruste bildet? Es ist erwiesen, dass das Grillen und Braten von Fleisch potenzielle Karzinogene wie zum Beispiel heterozyklische aromatische Amine erzeugt. Bei Kochfleisch wie dem beliebten Tafelspitz besteht dieses Risiko nicht.

Und wie oft geben wir uns diesen Genüssen hin? Und wie viel essen wir dann davon? Was essen wir als Beilage? Mittlerweile als ungesund bekannte frittierte Pommes oder grünen Salat? Und nicht zuletzt, unter welchen Bedingungen wurde das Fleisch »produziert« (Hormone, Pestizide im Futter, Antibiotika)?

Und könnte es nicht sein, dass Menschen, die sich einem regelmäßigen, überdurchschnittlichen Fleischkonsum hingeben, möglicherweise auch von anderen Dingen mehr konsumieren beziehungsweise anderen vergesellschafteten Risiken ausgesetzt sind? Ein derartiger auf den ersten Blick nicht immer gleich erkennbarer Zusammenhang von zwei Variablen über eine dritte wird in der Wissenschaft als Confounder (Störfaktor) bezeichnet. Dieser Störfaktor ist eine Variable, die das Auftreten eines Risikofaktors und den beobachteten Endpunkt gleichzeitig mitbestimmt. Das Problem von Störfaktoren begegnet uns in der beobachtenden, epidemiologischen Wissenschaft regelmäßig und führt genauso regelmäßig zu falschen Schlussfolgerungen.

Die durchschnittliche Menge an Fleisch, die weltweit pro Kopf konsumiert wird, hat sich in den letzten hundert Jahren allerdings vervierfacht. So stieg der Pro-Kopf-Konsum von etwa zehn Kilo zu Beginn des 20. Jahrhunderts auf das Doppelte im Jahr 1960 und liegt mittlerweile bei ca. vierzig Kilo pro Person. Österreich liegt mit über sechzig Kilo pro Jahr auf Platz 3 der größten Fleischesser in der Europäischen Union. Der drastische Anstieg des durchschnittlichen Fleischverbrauchs bedeutet, dass die gesamte Fleischproduktion deutlich schneller gewachsen ist als die Weltbevölkerung. Einer Schätzung der FAO zufolge wird der weltweite Fleischkonsum (vor allem Rind, Schwein und Geflügel) bis zur Mitte dieses Jahrhunderts um weitere 76 Prozent zunehmen.[16]

Betrachtet man die gegenwärtig in den meisten Industrieländern konsumierten Fleischmengen (in Deutschland und Österreich sind es pro Person immerhin über 1 Kilo pro Woche) und die damit einhergehenden Probleme, ist es schwer vorstellbar, wie eine Weltbevölkerung von zukünftig zehn Milliarden Menschen versorgt werden kann, ohne dabei die Umwelt erheblich zu schädigen. Bei unseren Großeltern kam Fleisch in der Regel nur einmal die Woche auf den Tisch. Laut dem österreichischen Ernährungsbericht 2017 liegt die derzeit empfohlene Verzehrmenge bei max. drei Portionen oder 450 Gramm pro Woche.

Fazit: Täglicher Fleischkonsum, insbesondere in verarbeiteter Form oder im falschen Fett gebraten oder zu lange gegrillt, ist mit hoher Wahrscheinlichkeit ungesund. Aber Fleisch *per se* aus verantwortungsvoller und umweltverträglicher Tierhaltung in Maßen genossen, ist mit Sicherheit kein schädliches Nahrungsmittel! Weder heute, noch war es das während der jahrtausendelangen Geschichte der Spezies Mensch.

Eine Metaanalyse von sechs prospektiven Kohortenstudien (hohe Evidenzklasse) aus dem Jahr 2009 zu dem fraglichen Zusammenhang zwischen Aufnahme von tierischen Fetten und Proteinen mit Darmkrebs ergab, dass die verfügbaren epidemiologischen Daten keinerlei Zusammenhang zwischen der Aufnahme von tierischem Fett oder Eiweiß und dem Darmkrebsrisiko stützen.[17] Wer also seinen Fleischkonsum in Maßen hält und auf eine hohe Qualität und entsprechendes Tierwohl und Nachhaltigkeit bei der Aufzucht achtet und bereit ist, dafür auch mehr zu bezahlen, kann ruhigen Gewissens weiterhin der Fleischküche frönen. Alles andere ist unverantwortliche Panikmache. Allerdings war und ist Fleisch ein Luxusartikel, das sollten wir nicht vergessen.

Ob Rinderhaltung, wie regelmäßig behauptet, für klimaschädliche Treibhausgase und die damit verbundene weltweite Klimaveränderung verantwortlich ist, hängt ebenfalls von der Größenordnung der Betrachtung und der Tierhaltungsform ab.

Unser innerer Garten: das Darm-Mikrobiom

Dass auch die Menschen ihr eigenes, hochindividuelles Mikrobiom besitzen, sollte nach den bisherigen Ausführungen nicht mehr verwundern. Welche Bedeutung aber ein stabiles, weil hochdiverses Mikrobiom für unser Leben hat, ist bis jetzt nur zu wenigen Menschen durchgedrungen. Und das, obwohl die diesbezüglichen wissenschaftlichen Erkenntnisse in den letzten Jahren eindrucksvoll waren. Ich würde sogar so weit gehen und sie als revolutionär bezeichnen, denn sie lassen unzählige neue Einsichten zu.

Der menschliche Körper besteht aus rund dreißig Billionen Körperzellen, wobei insgesamt mehr als 200 verschiedene Zelltypen im menschlichen Organismus existieren (zum Beispiel Muskelzellen, Blutzellen, Nervenzellen, Drüsenzellen etc.). In und auf ihm leben aber geschätzte 39 Billionen Bakterien!

Vielleicht haben Sie schon einmal irgendwo gelesen, dass der Mensch von zehnmal mehr Bakterien besiedelt ist, als er Körperzellen besitzt. Diese ältere Schätzung dürfte etwas überzogen gewesen sein. Die neuesten Berechnungen sprechen von einem Verhältnis von etwa 1,3 zu 1. Immerhin, das heißt, dass auf eine menschliche Körperzelle tatsächlich etwa 1,3 Bakterienzellen kommen. Wie auch immer das genaue Verhältnis ausfallen mag, so ist doch die Tatsache, dass wir zumindest zur Hälfte nicht aus menschlichen Zellen bestehen, allein schon erstaunlich, manche würden sagen beunruhigend. Wir müssen uns damit abfinden, dass wir zahlenmäßig in der Minderheit und zu über fünfzig Prozent nicht menschlich, sondern bakteriell zusammengesetzt sind. Darüber hinaus bezieht sich dieses Verhältnis lediglich auf Bakterien. Diese Schätzungen berücksichtigen nicht die Anzahl und Vielfalt der Pilze (Mycobiom), Viren (Virom) und Phagen (Phageom), die ebenfalls Teil des inneren Ökosystems namens Mikrobiom sind und die vermutlich die Zahl der Bakterien zumindest um eine Größenordnung übertreffen!

Zusammengenommen wiegen die Bakterien in und auf unserem Körper etwa 1,5 Kilo, also etwa genauso viel wie unser Gehirn! Manche Wissenschaftler sprechen in diesem Zusammenhang daher mittlerweile sogar von einem eigenen Organ ähnlich der Leber oder des Gehirns. Geschätzte 500 bis 1000 Bakterienarten existieren im menschlichen Körper, obwohl die Anzahl der verschiedenen Unterarten um

Größenordnungen größer sein könnte, denn das Artkonzept ist angesichts der großen genetischen Variabilität bei Bakterien eine einigermaßen komplexe Angelegenheit.

Jeder Bakterienstamm besitzt ein Genom mit Tausenden von Genen, das wesentlich mehr genetische Vielfalt und damit Flexibilität bietet als das menschliche Genom. Betrachten wir die gesamte genetische Ausstattung des Mikrobioms, dann übertreffen uns die Bakterien sogar um den Faktor 100. Das heißt, wir tragen jeder zumindest hundertmal mehr bakterielle Gene (geschätzte 2 000 000) in unseren Körpern als eigene (ungefähr 20 000)! In diesem Zusammenhang gilt es zu bedenken, dass Bakterien bereits viele Millionen Jahre vor uns auf der Erde gelebt und dabei ein hochkomplexes genetisches Repertoire erworben haben, das das unsere mickrig aussehen lässt.

Im Unterschied zu unseren zeitlebens unveränderlichen Genen in den Körperzellen ist die genetische Zusammensetzung und die metabolische Leistung (das sogenannte Metabolom) unseres Mikrobioms veränderlich, insbesondere beeinflusst durch die von uns aufgenommene Nahrung oder durch chemische Substanzen sowie Medikamente. Die genetische Zusammensetzung unseres Mikrobioms ist also die veränderliche Software in der Hardware unseres Körpers. Sie kann sich in Abhängigkeit von Umweltveränderungen wie zum Beispiel einem geänderten Nahrungsangebot von selbst »updaten«.

So finden sich zum Beispiel im Darm der meisten Japaner Bakterien, die die Fähigkeit besitzen, spezielle komplexe, schwefelhaltige, normalerweise unverdauliche Kohlenhydrate in Seetang beziehungsweise Algen (*Nori* als Bestandteil der beliebten Makis und von Sushi) aufzuschließen und zu verdauen. Erstaunlich dabei ist, dass diese Gene im Darm-Mikrobiom zum Beispiel von Amerikanern nicht nachgewiesen werden konnten. »Japanische Darmbakterien« haben ihre Gene zur Algen-Verdauung also von anderen in den Küstenmeeren lebenden Mikroben »geliehen«. Die Gene sind also über marine Bakterien aus dem Meer in die Eingeweide der Japaner gewandert, um ihnen bei der Verdauung ihrer lokalen Spezialitäten zu helfen.[18]

Holobiont: vom »Ich« zum »Wir«

Da wir also ein mehrheitlich von Mikroben besiedelter Makroorganismus sind, handelt es sich bei jedem Menschen aus biologischer Sicht um einen sogenannten Metaorganismus beziehungsweise Holobiont. Der Begriff »Holobiont« bedeutet so viel wie »Gesamtlebewesen« und bezieht sich auf ein biologisches System von untrennbar ineinander verschränkten Lebensweisen. Dieser multiorganismische Holobiont besitzt daher auch ein Hologenom. Was die wissenschaftliche Forschung, insbesondere die Fragen an die Evolutionsbiologie betrifft, hat sich mit dem Konzept des Holobionten die Lage verkompliziert, denn das Mikrobiom ist zu weiten Teilen ebenfalls vererblich. Einige Wissenschaftler behaupten daher, dass wir Evolution, Physiologie und Krankheiten unter diesem relativ neuen Gesamtaspekt betrachten müssen. Seit der Entdeckung des Mikrobioms stellt sich die Frage, auf welcher Ebene bei Metaorganismen der Prozess der Selektion greift. Denn vermutlich ist nicht das biologische Individuum, sondern der gesamte Metaorganismus die Ebene, auf der die Selektion im Rahmen der Evolution wirkt. Das betrifft nicht nur Menschen, sondern alle Tiere und Pflanzen, denn alle gehen eine Beziehung mit Mikroorganismen ein. Viele davon werden von Generation zu Generation übertragen.

Aufgrund der Jahrmilliarden andauernden Co-Evolution und der einhergehenden intensiven Interaktion des Wirtes mit seinen Mikroben verwundert es nicht, dass diese die Evolutionsprozesse fundamental mitgestaltet haben und immer noch tun. So wie andere Lebewesen hat auch der menschliche Organismus wesentliche Prozesse an die Mikroben ausgelagert. Mikroben sind von zentraler Bedeutung für den menschlichen Stoffwechsel und ferner für Entwicklungs- und Abwehrprozesse. Sie begleiten uns seit unserer Evolution vom einfachen Einzeller zum anatomisch modernen Menschen. Im Laufe der Jahrmilliarden Evolution wurde offenbar neben viraler Erbinformation auch reichlich bakterielle DNA in unser Erbgut übernommen. Bakterien und Viren sind also zu einem wesentlichen Bestandteil von uns geworden, sowohl im Darm als auch auf genetischer Ebene.

Medizinische Bedeutung

Unsere gesamte Körperoberfläche, die äußere sowie die häufig vergessene innere, ist also von unzähligen Bakterien und anderen Mikroben besiedelt. Von besonderer Bedeutung für unsere Gesundheit ist dabei vor allem das Mikrobiom der Haut, der Mundhöhle, der Atemwege inklusive der Lunge, des Darms und der Vagina. Das Mikrobiom des Menschen darf aber nicht automatisch mit einem Sammelsurium an Krankheitserregern gleichgesetzt werden. Von den weltweit vermutlich mehreren Millionen existierender Bakterienarten führen die Lehrbücher der medizinischen Infektiologie weniger als 200 Arten als tatsächliche Krankheitserreger auf. Die medizinische Wissenschaft hat sich in den letzten hundert Jahren vorwiegend auf diese Krankheitskeime fokussiert.

Der Blick auf den menschlichen Metaorganismus hat sich in den letzten Jahren massiv geändert. Die Wissenschaft beginnt zu verstehen, dass Lebewesen und ihre assoziierten Mikroorganismen als funktionelle Einheiten zu betrachten sind, die mit ihrer Umwelt in regem Austausch stehen.

Diese kleinen Organismen, die in und auf uns leben und die Zahl unserer eigenen Körperzellen übersteigen, unterstützen uns auf vielfache Weise. Sie unterstützen uns bei der Verdauung, sie versorgen uns mit Vitaminen, schützen uns vor vielen Krankheiten, helfen uns bei der Prägung unseres Immunsystems und beeinflussen unser Verhalten und unsere Psyche.

Die weitverbreitete Meinung, dass Bakterien schlecht für uns seien und bei jeder Gelegenheit abgetötet werden sollten, sei es mit Antibiotika oder Desinfektionsmittel, ist nicht nur falsch, sondern, wie wir mittlerweile wissen, sogar gefährlich. Das größte Immunsystem unseres Körpers befindet sich nämlich im Darm. Es wird dort von einer Vielzahl der im Mikrobiom enthaltenen Bakterien ausgebildet und immer in Alarmbereitschaft gehalten.

Die Studienergebnisse der letzten Jahre haben gezeigt, dass die überwiegende Mehrheit der Bakterien, denen wir täglich begegnen und die uns besiedeln, nicht nur harmlos, sondern sogar essenziell ist. Genau wie Pflanzen, Bienen, Blattläuse, Rinder und alle anderen Organismen könnten wir ohne ihre Hilfe kaum überleben. Wie so oft erkennt man die Bedeutung einer Sache erst, wenn sie abhandenkommt oder nicht mehr richtig arbeitet. Die aktuelle Forschung hat deutlich gemacht, dass ein komplexes, mikrobielles Ökosystem wie unser Mikrobiom eine delikate Angelegenheit ist, die es gilt, in Balance zu halten.

Die zusätzliche genetische und metabolische Ausstattung unseres Darm-Mikrobioms ermöglicht es zum Beispiel, dass wir unverdauliche Kohlenhydrate in unserer Nahrung mit bakterieller Hilfe aufschließen können. Bakterien übernehmen für uns einen Teil der Verdauungsarbeit, und wir nutzen die frei werdende Energie. Sie erzeugen auf diese Weise gut dreißig Prozent unserer Kalorien. Anders gesagt: Wir bieten den Bakterien eine warme Unterkunft und Nahrung, und sie verwandeln dafür einen Teil unserer Nahrung in verwertbare Energie und Nährstoffe.

Wie wir bereits gesehen haben, sind unsere Bakterien durchaus in ihrer Aktivität und Zusammensetzung veränderlich, entsprechend der von uns aufgenommenen und an sie auf diese Weise »verfütterten« Nahrung. Wenn wir essen, essen wir also nicht nur für uns, sondern füttern zu einem großen Teil die Bakterienflora, die unseren »inneren Garten« ausmacht. Aber auch Medikamente, Schadstoffe und andere chemische Verbindungen, die wir zu uns nehmen, wirken nicht nur auf unsere Körperzellen, sondern beeinflussen auch unser Mikrobiom. Und oft nicht im positiven Sinne. Umgekehrt ist das Mikrobiom einer der Gründe, weshalb Medikamente bei verschiedenen Menschen unterschiedlich wirken und weshalb es bei ein und derselben Nahrungsaufnahme bei verschiedenen Menschen zu unterschiedlichen Insulin- und Blutzuckerspiegeln kommt.

Von Geburt an, ein Leben lang

Die »Erstausstattung« an Bakterien, die unseren Darm besiedeln, stammt aus dem weiblichen Geburtskanal, von den dort ansässigen Vaginalbakterien und den Bakterien der Haut um das weibliche Genitale, darunter auch einige Darmbakterien. Fehlt diese Erstausstattung, etwa durch eine Entbindung über Kaiserschnitt, dann bekommt das Neugeborene bestenfalls das »Bauchhaut-Mikrobiom« der Mutter mit. Ein gänzlich anderes Starterpaket, das von der Natur nicht »vorgesehen« ist.

Hinzu kommt die relativ neue Erkenntnis, dass die menschliche Muttermilch spezifische Nährstoffe in Form sogenannter Humaner Milch-Oligosaccharide (HMOs) enthält, die der Säugling selbst gar nicht verstoffwechseln kann. Warum sollten diese bis zu 200 verschiedenen Arten von Zuckermolekülen dann in der Muttermilch enthalten sein? Sie dienen ausschließlich (!) der Ernährung der bakteriellen Darm-Erstausstattung des Neugeborenen, hauptsächlich der Bifidobakterien. Das Neugeborene erhält also im Idealfall gleich nach der Geburt auch seine Präbiotika (Bakteriennahrung), auf diese Weise wird für eine gesunde Darmflora gesorgt und damit das Risiko gefährlicher Darminfektionen gesenkt.

Wird ein Kind per Kaiserschnitt zur Welt gebracht und anschließend nicht gestillt, dann hat es eine erheblich schlechtere Ausgangslage, um ein »gesundes« und diverses Mikrobiom zu entwickeln. Treten noch eine (oder gar mehrere) Antibiotikatherapie(n) während der ersten zwei Lebensjahre hinzu, dann kommt es zu einer zusätzlichen Schwächung beziehungsweise Störung des Mikrobioms.

Diese Erkenntnis ist durch zahlreiche Studien gut abgesichert: Entbindung per Kaiserschnitt, fehlendes oder zu kurzes Stillen sowie Antibiotikagaben wirken sich negativ auf die lebenslange Entwicklung und Zusammensetzung unserer Darmflora aus und begünstigen die Entwicklung zahlreicher Krankheitsbilder. Alles, was den Kontakt eines Neugeborenen mit Bakterien einschränkt, schwächt das Mikrobiom des Kindes und kann sich für den kleinen Menschen später problematisch auswirken.

Haben Sie sich schon gefragt, warum Säuglinge und krabbelnde Kleinkinder alles Erdenkliche in den Mund stecken, inklusive Erde, Sand und verdreckte Spielsachen, oft zum Leidwesen der Eltern? Sie erinnern sich: *Nichts in der Biologie macht Sinn außer im Lichte der Evolution.* In diesem »Lichte« muss die Antwort lauten: um eine hohe Diversität ihres Mikrobioms zu gewährleisten. Sie sammeln unbewusst die Keime aus ihrer Umwelt, um ihr mikrobielles Portfolio zu vergrößern. Ab dem dritten Lebensjahr wird das Mikrobiom in seiner Artenzusammensetzung stabiler und gleicht dann immer mehr dem eines Erwachsenen.

Im späteren Lebensverlauf führen die Ernährung und die Einnahme von Medikamenten jeweils zu spezifischen Änderungen in der Zusammensetzung unseres Darm-Mikrobioms.

Mit Speck fängt man Mäuse …

… und mit Kohlenhydraten Bakterien. Erinnern Sie sich an die Pflanzenwurzeln, die mit ihren Ausscheidungen in Form kohlenhydratreicher Wurzelexsudate die lebensnotwendigen Bakterien in großer Vielfalt heranlocken und füttern, um sie bei Laune zu halten? Dieser Trick der eigenen Gesundheit wegen hat sich bewährt und findet auch in und am menschlichen Körper Anwendung. So produzieren die Schleimhautzellen der Vagina reichlich das Kohlenhydrat Glykogen, dessen einzige Aufgabe es ist, die hilfreichen, Milchsäure bildenden Bakterien (vor allem unterschiedliche Arten von Lactobazillen und Bifidobakterien) zu ernähren. Pro Milliliter Scheidenflüssigkeit sind hundert Millionen bis eine Milliarde dieser schützenden Keime nachweisbar, die mit ihren Stoffwechselprodukten den pH-Wert in den sauren Bereich absenken. Ohne einem gesunden vaginalen Mikrobiom ist die Schutzfunktion für das innere weibliche Genitale als Ort der menschlichen Reproduktion nicht gewährleistet. Etwas pathetisch ausgedrückt: Das vaginale Mikrobiom sichert den Fortbestand unserer Spezies. Pilzerkrankungen und aufsteigende bakterielle Infektionen mit der möglichen Folge von Unfruchtbarkeit und Fehlgeburt treten in vielen Fällen bei einer erheblich gestörten Vaginalflora auf.

Auch die Schleimhaut unseres Darmes besitzt eigene Schleim produzierende Zellen, die sogenannten Becherzellen. Während man lange Zeit annahm, der produzierte Schleim diene nur der erleichterten Darmpassage, weiß man heute, dass die abgegebenen Mucopolysaccharide (eine spezielle Form von langkettigen Zuckermolekülen) vielen hilfreichen Darmbakterien als Nahrung dienen. Andererseits, dies ist mindestens von ebensolcher Bedeutung, hält die Schleimschicht des Darmes die Heerscharen von Mikroorganismen auf gehöriger Distanz zu unserer Darmschleimhaut. Die Schleimschicht ist also bakterielle Nahrung und schützende Barriere gleichermaßen.

Ein erst seit wenigen Jahren bekannter Darmkeim hört sogar auf den bezeichnenden Namen *Akkermansia muciniphila*, wobei der nachgestellte Artname andeutet, dass dieses Bakterium eine Vorliebe für den Darmschleim (lateinisch *mucus*) hegt. Viele wissenschaftliche Arbeiten der letzten Jahre konnten nachweisen, dass die reichliche Anwesenheit von *Akkermansia muciniphila* im menschlichen Darm eine antientzündliche Wirkung hat und unter anderem vor Appendizitis (Blinddarmentzündung), entzündlichen Darmerkrankungen, Fettleibigkeit und Typ-2-Diabetes schützt. Sogar ein positives Ansprechen auf eine Krebsimmunotherapie dürfte von der Anwesenheit dieses und anderer Keime abhängig sein. Was wir als Nahrung zu uns nehmen, beeinflusst, welche Bakterien wir beherbergen, was wiederum ausschlaggebend dafür ist, wie wir auf eine spezielle Form der Krebstherapie ansprechen.[19]

In einem Experiment fanden Wissenschaftler heraus, dass Mäuse, die mit fetthaltiger Nahrung gefüttert wurden, weniger Fett in ihre Fettzellen einlagerten, wenn ihnen gleichzeitig der Keim *Akkermansia muciniphila* verabreicht wurde. Ohne *Akkermansia* wurden die Mäuse rascher fett. Es zeigte sich, dass das Bakterium *Akkermansia* in der Lage ist, diejenigen Gene zu aktivieren, die für die Fettverbrennung zuständig sind. Die Mäuse mit *Akkermansia* im Darm legten etwa halb so viel Gewicht zu wie die Mäuse, die das Bakterium nicht erhalten hatten.

Ein anderer Darmkeim mit dem wohlklingenden Namen *Faecalibacterium prausnitzii* scheint von ebenso herausragender Bedeutung für die Darmgesundheit (und damit die Gesundheit des ganzen Organismus) zu sein. In verschiedenen Untersuchungen hat sich gezeigt, dass eine verminderte Zellzahl des Darmbakteriums *Faecalibacterium prausnitzii* häufiger mit entzündlichen Darmerkrankungen in Verbindung gebracht werden kann. Die von *Faecalibacterium prausnitzii* produzierten kurzkettigen Fettsäuren wie zum Beispiel Butyrat sind für die Schleimhautzellen unseres Darmes essenziell und besitzen entzündungshemmende Eigenschaften.

Unsere Darmmikroben sind aber nicht nur für eine gut funktionierende Verdauung und einen besseren Aufschluss unserer Nahrung sowie für das Funktionieren unseres Immunsystems verantwortlich, sondern beeinflussen sogar unser Verhalten.

Mikrobiom und das »Bauchhirn«

Eine sterile, völlig keimfreie Maus verhält sich im Labor merkwürdig. Sie ist waghalsig und geht ungewöhnliche Risiken ein. Werden diesen Mäusen Darmbakterien verabreicht, ändert sich ihr Verhalten eindrucksvoll. Sie werden vorsichtiger. Beeinflussen die Darmbakterien ihren Wirtsorganismus dahingehend, dass er sich vorsichtiger verhält und damit überlebt? Aus Sicht der Bakterien würde das einen Sinn ergeben.

Der kanadische Wissenschaftler Stephen M. Collins und sein Team wollten es genau wissen: Die Wissenschaftler hielten im Labor zwei Gruppen von Mäusen. Eine Gruppe verhielt sich ruhig und friedlich, die andere eher aggressiv und waghalsig. Man übertrug das Mikrobiom der Mäuse einer Gruppe in den Darm der jeweils anderen Gruppe. Und siehe da: Die aggressiven und waghalsigen Mäuse wurden ruhiger und die ruhigen ... Ganz genau! Sie wurden aggressiv. Dieses Experiment zeigte erstmals ganz klar, dass das Mikrobiom das Gehirn beeinflusst, zumindest das der Mäuse.

Bakterien sind, was die Manipulation des »Wirtes« oder Trägerorganismus betrifft, dabei kein Einzelphänomen. Es gibt zahlreiche Belege dafür, dass Parasiten das Verhalten ihres Wirtes so beeinflussen können, wie es für sie beziehungsweise ihren Lebenszyklus von Vorteil ist.

Was macht ein »gesundes« Mikrobiom aus?

Die Wissenschaft hat derzeit ein Problem: Wir wissen, dass sich unsere Bakterien nachweislich auf unsere körperliche und psychische Gesundheit auswirken. Wir wissen aber nur wenig darüber, wie wir sinnvoll, gefahrlos und nachhaltig unsere Bakterien in Richtung »positive Wirkung« beeinflussen können. Es existiert kein Patentrezept, das für alle Menschen Gültigkeit hat. Neben der Übertragung des Mikrobioms während der Geburt von der Mutter auf das Kind haben zahlreiche andere Einflussgrößen einen erheblichen Einfluss auf die mikrobielle Zusammensetzung in und auf uns. Insbesondere Ernährung und Umwelteinflüsse dürften eine wesentliche Rolle spielen.

Wie könnten wir feststellen, welches Mikrobiom ein normales beziehungsweise gesundes darstellt? Fest steht, dass es sich um ein dynamisches, hochkomplexes System handelt, bei dem der Übergang von physiologisch zu pathologisch durchaus fließend ist. Aber hat sich das menschliche Mikrobiom während der letzten Jahrzehnte tatsächlich dramatisch verändert?

Einen wichtigen Beitrag zum Verständnis des menschlichen Mikrobioms lieferten Untersuchungen an (wenigen verbliebenen) weitgehend ursprünglich als Jäger und Sammler lebenden Ureinwohnern wie den Hadza in Tansania und den Yanomami-Indianern in den Regenwäldern Südamerikas.[20]

Die untersuchten Stuhlproben dieser traditionell lebenden Populationen wiesen eine erheblich höhere Biodiversität auf als das Mikrobiom von Menschen mit modernem, westlichem Lebensstil. Sie enthielten Bakterienfamilien, die im Darm von Menschen aus Industrienationen selten oder nicht vorhanden sind. Auffallend waren auch erhebliche saisonale Verschiebungen in der Mikrobiom-Zusammensetzung in Abhängigkeit von der verfügbaren Nahrung sowie ein hoher Anteil von Bakterienstämmen, die bei der Verwertung komplexer Kohlenhydrate hilfreich sind.[21]

Die Ursache dürfte ein bis zu zehnfach höherer Anteil von unverdaulichen Ballaststoffen in der täglichen Nahrung moderner Jäger und Sammler sein. Bei Menschen aus der postindustriellen städtischen Bevölkerung ist die Zusammensetzung des Mikrobioms über das Jahr weitgehend stabil und wird nur in geringem Ausmaß mit der Verdauung komplexer Kohlenhydrate konfrontiert. Man könnte vereinfacht sagen: Nahrungseinfalt produziert Mikrobiomeinfalt. Die westliche Ernährung hungert das Mikrobiom aus. Fehlen die Ballaststoffe, ernähren sich manche Darmbakterien auch von dem schützenden Darmschleim, was die Situation noch zusätzlich verschärft.[22]

Die Untersuchung von Stuhl- und Hautproben des Yanomami-Stammes, der noch nie Kontakt zur Außenwelt hatte, zeigte, dass deren Mikrobiom die höchste Vielfalt an Bakterien und genetischen Funktionen beherbergt, die jemals in einer menschlichen Population verzeichnet wurde.[23]

Es scheint sich also auch im Falle des Mikrobioms das grundlegende ökologische Prinzip, wonach ein Ökosystem mit hoher Artenvielfalt die höchste Stabilität aufweist, zu bewahrheiten. Unser westliches Mikrobiom verhungert derzeit allerdings still und leise.

Wer bin ich und wenn ja, wie viele?

Wir sind nicht die abgegrenzten, selbstbestimmten Individuen, für die wir uns gerne halten. Es gibt keine Trennung zwischen dem Ich und der Außenwelt. Wir sind ein komplex besiedeltes System, das mit dem uns umgebenden, viel größeren Ökosystem (dessen Teil wir sind) in regem Austausch steht. Wir bestehen aus Tausenden von Genen, Milliarden von Nervenzellen, vielen hundert Milliarden von Bakterien, Archaeen, Pilzen und Viren und einer unglaublich komplexen Vielfalt an Informationen, die in diesen Systemen ausgetauscht werden. Es übersteigt unsere Vorstellungskraft. Adieu viel gepriesene Individualität! In seinem Buch *I Contain Multitudes: The Microbes Within Us and a Grander View of Life* (Deutsch mit dem Titel *Winzige Gefährten*) formulierte der Autor Ed Yong treffend: »Körpergeruch, Gesundheit, Verdauung, Entwicklung und dutzende andere Eigenschaften, die wir dem Individuum zuschreiben, sind in Wahrheit das Ergebnis einer komplexen Interaktion zwischen Wirt und Mikroben.«

Es sind unsere Mikroben, die uns zu dem machen, was wir sind. Spinnt man diesen Gedanken weiter, dann ist klar, dass wir das, was wir unserer Umwelt antun, auch uns selbst zufügen. Und wenn wir unser Mikrobiom nicht richtig ernähren oder mit schädlichen Substanzen in Kontakt bringen, gerät es aus dem Gleichgewicht und verursacht schließlich Krankheiten.

Wir können unsere Physiologie, unsere Entwicklung und unsere Evolution nicht isoliert betrachten. Sie und ich, wir sind jeweils ein großes komplexes Team aus unzähligen Arten, deren Zusammenspiel es erst ermöglicht, den vielschichtigen Anforderungen eines menschlichen Lebens zu begegnen. Wir sind als Menschen daher nicht als Individuen zu betrachten, sondern als lebende, wandelnde Ökosysteme, die in einer evolutionären Partnerschaft mit Mikroben entstanden sind.

Ökosysteme sind nicht nur irgendwo da draußen im Wald, in den Seen oder Weltmeeren. Wir sind mittendrin und selbst Teil des unglaublich komplexen globalen Ökosystems! Wir können uns nicht herausnehmen. Die Bakterien in und auf unserem Körper stammen aus unserer Umwelt und sind das Resultat einer seit Jahrmillionen andauernden Evolution. Gleichzeitig beeinflussen wir heute deren genetische Ausstattung und Vielfalt durch unseren hemmungslosen Verbrauch von antibiotischen und toxischen Substanzen wie Pestiziden, ohne es zu merken.

Leben im Anthropozän

Im Zuge unserer langen evolutionären Vergangenheit waren wir immer einer gehörigen Menge an Mikroben aus unserer Umwelt ausgesetzt. Nahrung wurde so, wie sie erlegt, gepflückt oder ausgegraben wurde, verzehrt. Getrunken wurde unchloriertes Wasser. Desinfektionsmittel und Duschgels waren nicht verfügbar. Erst im Laufe des letzten Jahrhunderts wurde unsere Umwelt sauberer und hygienischer. Dabei ist bakterienhaltiger Schmutz eine wichtige und »gesunde« Substanz, von der unsere Kinder und wir reichlich naschen sollten. Auch unser Immunsystem braucht Bakterien in seiner Nähe, um stets auf dem Laufenden bleiben zu können.

Wir leben heute in einem Erdzeitalter, das vom Menschen und seinen Aktivitäten so geprägt wurde und wird, dass es von manchen Wissenschaftlern als das Anthropozän, das Zeitalter des Menschen, bezeichnet wird. Ein wesentlicher Bestandteil dieser Veränderungen ist vor allem die geänderte industrielle Produktionsweise für Lebensmittel, eine veränderte, häufig fragwürdige Ernährungsweise, individuelle Mobilität (durch die intensive Nutzung fossiler Brennstoffe), eine flächendeckende medizinische Versorgung sowie eine übersteigerte Alltagshygiene. Die Verbindung zur natürlichen Umwelt ist mit der zunehmend urbanen Lebensweise verloren gegangen und wird auch in

Zukunft, wo mehr Menschen in Städten als auf dem Land leben werden, im Abnehmen begriffen sein.

Parallel zu der Zunahme der nichtübertragbaren, chronischen Erkrankungen des Menschen treten immer mehr rätselhafte Tier- und Pflanzenkrankheiten auf. Eine wesentliche Ursache dürfte in einer Störung der Interaktion und des Gleichgewichtes zwischen den verschiedenen symbiontischen Mikroorganismen und deren Wirten liegen. Während sie uns also gesund und am Leben halten, töten wir sie zu unserem eigenen Nachteil mit unzähligen chemischen Substanzen ab.

Dünger: das Dilemma der Landwirtschaft

In unberührten Ökosystemen findet das Nährstoffrecycling in Form von Kreisläufen großteils an Ort und Stelle statt. Nichts wird dem System entnommen. In diesem Punkt unterscheidet sich die Nahrungsmittelproduktion in Land- und Gartenbau erheblich, weil die Nährstoffe des Bodens in Form der geernteten Nahrungsmittel und anderer Produkte den Boden und den Ort der Produktion dauerhaft verlassen. Sie landen in unseren Mägen und in den Mägen der Nutztiere (oder im Müll), um verstoffwechselt zu werden. Was nicht vom Körper aufgenommen wird, verlässt ihn in flüssiger oder fester Form, allerdings in der Regel an einem anderen Ort. Der Boden verliert dadurch, je nach angebauter Pflanze, mit der Zeit früher oder später Nährstoffe, Mineralien und Spurenelemente. Was dem Boden entnommen wird, muss schlussendlich zurückgeführt werden, um die Bilanz zu wahren. Dies geschieht in der Regel durch unterschiedlichste Nährstoffgemische in Form von Dünger. Dünger ist daher also nicht zwingend etwas Schlechtes, sondern im produktiven Land- und Gartenbau eine Notwendigkeit. Es kommt aber vor allem auf die Art der Düngung an.

»Die Grundlage der Düngung in der Landwirtschaft ist der Stallmist; er hat schon seit Jahrhunderten diese Aufgabe. Seine Bedeutung sah man allerdings früher vornehmlich in der Vermittlung aller notwendigen Pflanzennährstoffe, und erst der neueren Zeit blieb es vorbehalten, die bodenverbessernde Wirkung des Stalldüngers zu erkennen. Sie besteht in der Versorgung und Anreicherung des Bodens mit Humus, der wieder die Grundlage des Bakterienlebens bildet« (*Schlipf's Handbuch der Landwirtschaft*, 1943, S. 5729).

Diese fundamentale Einsicht »der neueren Zeit« wurde den Bauern bereits in *Schlipf's Handbuch der Landwirtschaft* am Beginn des Kapitels *Dünger* mit auf den Weg mitgegeben. Was folgt, ist eine Auflistung der unterschiedlichen Qualitäten von Ausscheidungen verschiedenster Nutztiere, und reicht von Rindviehdünger über Schaf-, Pferde- und Schweinedünger bis zu Geflügeldünger. Minutiös wird die richtige Aufbereitung von Stallmist, die Vermeidung von Verlusten, die korrekte Einrichtung einer Dungstätte, sprich Misthaufen, für große und kleinere Betriebe bis hin zur richtigen Ausbringung über viele Seiten erklärt.

Der bedeutenden Rolle des Bakterienlebens im Boden war man sich damals offenbar bewusster als heute. Wiewohl damals schon mineralischer Kunstdünger im Handel erhältlich war, hatte dieser Nachrang gegenüber dem guten alten Stallmist. Voraussetzung für diese natürliche Art der Düngung war damals und Tausende Jahre zuvor eine vielfältige Tierhaltung in Verbindung mit der Felderwirtschaft sowie eine gesunde und überschaubare Betriebsgröße. Heute sind Misthaufen hinter dem Stall eine Seltenheit. Mineralischer Kunstdünger muss stets in großen Mengen zugekauft und mit schwerem Gerät auf die Felder ausgebracht werden.

Mineraldünger

In den vergangenen fünfzig Jahren hat sich der Verbrauch von Mineraldünger mehr als verfünffacht. In Europa ist, im Gegensatz zu vielen anderen Ländern der Erde, der Verbrauch von Handelsdünger mittlerweile etwas gesunken, da viele Felder durch den übermäßigen Düngereinsatz in der Vergangenheit mit Nährstoffen wie Stickstoff, Phosphor und Kalium (abgekürzt NPK) überversorgt sind. Dennoch werden jährlich weltweit Düngemittel in einem geschätzten Wert von über 200 Milliarden Dollar verkauft.

Ein grundlegender Irrtum ist, dass hauptsächlich die Pflanzen Dünger benötigen. Vielmehr muss der Boden und das darin enthaltene Leben mit Nährstoffen versorgt werden. Da dieses Bodenleben Nährstoffe in Form lebender und toter organischer Materie langfristig speichert und im Falle der Pilze sogar Nährstoffe aus anorganischer Materie wie Gesteinen herauslösen kann, gewährleistet ein gesunder Boden eine langfristige, ausreichende und gleichmäßige Nährstoffversorgung der Pflanzen. Diese sorgen von selbst dafür, dass sie die richtigen Pilze und Bakterien anlocken, die sie mit dem Notwendigen versorgen, auch mit Spurenelementen.

Kunstdünger aus den Nährstoffelementen Stickstoff, Kalium und Phosphor in Form mineralischer Kügelchen auf den Acker zu werfen, ist zwar recht praktisch und kommt den Pflanzen teilweise auch zugute, schädigt aber längerfristig das Bodenleben und wird zu großen Teilen ungenutzt ausgewaschen.

Eine mit künstlichem Handelsdünger am Leben gehaltene Pflanze weist ein erheblich geringeres Wurzelwachstum auf, da sie sich um die Nährstoffe »nicht bemühen« muss. Außerdem stellt sie die Produktion der überflüssig gewordenen Wurzelexsudate ein, und das Bodennahrungsnetz wird ausgehungert. Wir haben gesehen, wie komplex die Kette des Fressens und Gefressenwerdens im Boden abläuft. Fehlt die Basis, das sind vor allem die Bakterien und Pilze, wird mit der Zeit die Diversität des Bodenlebens abnehmen. Jahrelanger Einsatz von synthetischen Düngemitteln bringt das Bodenleben aus dem Gleichgewicht, denn die Lebewesen können in dem chemischen Milieu nicht mehr richtig arbeiten und sterben langsam und leise ab. Wir sehen nichts. Nur der Landwirt merkt es in der Geldbörse, da er im Laufe der Jahre immer mehr Chemie einsetzen muss, um die Pflanzen zu ernähren und seine Erträge zu sichern.

Das ließe sich durch einfache biologische Maßnahmen vermeiden, die das Bodenleben fördern und den Humusgehalt verbessern. Dazu später. Zunächst sollten wir uns ansehen, mit welchen Problemen ganz anderer Art wir in absehbarer Zeit konfrontiert sein werden, wenn wir das gegenwärtige System der konventionellen Landwirtschaft weiter betreiben wie bisher. Denn unabhängig von der Erkenntnis, dass Mineraldünger das Bodenleben auf lange Sicht massiv beeinträchtigt, stellt sich auch die Frage, woher der Kunstdünger stammt und wie lange wir uns auf dessen Verfügbarkeit noch verlassen können.

Stickstoff

Seit Mitte des 19. Jahrhunderts war vor allem durch die Arbeiten des Deutschen Justus von Liebig bekannt, dass Stickstoff ein essenzieller Nährstoff für das Pflanzenwachstum ist. Bis vor hundert Jahren entstammte dieser Stickstoff für die landwirtschaftliche Produktion hauptsächlich kompostierten organischen Abfällen, Tiermist und der Fruchtfolge mit stickstofffixierenden Pflanzen.

Auch Guano aus den abgelagerten Exkrementen nistender Seevögel wie Pinguin und Kormoran stellte im 19. Jahrhundert, allerdings nur vorübergehend, ein wichtiges stickstoff-, phosphor- und kaliumhaltiges Düngemittel dar. Über viele Jahrhunderte hatten sich die tierischen Ausscheidungen auf unberührten Inseln vor den Küsten Südamerikas und Westafrikas in bis zu fünfzig Meter dicken Guano-Schichten abgelagert. Alexander von Humboldt brachte 1804 die ersten Proben nach Europa mit, wo sie breite Aufmerksamkeit erhielten. Der darin enthaltene Natursalpeter war ab der Mitte des 19. Jahrhunderts ein heiß begehrtes Importgut, denn er konnte neben der Anwendung als Dünger auch zur Sprengstoffherstellung verwendet werden. In den 1850er-Jahren importierten Länder wie England und die USA zusammen jährlich gut eine Million Tonnen der begehrten Vogelausscheidungen. Doch beim Guano verhielt es sich ähnlich wie bei anderen Rohstoffen: Wurden die Vorkommen erst entdeckt, begann auch schon die rücksichtslose wirtschaftliche Ausbeutung, vor allem durch die industrialisierten Länder. So waren auch die Guano-Vorkommen nach wenigen Jahrzehnten bereits erschöpft.

Doch auf einen Schlag änderte sich alles: Anfang des 20. Jahrhunderts erfanden die deutschen Chemiker Fritz Haber und Carl Bosch ein chemisches industrielles Verfahren zur Massenproduktion von Stickstoffdünger aus Luftstickstoff (immerhin achtzig Prozent der Erdatmosphäre), das nach ihnen benannte Haber-Bosch-Verfahren. Fritz Haber erhielt dafür 1918, Carl Bosch 1931 den Nobelpreis für Chemie. Gut zwei Drittel des heute weltweit verbrauchten Mineraldüngers ist synthetischer Stickstoff. Mit einem Produktionsausstoß von mehr als 150 Millionen Tonnen (2017) deckt die Herstellung mittels Haber-Bosch-Verfahren mehr als 99 Prozent des weltweiten Bedarfs an Ammoniak.

Die billige Verfügbarkeit von Stickstoffdünger und die Entwicklung moderner landwirtschaftlicher Hochleistungs- beziehungsweise Hochertragssorten ebneten den Weg für die Grüne Revolution der 1960er-Jahre. Die Erträge waren von da an erstaunlich, und niemand hinterfragte die Anwendung des industriell hergestellten Stickstoffdüngers – bis heute. Schätzungen zufolge hat jedes zweite Stickstoff-Atom in unseren Körpern das Haber-Bosch-Verfahren durchlaufen.

Doch während stickstoffbasierte Mineraldünger die Erträge auf unfruchtbaren Böden erheblich steigern können, sind die Zugewinne auf bereits nährstoffversorgten Böden gering. Auch können die Pflanzen den Stickstoffdünger nur zu einem gewissen Teil aufnehmen, der Rest landet im Grundwasser mit den bekannten negativen Folgen. Zudem wird der Boden angesäuert (was zu einer schlechteren Nährstoffverfügbarkeit führt) und der Abbau von Humus gefördert. Gar nicht gut. Noch viel nachteiliger ist die Tatsache, dass bei der Herstellung von einer Tonne Ammonium-Dünger ungefähr die gleiche Menge an fossilen Brennstoffen (hauptsächlich Erdgas) benötigt wird und 1,5 Tonnen CO_2 entstehen. Das Haber-Bosch-Verfahren verschluckt gut zwei Prozent des weltweiten gewerblichen Energiebedarfs.

Phosphor

Nichts gedeiht, nichts lebt ohne das unverzichtbare Element Phosphor. Wir benötigen es für den Aufbau unserer Knochen, als Baustein in unserer DNA und als Energieträger in unseren Zellen. Seit es auf der Erde Lebewesen gibt, unterliegt das Element Phosphor einem ständigen Kreislauf. Die Lebewesen nehmen Phosphor auf und geben es teilweise über die Ausscheidungen wieder ab. Stirbt ein Lebewesen, wird der gespeicherte Phosphor ebenfalls wieder frei und gelangt in den Kreislauf. So läuft es unter natürlichen Bedingungen.

Während die pflanzenwachstumsfördernde Wirkung von Phosphor bereits seit 1877 bekannt war, wurde es erst nach dem Ende des Zweiten Weltkrieges, also seit etwa siebzig Jahren, in der Landwirtschaft zusammen mit Stickstoff und Kali tonnenweise eingesetzt. Das

Resultat war die Grüne Revolution, in deren Folge sich durch den Mineraldüngereinsatz die Ernteerträge vervielfachten. Die gesteigerten Ernteerträge machten die Massenproduktion von Lebensmitteln möglich und trugen zum rasanten Bevölkerungswachstum bei. Von diesem Zeitpunkt an konnten die hohen Erträge nur noch durch den Einsatz von reichlich Phosphatdünger gewährleistet werden. Seit der Bevölkerungsexplosion und der Grünen Revolution benötigen wir immer mehr Phosphor, um die Erträge zu halten. Allein die deutsche Landwirtschaft benötigt derzeit jedes Jahr 140 000 Tonnen Phosphatdünger. Weltweit werden jährlich 15 Millionen Tonnen Phosphordünger verbraucht. Fehlt der Phosphor, gehen die Erträge im konventionellen Landbau rapide zurück. Die Menschheit ist von Phosphor in kürzester Zeit abhängig geworden.

Das Dilemma: Die Vorräte schwinden, denn Phosphor ist keine erneuerbare Ressource und kann nicht so einfach wie Stickstoff aus der Luft gewonnen werden. Der im Mineraldünger enthaltene Phosphor muss als Rohphosphat aufwendig im Tagebau gewonnen werden.

Ein weiteres Problem ist, dass nur wenige Länder dieser Erde über Abbaustätten von Rohphosphat verfügen (Nord- und Südafrika, China, Florida/USA). Unter dem nordafrikanischen Wüstensand Marokkos und Tunesiens schlummert ein Großteil der weltweiten Phosphorreserven. Ein wichtiges Exportgut, aber auch eine tickende geostrategische Zeitbombe.

Ähnlich langsam wie Erdöl bildete sich die phosphathaltige Gesteinsschicht im Lauf von Jahrmillionen durch Ablagerungs- und Verwitterungsprozesse. Im Unterschied zu Erdöl, das wir durch alternative Energieträger ersetzen können, gibt es derzeit keine wirklichen Alternativen zu Phosphor. Und schließlich ist Rohphosphat häufig mit den Schwermetallen Kadmium und Uran verunreinigt. Die Schwermetalle sind im Dünger enthalten und gelangen so auf unsere Felder und von dort in die Nahrung und ins Trinkwasser.

Doch die Quellen werden immer unzugänglicher, der Abbau immer teurer, da die besten Abbaugebiete schon ausgebeutet sind. Manche Minen haben noch einen Vorrat für die nächsten dreißig bis vierzig Jahre, dann ist Schluss. Als China im Jahr 2008 Ausfuhrzölle auf den begehrten Rohstoff verhängte und der Phosphorpreis auf dem Weltmarkt vorübergehend um 800 Prozent zulegte, zeigte sich die prekäre Lage der weltweiten Phosphorversorgung. Die Hersteller konnten in dieser Zeit feiern, verzeichneten sie doch Rekordgewinne.

Wie bei allen anderen Elementen ist auch bei Phosphor die gesamte Menge auf der Erde konstant. So gelangt derzeit der vorhandene Phosphor aus der Wüste Tunesiens über den Handelsdünger in unsere Nahrung, wird von uns über den Urin ausgeschieden und gelangt schließlich in die Abwässer. Auf diese Weise verlagern wir den vorhandenen

Phosphor aus dem Boden Afrikas in die Gewässer und Ozeane dieser Erde, wo er nicht mehr zur Verfügung steht. Erst nach mehreren Millionen Jahren werden sich in den Meeren daraus wieder Phosphorlagerstätten bilden. Das bringt uns wenig. Wenn daher dieser Verlagerungsprozess durch die gegenwärtige Düngepraxis abgeschlossen ist, dann war's das – finito. Was wird die nächste oder übernächste Generation ohne Phosphatdünger tun? Berechnungen zufolge ist der Höhepunkt der weltweiten Phosphatförderung irgendwann zwischen 2030 und 2040 überschritten (*Peak Phosphor*), ab dann geht es mit der Verfügbarkeit bergab und den Preisen steil bergauf.

Die einzige Alternative wäre die Rückgewinnung des wertvollen Rohstoffes aus unseren und tierischen Ausscheidungen. Urin ist reich an Mineralstoffen wie Kalzium, Magnesium, Kalium und vor allem Phosphor. Es gibt auch diesbezügliche Versuche und Modellprojekte, aber bis jetzt ist keines großtechnisch umgesetzt worden. Es ist illusorisch, zu glauben, dass die Rückgewinnung aus Urin den ansteigenden weltweiten Phosphorbedarf der konventionellen Landwirtschaft auch nur annähernd decken könnte. Eine lokale und ökologische Kreislaufwirtschaft könnte dies schon.

Kalium

Bei der ebenfalls endlichen Ressource Kalium sieht es ähnlich triste aus. Kali wird bereits seit der zweiten Hälfte des 19. Jahrhunderts untertägig in Steinsalzlagerstätten abgebaut. Bis nach dem Ersten Weltkrieg hatte das Deutsche Reich ein weltweites Monopol auf den Kalibergbau. Heute sind die größten Kaliumproduzenten der Welt Kanada, Russland und Deutschland (K+S Kali GmbH).

Nach Extraktion der 20 bis 35 Prozent Kali fallen riesige Abraumberge von Salz an. »Monte Kali« werden in Deutschland die riesigen Abraumhalden der Kalisalzproduktion fast verniedlichend genannt. Tatsächlich stellen sie ein enormes ökologisches Problem dar, weil Salze und Schwermetalle durch Niederschläge ausgewaschen werden und Böden, Grundwasser und Oberflächengewässer in der Umgebung massiv belasten.

Da hilft es herzlich wenig, wenn K+S Kali für seine Produkte mit Sätzen wie »Wir stehen für eine breite Auswahl an Düngemitteln natürlicher Herkunft« wirbt. Zweifellos ist die Herkunft natürlich, genauso natürlich wie die Herkunft von Erdöl, Uran, Quecksilber und Aluminium: Es sind die gespeicherten, auf natürliche Weise entstandenen Rohstoffvorräte der Erde. Die Natürlichkeit der Herkunft sagt nichts über das bevorstehende Ende der Rohstoffreserven und deren Wirkung auf biologische Prozesse aus.

Wir sehen, dass durch den Einsatz von Mineraldünger von einem Konto abgehoben wird, auf das niemand einzahlt. In absehbarer Zeit wird der Kontostand auf null stehen, ein Überziehen wird nicht möglich sein. Wäre es daher nicht sinnvoll und gegenüber den nächsten Generationen fair, sich bereits jetzt über ein zwingend erforderliches, alternatives Szenario Gedanken zu machen? Denn die negativen Folgen des liberalen Düngereinsatzes können schon seit Jahrzehnten beobachtet werden.

Die tödliche NPK-Spirale

Warum ist die übermäßige Verwendung von NPK-Dünger so problematisch für Boden und Umwelt? Da der Ertrag pro Hektar die entscheidende Kenngröße ist, um den erwünschten Profit zu erlangen, muss Kunstdünger her. So die seit gut zwei Generationen vorherrschende und selten hinterfragte Meinung unter vielen Landwirten. Kann nicht so schlecht sein, da es ja nur Dünger und kein Gift ist. Also wird massenhaft Mineraldünger gekauft. Einmal ausgebracht, ist diese Darreichungsform noch stabil auf dem Ackerboden. Erst nach Regen oder Bewässerung lösen sich die Mineraldüngerkristalle auf und die Nährstoffe werden gelöst in den Boden eingeschwemmt und von den Pflanzen aufgenommen. Und siehe da: Die Pflanzen der Monokultur gedeihen recht gut, ganz wie erwartet. Saftige Pflanzen locken aber auch Schädlinge an, die der Monokultur zusetzen. Also wird die erste Runde Gift in Form von Insektiziden auf das Feld gespritzt. Leider erreicht dieses nicht nur die Schädlinge auf der Pflanze, sondern auch das für eine optimale Bodenstruktur wichtige Bodenleben. Aber den Pflanzen geht's offenbar wieder gut, und dem Profit scheint nichts im Wege zu stehen.

Bei feuchtem Wetter kommt es zu einem unliebsamen Pilzbefall der Pflanzen. Also muss wieder reichlich Geld ausgegeben werden, um die nächste Runde Gift auf das Feld zu spritzen, diesmal in Form von Fungiziden. Immerhin hat man bis jetzt viel Aufwand betrieben und die diesjährige Ernte darf auf keinen Fall durch Pilzbefall gefährdet werden. Auch Fungizide wirken nicht nur an der Pflanze, sondern werden ebenfalls in den Erdboden eingewaschen, wo sie leider auch die hilfreichen Bodenpilze (Mykorrhiza) schädigen oder abtöten. Durch die fehlenden Pilzhyphen geht auch die luft- und wasserhaltende feinkrümlige Bodenstruktur mit der Zeit verloren und es kommt beim nächsten Starkregenereignis oder Sturm zur Abschwemmung oder Verwehung von organischem Bodenmaterial, sprich: Erosion macht sich breit.

Freiliegender, durch Erosion nackter Boden wird in der Natur nicht »geduldet« und regelhaft durch robustere, sogenannte Pionierpflanzen besiedelt. Ein anderer Name für diese genügsamen Pionierpflanzen, deren natürliche Aufgabe es ist, durch ihre Wurzelsysteme den beeinträchtigten Boden zusammenzuhalten, ist *Unkraut*. Was ist demnach zu tun? Richtig: der nächste Gifteinkauf umfasst schließlich wieder die Herbizide (*wieder* deswegen, weil der Acker bereits vor der Aussaat mit reichlich Herbiziden »sauber gemacht« wurde). Die Unkrautvernichter vervollständigen den Biozid-Cocktail, der die Ernte unserer diesjährigen Monokultur sicherstellen soll.

Aber womit hat dieser Biozid-Wahn begonnen? Wir erinnern uns: mit dem harmlos wirkenden Sack NPK-Mineraldünger! Die Kosten für Dünger, Pestizide und Treibstoff muss der Landwirt vom Gewinn abziehen. Ein wesentlicher Faktor, der bei dem alljährlichen Wettlauf um Maximalerträge pro Hektar oft in Vergessenheit gerät. Im ökologischen Landbau entfallen diese Kosten weitgehend.

Die Ursache für dieses alljährliche Drama ist die Fehlannahme, die Pflanzen müssten unbedingt mit ausreichend Mineraldünger versorgt werden. Vielmehr sollte aber der lebende Erdboden mit langsam frei werdenden Nährstoffen in Form von Kompost oder Komposttee angereichert werden, um das Bodenleben zu versorgen und es auf einem hohen Diversitätsniveau zu halten. Die fortwährende Bekämpfung der Symptome und die Nichtbehebung der Ursache verschafft der agrochemischen Industrie jährlich Umsätze in Milliardenhöhe. Übrigens ganz analog wie die Bekämpfung von Krankheitssymptomen in der Humanmedizin die Kassen der Pharmakonzerne fröhlich klingeln lässt. Auch hier wäre die Verhinderung oder Behebung der auslösenden Ursache die einzig richtige und erheblich kostengünstigere Lösung. In beiden Fällen muss das Übel im wahrsten Sinne des Wortes »bei der Wurzel« gepackt werden.

Wenn wir schon über endliche Ressourcen sprechen: Auch das Ende des Ölzeitalters steht uns, wenn es nach den Schätzungen seriöser Wissenschaftler geht, in einigen Jahrzehnten bevor. Die Grenze der maximalen Ölförderung (*Peak Oil*) wurde in vielen produzierenden Staaten bereits überschritten.

Pestizide: Gifte gegen das Leben

Pestizide sind *Biozide*. Es steckt im Namen drinnen, dass es sich dabei um Gifte (*caedere*: lateinisch für Töten) gegen das Leben (*bíos*: griechisch für Leben) handelt. Der Einsatz von Pestiziden in der Landwirtschaft führt zu beeindruckenden Erträgen und erleichtert die Arbeit der Landwirte. Das ist unbestritten. Die Absatzzahlen sind ansehnlich: Die jährlich weltweit eingesetzten drei Millionen Tonnen Pestizide haben einen Verkaufswert von ca. vierzig Milliarden US-Dollar. Die Pestizid-assoziierten Vergiftungsfälle sind ebenfalls beeindruckend: 26 Millionen Menschen erleiden jährlich nichttödliche Vergiftungen.

Wir wissen alle, dass auf unseren Feldern das ganze Jahr über tonnenweise Pestizide versprüht werden. Auch für die Anwendung im Hausgarten sind unzählige Produkte auf dem Markt und werden fleißig gekauft. Immerhin erspart man sich zum Beispiel durch Roundup® das lästige Unkrautrupfen entlang der Wege. Gift, das sich häufig in der Nahrungskette nachweisen lässt. Doch scheint dieser Umstand so unvermeidlich, dass die meisten Menschen sich kaum noch Gedanken zu machen scheinen. Man sieht es nicht und man schmeckt es nicht. Die Behörden haben die Substanzen zugelassen, also wird alles in Ordnung sein. So jedenfalls die landläufige Meinung. Aber sind diese Substanzen, deren einzige und zentrale Aufgabe es ist, lebendige Organismen (Pflanzen, Pilze, Insekten etc.) abzutöten, wirklich so harmlos wie behauptet?

Weltweit wird an erster Stelle das Unkrautvernichtungsmittel Glyphosat eingesetzt, aber auch zahlreiche andere Substanzen werden in Unmengen benutzt und lassen sich in unserer Nahrung nachweisen. Und nicht nur in der Nahrung, auch im Urin, im Blut, in der Muttermilch und sogar im Nabelschnurblut von Neugeborenen kann ein Cocktail von Pestiziden nachgewiesen werden. Ein Cocktail, bei dem weder das kumulative Risiko, also die Summenwirkung der verschiedenen chemischen Verbindungen, bekannt ist, noch deren langfristige Folgen auf den menschlichen Körper. Die Hersteller behaupten gebetsmühlenartig, dass bei ordnungsgemäßer Anwendung nach der »guten landwirtschaftlichen Praxis« kein Risiko bestünde. Die Mittel würden sich im Boden von selbst abbauen. Gelangen sie in den Körper, würden sie unverändert wieder ausgeschieden. Seriöse Wissenschaftler warnen hingegen, dass wir möglicherweise kurz vor einer großen gesundheitlichen Katastrophe stehen. Wie groß ist die Gefahr durch Pestizide tatsächlich?

Die Frage kann nicht in einem Satz pauschal beantwortet werden, da es sich um ganz verschiedene Substanzen aus unterschiedlichen Stoffgruppen handelt. Nicht alle Substanzen sind in allen EU-Ländern zugelassen. Selbst wenn die Zulassung einer Substanz aufgehoben worden ist, kann sie dennoch im Rahmen einer sogenannten Notfallverordnung für begrenzte Zeit zum Einsatz kommen. Und schließlich kann eine Substanz, selbst wenn sie in der EU vollständig verboten wurde, über belastete Lebensmittel immer noch durch den weltweiten Handel (zum Beispiel mit Südfrüchten) trotzdem auf unsere Teller gelangen, nicht selten über dem zulässigen Grenzwert. Eine detaillierte Abhandlung der möglichen Gesundheits- und Umweltschäden aller Pestizide ist schwierig und im Rahmen dieses Buches gar nicht möglich. Ich möchte mich hier auf ganz grundsätzliche Betrachtungen und wenig beachtete Mechanismen insbesondere in Bezug auf die zu Beginn des Buches aufgezählten, nichtübertragbaren chronischen Krankheiten beschränken.

Pestizide und ihre Wirkung

Bei Pestiziden aus der Gruppe der sogenannten Organophosphate ist die Lage relativ einfach. Der zentrale Angriffsort von Organophosphat-basierten Pestiziden ist das Enzym Azetylcholinesterase. Wird dieses Enzym bei Insekten durch ein Organophosphat (zum Beispiel Malathion) gehemmt, dann kann der Neurotransmitter Acetylcholin im synaptischen Spalt zwischen zwei Nervenzellen nicht abgebaut werden. Die Folge ist eine Überregung. Das Insekt stirbt. So weit, so gut. Aber die Sache hat einen gravierenden Haken.

Tatsächlich existiert das haargenau gleiche Enzym, genauso wie der Neurotransmitter Azetylcholin, auch beim Menschen. Und aus genau diesem Grund fanden in den letzten Jahrzehnten auch immer wieder Gräueltaten mit Chemiewaffen auf Organophosphatbasis statt. Auch in der »Darreichungsform« als Pestizid sind Organophosphate hochgiftig, wenn sie in den menschlichen Organismus gelangen, was hauptsächlich bei der unsachgemäßen Anwendung in der Landwirtschaft (oder auch bei Suiziden) passiert.

Das in Deutschland von Fritz Haber (ja, der mit dem Stickstoffdünger) entwickelte Zyklon B (Wirkstoff: Blausäure) wurde ebenfalls vom ursprünglichen Zweck als Insektenvertilgungsmittel zu einem »Menschenvernichtungsmittel« für den industriell organisierten Massenmord der Nazis umfunktioniert. Das ging so »einfach«, weil der todbringende Wirkmechanismus von Blausäure/Cyanid die Blockierung der sogenannten Zellatmung in den Zellen ist. Und da auch dieser Mechanismus bei Insekten und Menschen gleichermaßen arbeitet, war das »Umfunktionieren« keine große Angelegenheit.

Anhand des Beispiels der Organophosphate und der Blausäure sehen wir, dass der evolutionsbedingte, gleiche Bauplan beim Säugetier Mensch und bei den Insekten die Ursache für die todbringende »Mehrfachanwendung« dieser Substanzklassen in der Vergangenheit war. Sie erinnern sich, wir haben die »Einheit des Lebens« und das Vorkommen von ein und demselben zellulären Baustein oder Mechanismus bei fast allen Lebensformen zu Beginn des zweiten Teiles kennengelernt. Und Pflanzen, Insekten, Säugetiere sowie Pilze sind alle Eukaryoten. Sie teilen sich daher zahlreiche Eigenschaften und beherbergen in ihrem Inneren zudem noch Organellen mit prokaryoter, sprich bakterieller Herkunft in Form von Mitochondrien und Plastiden. Allein aufgrund dieser komplexen Verflechtung allen biologischen Lebens auf der Erde kann es keine »sicheren Pestizide« geben! Hat eine Substanz eine Wirkung an einer bestimmten physiologischen Schlüsselstelle eines Lebewesens, so hat sie diese oder eine ähnliche mit hoher Wahrscheinlichkeit auch bei anderen Organismen.

Doch auch wenn zum Beispiel alle Säugetiere in ihrer Physiologie, dem Gewebeaufbau und der allgemeinen Anatomie sehr große Ähnlichkeiten aufweisen, ist es nicht ohne Weiteres möglich, von der Wirkung bei einer Art (zum Beispiel *Rattus rattus*) auf die Wirkung bei einer anderen Art (zum Beispiel *Homo sapiens*) zu schließen. Dieser Umstand hat besonderes Gewicht, wenn es um die wissenschaftliche Untersuchung und Bewertung von potenziell schädlichen Wirkungen geht. Löst etwa eine chemische Verbindung bei einem Labortier nach einer gewissen Zeitspanne keinen Krebs aus, heißt das nicht automatisch, dass diese Substanz für den menschlichen Organismus auf lange Sicht harmlos ist. Was aber die tatsächliche Auslösung von Krebs bei einer, dem *Homo sapiens* »baugleichen Art« im Laborexperiment zeigt, ist, dass die Substanz grundsätzlich dazu geeignet wäre, dies auch bei uns Menschen auszulösen. Die Substanz besitzt das Potenzial, und daher wäre äußerste Vorsicht angebracht, wenn es darum geht, die Substanz auf unsere Lebensmittel zu spritzen. Durchaus ein Dilemma, denn Versuche mit Pestiziden an Menschen verbieten sich aus grundsätzlichen Überlegungen. Die daraus resultierende unklare Studienlage wird von den Herstellern schamlos ausgenutzt, lässt sich doch so behaupten, dass die schädigende Wirkung auf den Menschen in keiner Studie eindeutig nachgewiesen werden konnte.

Kritiker behaupten, und das meiner Meinung nach völlig zu Recht, dass die Anwendung von unzähligen Pestiziden in unglaublichen Mengen während der letzten Jahrzehnte tatsächlich einem großen menschlichen Langzeitversuch gleichkommt. Zugelassen und verkauft wird dennoch unter dem Motto »Wird schon nichts passieren«. Es hat sich aber immer wieder herausgestellt, dass die Substanzen nicht so harmlos sind, wie ursprünglich angenommen. Die Liste der nach einer gewissen Zeit vom Markt genommenen Substanzen wird immer länger, da sich, trotz ursprünglich unbedenklicher Zulassung, das Mittel im Zuge seiner verbreiteten Anwendung schließlich doch als gefährlich herausstellte. Allein 2003 wurden in der EU mehr als 400 Wirkstoffe vom Markt genommen. Sie waren alle irgendwann als unbedenklich eingestuft und zugelassen worden.

Eines der bekanntesten Beispiele ist das Organochlorpestizid DDT. Wegen seiner guten Wirksamkeit gegen Insekten, der geringen Toxizität für Säugetiere und des einfachen Herstellungsverfahrens war es jahrzehntelang das weltweit meistverwendete Insektizid. Im Laufe der Zeit stellte sich aber heraus, dass DDT und einige seiner Abbauprodukte hormonähnliche Wirkungen zeigen. Es kam zudem in Verdacht, beim Menschen Krebs auszulösen, und wurde in Europa in den 1970er-Jahren schließlich verboten. In der DDR wurde es in einem Holzschutzmittel allerdings bis zum Mauerfall benutzt und ist heute noch in zahlreichen Häusern Ostdeutschlands als Gebäudeschadstoff nachweisbar.

Auch das neuere Unkrautvernichtungsmittel Atrazin wurde nach jahrelanger Anwendung schließlich 1991 in Deutschland und 1995 in Österreich verboten. In den USA wird Atrazin weiterhin munter gespritzt, obwohl es, weil ebenfalls hormonell wirksam, mittlerweile zu der später noch zu besprechenden Gruppe der endokrinen Disruptoren zählt.

Die Liste der vom Markt genommenen Pestizide ließe sich endlos fortsetzen. Allein dieser Umstand zeigt, wie mangelhaft der Zulassungsprozess tatsächlich ist und wie wenig man sich auf die Beschwichtigung durch Industrie und Behördenvertreter verlassen kann. Von der Umweltschutzorganisation Greenpeace beauftragte Experten kamen 2010 zu dem Schluss: »Von den in der EU gegenwärtig eingesetzten Pestizidwirkstoffen weisen gemäß den Bewertungen der vorliegenden Studie 149 sehr gefährliche Eigenschaften und damit ein hohes Gefährdungspotenzial für Mensch und Umwelt auf.«[24]

Aber wie viel oder wie wenig ist nun eigentlich gesundheitlich unbedenklich?

Grenzwerte und die viel gepriesene Verbrauchersicherheit

Wenden wir uns daher zunächst einmal der Frage zu, wie Grenzwerte in unseren Nahrungsmitteln, der Umwelt und im Körper beziehungsweise dessen Ausscheidungen festgelegt werden. Ein Rückstandshöchstgehalt (RHG oder englisch *Maximum Residue Limit*, MRL) ist die höchste Menge an Pestizidrückständen, die bei richtiger Anwendung (!) von Pestiziden in oder auf Lebensmitteln oder Futtermitteln toleriert werden, wobei die angesprochene »richtige Anwendung« in den *Guidelines der Good Agricultural Practice* von den Landwirten nachgelesen werden *kann*. Dürfen wir ohne Weiteres davon ausgehen, dass die Anwendung wie in dem Regelwerk der »guten landwirtschaftlichen Praxis« ausgeführt, stattfindet?

Interessanterweise sind die Grenzwerte von ein und demselben Pestizid für unterschiedliche landwirtschaftliche Produkte verschieden, nachzulesen online in der EU-Pestizid-Datenbank. So ist zum Beispiel derzeit ein Rückstandshöchstgehalt von Glyphosat bei Karotten mit 0,1 Milligramm pro Kilogramm, bei Kartoffeln mit 0,5 Milligramm pro Kilogramm, bei Weizen mit zehn Milligramm pro Kilogramm und bei Sojabohnen, Hafer und Gerste gar mit zwanzig Milligramm pro Kilogramm festgelegt. Bei Zuckerrüben wurde der bis zum Jahr 2012 gültige Grenzwert von 1,0 Milligramm pro Kilogramm ab 2013 auf 15 Milligramm pro Kilogramm erhöht. Aus medizinisch-toxikologischer Sicht gibt es für unterschiedliche oder gar hinaufgesetzte Rückstandshöchstgehalte in Nahrungsmitteln keinen nachvollziehbaren Grund. Wir essen durchschnittlich mehr Weizen und Hafer als Karotten, dennoch sind die Grenzwerte für Karotten erheblich niedriger. Müsste es nicht genau umgekehrt sein? Spätestens hier wird klar, dass sich die »tolerierbaren« Grenzwerte nach den Pestizidanwendungsgepflogenheiten der konventionellen Landwirtschaft, also nach der landwirtschaftlichen Realität richten und bei der Festlegung nicht die Gesundheit des Endverbrauchers, sondern die Menge des Pestizideinsatzes als Maßgabe diente. Die Grenzwerte sind also »situationselastisch«.

Festgelegt werden diese Grenzwerte durch die im italienischen Parma angesiedelte Europäische Behörde für Lebensmittelsicherheit, kurz *EFSA* (*European Food Safety Authority*) genannt. Laut eigenen Angaben eine unabhängige Behörde. Wie weit es mit dieser »Unabhängigkeit« tatsächlich her ist, wurde in der Vergangenheit immer wieder sichtbar, als Mitarbeiter aus der Industrie in die EFSA wechselten und anschließend wieder in der agrochemischen Industrie oder bei einem der großen Nahrungsmittelkonzerne unterkamen.

Um die vorgeschriebenen Grenzwerte von Pestizidrückständen auf Nahrungsmitteln nicht zu überschreiten, wird häufig auf einen Trick mit dem Namen »Mehrfachanwendung« zurückgegriffen. So werden hohe Konzentrationen einzelner Pestizide durch geringere Dosen mehrerer Wirkstoffe ersetzt. Während schon die Wirkung einzelner Substanzen auf den Menschen schwer abzuschätzen ist, so trifft dies in besonders hohem Maße auf die Kombinationswirkung von mehreren Substanzen zu. Gemäß des Vorsorgeprinzips müssten solche Mehrfachanwendungen umgehend verboten werden.

Da aber konventionell wirtschaftende Landwirte ohnehin nicht nur ein Pestizid, sondern ganz unterschiedliche Produkte anwenden, müsste bei der Kombination unterschiedlicher Substanzen eigentlich das Gesamt- beziehungsweise Kumulativrisiko *a priori* bewertet werden, um auf die Sicherheit der Konsumenten und der Umwelt Bedacht nehmen zu können. Bei der Evaluierung des sogenannten kumulativen Risikos soll der Tatsache Rechnung getragen werden, dass Pestizide, die einen ähnlichen Wirkmechanismus haben beziehungsweise von denen angenommen wird, dass sie einen toxischen Effekt auf dieselben Organsysteme haben, *gemeinsam* hinsichtlich ihres potenzierten Risikos beurteilt werden müssen. Eine schwierige Aufgabe, wenn man bedenkt, dass dafür momentan nur unzureichende wissenschaftliche Erkenntnisse existieren. Bei der Europäischen Kommission heißt es hierzu pro futuro: »These calculations will be performed on groups of pesticides for which effects might add up.« (»Diese Berechnungen sollen für Pestizidgruppen durchgeführt werden, für die sich Auswirkungen summieren könnten.«) Eine Risikobewertungsmethode, die derzeit also noch gar nicht durchgeführt wird, obwohl sie, nach allem, was wir derzeit wissen, von größter Bedeutung für die Einschätzung unserer Ernährungssicherheit wäre. So liest man weiter: »Until then, there is however still a lot of more work to do, both by risk assessors and risk managers.« (»Bis dahin bleibt jedoch noch viel zu tun, sowohl von Risikobewertern als auch von Risikomanagern.«) Bleibt zu hoffen, dass diese Arbeit von der EFSA mit Akribie und ohne Einflussnahme durch die Pestizidhersteller vonstattengehen wird. Die Erfahrungen aus der unmittelbaren Vergangenheit lassen daran allerdings Zweifel aufkommen.

Im Übrigen sind derartige »Wechselwirkungen« auch bei der kombinierten Einnahme von Medikamenten keine Seltenheit und häufig mit schwerwiegenden unerwünschten Ereignissen assoziiert. Es ist nicht möglich, die vielfältigen Wirkungen von unterschiedlichen, sich unter Umständen gegenseitig beeinflussenden oder potenzierenden, chemischen Substanzen in komplexen und hoch individuellen biologischen Systemen wie unserem Körper abzuschätzen. Nicht kurzfristig und schon gar nicht längerfristig.

Pestizide und der Holobiont

Bezüglich ihrer möglichen Wirkung auf den Menschen werden bei der Zulassung von Pestiziden die akute und die chronische Giftwirkung mithilfe von Tierversuchen abgeschätzt. Bei akuten Vergiftungen beträgt die Zeit zwischen dem Kontakt mit einem Pflanzenschutzmittel und dem Auftreten von Beschwerden zwischen wenigen Minuten und einigen Tagen. Die Kausalität ist in diesen Fällen meist klar nachzuvollziehen, der schädigende Mechanismus häufig bekannt (siehe Organophosphate oder Blausäure).

Bei der chronischen Giftwirkung hingegen gestaltet sich der Nachweis einer Kausalität erheblich schwieriger. Erstens kann sich der Begriff »chronisch« im Extremfall auf eine lebenslange Exposition beziehen, und zweitens kennen wir die möglichen schädigenden Mechanismen derzeit unzulänglich. Zu den chronischen Folgen zählen unter anderem neurologische Schädigungen, Schädigung des Herz-Kreislauf-Systems, des blutbildenden Systems, der Atemwege, des Reproduktionssystems, der Fetalentwicklung, des Immunsystems, des endokrinen Systems (Hormonsystem) und Krebs.

Bei der Zulassung von synthetischen Pestiziden werden keine speziellen Tests zum Nachweis beziehungsweise Ausschluss von chronischen Störungen des Hormonsystems, des Immunsystems und schon gar nicht des Mikrobioms verlangt beziehungsweise durchgeführt. Übersehen wir daher vielleicht einen ganz wesentlichen Mechanismus?

»Keine Wirkung auf den Menschen«

Ein typisches Beispiel, bei dem viele Landwirte, Industrievertreter und Politiker vollmundig behaupten, es bestünde keinerlei Risiko für den Menschen, ist das Unkrautvernichtungsmittel Glyphosat. Kann das stimmen?

Eigentlich müssten diese Fragen gar nicht gestellt werden, da laut Hersteller Glyphosat vom menschlichen Körper zwar aufgenommen, aber zur Gänze auch wieder ausgeschieden wird. Und da Glyphosat in den sogenannten Shikimate-Stoffwechselpfad eingreift, der bei Säugern wie dem *Homo sapiens* gar nicht vorkommt, geht von dem Mittel für den Menschen »logischerweise« keine Gefahr aus. Pflanzen (und Bakterien) werden hingegen geschädigt oder gar abgetötet. Klingt plausibel und verführerisch einfach.

Dass es aber mit der Harmlosigkeit (auch bei vorschriftsmäßiger Verwendung) in der Regel nicht weit her ist, und zumindest im Fall von Monsantos (jetzt Bayers) Glyphosat mit dem Handelsnamen Roundup® Machenschaften aufgedeckt wurden, die man ohne zu zögern als kriminell bezeichnen könnte, ist mittlerweile bekannt. Übrigens: Mit hoher Wahrscheinlichkeit haben auch Sie und Ihre Kinder genauso wie Ihre Haustiere Glyphosat im Körper. Selbst im allseits beliebten Bier konnten Glyphosat-Werte zwischen 0,46 und 29,74 Mikrogramm pro Liter nachgewiesen werden und liegen damit im Extremfall fast 300-fach über dem gesetzlichen Grenzwert für Trinkwasser (0,1 Mikrogramm pro Liter). Dennoch sieht das Bundesinstitut für Risikobewertung (BfR) keine Gefahr für die Gesundheit der Verbraucher. Die WHO sieht das allerdings anders: Sie schätzt das Pflanzengift als krebserregend ein.

Aber zurück zur eingangs gestellten Frage: Sind wir, die wir in unseren Körperzellen keinen Shikimate-Stoffwechselpfad besitzen, tatsächlich »aus dem Schneider«, was die Wirkung von Glyphosat anbelangt? Oder geht es uns vielleicht wie den Bienen und den Rindern?

Nun, Sie ahnen die Antwort sicher. Jetzt, da Sie wissen, wie vielfältig die Aufgaben und Funktionen unseres inneren Ökosystems namens Mikrobiom für einen gesunden Menschen sind, offenbart sich eine gänzlich neue Fülle an Möglichkeiten. Mehr als die Hälfte der Zellen, die den menschlichen Körper ausmachen, sind bakterieller Natur, daher muss Glyphosat auch eine wie auch immer geartete Wirkung auf uns Menschen haben, denn mehr als die Hälfte unserer Zellen besitzt tatsächlich den Shikimate-Stoffwechselpfad! Während also nebst Pflanzen auch Pilze und Bakterien prinzipiell den Stoffwechselpfad aufweisen, in den der Wirkstoff Glyphosat hemmend eingreift, so reagieren nicht alle Mikroorganismen gleichermaßen sensibel auf dessen Wirkung. Aber aus genau diesem Grund (selektiver Druck durch Glyphosat) vermehren sich die unempfindlichen Keime unter dem Einfluss des Herbizides viel stärker als die sensiblen, und es kommt zu einer Verschiebung der mikrobiellen Zusammensetzung innerhalb des Habitats, sei dies nun der Erdboden oder im Bienen-, Rinder- oder Menschendarm.

Im Erdboden, genauer gesagt an den bakteriell stark besiedelten Wurzeln der Pflanzen (Rhizosphäre), wirkt sich Glyphosat besonders negativ auf die mit einem guten Pflanzenwachstum assoziierten Mikroorganismen wie *Burkholderia spp.*, *Pseudomonas spp.* und die Stickstoff-fixierenden *Rhizobiom spp.* sowie arbuskuläre Mykhorriza-Pilze aus.[25]

Unabhängig von der grundsätzlichen Unempfindlichkeit einiger Keime gegenüber Glyphosat können potenziell humanpathogene Bakterien aber auch (analog einer Antibiotikaresistenz) eine Glyphosatresistenz entwickeln. Manche Darmbakterien sind bereits jetzt gegen alle bekannten Antibiotika resistent. Das patentierte (!) Antibiotikum Glyphosat könnte also ebenfalls zur steigenden Antibiotikaresistenz beitragen. Der Weg vom Acker in die Patienten und Krankenhäuser stellt für die überall vorkommenden und leicht zu verbreitenden Bakterien kein Problem dar.

Wir haben gesehen, dass Glyphosat in der Lage ist, das sensible Gleichgewicht von bakteriellen Ökosystemen, im Erdboden wie im Darm, nachhaltig aus dem Gleichgewicht zu bringen und zudem selbst antibiotische Wirksamkeit besitzt, die in gefährlichen Antibiotikaresistenzen münden kann. Diese gravierenden Folgen der weltweiten intensiven Anwendung von Herbiziden während der letzten Jahrzehnte wurden bis dato in der behördlichen Risikobewertung nicht berücksichtigt. Es wäre sicher verfehlt, die durch Glyphosat hervorgerufenen Störungen des Mikrobioms alleine für die derzeitige Epidemie von nichtübertragbaren Krankheiten verantwortlich zu machen. Immer mehr wissenschaftliche Publikationen deuten darauf hin, dass auch zahlreiche andere Pestizide zu einer signifikanten Störung des Mikrobiomgleichgewichtes im Darm mit potenziellen Krankheitsfolgen führen.[26]

Aber nicht nur Pestizide können unsere Darmgesundheit negativ beeinflussen. Es sind auch unzählige verschiedene chemische Substanzen in unserer Umwelt, insbesondere in Verbindung mit unserer Ernährungsweise, die einen verheerenden Einfluss auf unser Darm-Mikrobiom und damit auf die Entstehung von schleichenden Krankheiten haben. Künstliche Süßstoffe, Konservierungsmittel, Farbstoffe, Emulgatoren, Schwermetalle, polyzyklische Kohlenwasserstoffe und zahlreiche andere Substanzen können entweder das Mikrobiom negativ beeinflussen oder werden durch die Aktivität mancher Bakterien zu giftigen Substanzen transformiert. Und selbst die qualitative Zusammensetzung unserer Nahrung bestimmt in großem Maße, welche Bakterien in unserem Darm die Oberhand erlangen und damit unseren Gesundheitszustand.

Epidemiologische Studien haben gezeigt, dass ein deutlicher Zusammenhang zwischen der steigenden Verwendung von Glyphosat und anderen Ackergiften und einer großen Anzahl von medizinischen Krankheitsbildern, unter anderem verschiedene Krebsformen, Nierenschäden, neurologische beziehungsweise psychische Störungen wie ADHS, Autismus, Alzheimer-Erkrankung und Parkinson'sche Erkrankung besteht. Eine erhöhte Zahl an Fehlgeburten, Hauterkrankungen und Erkrankungen der Atemwege wurde während des Besprühens von Feldern aus dem Flugzeug in Südamerika verzeichnet. Unfruchtbarkeit und Missbildungen von Schweinen korrelierten mit der Glyphosatkonzentration in deren Lebern und Nieren sowie im Schweinefutter. Die methodische Einschränkung all dieser Studien ist, dass sie nur Korrelationen, also das zeitgleiche Auftreten der Symptome mit der vermuteten Ursache, feststellen konnten. Über ein tatsächliches Ursache-Wirkungs-Gefüge sagt dies nichts aus. Die Hersteller werden daher nicht müde, diese für diese Studienart typische Einschränkung zu betonen.

Um Hinweise auf mögliche Mechanismen der Schädigung zu erlangen, wurden auch zahlreiche Experimente an Zellkulturen, sogenannte In-vitro-Experimente, durchgeführt. In diesen Experimenten zeigte sich unter anderem, dass Glyphosat und sein Abbauprodukt AMPA in Kulturen menschlicher roter Blutkörperchen die Entstehung zellschädigender freier Sauerstoffradikale signifikant erhöhte und die Aktivität des Enzyms Azetylcholinesterase erniedrigte. Letzteres führt zu einer gestörten Signalübertragung bei Nervenzellen. Bei weißen Blutkörperchen wurden nach Glyphosatexposition DNA-Schäden und ein verändertes DNA-Methylierungsmuster festgestellt. Veränderungen in der DNA-Methylierung können zu einer Störung des delikaten Gleichgewichtes zwischen (unkontrolliertem) Zellwachstum und Zelltod führen und dadurch möglicherweise an der Krebsentstehung beteiligt sein.

Um die Erkenntnisse aus Korrelationsstudien und In-vitro-Experimenten an einem lebenden Organismus im Versuch zu überprüfen, wurden Langzeitfütterungsexperimente mit Ratten durchgeführt. Dabei zeigten die Tiere, neben einem depressionsähnlichen Verhalten, Leber- und Nierenschäden und verschiedene Tumoren. Selbst bei der Fütterung mit extrem niederen Dosen des Herbizides Roundup® über zwei Jahre fanden sich auffällige Veränderungen des Leberstoffwechsels, die denen bei der nichtalkoholischen Fettleber-Erkrankung des Menschen stark ähnelten.

Die wiederholte Fütterung mit Glyphosat führte bei Ratten schließlich auch zu einer Abnahme der Fertilität mit weniger Spermatiden und abnormaler Spermienbeweglichkeit. In Verbindung mit der Tatsache, dass Zellkulturen aus Rindereierstöcken unter extrem niedrigen Dosen, aber nicht bei hohen Dosen Glyphosat eine erhebliche Funktionsstörung entwickelten, spricht dies für eine mögliche Wirkung von Glyphosat als endokriner Disruptor, also einer hormonell wirksamen Substanz.

Auch wenn dies nur einen Teil der wissenschaftlichen Untersuchungen zur Wirkung von Glyphosat widerspiegelt und alle anderen Pestizide außer Acht lässt, gilt es doch, all diese Ergebnisse und möglichen Zusammenhänge im Hinterkopf zu behalten, wenn wir uns nun den Folgen eines gestörten Darm-Mikrobioms zuwenden. Denn die neuen chronischen Krankheiten haben keine *singuläre* Ursache, die wir mit einem *einzigen* Medikament ausschalten oder beheben könnten.

Die Krankheitsursachen der NCDs sind in der Regel komplex und setzen sich aus mehreren Einflussfaktoren zusammen. Nur das Verständnis der komplexen Wechselwirkungen zwischen den verschiedenen Organsystemen, unserer mikrobiellen Ausstattung und Umwelteinflüssen wie Ernährung, Lebensweise und die Exposition gegenüber unzähligen chemischen Verbindungen kann Prävention und sinnvolle Behandlung ermöglichen.

Der kranke Holobiont

Alle Krankheiten beginnen im Darm.
Hippokrates von Kos (460–370 v. Chr.)

Ob dieses viel benutzte Zitat tatsächlich von Hippokrates stammt, konnte ich nach Durchsicht seiner Aphorismen zu Medizin und Krankheiten nicht verifizieren. Fest steht, dass der Stammvater der Medizin viel über Nahrung und den Verdauungstrakt zu berichten wusste. Mit Sicherheit schrieb er diesen Satz: »Überhaupt ist die ausgesuchte weichliche Art der Speise nachtheiliger als die härtere und grobe.« Man könnte daraus schließen, dass Hippokrates seinen Patienten zu ballaststoffreicher (*härterer*) Nahrung riet, weil er um deren gesundheitsfördernde Wirkung bereits wusste. Bis vor nicht allzu langer Zeit war man der Ansicht, dass ballaststoffreiche Nahrung lediglich die Darmpassage beschleunige und eine Art reinigende Bürstenwirkung auf die Darmschleimhaut habe. Erst den Wissenschaftlern der jüngsten Zeit war es vorbehalten, den günstigen Einfluss von ballaststoffreicher, für den Menschen eigentlich kaum verdaulicher Nahrung als bevorzugtes Substrat der »guten«, gesundheitserhaltenden Darmbakterien zu erkennen. Durch ihren Stoffwechsel produzieren sie daraus kurzkettige Fettsäuren (engl. *short chain fatty acids, SCFAs*), von denen vor allem das Butyrat den Darmschleimhautzellen als willkommener und bevorzugter Energielieferant dient. Offenbar haben die von den Bakterien gebildeten SCFAs aber auch eine Wirkung auf unser Gehirn und andere Organe.

Durch die neuen Möglichkeiten der Metagenomik ist es in den letzten Jahren möglich geworden, das Mikrobiom von gesunden und kranken Menschen zu vergleichen. Dabei kristallisierte sich nach qualitativer und quantitativer Analyse heraus, dass bei bestimmten Krankheiten das Mikrobiom eine mehr oder weniger spezifische Signatur aufweist, die von der von gesunden Menschen abweicht. In der Medizin hat sich für diese gestörte beziehungsweise abweichende Zusammensetzung der Darmbakterien der unscharfe Begriff »Dysbiose« eingebürgert.

Derzeit konnte bei den meisten Krankheitsbildern lediglich eine Korrelation mit einem veränderten Mikrobiom nachgewiesen werden. Ob das in seiner Zusammensetzung auffällig veränderte Mikrobiom die Ursache oder die Folge der jeweiligen Krankheit ist, ließ sich in vielen Patientenstudien nicht mit letzter Sicherheit beantworten. Allerdings weisen zahlreiche durchgeführte Tierversuche darauf hin, dass die Veränderung des Mikrobioms tatsächlich die Ursache (und nicht die Folge) für die Krankheitsentstehung darstellt. Ein auffällig von der Norm abweichendes Mikrobiom findet sich beim Menschen unter anderem bei den zu Beginn des Buches vorgestellten chronischen Krankheitsbildern.

Um zu verstehen, wie ein beeinträchtigtes, abnormes oder an Artenvielfalt verarmtes Darm-Mikrobiom zusammen mit anderen pathologischen Darmveränderungen eine ganze Reihe von chronischen, nichtübertragbaren Krankheiten auslöst oder zumindest einiges dazu beitragen kann, müssen wir uns zunächst einen Überblick über die physiologischen und anatomischen Zusammenhänge verschaffen.

Menschen sind wie alle Lebewesen einem ständigen Angriff von feindlichen Organismen und schädigenden Umweltagenzien ausgesetzt. Unsere Haut ist eine der Barrieren, die über zahlreiche Mechanismen ein Eindringen von schädigenden Stoffen wie Bakterien verhindert. Schon allein der Aufbau unserer Haut in Form eines sogenannten mehrschichtigen, verhornenden Plattenepithels, dessen Zellen wie Dachziegel plattenartig überlappen, verhindert mechanisch das Eindringen von potenziell schädigenden Organismen. Hinzu kommen der sogenannte Säureschutzmantel der Haut sowie, in die verschiedenen Hautschichten eingebettet, hocheffektive Zellen unseres Immunsystems. Unsere Hautoberfläche macht als äußere Kontaktfläche allerdings nur etwa 1,7 Quadratmeter aus. Die weitaus größere Kontaktfläche zu unserer Umwelt liegt in unserem Inneren in Form unseres Verdauungstraktes.

Der menschliche Darm ist eigentlich nichts anderes als unsere innere Oberfläche (!) in Form eines langen häutig-muskulösen Schlauches. Durch unzählige Schleimhautaufwerfungen, Millionen winziger Fältchen, Grübchen und Zotten der Schleimhaut des Verdauungstraktes, vor allem des mit der Aufnahme von Nährstoffen betrauten Dünndarms, vergrößert sich dessen Oberfläche und damit die Kontaktfläche zur Außen- beziehungsweise Umwelt um ein Vielfaches. Selbst die einzelnen Darmschleimhautzellen weisen im Dünndarm zahlreiche fadenförmige Zellfortsätze (sog. *Microvilli*) auf, um der Nahrung die Nährstoffe noch effizienter entziehen zu können.

Die (innere) Oberfläche unseres Verdauungsapparates beträgt neuesten Berechnungen zufolge zumindest vierzig Quadratmeter (manche Studien sprechen sogar von über 180 Quadratmetern). Sie ist damit um ein Vielfaches größer als die unserer Haut und daher auf einer erheblich größeren Fläche feindlichen Angriffen ausgesetzt. Aber auch die Kontaktfläche zu den Mitgliedern der Darmflora ist auf diese Weise ziemlich groß.

Ein großer Teil unseres Immunsystems hat seinen Sitz in der Darmwand, wo es mit dem Mikrobiom und dem übrigen Darminhalt in engem Kontakt steht. Hinzu kommt, dass im Unterscheid zu unserer Haut, die Innenauskleidung unseres Darmes aus lediglich einer einzigen (!) Zellschicht besteht. Das heißt, dass unser Körper von dem bekanntermaßen bakterien- und giftstoffhaltigen und wenig einladend wirkenden Darminhalt nur durch eine einzige, wenige tausendstel Millimeter dicke Zellschicht getrennt ist, die alle fünf bis sieben Tage erneuert wird. Eindringlinge müssen hier also lediglich zwischen zwei Zellen hindurchschlüpfen, um in unseren Körper (zum Beispiel in das Blutgefäßsystem) zu gelangen.

Ein wesentlicher Grund dafür, warum wir aber nicht ständig durch die Invasion von Mikroorganismen und anderen unerwünschten Nahrungsbestandteilen erkranken, ist, neben einem im Bereich der Darmschleimhaut permanent aktiven Immunsystem, die Tatsache, dass unsere Enterozyten (so der wissenschaftliche Name für die zelluläre Darmauskleidung) untereinander über sogenannte »Tight-Junctions« (Englisch für »dichte Verbindungen«) fest miteinander verbunden sind, die sich zwischen den Zellen zu einer dreidimensionalen Abschlussleiste aneinanderreihen. Diese wichtige Einrichtung ermöglicht es dem Darm erst, die benötigten Nährstoffe aus unserer Nahrung selektiv aufzunehmen. Kein Weg führt auf diese Weise an den nährstoffaufnehmenden Darmzellen vorbei. Und das ist gut so.

Zusammen mit den Zellen des Darmimmunsystems, Immunglobulin A (Antikörper) und den antimikrobiellen Peptiden (Eiweiße mit antimikrobieller Wirkung) aus spezialisierten Darmzellen sorgen diese dichten Zellverbindungen also dafür, dass weder fremde Moleküle wie Nahrungsantigene noch potenziell gefährliche Organismen oder deren entzündungsfördernde Bestandteile die Darmbarriere unerlaubterweise passieren können.

Zusätzlich sorgt eine die Darmzellen bedeckende Schleimschicht für die nötige Distanz (aber auch Ernährung) der Darmbakterien. Denn sie sollen zwar einerseits in der Nähe unseres Immunsystems, das von ihnen trainiert wird, residieren, aber nicht die Darmbarriere durchbrechen. Zu guter Letzt ist es aber auch die Mikrobiomdiversität selbst mit ihren vielfältigen Wechselwirkungen untereinander und ihrem ständigen Verdrängungswettbewerb, die verhindert, dass sich einzelne schädliche Unruhestifter stark vermehren und so schlimmstenfalls Schaden anrichten können.

Um die Beweglichkeit und Funktion des Darmrohres zu gewährleisten, ist seine gesamte Wand von unzähligen dichten und feinen Fasern unseres autonomen Nervensystems durchzogen. Und dieses autonome Nervensystem besitzt eine direkte Verbindung zu unserem Gehirn, im Wesentlichen durch den sogenannten Nervus vagus. Er ist das anatomische Substrat der Darm-Hirn-Achse und zum Beispiel für die Produktion der Magensäfte beim Anblick von Speisen oder die »Schmetterlinge im Bauch« beim Verliebtsein verantwortlich. Emotionen können sich auf diese Weise in unseren Eingeweiden manifestieren. Das hat jeder schon selbst erfahren. Der Vagus-Nerv ist aber noch zu viel mehr fähig, denn er leitet auch Informationen in umgekehrter Richtung aus dem Darm in unser Hirn. Es ist dies ein ganz wesentlicher Punkt, wie wir sehen werden.

»Leaky Gut«

Seit einigen Jahren geistert ein Begriff durch soziale Medien, Gesundheitsblogs und populärwissenschaftliche Zeitschriften, der es in sich hat. »Leaky Gut«, was etwa so viel wie »undichter Darm« heißt, soll für unzählige Gesundheitsprobleme und chronische Krankheiten verantwortlich sein. Über eine undichte Darmbarriere, so die einhellige Hiobsbotschaft, sollen körperfremde Umweltbestandteile in den menschlichen Organismus eindringen und dort Unheil, vor allem in Form chronischer Entzündung, anrichten. »Increased intestinal Permeability«, also »erhöhte Durchlässigkeit des Darmes«, ist der objektivere, fachlich richtige Begriff für ein in den letzten Jahren durch die Arbeiten mehrerer Forschungsgruppen nachgewiesenes, mehr oder weniger pathologisches Phänomen, das sich an unserer Darmschleimhaut abspielt.

Der Begriff des »Leaky Guts« bezeichnet einen unerwünschten Zustand, bei dem die normalerweise dichten Zellverbindungen in Form der Tight Junctions undicht werden, der Darm also eine erhöhte Durchlässigkeit aufweist und so auch unerwünschte, weil gefährliche Moleküle freien Zutritt in das Innere unseres Körpers haben und dort Unheil in Form einer Entzündungsreaktion anrichten können. Was verursacht dieses »Aufgehen« von normalerweise dichten Zellverbindungen?

Betrachten wir Aufbau und Funktion unserer Darmwand, erschließen sich sofort dessen Schwachstellen: die Schleimschicht, die abdichtenden Tight Junctions und das Mikrobiom. Werden sie einzeln oder in ihrer Gesamtheit geschädigt, dann gelangt gefährliches Material aus unserem Darminhalt in unseren Organismus, in unser Blutgefäßsystem, unsere Organe wie zum Beispiel die Leber, ja sogar in unser Gehirn. Und wer oder was sind die potenziellen Angreifer und Schädiger dieser Schwachstellen?

Die Antwort wird uns mehr oder weniger überraschen und stellt eine zentrale, erst in den letzten Jahren wissenschaftlich abgesicherte Erkenntnis dar: infektiöse Mikroorganismen, chemische Verbindungen wie Nahrungsmittelzusatzstoffe, Emulgatoren, künstliche Süßstoffe, Pestizide, Alkohol, Medikamente wie Schmerzmittel (NSAIDs), Protonenpumpeninhibitoren (gegen zu viel Magensäure), Antibiotika, Stress, Zink- und Vitaminmangel (vor allem der Vitamine A und D), manche Nahrungsmittel und vor allem das in verschiedenen Getreidesorten enthaltene Gluten beziehungsweise dessen Bestandteil, das

Gliadin. Kurz zusammengefasst, sind es also im Wesentlichen Faktoren unserer stark veränderten Ernährung und unserer Umwelt, die unser Mikrobiom und die Darmbarriere schädigen!

Chronisches Feuer

Eine wesentliche Folge dieser erhöhten Darmwanddurchlässigkeit beziehungsweise des Leaky Guts ist die Auslösung und Aufrechterhaltung eines chronischen, niederschwelligen Entzündungszustandes im ganzen Körper. *Chronic systemic inflammation* nennt sich dieser Zustand im Englischen, der es bereits im Jahr 2004 unter dem Titel *The secret Killer* auf das Cover des *Time Magazine* geschafft hat. »Secret«, also heimlich, deswegen, weil die Betroffenen lange Zeit von den mit der geringfügigen Entzündung einhergehenden, krankhaften Veränderungen in ihrem Körper nichts bemerken. Es dauert nicht selten Jahre, manchmal Jahrzehnte, bis sich die Krankheiten in Organen wie der Leber, den Gefäßwänden, den Gelenken oder im Gehirn manifestieren. Gestützt wird diese Ansicht mittlerweile durch zahlreiche wissenschaftliche Publikationen, die eine Verbindung zwischen dem Phänomen der dauerhaften diffusen Entzündungsreaktion und beinahe allen chronischen Krankheiten belegen. Auch die Rolle, die eine durch entsprechende Umwelteinflüsse (vor allem Ernährung, Giftstoffe und Medikamente) geschädigte Darmbarriere und ein gestörtes Darm-Mikrobiom dabei spielen, ist der Wissenschaft bereits in weiten Teilen bekannt.

Dabei ist eine akute Entzündungsreaktion grundsätzlich eine sinnvolle, weil lebensnotwendige Einrichtung, um Infektionserreger zu beseitigen und Gewebeschäden wie Verletzungen zu reparieren. Sie endet in der Regel, sobald der ursprüngliche Zustand wiederhergestellt ist. Problematisch wird es hingegen, wenn der gesamte Organismus in einen dauerhaften, wenn auch geringfügigen Entzündungszustand versetzt wird, obwohl die dahinterstehenden Mechanismen dieselben sind.

In Gang gesetzt und aufrechterhalten wird das Entzündungsgeschehen vor allem durch bakterielle Bestandteile, die über eine geschädigte Darmbarriere in den Körper gelangen. Die Folge dieser dauerhaft dahinköchelnden Entzündungsreaktion ist in jedem Organ und Gewebe eine unterschiedliche – von Fettleberhepatitis über Arteriosklerose bis hin zur Alzheimerdemenz reicht das Spektrum. Besonders das innere Bauchfett (sogenanntes viszerales Fett) ist für den Sitz des chronischen Entzündungsgeschehens bekannt und stellt selbst einen Risikofaktor für viele chronische Krankheiten dar.

Bevor wir uns einzelnen Krankheitsbildern zuwenden, möchte ich die fragliche Rolle einzelner Nahrungsmittelzusatzstoffe und Umweltgifte sowie eines der am weitesten verbreiteten Nahrungsmittel genauer beleuchten.

Emulgatoren

Unter den Nahrungsmittelzusatzstoffen sind es vor allem die synthetischen Emulgatoren Polysorbat 80 und Carboxymethylcellulose, die das Mikrobiom nachhaltig verändern und dessen entzündliches Potenzial steigern.[27] Ursächlich hierfür scheint die Vermehrung bestimmter entzündungsfördernder Keime zu sein, was sich unter anderem in einer erhöhten Nachweisbarkeit des bakteriellen Bestandteils Flagellin im Blut zeigte. Emulgatoren finden sich in zahlreichen Nahrungsmitteln (wie Eis, Mayonnaise, Salatdressings etc.), in denen sie die fettige und die wässrige Phase verbinden sollen.

In einer früheren Untersuchung an Mäusen, denen die Emulgatoren mit dem Futter verabreicht wurden, verdoppelte sich die Rate von entzündlichen Darmerkrankungen und führte zu niederschwelligen Darmentzündungen sowie Anzeichen eines metabolischen Syndroms. Bei keimfrei gehaltenen Mäusen, denen das Mikrobiom fehlt, hatten die Emulgatoren allerdings keine Auswirkung. Wurde diesen Mäusen jedoch die Darmflora von Mäusen, die den Emulgatoren ausgesetzt waren, verpflanzt, entwickelten sie eine niederschwellige Entzündung und ein metabolisches Syndrom. Eine mikroskopische Untersuchung der Darmschleimhaut zeigte eindrucksvoll, dass auch der Abstand zwischen den Darmbakterien und der Darmschleimhaut um mehr als die Hälfte verringert wurde.[28]

Eine Folge dieser durch Emulgatoren ausgelösten Entzündung kann laut einer jüngsten Studie schließlich auch Darmkrebs sein.[29]

Künstliche Süßstoffe

Sogenannte nichtkalorische künstliche Süßstoffe gehören zu den weltweit am häufigsten verwendeten Nahrungsmittelzusatzstoffen. Obwohl es immer wieder Zweifel an ihren gesundheitlichen Eigenschaften gab, gelten sie bisher als sicher und für übergewichtige Personen als kalorienfreie Süßungsalternative. Eine Studie in dem wissenschaftlichen Fachblatt *Nature* ließ an der Sicherheit von Süßstoffen allerdings erhebliche Zweifel aufkommen. Die Wissenschaftler konnten beweisen, dass der Konsum von Süßstoffen die Entwicklung einer Glukoseintoleranz (Vorstufe von Diabetes) auslöst, was wiederum auf einer erheblichen Veränderung (sowohl zahlenmäßig als auch funktionell) des Darm-Mikrobioms beruht.[30]

Die Liste der Stoffe und Substanzen, die unser Mikrobiom bekanntermaßen schädigen, ist lange und wächst ständig.[31] Entziehen kann man sich ihnen heute kaum. Neben Antibiotika und Schwermetallen (Arsen, Cadmium, Blei) zeigte sich auch bei der großen Gruppe der persistierenden organischen Schadstoffe eine schädigende Wirkung auf das Mikrobiom. Darunter Organochlorpestizide (zum Beispiel Lindan), bromierte Flammschutzmittel, polychlorierte Biphenyle und polyfluorierte Verbindungen, die als oberflächenaktive Substanzen bei Textilien eingesetzt werden. Aufgrund ihrer hohen Persistenz gelangen viele halogenierte Schadstoffe über die Nahrungskette nachweislich in den menschlichen Organismus. Weiterhin wirken sich Pestizide wie zum Beispiel Permethrin, Epoxiconazol, Chlorpyriphos[32] und Glyphosat sowie Nanopartikel, die unter anderem in Elektronik, Medizin, Kosmetika, Sportequipment, Nahrungsbehältern etc. Anwendung finden, negativ auf unser Mikrobiom aus.

Getreide und Gesundheit

Kommen wir noch einmal zum Getreide zurück, da es weltweit das Grundnahrungsmittel schlechthin geworden ist. Kaum jemandem dürfte der »Glutenfrei«-Ernährungstrend der letzten Jahre entgangen sein. Ein wesentlicher Auslöser hierfür war (und ist immer noch) das Erscheinen des Millionen-Bestsellers *Wheat Belly* (auf Deutsch unter dem Titel *Weizenwampe* erschienen) des US-Kardiologen Dr. William Davis im Jahr 2014. In seinem streckenweise eher anekdotenhaften Buch macht Dr. Davis die weltweit verbreitete Ernährung mit Weizenprodukten für unzählige Krankheitssymptome verantwortlich und behauptet, auf Weizen basierte Ernährung sei für mehr Todesopfer verantwortlich als alle Kriege der Menschheitsgeschichte zusammen. Er vermutet dahinter mehr oder weniger eine Verschwörung von Ernährungswissenschaft und Nahrungsmittelindustrie.

Mittlerweile bieten alle Supermärkte regalweise glutenfreie Nahrungsmittel wie glutenfreie Pasta, glutenfreies Brot, glutenfreies Bier etc. an. In wenigen Jahren hat sich eine millionenschwere Industrie um glutenfreie Nahrungsmittel entwickelt (2,5 Milliarden US-Dollar weltweiter Umsatz bereits im Jahr 2010; 2017 waren es im deutschen Einzelhandel 174 Millionen Euro). Tendenz: weiter stark steigend. Was steckt tatsächlich dahinter? Sind glutenfreie Nahrungsmittel wirklich gesünder? Warum berichten immer mehr Patienten von einer Verbesserung diverser Beschwerden, seit sie glutenhaltige Getreideprodukte in ihrer Ernährung strikt meiden? Reizdarmsyndrom, Refluxerkrankung, Allergien, Hautausschläge und Ekzeme, Depression, ADHS, Migräne, Konzentrationsschwäche und chronische Müdigkeit sind nur einige der Beschwerden, die sich laut unzähliger Berichte von Konsumenten unter einer glutenfreien Ernährung gebessert haben sollen. Litten all diese Personen unter einer eigentlich als selten eingestuften Erkrankung namens Zöliakie?

Gluten und Zöliakie

Bei der Zöliakie oder glutensensitiven Enteropathie handelt es sich um eine durch Glutenunverträglichkeit verursachte Erkrankung des Magen-Darm-Trakts, an der weltweit etwa eine von 3000 Personen leidet, wobei die Zahl der nicht diagnostizierten Fälle beträchtlich sein dürfte. Zieht man auch frühzeitig durch sensitive Bluttests diagnostizierte Fälle hinzu, erhöht sich die Prävalenz in Industrienationen auf 0,3 Prozent in Deutschland, etwa ein Prozent in den USA und Großbritannien bis zu 2,4 Prozent in Finnland. Der Grund für die beobachteten Häufigkeitsunterschiede ist derzeit unklar. Erstaunlicherweise ist ein stetiger Anstieg der Erkrankung zu verzeichnen. Ein Vergleich von Blutkonserven aus den Fünfzigerjahren des vorigen Jahrhunderts mit Blutproben einer vergleichbaren Bevölkerungsgruppe aus dem Jahr 2005 ergab, dass sich die Erkrankungsrate in diesem Zeitraum verfünffacht (!) hat.[33]

Früher galt die Zöliakie ausschließlich als eine gastrointestinale Erkrankung des Kindesalters, die hauptsächlich Menschen mit weißer Hautfarbe betraf. Heute wird Zöliakie als systemische Erkrankung angesehen, die Personen jeden Alters sowie viele ethnische Gruppen betreffen kann. Die klinischen Merkmale der Zöliakie sind vielfältig und machen die Krankheit zu einem medizinischen Chamäleon, das sich in Form chronischen Durchfalls, Gewichtsverlust, chronischer Bauchschmerzen, Müdigkeit, Erbrechen bis hin zu diffusen Symptomen in allen Organsystemen manifestieren kann. Ursächlich ist eine chronische Entzündungsreaktion des Dünndarms aufgrund einer Überempfindlichkeitsreaktion gegen Bestandteile des Weizenproteins Gluten.

Das im Weizen und anderen Getreidesorten vorkommende Gluten, bestehend aus den zwei Hauptfraktionen Gliadin und Glutenin, bildet zusammen mit Wasser das sogenannte Klebereiweiß, das für die gewünschten Backeigenschaften des Weizenmehls (die sogenannte Gashaltefähigkeit für entsprechendes Volumen) verantwortlich zeichnet. Vereinfacht gesagt: Ohne Gluten kein »luftiges« Brot. Getreidearten wie Teff, Hirse, Mais und Reis sowie Pseudogetreide wie Quinoa, Amarant und Buchweizen sind glutenfrei und eignen sich daher auch nicht gut zum Brotbacken.

Ein Risikofaktor für die Entstehung der Zöliakie dürfte neben einer genetischen Veranlagung die frühe Zufütterung von Säuglingen mit glutenreichen Nahrungsmitteln sein. Einzige Behandlungsmöglichkeit der Zöliakie ist eine lebenslange strikt glutenfreie Ernährung. Für

Betroffene kann sich das allerdings als schwierig erweisen, da Gluten in unzähligen Produkten bis hin zum Lippenstift enthalten sein kann. Selbst geringste Mengen an Gluten können bei Zöliakie-Patienten schwere Symptome auslösen.

In wissenschaftlichen Studien wurde nachgewiesen, dass eine glutenfreie Ernährung nicht nur die vielfältigen beschriebenen Symptome verschwinden lässt, sondern auch Fettleibigkeit und Leberverfettung, chronische Entzündung und Insulinresistenz vermindert.

Ob Symptome oder nicht, *kein* Mensch kann das Protein Gluten beziehungsweise seine Bestandteile *Gliadin* und *Glutenin* tatsächlich vollständig verdauen. Eine interessante Eigenschaft. Nach dem Verzehr glutenhaltiger Nahrungsmittel wie zum Beispiel vieler Brotsorten liegen diese unverdauten Glutenpeptide im Dünndarm vor, dessen Schleimhaut beziehungsweise das dort ansässige Immunsystem diese Moleküle als potenziell feindliche Eindringlinge wie etwa Bakterien beziehungsweise deren Bestandteile sieht. Die Folge ist eine Immunreaktion der Schleimhaut, um die Eindringlinge zu eliminieren. Laut den Forschungsergebnissen von Prof. Fasano und Kollegen findet diese Immunreaktion im Darm *jedes* Menschen statt, ganz unabhängig davon, ob die Person glutenabhängige Symptome aufweist oder nicht. Allerdings scheint es einen erheblichen Unterschied in der Schwere dieser Reaktion zwischen verschiedenen Menschen zu geben. Da unser darmschleimhautassoziiertes Immunsystem in der Regel gut funktioniert, werden Eindringlinge wie Bakterien oder Fremdproteine in der überwiegenden Mehrzahl der Fälle erkannt und erfolgreich vernichtet beziehungsweise beseitigt. Die resultierende Entzündung bleibt lokal begrenzt und dauert kurz, der Mensch verspürt keinerlei Probleme. Aus den unterschiedlichsten und zum Teil noch unbekannten Gründen verläuft bei manchen Menschen diese Reaktion heftiger, unkontrolliert und nicht selbstlimitierend. Die Folge sind zunächst Symptome des Magen-Darm-Traktes und bei längerem Verlauf eine chronische, allgemeine Entzündungslage mit Konsequenzen in unterschiedlichen Organsystemen.

Um diese »Entzündung« des Darmes etwas in Perspektive zu rücken: Da der Darm die bei Weitem größte Kontakt- und Austauschfläche mit unserer Umwelt aufweist, findet sich in der Darmschleimhaut unter dem Mikroskop immer ein gewisser Zustand der Entzündung im Rahmen der ständigen Immunüberwachung unseres Organismus.

Der konkrete Mechanismus, über den bei *jedem* Menschen die Darmbarriere durch Gluten mehr oder weniger geschädigt beziehungsweise durchlässig wird, wurde vor wenigen Jahren von dem Forscherteam um Prof. Fasano aus dem Massachusetts General Hospital aufgeklärt. Das publizierte Ergebnis seiner Forschungsarbeit erstaunte die Fachwelt und wird trotz eindeutiger Evidenz dennoch von vielen Kollegen mit Skepsis begegnet. Kommt Gluten mit unseren Darmzellen in Berührung, wird ein »Zonulin« genanntes körpereigenes Protein freigesetzt, das wie ein passender Schlüssel die Tight Junctions vorübergehend öffnet beziehungsweise undicht macht. Auch eine Überwucherung von Bakterien im Dünndarm und vermutlich noch zahlreiche andere Faktoren können zur Ausschüttung des Proteins Zonulin und damit zu einer undichten Darmbarriere führen. Wenn dieser Mechanismus aber bei jedem Menschen vorliegt, wie Prof. Fasano betont, warum haben nicht alle Menschen gesundheitliche Probleme, wenn sie glutenhaltige Nahrungsmittel wie Brot essen?

Die Antwort liefert, wie schon erwähnt, unser ausgeklügeltes und hoch effektives Immunsystem, das im Darm ständig zu tun hat. In der Mehrzahl der Fälle werden Eindringlinge erkannt und unschädlich gemacht. Offenbar interpretiert unser Immunsystem auch Glutenbestandteile als körperfremde Bakterien und reagiert entsprechend mit einer normalerweise lokal begrenzten und vorübergehenden Entzündungsreaktion, von der wir nichts mitbekommen. Bei manchen Menschen scheint diese Entzündungsreaktion heftiger und länger aufzutreten, was uns zu der Diagnose der Nicht-Zöliakie-Gluten-Sensitivität führt.

Nicht-Zöliakie-Gluten-Sensitivität

Die Prävalenzzahlen der Zöliakie von etwa einem Prozent in der Bevölkerung erklären keinesfalls die unzähligen Fallberichte eines substanziell verbesserten Gesundheitszustandes in der Bevölkerung unter Glutenkarenz. Da eine Zöliakie bei den meisten Patienten mit Gluten- beziehungsweise Weizen-assoziierten Symptomen durch entsprechende Untersuchungen ausgeschlossen werden kann, müssen noch andere schädigende Mechanismen in Betracht gezogen werden. Studien zufolge leiden zwischen sechs und 10,6 Prozent der Population an Nicht-Zöliakie-Gluten-Sensitivität. Seit sich aufgrund einer immer differenzierteren Studienlage in letzter Zeit das Verständnis der klinischen Diagnose Nicht-Zöliakie-Gluten-Sensitivität steigerte, stellte sich die Frage, ob nicht auch andere Weizenbestandteile für die vielfältigen Beschwerden verantwortlich sein könnten.

Das sogenannte Reizdarmsyndrom ist ebenfalls eine häufige Darmerkrankung, die mit Bauchschmerzen, Blähungen, Durchfall oder Verstopfung einhergeht und damit ähnliche Symptome wie die Nicht-Zöliakie-Gluten-Sensitivität aufweist. Tatsächlich dürften sich beide Krankheitsbilder bis zu einem gewissen Grad, betreffend des zugrunde liegenden Krankheitsmechanismus, überschneiden.

Bei all den bisher aufgedeckten Mechanismen stellt sich immer noch die alles entscheidende Frage: Warum war der Verzehr glutenhaltiger Nahrungsmittel wie Brot jahrtausendelang offenbar kein Problem beziehungsweise warum tritt die Epidemie von Gluten- beziehungsweise Weizen-assoziierten medizinischen Beschwerden erst jetzt auf? Mutationen im menschlichen Genom, insbesondere der betroffenen Patienten, scheiden als Ursache aus, da die wenigen Jahrzehnte des beobachteten rapiden Prävalenzanstiegs keinesfalls für evolutionäre Selektionsprozesse ausreichen würden.

Neben einem erhöhten Problembewusstsein und einer immer besser werdenden Diagnostik kommen ein stark erhöhter Konsum von glutenhaltigen Nahrungsmitteln, möglicherweise eine (unbekannte) Veränderung des modernen Weizens durch Weiterzüchtung, Veränderungen in unserer Umwelt (Pestizide, Umweltverschmutzung, Medikamente, Nahrungsmittelzusätze) und eine grundlegende Änderung unseres Lebensstils als Auslöser infrage. Unsere Umwelt und unsere Lebensweise haben sich in den letzten Jahrzehnten rapide verändert. In manchen Ländern werden Babys mittlerweile routinemäßig per Kaiserschnitt zur Welt gebracht (zum Beispiel sechzig Prozent in Mexiko, neunzig Prozent in Brasilien!). In Österreich werden rund 33 Prozent der Neugeborenen mittels Sectio entbunden. Gestillt werden Säuglinge, wenn überhaupt, oft nur mehr wenige Monate. Die unkritische Verabreichung von Antibiotika ist weitverbreitet, und konventionell angebaute Produkte sind mit zahlreichen Pestiziden belastet. Die Chancen stehen für jeden Einzelnen von uns nicht schlecht, dass mehrere dieser Auslöser zusammenkommen und Schaden anrichten.

Derzeit gibt es zwar Bestrebungen, Weizensorten mit niedrigem Glutengehalt zu züchten, aber ist das die Lösung aller mit Weizen & Co. in Verbindung stehenden Gesundheitsprobleme? Ist das Getreide per se als Kohlenhydrat vielleicht gar nicht die beste Ernährung für den *Homo sapiens*? Mit Sicherheit nicht in den heutzutage konsumierten Mengen und der raffinierten Weißmehlform. Immerhin, abgesehen von sporadischen älteren Nachweisen des Wildgräserkonsums, ist Getreide erst seit wenigen Jahrtausenden Teil der menschlichen Ernährung. Dass aber nicht automatisch alle Kohlenhydrate schlecht sind, und Brot nicht gleich Brot ist, werden wir später noch sehen. Außerdem, das scheint mir wichtig, dürfte vor allem dem ungünstigen Zusammentreffen von zahlreichen Umwelteinflüssen im Rahmen des »modernen« Lebensstils, insbesondere der Ernährung, eine wesentliche Rolle bei der Entstehung chronischer Krankheiten zukommen.

Die Liste der Erkrankungen, die mit einer erhöhten intestinalen Permeabilität, sprich Leaky Gut, und einer Störung des Mikrobioms in Verbindung stehen, ist so lang wie die der potenziellen Auslöser und beinhaltet so gut wie alle nichtübertragbaren Krankheiten des »WHO-Slow Motion Disasters«: Fettleibigkeit[34], Fettleber[35], Fettleberhepatitis und Leberzirrhose[36], Typ-2-Diabetes[37] und Schwangerschaftsdiabetes[38], Herz-

Kreislauf-Erkrankungen[39], Bluthochdruck[40], Autoimmunerkrankungen[41] (zum Beispiel Typ-1-Diabetes[42], Autoimmun Hepatitis[43], Zöliakie[44], rheumatoide Arthritis[45], Lupus[46]), Reizdarmsyndrom[47], entzündliche Darmerkrankungen[48] (zum Beispiel Morbus Crohn), Nicht-Zöliakie-Glutensensitivität, Erkrankungen des Zentralnervensystems (zum Beispiel Multiple Sklerose[49], Schizophrenie[50] – ein erhöhtes Risiko besteht zudem, wenn in der Kindheit Zöliakie diagnostiziert wurde, Alzheimer Demenz[51], Parkinson-Krankheit[52]), Depression und Angststörungen[53], Autismusspektrum-Störungen[54], Aufmerksamkeitsdefizit-Hyperaktivitätsstörung (ADHS)[55], Allergien[56] und Asthma[57], Ekzeme, Psoriasis, Akne[58] und einige Krebsformen[59].

Beinahe täglich erscheinen neue Studienergebnisse mit zum Teil spektakulären Erkenntnissen zum Mikrobiom als »missing link« zwischen Ernährung, Umwelt und chronischen Krankheiten. Allesamt übrigens nichtübertragbare Krankheiten, deren bisherige Behandlungsmöglichkeiten weitgehend unbefriedigend waren.

Aber nicht alle mit unserer modernen Lebensweise einhergehenden Krankheitsphänomene sind direkt oder ausschließlich auf ein beeinträchtigtes Mikrobiom zurückzuführen. Auch die Expositionszunahme gegenüber vielfältigen Umweltchemikalien trägt (allein oder in Kombination) auf schleichende Weise zu einer Vielzahl der »neuen« Krankheitsbilder bei.

Unfruchtbarkeit, Pestizide und »Endokrine Disruptoren«

Worauf könnte die weltweite horrende Abnahme der Spermienqualität in der männlichen Bevölkerung während der letzten Jahrzehnte zurückzuführen sein? Während vermutlich unzählige Umweltchemikalien für den menschlichen und tierischen Organismus problematisch bis gefährlich sind, ist, was die zu verzeichnende Abnahme der Spermienqualität betrifft, in den letzten Jahrzehnten vor allem eine Gruppe von Chemikalien mit hormoneller Wirksamkeit in den Fokus gerückt. Endokrine Disruptoren nennen sich diese Chemikalien unterschiedlicher Herkunft, die eines gemeinsam haben: Sie interagieren selbst in niedrigsten Dosen mit unserem Hormonsystem. Alle Organsysteme mit hormoneller Regulation können von ihrer Wirkung betroffen sein, und das sind, das ist die schlechte Nachricht, bis zu einem gewissen Grad so gut wie alle. Vor allem stehen aber die Embryonalentwicklung und die Entwicklung der Keimzellen unter peinlich genauer Kontrolle dieser Hormone.

Als in den späten 1980er-Jahren in Florida der Bestand des Hechtalligators (*Alligator mississippiensis*) um neunzig Prozent zurückging, waren die Wissenschaftler zunächst ratlos. Es fiel allerdings auf, dass das Geschlechterverhältnis der verbliebenen Exemplare stark zu den

Weibchen hin verschoben war. Man fand auch Veränderungen im Hormonspiegel und an den Geschlechtsorganen der Alligatoren. Der Verdacht fiel auf einen Chemieunfall wenige Jahre zuvor, bei dem unter anderem Chemikalien wie DDT, DDE und Schwefelsäure in großen Mengen in den Lake Apopka in Florida gelangten.

Laborexperimente bestätigten den Verdacht. So konnte mit DDE (ein Abbauprodukt des Insektizides DDT) an Eiern des Hechtalligators eine geschlechtliche Umwandlung oder Intersexualität ausgelöst werden. Auch bei Schnappschildkröten in Kanada fand man einen durch diese Substanzen ausgelösten reduzierten Sexualdimorphismus.

Das mittlerweile in Europa verbotene Pestizid Atrazin kann schon in äußerst geringen Konzentrationen die Entwicklung von männlichen Fröschen stören und diese in Zwitter verwandeln. Die Chemikalie dürfte die Testosteron-Produktion senken und die Östrogen-Produktion stimulieren. Selbst die normalerweise zwittrigen Schnecken vermännlichen und sterben in der Folge ohne Reproduktion. Wenn wir an die Einheit des Lebens zurückdenken, dann sollte es uns kaum verwundern, dass derartige endokrin disruptive Chemikalien auch bei uns Menschen eine Wirkung haben.

Ganz vorne mit dabei in der Liste der endokrinen Disruptoren sind laut einer Aufstellung der WHO und der Vereinten Nationen aus dem Jahr 2012 zahlreiche, gegenwärtig genutzte (auch in der EU zugelassene) *Pflanzenschutzmittel* wie zum Beispiel 2,4-Dichlorphenoxyessigsäure, Atrazin, Carbaryl, Malathion, Mancozeb, Vinclozolin, Prochloraz, Procymidon, Chlorpyrifos, Fenitrothion, Linuron.[60]

Durch die landwirtschaftliche Ausbringung dieser Pestizide auf die Felder und in Glashäusern kommt es zur Anreicherung endokriner Disruptoren in Böden, Gewässern und Atmosphäre, und so gelangen sie schließlich über die Nahrungskette in unseren Körper. Aber auch über Hautkontakt (zum Beispiel bei Kosmetika, Pestizide, mit Flammschutzmitteln behandelte Textilien) und durch das Einatmen nehmen wir sie so gut wie täglich auf.[61]

Die Chancen stehen übrigens gar nicht schlecht, dass sich auch in Ihrem Körper endokrin disruptiv wirkende Pestizide angereichert haben. Eine 2018 durchgeführte Studie in sechs EU-Mitgliedsländern ergab nämlich, dass verschiedene Pestizide mit endokriner Wirkung in den Haarproben von etwa sechzig Prozent der Probanden nachgewiesen werden konnten.[62]

In einer Studie aus dem Jahr 2017 wurde der Zusammenhang zwischen berufsbedingter Exposition gegenüber gängigen Pestiziden mit dem Geschlechtshormonspiegel, der Spermienqualität und den Genitalien (Hodenvolumen und Anogenitalabstand) untersucht.[63] Eine langfristige Exposition gegenüber Pestiziden, insbesondere Herbiziden und

Fungiziden, war mit einer schlechteren Spermienqualität und einem verringerten Spiegel mancher Hormone verbunden. Die Knaben von Müttern, die während der Schwangerschaft durch landwirtschaftliche Arbeit mit Pestiziden in Kontakt gekommen waren, wiesen einen größeren Anogenitalabstand und ein größeres Hodenvolumen auf. Fazit der Studienautoren: Chronische berufliche Exposition gegenüber modernen Pestiziden kann die Fortpflanzungsergebnisse bei jungen Männern beeinträchtigen.

Auch das heftig diskutierte Breitbandherbizid Glyphosat weist laut einer rezenten Meta-Analyse im Tierversuch eine toxische Wirkung auf das Fortpflanzungssystem von Mäusen auf, was an einer erheblich verringerten Spermienkonzentration objektiviert werden konnte.[64]

Eine Auswertung von 45 wissenschaftlichen Arbeiten, erschienen seit 2006, fand ebenfalls einen Zusammenhang zwischen der Exposition gegenüber endokrin disruptiven Chemikalien und abnehmender Spermaqualität von Männern. Darunter aber nicht nur Pestizide wie Organophosphate und Pyrethoide, sondern auch andere weitverbreitete Substanzen wie Bisphenol A, Parabene, Phthalate und Triclosan.[65]

Von Bedeutung ist, dass es sich hier nicht um eine akute, toxische Wirkung dieser Chemikalien handelt. Vollkommen grenzwertunabhängig führen endokrine Disruptoren zu einer Langzeitschädigung in hormonabhängigen Systemen.

So korreliert beispielsweise auch die explodierende Diabetes-Rate mit der weltweiten Produktion von Kunststoffen (zum Beispiel für Lebensmittelverpackungen), Pestiziden, synthetischen Düngemitteln, Elektronikschrott und Lebensmittelzusatzstoffen. Alles Stoffe, die endokrin wirksame Chemikalien in die Umwelt und die Lebensmittelkette freisetzen. Tatsächlich deuten neueste wissenschaftliche Erkenntnisse auf einen funktionellen Zusammenhang zwischen der Exposition gegenüber endokrinen Disruptoren, einem gestörten Darm-Mikrobiom und Diabetes hin.[66]

Mehrere endokrinologische Fachgesellschaften und die WHO sehen es mittlerweile als erwiesen an, dass endokrine Disruptoren unter anderem an der Entstehung von Brust- und Prostatakrebs, Unfruchtbarkeit, Diabetes mellitus, metabolischem Syndrom und Fettleibigkeit, kardiovaskulären Erkrankungen, Schilddrüsenerkrankungen, Endometriose, verfrühter Pubertät, Entwicklungsstörungen bei Kindern sowie neurologischen, neurodegenerativen und psychischen Erkrankungen beim Menschen beteiligt sind.

Von den etwa 85000 bekannten synthetischen Chemikalien dürften zumindest tausend endokrine Disruptoren sein. Das zentrale Problem dabei ist, dass der weitaus größte Teil der synthetisch hergestellten Chemikalien nie auf mögliche hormonelle Effekte getestet wurde!

Die derzeitige Krux bei der Erforschung endokrin wirksamer chemischer Verbindungen, die es den Vertretern der chemischen Industrie leicht macht, Verwirrung um deren Schädlichkeit zu stiften: Da synthetische Chemikalien über einen langen Zeitraum weltweit ohne ausreichende Prüfung ihrer Unbedenklichkeit zugelassen wurden, sind endokrine Disruptoren heute praktisch überall anzutreffen. Dieser Umstand erschwert die Durchführung von epidemiologischen Studien, weil kaum eine unbelastete menschliche Vergleichsgruppe gefunden werden kann, in deren Körperflüssigkeiten endokrine Disruptoren *nicht* nachgewiesen werden können.

Auch die behördliche Regulierung ist alles andere als bürgerfreundlich. Denn gemäß geltender EU-Biozid-Verordnung wird die Zulassung von Biozidprodukten *nicht* verweigert, wenn das Risiko für Mensch und Umwelt »vernachlässigbar« ist. Ab wann können wir das Risiko »vernachlässigen«, wenn die Langzeitdaten fehlen und für die nötigen epidemiologischen Studien kaum noch unbelastete Vergleichsgruppen zu finden sind? Es ist wie gesagt vor allem die Wirkung in extrem niederen Dosen (sogar in der Konzentration *parts per trillion*) über einen längeren Zeitraum, die zu den beobachteten negativen Auswirkungen führt. Einige Studien deuten darauf hin, dass einzelne endokrine Disruptoren eine umso stärkere hormonähnliche Wirkung aufweisen, je geringer deren Konzentration ist.

Bei der Einstufung von synthetischen chemischen Verbindungen lohnt sich, ähnlich wie bei Pestiziden und anderen Umweltchemikalien, ein Blick in die Vergangenheit. Denn das Muster ist immer gleich: zunächst als unbedenklich zugelassen, dann in riesigen Mengen verwendet und schließlich verdammt, verboten oder als Sondermüll eingestuft. HBCD, Asbest, PCB, DDT, Atrazin und unzählige andere Schadstoffe, die in den Siebziger- und Achtzigerjahren des vorigen Jahrhunderts massiv verwendet wurden, gelten heute als Gefahrenstoffe erster Güteklasse. Die Sondermüllberge von morgen sind damit vorprogrammiert, und unsere Kinder werden es uns danken. Gelernt haben wir offenbar nichts.

Die bedeutende Rolle der Epigenetik

Im Jahr 2003 wurde das *Human Genome Project* offiziell abgeschlossen und man wusste von da an, dass das Genom des Menschen rund 20000 Gene umfasst und wie deren Code aussieht. Die großen Erwartungen an die damit verknüpften Diagnose- und Therapiemöglichkeiten blieben weitgehend unerfüllt. Es wurde schnell klar, dass es schwierig ist, von gewissen Genen auf bestimmte Eigenschaften wie Krankheiten zu schließen. Einer der Gründe hierfür ist die hohe Variabilität, mit der Gene abgelesen und in ein Genprodukt umgewandelt werden. Warum bekommt einer von zwei eineiigen Zwillingen (mit exakt demselben Genom) Krebs, der andere nicht? Die Antwort gibt die relativ junge Wissenschaft der Epigenetik.

Gewisse Modifikationen der Erbsubstanz ohne tatsächliche Änderung der DNA-Sequenz entscheiden wie Ein- und Ausschalter über Aktivität oder Inaktivität unserer Gene. Sie liegen wie ein zweiter Code (das sogenannte Epigenom) über dem eigentlichen Genom und programmieren es in Abhängigkeit von Umweltreizen.

Direkten Einfluss auf die Aktivität unserer Gene haben Umwelteinflüsse wie zum Beispiel frühe traumatische Lebenserfahrungen, positive und negative Gefühle und Gedanken, Meditation, Schlaf-Wach-Rhythmus, Sport, Dauerstress, Umweltgifte, Art und Zusammensetzung der aufgenommenen Nahrungsmittel, Nahrungsüberfluss und Nahrungsmangel, Zusammensetzung unseres Mikrobioms und viele mehr. Ist es nicht erstaunlich, dass die Art und Weise unserer Ernährung, ja sogar die unserer Mutter während der Schwangerschaft die Aktivität unserer Gene beeinflussen kann?[67]

Eine Studie aus den Niederlanden zeigte etwa, dass Kinder von Müttern, die gegen Ende des Zweiten Weltkrieges während des ersten Drittels der Schwangerschaft unter einer Hungersnot litten, im Verlaufe ihres Lebens ein deutlich erhöhtes Risiko für Schizophrenie und Herz-Kreislauf-Erkrankungen aufwiesen.[68]

Auch unser Mikrobiom spielt eine Rolle. Die meisten B-Vitamine wie Riboflavin (Vitamin B2), Niacin (Vitamin B3), Pantothensäure (Vitamin B5) und Biotin (Vitamin B7) werden von den Darmbakterien synthetisiert. Da Säugetierzellen selbst keine B-Vitamine herstellen können, ist die mikrobielle Produktion einerseits erforderlich, um den Nährstoffbedarf des Wirts zu decken, andererseits tragen die von der Darmflora produzierten B-Vitamine signifikant zu epigenetischen Prozessen bei.[69]

Manche Darmmikroben und die von ihnen produzierten Fettsäuren können die Genexpression in verschiedenen Geweben regulieren, indem sie die dreidimensionale Konfiguration der Wirts-DNA durch chemische Veränderungen beeinflussen. Es ist dies ein weiterer Mechanismus, über den unsere Ernährung und das Mikrobiom unser Risiko für chronische Krankheiten wie Herz-Kreislauf-, Stoffwechselkrankheiten und Fettleibigkeit beeinflusst. Westliche Ernährung unterdrückt jedenfalls die Mikrobiom-assoziierte Produktion kurzkettiger Fettsäuren.[70]

Fazit: Ernährung und unmittelbare Umwelt stehen im Mittelpunkt der Epidemie chronischer Krankheiten

Neben einer möglichen genetischen Veranlagung, Geschlecht und Alter ist der größte (und sogar modifizierbare!) Einflussfaktor auf die (Darm-)Gesundheit unsere Ernährung und die unmittelbare Umwelt samt ihrer zunehmend toxischen Einflüsse.

Es wird der biomedizinischen Forschung immer klarer, dass Störungen, die das komplexe Zusammenleben mikrobieller Gesellschaften aus dem Gleichgewicht bringen, zu komplexen chronischen Krankheitsbildern führen können. Ob das Wachstum gesunder Pflanzen oder die Gesundheit des Holobionten Mensch, alles hängt von dem Wohlwollen der assoziierten Bakteriengesellschaften ab. Fruchtbarer Boden ist zwingend an eine hohe Biodiversität insbesondere der Bakterien und Pilze gebunden. Fehlt diese unsichtbare Vielfalt, verarmt der Boden zusehends und wird mangelhaft. Die darauf wachsenden Pflanzen sind schwach, krankheitsanfällig und benötigen hohe und immer höhere Dosen an mineralischem Kunstdünger und Pestiziden sowie intensive Bodenbearbeitung, um zu gedeihen.

Analog hat uns die biomedizinische Forschung der letzten Jahre deutlich vor Augen geführt, dass eine hohe bakterielle Biodiversität auch im Darm des Menschen die zwingende Voraussetzung für unsere langfristige Gesundheit ist. Störungen und mangelnde Vielfältigkeit unseres Darm-Mikrobioms sind zu einem großen Teil die Folge einer nicht artgerechten Ernährung. Die Wissenschaft steht dabei am Anfang und beginnt langsam das unter normalen Bedingungen wunderbare Zusammenspiel von Organismus, seinen Mikroben und der Umwelt zu begreifen.

Ein beeinträchtigtes Mikrobiom in Verbindung mit endokrin wirksamen und toxischen Chemikalien in unserer Umwelt (viele davon Pestizide) ist in der Lage, einen beträchtlichen Teil der zu verzeichnenden Epidemie zahlreicher komplexer Krankheitsbilder zu erklären. Die diesbezügliche Forschung findet bereits auf Hochtouren statt, wird sich aber in Zukunft immer interdisziplinärer ausrichten müssen, wobei neben der Medizin auch die Evolutionsbiologie, die Mikrobiologie, die Zoologie, die Toxikologie und Biochemie, die Immunbiologie, die Ökologie, die Physik und die Bioinformatik zusammenarbeiten werden.

Die Schwierigkeit einer eindeutigen Nachweisbarkeit von krankheitsverursachenden Zusammenhängen bei chronisch verlaufenden Prozessen macht es der Industrielobby allerdings nach wie vor leicht, ihr beliebtes Spiel des Zweifelsäens fortzuführen. Achten Sie doch einmal auf die Wortwahl von Vertretern der Industrie. »Ein Zusammenhang zwischen Chemikalie X und der Krankheit Y konnte in keiner einzigen Studie eindeutig bewiesen werden.« So oder so ähnlich lautet stets die einstudierte Standardantwort. Selbst wohlwollende politische Entscheidungsträger haben es daher schwer, die richtigen Maßnahmen zu setzen, ohne sich dabei dem Vorwurf auszusetzen, die Wirtschaft zu schädigen und Arbeitsplätze zu gefährden. Die einzige Möglichkeit, die wir haben, ist, angesichts der mittlerweile erdrückenden Indizien, unser gesundheitliches Schicksal selbst in die Hand zu nehmen, indem wir unsere Exposition gegenüber falschen, weil Mikrobiom schädigenden und mit Umweltchemikalien belasteten Nahrungsmitteln so weit wie möglich reduzieren.

Schenkt man den Profiteuren des derzeitigen Systems Glauben, dann ist eine Ernährung der Menschheit ohne synthetische Agrarchemie und Gentechnik gar nicht mehr möglich. Heißt das, dass die chronischen Krankheiten zwangsweise weiter zunehmen und wir ohne Rücksicht auf die geschilderten Konsequenzen weitermachen müssen wie bisher? Eine der bald ins Haus stehenden Konsequenzen wird sein, dass wir uns keine Gedanken mehr machen müssen, ob es auch ohne Agrarchemie geht, weil es kaum noch fruchtbare Böden geben wird, um in Zeiten des Klimawandels ausreichend Nahrungsmittel anzubauen.

Welche Rolle spielen die Kohlenhydrate tatsächlich?

Von Kritikern als vorübergehender Ernährungshype abgetan, erfreut sich seit einigen Jahren auch der Low-Carb-Ernährungstrend, also eine kohlenhydratarme Ernährung, gesteigerter Beliebtheit unter gesundheitsbewussten Personen. Die Anhänger dieses Ernährungstrends berichten über eine Besserung ihres Gesundheitszustandes, Verschwinden diverser chronischer Beschwerden, über Gewichtsreduktion und eine verbesserte Leistungsfähigkeit. Ist diese kolportierte Besserung des subjektiven Gesundheitszustandes dem Umstand geschuldet, dass *Low Carb* automatisch durch die verringerte Getreideaufnahme zu einer geringeren Exposition gegenüber im Weizen enthaltenen Substanzen wie Gluten führt? Oder sind Kohlenhydrate insgesamt der menschlichen Gesundheit abträglich? Welche Mengen an Kohlenhydraten nahmen der frühe *Homo sapiens* und dessen Vorfahren tatsächlich zu sich? Denn wie bereits mehrmals erwähnt, ein paar tausend Jahre reichen aus evolutionsbiologischer Sicht nicht aus, um eine »optimale Anpassung« des gesamten Organismus an einen spezifischen Makronährstoff wie simple Kohlenhydrate zu ermöglichen.

Kohlenhydrat ist nicht gleich Kohlenhydrat

Um Klarheit in die Begriffsverwirrungen um den Kohlenhydratanteil unserer Ernährung (siehe die leidige Diskussion um *low* oder *high carb Diet*) zu bringen, müssen wir uns vor Augen führen, was alles unter diesem Begriff zu verstehen ist, denn Kohlenhydrat ist nicht gleich Kohlenhydrat. Prinzipiell kommen Kohlenhydrate in den Stoffwechselprozessen so gut wie aller Lebewesen vor und sind die am häufigsten vorkommende Klasse von Biomolekülen. Da Pflanzen durch den alles entscheidenden Prozess der Photosynthese ebenfalls Kohlenhydrate aufbauen, verwundert es nicht, dass Kohlenhydrate ca. zwei Drittel der weltweiten Biomasse ausmachen und einen wesentlichen Bestandteil unserer Ernährung stellen.

Die aus den Elementen Kohlenstoff, Wasserstoff und Sauerstoff aufgebauten Moleküle kommen in unterschiedlichen Kettenlängen vor und werden aufgrund dieser Eigenschaft auch grob eingeteilt. Neben den bekannten süß schmeckenden Einfachzuckern (zum Beispiel Traubenzucker, Fruchtzucker) und Zweifachzuckern (zum Beispiel Kristallzucker, Milchzucker) machen vor allem die neutral schmeckenden Vielfachzucker (zum Beispiel Stärke, Cellulose und Chitin) einen Großteil der vorhandenen Kohlenhydrate aus. Stärke wird vor allem von Getreiden, Wurzeln, Knollen und Gemüsen gebildet. Die im Dünndarm des Menschen primär unverdauliche Zellulose, das häufigste Biomolekül überhaupt, wird von allen Pflanzen gebildet und ist als sogenannter Ballaststoff ein wesentlicher Bestandteil einer gesunden menschlichen Ernährung. Denn aus ballaststoffreicher Nahrung werden die Kohlenhydrate im Darm erheblich langsamer aufgenommen, was zu einem verzögerten Blutzuckeranstieg und einer geringeren Insulinausschüttung nach dem Essen führt. Ballaststoffreiche Ernährung regt zum ausgiebigen Kauen an, stimuliert den Speichelfluss und ist nach gegenwärtiger Studienlage mit zahlreichen gesundheitlichen Vorteilen verbunden. Dass die besten natürlichen Ballaststoffquellen gesunde, weil komplexe Kohlenhydrate sind, hat sich mittlerweile herumgesprochen. Dazu zählen Gemüse, Hülsenfrüchte, Nüsse, Obst und Vollkornprodukte.

Zu den ungesunden zählen, weil mit einem entsprechend raschen Blutzucker- und Insulinanstieg einhergehend, die einfachen Kohlenhydrate – genau: die süß schmeckenden Zucker. Unglücklicherweise haben wir Menschen ein angeborenes Bedürfnis nach süß schmeckenden Speisen. Ein Umstand, den sich die Ernährungsindustrie schamlos zunutze macht, um ihre Fertigprodukte an den Mann respektive die Frau zu bringen. Auch raffinierte Weißmehlprodukte gehören in diese Kategorie. Es lohnt sich, bei jedem verarbeiteten Produkt im Einkaufswagen genau auf den Zuckeranteil zu achten, denn auch in als besonders gesund angepriesenen Produkten finden sich oft große Mengen dieser simplen und daher auf lange Sicht ungesunden Kohlenhydrate.

Da nicht nur die physikalischen Eigenschaften der sogenannten komplexen Kohlenhydrate in Form von Ballaststoffen mit gesundheitlichen Vorteilen verbunden sind, sondern auch die vorwiegend im Dickdarm angesiedelten Bakterien unseres Mikrobioms an »unverdaulichen« Kohlenhydraten ihre wahre Freude haben, ist ein hoher Anteil in der Nahrung äußerst erstrebenswert.

Eines muss an dieser Stelle ausdrücklich festgehalten werden: Die banale Feststellung, ob sich jemand kohlenhydratarm oder -reich ernährt, sagt überhaupt nichts über die konkrete molekulare Form dieser Kohlenhydrate und damit über deren gesundheitlichen Nutzen oder Schaden aus. Hinzu kommt, dass ohnehin die wenigsten Konsumenten eine klare Vorstellung über ihre aufgenommenen Kohlenhydrate haben.

Brot früher und heute

Wohl kaum ein Lebensmittel steht in unserer Kultur so sehr für Tradition, Ursprünglichkeit und Bodenständigkeit wie Brot. Wer sich ein bisschen mit der Herstellung traditioneller Lebensmittel beschäftigt hat, weiß, dass das Getreide früher eine längere Vorbereitungsphase durchlief, bevor es verzehrt wurde. Niemand wusste damals, dass der Mensch Gluten nicht vollständig aufspalten kann.

Heute greifen die meisten Brothersteller (das Bäckerhandwerk ist, wie Sie sicher schon bemerkt haben, im Aussterben begriffen), um Zeit und Geld zu sparen, zu industriellen Fertigbackmischungen. Während traditionell hergestellter Teig lediglich Vollkornmehl, Wasser, Salz und natürliche Backtriebmittel wie Hefe und Sauerteig enthält, finden sich in modernen Instantbackmischungen allerhand Zusatzstoffe, um den Produktionsprozess knuspriger und duftender Brötchen zu einer Angelegenheit von wenigen Stunden werden zu lassen. Emulgatoren, Gluten oder Weizenprotein, eine Vielzahl nichtdeklarierter Enzyme, Zucker, Backpulver, Eipulver, dunkelfärbende Stoffe wie Malzextrakt, Karamell- oder Zuckerrübensirup (zur Vortäuschung eines hohen Vollkornmehlanteils) etc. werden dem Teig zugegeben. In vorgeschnittenen und verpackten Broten finden sich zudem auch Konservierungsstoffe, um das Bakterien- und Pilzwachstum zu hemmen. Das Diktat der Optimierung von Herstellungsprozess und Gewinnspanne gilt schon längst auch für unser Brot. Heute, im Zeitalter der Fertigbackmischungen, der Backshops und des aussterbenden Bäckergewerbes, dauert der Prozess der Teigbereitung bestenfalls ein bis zwei Stunden. Die erwünschten Backeigenschaften sowie das Aroma werden durch unzählige Backhilfsmittel und Zusatzstoffe gewährleistet. Es muss schnell gehen, denn Zeit ist Geld.

Beim traditionellen Prozess des Brotbackens hingegen wurde der Hefe zumindest über Nacht Zeit gelassen, um den Teig für den nachfolgenden Backprozess optimal vorzubereiten. Während dieser Ruhephase können die sich vermehrenden Hefepilze den Glutengehalt des Teiges erheblich reduzieren.

Gleiches trifft auch auf den viel älteren, traditionellen, zumindest dreistufigen Prozess der Sauerteigherstellung zu. Noch bevor bekannt war, dass der Teig durch Zugabe von Hefe luftig aufgeht, nutzte man den bakteriellen Prozess der Teigfermentierung (auch wenn damals niemand etwas von der Existenz der Bakterien wusste). Das in der

Regel aus Roggenvollkornmehl hergestellte Sauerteigbrot enthält von vornherein weniger Gluten, da Roggen insgesamt einen im Vergleich zum Weizen wesentlich geringeren Glutengehalt aufweist. Es ist aber vor allem dem tagelangen Prozess der Sauerteigzubereitung zu verdanken, dass der endgültige Glutengehalt weiter reduziert ist. Die Ursache hierfür ist die Fermentierungsaktivität von Mikroorganismen wie Milchsäurebakterien (zum Beispiel *Lactobacillus plantarum, Lactobacillus fructivorans* und *Lactobacillus brevis*) und wilden Hefen. In einer Studie der Universität von Bari konnte gezeigt werden, dass durch den Prozess der Sauerteigfermentierung durch Bakterien, Gluten in Weizenbackwaren vollständig abgebaut wird und das Brot anschließend sogar von Zöliakie-Patienten problemlos toleriert wird.[71] Ein mutiges Experiment. Dennoch sollten Zöliakie-Patienten sicherheitshalber auf potenziell glutenhaltige Backwaren verzichten.

Was kaum jemand weiß: Gluten fällt bei der industriellen Herstellung von Speisestärke und Traubenzucker als Problemstoff in großen Mengen an. Wird das Abfallprodukt Gluten anschließend enzymatisch verarbeitet, können auf diese Weise die unterschiedlichsten Nahrungsmittelzusatzstoffe hergestellt werden, die sich für das sogenannte Clean Labeling besonders gut eignen. Durch den Ersatz von E-Nummern soll dabei das Produkt eine »saubere« Produktbezeichnung erhalten. Unter anderem lassen sich aus Gluten Geschmacksverstärker herstellen, die dann dem »veredelten« Endprodukt (zum Beispiel Brühe) anstatt unter dem Namen Glutamat mit der Bezeichnung »Weizeneiweißerzeugnis« zugesetzt werden dürfen und den feinen Namen »rein pflanzlich« verdienen und so einen höheren Preis rechtfertigen sollen.

Beim veganen Teil der Bevölkerung finden auch gerne Fleischersatzprodukte aus Seitan (Gluten in Reinkultur!) regen Anklang. Früher wurde dieses Abfallprodukt als Schweinefutter verwendet, doch seit einigen Jahrzehnten findet Gluten durch findige Hersteller in großen Mengen Eingang in unsere tägliche Nahrung.

Es gibt sogar Firmen, die aus der Verwertung von Gluten ein besonderes Geschäft machen und sogenannte »Fitness-Brötchen« oder »Eiweiß-Brote« vermarkten. Das extra zugesetzte Gluten treibt natürlich den Proteinanteil der Backware in die Höhe und damit wiederum den Preis. Ein Zusammenhang des zunehmenden Glutenverzehrs mit der stetig ansteigenden Rate an Gluten-assoziierten Gesundheitsproblemen liegt auf der Hand, lässt sich aber derzeit nicht eindeutig beweisen. Kinder und Jugendliche mit extrem glutenhaltigen Nahrungsmitteln zu füttern, halten viele Experten für äußerst fahrlässig.

Bis zu einem gewissen Grad ist auch der Konsument an der zunehmenden Verwendung von Fertigbackmischungen selbst schuld. Die gewünschte Sortenvielfalt an Broten zum niedrigen Preis kann kaum ein traditioneller Bäcker täglich aufs Neue zubereiten, ohne dabei auf Fertigmischungen zurückzugreifen. Aber: Brauchen wir wirklich bis zu zwanzig verschiedene Brotsorten im täglichen Brotregal? Und das zu Diskontpreisen und bis zum Ladenschluss?

Zum Glück zeichnet sich seit einigen Jahren eine Trendwende ab, und immer mehr der verbliebenen Bäcker bieten wieder täglich frische Backwaren aus traditionell hergestellten Teigen an. Der Konsument – Sie und ich – muss aber bereit sein, diesen Mehraufwand auch entsprechend zu honorieren. Zudem sollten wir es wieder als normal betrachten, dass zwischen Nachmittag und Ladenschluss nicht alle Brotsorten im Regal vorrätig sein müssen. Der stark reduzierte Glutenanteil traditioneller Vollkornbackwaren wie Sauerteigbrot aus Roggenvollkornmehl wird schließlich auch Ihrer Gesundheit zuträglich sein.

Ist unser tägliches Brot, wie uns jede aktuelle Ernährungsempfehlung (egal ob in Pyramidenform oder anders) glauben machen möchte, von zentraler Bedeutung für eine gute und lang anhaltende Gesundheit? Nicht unbedingt, denn es geht im Wesentlichen um den Anteil der unverdaulichen Ballaststoffe in unserer täglichen Nahrung, die vorwiegend in unserem Dickdarm durch Bakterien fermentiert werden. Von diesem »Bakterienfutter« sollten wir in jedem Fall viel mehr zu uns nehmen, wobei diese, für uns unverdaulichen, komplexen Kohlenhydrate auch in vielen anderen pflanzlichen Nahrungsmitteln enthalten sind. Brot ist daher keinesfalls zwingender Bestandteil einer gesunden Ernährung, weder in rauen Mengen und schon gar nicht in Form von Industriebackwaren aus raffiniertem Mehl. Wer Brot in seiner ursprünglichen (!) Form verträgt und keinerlei Beschwerden hat, sollte es auch weiterhin ohne schlechtes Gewissen, aber dennoch mit Maßen genießen.

Fazit: Traditionell hergestellte Sauerteigbrote aus Vollkornroggenmehl besitzen erheblich bessere ernährungsphysiologische Eigenschaften, sind leichter verdaulich, halten länger und schmecken obendrein viel besser.

Bei dem sogenannten Raffinierungsprozess werden Weizen- oder Reiskörner von Schale (Kleie) und Keimling befreit. Übrig bleibt das vor allem stärkehaltige Korn. Mit dem Raffinierungsprozess gehen jedoch all jene Getreidebestandteile verloren, die besonders reich an Ballaststoffen, Vitaminen und Spurenelementen sind. Das Mikrobiom hungert.

Die beste Quelle von Ballaststoffen in Form von unverdaulichen Kohlenhydraten sind mit Sicherheit grünes und buntes Gemüse, Obst, Nüsse und Samen. Vollkornbrote dürften, die richtige Verarbeitung vorausgesetzt, der Gesundheit nicht abträglich sein.

Komplexe Pathogenese: Warum wir krank werden

Jetzt, da Sie mehr über die komplexen Zusammenhänge von Natur, Nahrung und Gesundheit wissen als ein durchschnittlicher Medizinstudent, ist es nicht mehr schwer, die einzelnen Puzzleteile zusammenzufügen. Warum benötigen wir, wie dem Titel des Buches zu entnehmen ist, dringend *eine landwirtschaftliche Revolution, um eine gesunde Zukunft zu haben*? Oder universeller ausgedrückt: Warum brauchen wir eine Nahrungsmittelrevolution, um uns und den von uns bewohnten Planeten zu heilen?

Die Möglichkeiten der Schädigung der menschlichen Gesundheit durch »konventionelle« industrielle Landwirtschaft und moderne Lebensmittelindustrie ist, wie wir gesehen haben, tatsächlich vielfältig. Die wesentlichen, allesamt miteinander in Beziehung stehenden Punkte lauten:

1. Schädigung und Abnahme des Mikrobioms

Diese Schädigung besteht sowohl in einer Biodiversitätsabnahme als auch in einer Verschiebung des Verhältnisses der beteiligten Mikroorganismenarten. Das menschliche Mikrobiom leidet durch unsere, seit einigen Jahrzehnten stark veränderte Nahrungszusammensetzung und die zunehmende Exposition gegenüber Chemikalien wie zum Beispiel Pestiziden. Konventionelle, industrielle Landwirtschaftspraktiken mit intensiver Bodenbearbeitung und dem unkontrollierten Einsatz von Pestiziden und Mineraldünger führt auch zur Verarmung des Bodenlebens der verbleibenden fruchtbaren Böden. Ein beeinträchtigtes Bodenleben fördert den Teufelskreis von vermehrtem Schädlingsdruck und Chemie-Einsatz. Auch der ungezügelte Einsatz von Antibiotika in Medizin und Tierhaltung führt zu einer mikrobiellen Diversitätsabnahme unseres Bioms und darüber hinaus zu immer problematischer werdenden Antibiotikaresistenzen. Der mangelnde Kontakt zu unserer belebten Umwelt, vor allem zur Mikroorganismenvielfalt, hat gravierende gesundheitliche Folgen.

2. Langzeitwirkung durch endokrine Disruptoren und andere Umweltchemikalien

Der ubiquitäre Nachweis von endokrin disruptiven Chemikalien ist sowohl auf deren Einsatz in der Landwirtschaft (vor allem Pestizide), also auch auf die inflationäre Verwendung dieser Chemikalien in der Nahrungsmittelindustrie (zum Beispiel Kunststoffverpackungen), sowie zahlreichen anderen Industriezweigen zurückzuführen.[72] Die Langzeitwirkung endokriner Disruptoren ist derzeit kaum abzuschätzen und überspannt durch epigenetische Erbgutmodifikation vermutlich sogar mehrere Generationen. Auch die kurzfristigen gesundheitlichen Auswirkungen zahlreicher Substanzen (Pestizide, Nahrungsmittelzusätze, Kosmetikainhaltsstoffe, Plastik etc.) auf das Mikrobiom sind bekannt und keinesfalls zu vernachlässigen.

3. Metabolische Störungen durch eine auf wenigen simplen Kohlenhydraten beruhende Ernährung

Komplexe Kohlenhydrate in Form pflanzlicher Nahrung sind seit Jahrmillionen Bestandteil der Ernährung der meisten Lebewesen, inklusive des Menschen und seiner Vorfahren. Erste gesundheitliche Nachteile durch eine vorrangig getreidebasierte Ernährung manifestierten sich bereits kurz nach dem Übergang zum Ackerbau vor einigen tausend Jahren. Diese Nachteile waren noch vergleichsweise harmlos, verglichen mit denen durch extreme Verarbeitung und Verbreitung kohlenhydratreicher Nahrungsmittel (wie Weizen, Mais, Reis, Kartoffeln) in Verbindung mit der breiten Verfügbarkeit von billigem Zucker, beginnend in den Jahrzehnten nach dem Zweiten Weltkrieg. Möglich und gefördert wurde der weltweite billige Anbau durch die mit der sogenannten Grünen Revolution einhergehende Verfügbarkeit von Dünge- und Spritzmitteln sowie großer landwirtschaftlicher Maschinentechnik. Die seit damals erzielten Hektarerträge gelten heute als normal und erstrebenswerter Standard, sind es aber nicht. Der freie Markt machte Grundnahrungsmittel zu einem billigen Handels- und Spekulationsgut, das den primären Produzenten, den Bauern, (ohne Förderung) keine ausreichende Lebensgrundlage mehr bietet.

4. Zerstörung von Ökosystemen

Mit der zunehmenden Industrialisierung der Landwirtschaft und dem exponentiellen Wachstum von Bevölkerung und Industrie kam es innerhalb weniger Jahrzehnte, leise und von den meisten unbemerkt, zu einer ausgedehnten Zerstörung vieler Ökosysteme. Messbar ist diese Zerstörung an einer rapide abnehmenden Artenvielfalt und an schwindenden Populationen an Land, im Boden und in den Gewässern. Fehlt ökologische Vielfalt, kommt es durch Mangel an Fressfeinden zu einem Überhandnehmen von Schaderregern, denen – so will es die Industrie – mit noch mehr Chemieeinsatz zu Leibe gerückt werden muss.

Die durch Jahrzehnte ertragreicher Intensivlandwirtschaft ausgelaugten Böden mit fehlender Durchwurzelung und reduziertem Bodenleben sind der Wind- und Wassererosion schonungslos preisgegeben und verwüsten zusehends. Auch bei uns. Fehlende Wasserkreisläufe und sinkende Grundwasserspiegel sind die Folge. Eine weitgehend monokulturelle Bestellung der Äcker mit wenigen, aber ertragreichen Sorten, von denen ein beträchtlicher Teil nicht einmal dem menschlichen Verzehr dient, erhöht in Zeiten des Klimawandels das Risiko von Ernteausfällen enorm.

Dass fruchtbarer Boden mittlerweile zur Mangelware geworden ist, scheint nur wenige zu beunruhigen. Resultierendes Land Grabbing durch wenige Konzerne und kurzsichtiges politisches Kalkül verschärfen die globale Lage zusehends. Die institutionalisierte Zerstörung der Natur durch unseren derzeitigen energiehungrigen wie rücksichtslosen Lebensstil beraubt uns und zukünftige Generationen zusehends der Lebensgrundlage.

5. Entfremdung von der Natur und imperiale Lebensweise

Die ultimative Ursache, der kleinste gemeinsame Nenner, der oben geschilderten Punkte ist der Lebensstil eines jeden Einzelnen von uns. Wir haben stillschweigend die »Segnungen« des Fortschrittes angenommen beziehungsweise sind von ihnen unbemerkt überrannt worden. Mit Auto oder Flugzeug billig und schnell von A nach B, seichte und von der Realität ablenkende Unterhaltung vor dem Fernseher oder im Internet, und währenddessen Konsum von ach so befriedigenden, industriell vorgefertigten und vor allem billigen Lebensmitteln zu jeder Jahres- und Tageszeit. Das und noch vieles mehr hat zu einer, bereits im Kindesalter beginnenden, unbemerkten Entfremdung des modernen *Homo sapiens* von der Natur geführt.

Der denkende Menschenaffe hat sich in relativ kurzer Zeit durch kulturellen Fortschritt stillschweigend aus seinem natürlichen Umfeld (seiner evolutionären Arena) herausgelöst und lebt in einer mit Chemie, Kunststoff und Beton angereicherten Blase des Kurzzeitdenkens, ohne dabei natürliche Gesetzmäßigkeiten zu berücksichtigen. Nicht nur der eingeschränkte Kontakt zur belebten Umwelt, sondern auch die weitgehende Loslösung von natürlichen Rhythmen und traditionellen Lebens- und Ernährungsweisen, die über lange Zeiträume unter Berücksichtigung der verfügbaren Ressourcen entstanden sind, hat zu Krankheiten, Sinnentleerung und zunehmenden psychischen Problemen geführt. Durch einen Besuch im Zoo oder einen Spaziergang im Park lässt sich dieser Mangel allerdings nur schwer ausgleichen. Nur eine Besinnung auf die natürlichen Zusammenhänge, eine Abkehr vom alles bestimmenden Profitdenken und das Akzeptieren der Tatsache, dass es in einer endlichen Welt kein endloses Wachstum geben kann, wird uns Pfade in eine gesunde Zukunft eröffnen.

Das blinde Vertrauen in die Versprechen der großen börsennotierten Industrien wie BigFood, BigPharma und der agrochemischen Industrie mit ihren Milliardenprofiten, Managerboni und Investordividenden hat den Planeten an den Rand seiner Existenz gebracht. Unterstützt wurden sie dabei von der modernen, reduktionistischen Medizin, gekaufter Wissenschaft ohne Gewissen, ausschließlich wachstums- und profitorientierten großen Handelsketten, der Chemischen Industrie und einer allzu wirtschaftsfreundlichen Politik. Auf dem Altar der alles bestimmenden Geldreligion wurden dabei die Gesundheit der Bevölkerung und die Lebensgrundlage zukünftiger Generationen geopfert. Schuld daran sind wir zu weiten Teilen selbst.

Das tödliche Mantra des stetigen Wachstums

Alles, was sich in jeweils gleichen Zeitschritten immer um denselben Faktor vervielfacht, nennt sich exponentielles Wachstum und hat eine vorhersagbare Verdoppelungszeit. Wenn etwas um ein Prozent pro Jahr wächst, dann verdoppelt sich die Menge nach siebzig Jahren, um zwei Prozent nach 35 Jahren, um drei Prozent usw.

Nehmen wir als Analogie für unseren Planeten ein Reagenzglas mit Nahrungssubstrat für Bakterien und nehmen wir für einen Moment an, wir wären diese Bakterien und würden uns im Minutenrhythmus vermehren. Zu Beginn sind wir alleine, nach der ersten Minute sind wir zu zweit, nach zwei Minuten bereits zu viert, nach drei Minuten bereits zu acht … usw. Nach sechzig Minuten ist das Reagenzröhrchen komplett voll mit uns als Bakterien. Es ist keine Nahrung mehr übrig, die maximale Tragfähigkeit ist erreicht beziehungsweise bereits überschritten. Moment mal … wann war das Gefäß halb voll? Wenn Sie exponentielles Wachstum verstanden haben, dann wissen Sie die Antwort: in der 59. Minute! In Minute 58 war das Reagenzglas erst zu 25 Prozent voll und in Minute 55 waren es überhaupt erst drei Prozent von uns »Bakterien«.

Legen wir diesem Vergleich unser derzeitiges globales exponentielles Wachstum von Bevölkerung und Ökonomie zugrunde und nehmen wir an, wir befinden uns in Minute 55 und jemand äußert vorsichtig, dass es mit unseren Ressourcen knapp werden könnte. Die reflexartige, kurzsichtige Antwort würde lauten: »Was willst du? Wir haben noch 97 Prozent unserer Ressourcen zur Verfügung!« Vier Minuten später, in der 59. Minute kommen dann doch einige zu der Erkenntnis, dass wir nur mehr eine Minute übrig haben, um dem Problem der erreichten Tragfähigkeit des Planeten gegenzusteuern. Das Einzige, was uns zu diesem Zeitpunkt retten würde, wären vier neue Reagenzgläser, sprich Erden. Die gibt es nicht. Und selbst wenn es sie gäbe, wären sie nach weiteren zwei Minuten voll!

Viele ernst zu nehmende Wissenschaftler befürchten, dass wir die 59. Minute bereits überschritten haben und ernten dafür harsche Kritik und persönliche Anfeindungen. Die Supermärkte seien doch voll mit Nahrungsmitteln, wir werden älter als je zuvor und sind gesünder ... Tja, zumindest der letzte Punkt lässt sich durch die Statistiken eindeutig widerlegen. Aber auch die anderen Punkte sind reine Illusion, die uns vorgegaukelt wird. Das Leben unserer Nachkommen ist mit unserem gegenwärtigen Modell nicht gesichert! Wir müssen daher aufhören, von »Wachstum« zu reden. Es kann kein unendliches Wachstum auf einem endlichen Planeten geben. An dieser Erkenntnis führt kein Weg vorbei. Auch in unserem Körper sprechen wir bei stetigem Zellwachstum von Krebs. Wachstum muss auch seine Grenzen haben. Die mittlerweile einzige vernünftige Antwort kann nur gesundes Schrumpfen sein. Oder wollen wir tatsächlich die Generation sein, die sich nicht um ihren Nachwuchs kümmert?

* * *

Im ersten Teil des Buches haben wir gesehen, dass das »Zeitlupendesaster« der chronischen nichtübertragbaren Krankheiten bereits an Fahrt aufgenommen hat. Die Bestandsaufnahme zur Produktion unserer Lebensmittel hat mehr als einen schalen Nachgeschmack hinterlassen. Ein von vielen unbemerktes Drama, denn die vollen Regale der Supermärkte suggerieren der Bevölkerung weiterhin nicht enden wollende Ressourcen.

Die dort angebotenen, industriell produzierten und verarbeiteten Lebensmittel mit chemischen Zusätzen, reichlich leicht verdaulichen, raffinierten Kohlenhydraten (vor allem Weizen und Mais) und Zucker ohne nennenswerten Ballast- und Nährstoffanteil sowie das zum Teil erheblich pestizidbelastete Obst und Gemüse stellen keine artgerechte Ernährung für den Holobionten *Homo sapiens* samt seinem Mikrobiom dar. Zusammen mit zahlreichen anderen toxischen Umwelt- und Lebensstilfaktoren führte dies zu einer Epidemie schleichender, chronischer Krankheiten, die, mit unglaublichem menschlichen Leid verbunden, die staatlichen Gesundheitssysteme über kurz oder lang unfinanzierbar machen werden. Dauerhafte, niederschwellige Entzündungsvorgänge dürften dabei eine ebenso große Rolle spielen wie eine beeinträchtigte Darmbarriere.

Moderne profit- und konzerngetriebene industrielle Landwirtschaft mit Monokulturen und nie dagewesenem Pestizid- und Kunstdüngereinsatz sowie immensem Verbrauch fossiler Brennstoffe ist seit Jahrzehnten die Quelle dieser mangelhaften Ernährung. Sie stellt in ihrer gegenwärtigen Form kein zukunftsfähiges Modell dar und führt den Planeten samt all seinen Bewohnern unaufhaltsam in eine mehr als ungewisse Zukunft. Durch das Warten auf unsere, von den großen Konzernen mit gekaufter Wissenschaft in die Irre geführten, politischen Entscheidungsträger verstreicht wertvolle Zeit, die wir nicht mehr haben.

Die alarmierende Abnahme der Biodiversität, nicht nur auf und unter unseren Feldern, sondern auch auf und in uns selbst, hat innerhalb kürzester Zeit besorgniserregende Ausmaße angenommen und führt unweigerlich zu Krankheiten, sowohl der Pflanzen und Tiere als auch der Menschen. Eine radikale Umstellung unserer landwirtschaftlichen Produktionsweise auf kleinstrukturierte, regionale, Humus aufbauende Kreislaufwirtschaft mit Fokus auf gesunde, saisonale Lebensmittel und weitgehendem Verzicht auf Ackergifte ist nicht nur für unsere erodierenden Böden und das labile Weltklima die einzige Chance auf Heilung, sondern auch für uns Menschen.

In dem nun folgenden dritten und letzten Teil des Buches möchte ich auf einige unbedingt erforderliche Maßnahmen eingehen, die möglicherweise unsere letzte Hoffnung darstellen. Dafür sprechen zahlreiche Fakten. Unsere Gesundheit und unser Fortbestand sind eng mit einer intakten und biodiversen Umwelt verknüpft, denn gesunde und natürliche pflanzliche, aber auch tierische Nahrungsmittel in ausreichender Menge kommen nur aus einem gesunden, lebenden Boden. Bisher sind wir über ihn hinweggegangen, haben ihn übersehen und mit Füßen getreten. Dabei brauchen wir ihn wie die Luft zum Atmen.

Anmerkungen

1 van Schaik C, Michel K (2017) Das Tagebuch der Menschheit: Was die Bibel über unsere Evolution verrät. Rowohlt Taschenbuch Verlag.

2 Stephen Shennan (2017) The first Farmers of Europe. An Evolutionary Perspective. Cambridge University Press.

3 Teschler-Nicola M et al. (1996) Anthropologische Spurensicherung – Die traumatischen und postmortalen Veränderungen an den linearbandkeramischen Skelettresten von Asparn / Schletz. In: Windl H (ed.) Rätsel um Gewalt und Tod vor 7000 Jahren, eine Spurensicherung: 47–61. Wien: Niederösterreichische Landesregierung.

4 Diamond J (1987) The Worst Mistake in the History of the Human Race. Discover, Ausgabe Mai 1987.

5 Mummert A et al. (2011) Stature and robusticity during the agricultural transition: evidence from the bioarchaeological record. Econ Hum Biol. 9(3):284–301.

6 Cohen MN, Armelagos GJ (2013) Paleopathology at the Origins of Agriculture (Bioarchaeological Interpretations of the Human Past: Local, Regional, and Global). University press of Florida. 640 S.

7 WWF (2016) Regenwurm Manifest. Online verfügbar unter: www.wwf.de/fileadmin/fm-wwf/Publikationen-PDF/WWF-Regenwurm-Manifest.pdf (zuletzt aufgerufen am 31.5.2019).

8 Motta EVS, Raymann K, Moran NA (2018) Glyphosate perturbs the gut microbiota of honey bees. Proc Natl Acad Sci U S A. 115(41):10305–10310.

9 Balbuena MS et al. (2015) Effects of sublethal doses of glyphosate on honeybee navigation. J Exp Biol. 218(17):2799–805.

10 Shehata AA et al. (2013) The effect of glyphosate on potential pathogens and beneficial members of poultry microbiota in vitro. Curr Microbiol. 66(4):350–8; Krüger M et al. (2013) Glyphosate suppresses the antagonistic effect of *Enterococcus spp.* on *Clostridium botulinum*. Anaerobe 20:74–8; Krüger M et al. (2014) Chronic botulism in a Saxony dairy farm: sources, predisposing factors, development of the disease and treatment possibilities. Anaerobe 28:220–5; Ackermann W et al. (2015) The influence of glyphosate on the microbiota and production of botulinum neurotoxin during ruminal fermentation. Curr Microbiol. 70(3):374–82.

11 BfR-Stellungnahme Nr. 033/2012 vom 14.8.2012.

12 Den Originalwortlaut des Patentes von Glyphosat als Antibiotikum finden Sie hier: https://patents.google.com/patent/US7771736B2/en.

13 Böhnel H, Krüger M, Zessin KH (2014) Keine Frage: Chronischer Botulismus existiert bei Tier und Mensch – Kritik zum Forschungsergebnis der TiHo. Nutztierpraxis Aktuell, 49:36–40.

14 Idel A (2010) Die Kuh ist kein Klima-Killer: Wie die Agrarindustrie die Erde verwüstet und was wir dagegen tun können (Agrarkultur im 21. Jahrhundert). Metropolis.

15 Bouvard V et al., International Agency for Research on Cancer Monograph Working Group. (2015) Carcinogenicity of consumption of red and processed meat. Lancet Oncol. 2015 Dec;16(16): 1599–600.

16 Alexandratos N, Bruinsma J for the Global Perspective Studies Team (2012) World Agriculture Towards 2030/2050. ESA Working Paper No. 12-03. www.fao.org/docrep/016/ap106e/ap106e.pdf.

17 Alexander DD et al. (2009) Meta-analysis of animal fat or animal protein intake and colorectal cancer. Am J Clin Nutr. 89(5):1402–9.

18 Hehemann J et al. (2010). Transfer of carbohydrate-active enzymes from marine bacteria to Japanese gut microbiota Nature, 464 (7290):908–912.

19 Kaiser J (2017) Your gut bacteria could determine how you respond to cutting-edge cancer drugs. Science, Nov. 2, 2017.

20 Schnorr SL et al. (2014) Gut microbiome of the Hadza hunter-gatherers. Nat Commun. 5:3654; Rampelli S et al. (2015) Metagenome Sequencing of the Hadza Hunter-Gatherer Gut Microbiota. Curr Biol. 25(13):1682–93; Turroni S et al. (2016) Enterocyte-Associated Microbiome of the Hadza Hunter-Gatherers. Front Microbiol. 7:865.

21 Smits SA et al. (2017) Seasonal cycling in the gut microbiome of the Hadza hunter-gatherers of Tanzania. Science. 357(6353):802–806.

22 Segata N (2015) Gut Microbiome: Westernization and the Disappearance of Intestinal Diversity. Curr Biol. 25(14):R611–3.

23 Clemente JC et al. (2015) The microbiome of uncontacted Amerindians. Sci Adv. 1(3).

24 Reuter W, Neumeister L (2010) Die Schwarze Liste der Pestizide II. Spritzmittel, die prioritär ersetzt werden müssen – eine Handlungsanleitung für Industrie, Landwirtschaft, Lebensmittel-

handel, Politik und Behörden in Deutschland. Online unter: www.greenpeace.de/sites/www.greenpeace.de/files/Schwarze_Liste_der_Pestizide_II_2010_0.pdf (zuletzt aufgerufen 31.5.2019).

25 Arango L et al. (2014) Effects of glyphosate on the bacterial community associated with roots of transgenic Roundup Ready® soybean. Eur. J. Soil Biol. 63:41–48; Druille M et al. (2015) Glyphosate vulnerability explains changes in root-symbionts propagules viability in pampean grasslands. Agric. Ecosyst. Environ. 202:48–55.

26 Yuan X, Pan Z, Jin C, Ni Y, Fu Z, Jin Y (2019) Gut microbiota: An underestimated and unintended recipient for pesticide-induced toxicity. Chemosphere. 227:425–434.

27 Chassaing B et al. (2017) Dietary emulsifiers directly alter human microbiota composition and gene expression ex vivo potentiating intestinal inflammation. Gut. 66(8):1414–1427.

28 Chassaing B et al. (2015) Dietary emulsifiers impact the mouse gut microbiota promoting colitis and metabolic syndrome. Nature 519:92–96.

29 Viennois E et al. (2017) Dietary Emulsifier-Induced Low-Grade Inflammation Promotes Colon Carcinogenesis. Cancer Res. 77(1):27–40.

30 Suez J et al. (2014) Artificial sweeteners induce glucose intolerance by altering the gut microbiota. Nature 514:181–186.

31 Jin Y et al. (2017) Effects of environmental pollutants on gut microbiota. Environ Pollut. 222:1–9.

32 Liang Y et al. (2019) Organophosphorus pesticide chlorpyrifos intake promotes obesity and insulin resistance through impacting gut and gut microbiota. Microbiome. 7(1):19.

33 Rubio-Tapia A et al. (2009) Increased Prevalence and Mortality in Undiagnosed Celiac Disease. Gastroenterology. 137(1):88–93.

34 Bäckhed F et al. (2004) The gut microbiota as an environmental factor that regulates fat storage. Proc. Natl. Acad. Sci. USA 101:15718–15723; Turnbaugh PJ et al. (2006) An obesity-associated gut microbiome with increased capacity for energy harvest. Nature. 444(7122):1027–1031; Teixeira TF et al. (2012) Intestinal permeability parameters in obese patients are correlated with metabolic syndrome risk factors. Clin Nutr. (5):735–40. Moreno-Navarrete JM et al. (2012) Circulating Zonulin, a Marker of Intestinal Permeability, is Increased in Association with Obesity-Associated Insulin Resistance. PLoS One. 7(5):e37160; Maruvada P et al. (2017) The Human Microbiome and Obesity: Moving beyond Associations. Cell Host Microbe. 22(5):589–599.

35 Giorgio V et al. (2014) Intestinal permeability is increased in children with non-alcoholic fatty liver disease, and correlates with liver disease severity. Dig Liver Dis. 46(6):556–60; David Porras D et al. (2018) Intestinal Microbiota Modulation in Obesity-Related Non-alcoholic Fatty Liver Disease. Front Physiol. 9:1813; Roychowdhury S, Selvakumar PC, Cresci GAM (2018) The Role of the Gut Microbiome in Nonalcoholic Fatty Liver Disease. Med Sci (Basel). 5;6(2):47; Sharpton SR, Ajmera V, Loomba R (2019) Emerging Role of the Gut Microbiome in Nonalcoholic Fatty Liver Disease: From Composition to Function. Clin Gastroenterol Hepatol. 17(2):296–306.

36 Fukui H (2015) Gut-liver axis in liver cirrhosis: How to manage leaky gut and endotoxemia. World J Hepatol. 7(3):425–442.

37 Cox AJ et al. (2017) Increased intestinal permeability as a risk factor for type 2 diabetes. Diabetes Metab. 43(2):163–166; Sharma S, Tripathi P (2019) Gut microbiome and type 2 diabetes: where we are and where to go? J Nutr Biochem. 63:101–108.

38 Mokkala K et al. (2017) Evaluation of serum zonulin for use as an early predictor for gestational diabetes. Nutr Diabetes. 7(3):e253; Crusell MKW et al. (2018) Gestational diabetes is associated with change in the gut microbiota composition in third trimester of pregnancy and postpartum. Microbiome. 6(1):89.

39 Tang WH et al. (2013) Intestinal microbial metabolism of phosphatidylcholine and cardiovascular risk. N Engl J Med. 368:1575–1584; Zhu W et al. (2016) Gut microbial metabolite TMAO enhances platelet hyperreactivity and thrombosis risk. Cell 165:111–124.

40 Pevsner-Fischer M et al. (2017) The gut microbiome and hypertension. Curr Opin Nephrol Hypertens. 26(1):1–8.

41 Morris G et al. (2016)The Role of Microbiota and Intestinal Permeability in the Pathophysiology of Autoimmune and Neuroimmune Processes with an Emphasis on Inflammatory Bowel Disease Type 1 Diabetes and Chronic Fatigue Syndrome. Curr Pharm Des. 22(40):6058–6075; Mu Q et al. (2017) Leaky Gut As a Danger Signal for Autoimmune Diseases. Front Immunol. 23;8:598.

42 Maffeis C et al. (2016) Association between intestinal permeability and faecal microbiota composition in Italian children with beta cell autoimmunity at risk for type 1 diabetes. Diabetes Metab Res Rev. 32(7):700–709; Watts T et al. (2005) Role of the intestinal tight junction modulator zonulin in the pathogenesis of type I diabetes in BB diabetic-prone rats. Proc Natl Acad Sci USA.

102(8):2916-21; Vatanen T et al. (2018) The human gut microbiome in early-onset type 1 diabetes from the TEDDY study. Nature. 562(7728):589-594.

43 Lin R et al. (2015) Abnormal intestinal permeability and microbiota in patients with autoimmune hepatitis. Int J Clin Exp Pathol. 8(5):5153-60.

44 Heyman M et al. (2012) Intestinal permeability in coeliac disease: insight into mechanisms and relevance to pathogenesis. Gut. 61(9):1355-64; Rostami Nejad M et al. (2015) The role of infectious mediators and gut microbiome in the pathogenesis of celiac disease. Arch Iran Med. 18(4):244-9.

45 Horta-Baas G et al. (2017) Intestinal Dysbiosis and Rheumatoid Arthritis: A Link between Gut Microbiota and the Pathogenesis of Rheumatoid Arthritis. J Immunol Res. 2017:4835189; Chen J et al. (2016) An expansion of rare lineage intestinal microbes characterizes rheumatoid arthritis. Genome Med. 8(1):43; Zhang X et al. (2015) The oral and gut microbiomes are perturbed in rheumatoid arthritis and partly normalized after treatment. Nat Med. 21(8):895-905; Jeong Y et al. (2019) Gut Microbial Composition and Function Are Altered in Patients with Early Rheumatoid Arthritis. J Clin Med. 8(5):E693.

46 van der Meulen TA et al. (2016) The microbiome-systemic diseases connection. Oral Dis. 22(8): 719-734.

47 Gecse K (2012) Leaky gut in patients with diarrhea-predominant irritable bowel syndrome and inactive ulcerative colitis. Digestion. 85(1):40-6; Fritscher-Ravens A (2014) Confocal endomicroscopy shows food-associated changes in the intestinal mucosa of patients with irritable bowel syndrome. Gastroenterology. 147(5):1012-20; Pinn DM, Aroniadis OC, Brandt LJ (2014) Is fecal microbiota transplantation the answer for irritable bowel syndrome? A single-center experience. Am J Gastroenterol. 109(11):1831-2; Chong PP et al. (2019) The Microbiome and Irritable Bowel Syndrome – A Review on the Pathophysiology, Current Research and Future Therapy. Front Microbiol. 10:1136.

48 Michielan A, D'Incà R (2015) Intestinal Permeability in Inflammatory Bowel Disease: Pathogenesis, Clinical Evaluation, and Therapy of Leaky Gut. Mediators Inflamm. 2015:628157; Lee SH (2015) Intestinal Permeability Regulation by Tight Junction: Implication on Inflammatory Bowel Diseases. Intest Res. 2015 Jan; 13(1):11-18; Costello SP et al. (2017) Systematic review with meta-analysis: faecal microbiota transplantation for the induction of remission for active ulcerative colitis. Aliment Pharmacol Ther. 46(3):213-224.

49 Mirza A, Mao-Draayer Y (2017) The gut microbiome and microbial translocation in multiple sclerosis. Clin Immunol. 183:213-224; Buscarinu MC et al. (2017) Altered intestinal permeability in patients with relapsing-remitting multiple sclerosis: A pilot study. Mult Scler. 23(3):442-446; Pröbstel AK, Baranzini SE (2018) The Role of the Gut Microbiome in Multiple Sclerosis Risk and Progression: Towards Characterization of the »MS Microbiome«. Neurotherapeutics. 15(1):126-134. Jangi S et al. (2016) Alterations of the human gut microbiome in multiple sclerosis. Nature Communications 7:12015. Rumah KR, Vartanian TK, Fischetti VA (2017) Oral Multiple Sclerosis Drugs Inhibit the In vitro Growth of Epsilon Toxin Producing Gut Bacterium, *Clostridium perfringens*. Front Cell Infect Microbiol. 25;7:11; Riccio P, Rossano R (2018) Diet, Gut Microbiota, and Vitamins D + A in Multiple Sclerosis. Neurotherapeutics. 15(1):75-91.

50 Severance EG et al. (2016) Autoimmune diseases, gastrointestinal disorders and the microbiome in schizophrenia: More than a gut feeling. Schizophr Res. 176(1):23-35; Nguyen T et al. (2019) Differences in gut microbiome composition between persons with chronic schizophrenia and healthy comparison subjects. Schizophr Res. 204:23-29.

51 Jiang C et al. (2017) The Gut Microbiota and Alzheimer's Disease. J Alzheimers Dis. 58(1):1-15; Köhler CA et al. (2016) The Gut-Brain Axis, Including the Microbiome, Leaky Gut and Bacterial Translocation: Mechanisms and Pathophysiological Role in Alzheimer's Disease. Curr Pharm Des. 22(40):6152-6166; Spielman LJ et al. (2018) Unhealthy gut, unhealthy brain: The role of the intestinal microbiota in neurodegenerative diseases. Neurochem Int. 120:149-163; Welcome MO (2018) Current Perspectives and Mechanisms of Relationship between Intestinal Microbiota Dysfunction and Dementia: A Review. Dement Geriatr Cogn Dis Extra. 8(3):360-381; Jiang C et al. (2017) The Gut Microbiota and Alzheimer's Disease. J Alzheimers Dis. 58(1):1-15; Bredesen DE et al. (2016) Reversal of cognitive decline in Alzheimer's disease. Aging (Albany NY). 8(6):1250-8; Paul KC, Jerrett M, Ritz B (2018) Type 2 Diabetes Mellitus and Alzheimer's Disease: Overlapping Biologic Mechanisms and Environmental Risk Factors. Curr Environ Health Rep. 5(1):44-58.

52 Mulak A, Bonaz B (2015) Brain-gut-microbiota axis in Parkinson's disease. World J Gastroenterol. 21(37):10609-20; Obrenovich MEM (2018) Leaky Gut, Leaky Brain? Microorganisms. 6(4):E107; Fitzgerald E et al. (2019) Alpha-Synuclein Pathology and the Role of the Microbiota in Parkinson's Disease. Front Neurosci. 13:369; Sampson TR et al. (2016) Gut Microbiota Regulate Motor Deficits and Neuroinflammation in a Model of Parkinson's Disease. Cell 167(6):1469-1480.

53 Lach G et al. (2018) Anxiety, Depression, and the Microbiome: A Role for Gut Peptides. Neurotherapeutics. 15(1):36–59; Bested AC, Logan AC, Selhub EM (2013) Intestinal microbiota, probiotics and mental health: from Metchnikoff to modern advances: part III – convergence toward clinical trials. Gut Pathogens 5:4.

54 de Magistris L et al. (2010) Alterations of the intestinal barrier in patients with autism spectrum disorders and in their first-degree relatives. J Pediatr Gastroenterol Nutr. 51(4):418–24.; Kang DW et al. (2017) Microbiota Transfer Therapy alters gut ecosystem and improves gastrointestinal and autism symptoms: an open-label study. Microbiome 5:10; Esnafoglu E et al. (2017) Increased Serum Zonulin Levels as an Intestinal Permeability Marker in Autistic Subjects. J Pediatr. 188:240–244; D'Eufemia P et al. (1996) Abnormal intestinal permeability in children with autism. Acta Paediatr. 85(9):1076–9.

55 Dam SA et al. (2019) The Role of the Gut-Brain Axis in Attention-Deficit/Hyperactivity Disorder. Gastroenterol Clin North Am. 48(3):407-431. Cenit MC et al. (2017) Gut microbiota and attention deficit hyperactivity disorder: new perspectives for a challenging condition. Eur Child Adolesc Psychiatry. 26(9):1081–1092. Jiang HY et al. (2018) Gut microbiota profiles in treatment-naïve children with attention deficit hyperactivity disorder. Behav Brain Res. 347:408–413.

56 Pascal M et al. (2018) Microbiome and Allergic Diseases. Frontiers in Immunology 9:1584.

57 Sbihi H et al. (2019) Thinking bigger: How early life environmental exposures shape the gut microbiome and influence the development of asthma and allergic disease. Allergy. 2019 Apr 9. doi:10.1111/all.13812.

58 Bowe W et al. (2014) Acne vulgaris, probiotics and the gut-brain-skin axis: from anecdote to translational medicine. Benef Microbes. 5(2):185–99.

59 Rajagopala SV et al. (2017) The Human Microbiome and Cancer. Cancer Prev Res (Phila). 10(4):226–234; Zitvogel L et al. (2017) Anticancer effects of the microbiome and its products. Nat Rev Microbiol. 15(8):465–478; Meng S et al. (2018) Study of Microbiomes in Aseptically Collected Samples of Human Breast Tissue Using Needle Biopsy and the Potential Role of in situ Tissue Microbiomes for Promoting Malignancy. Front Oncol. 8:318; Rubinstein MR et al. (2013) *Fusobacterium nucleatum* promotes colorectal carcinogenesis by modulating E-cadherin/β-catenin signaling via its FadA adhesin. Cell host & microbe. 14(2):195–206; Yu T et al. (2017) *Fusobacterium nucleatum* Promotes Chemoresistance to Colorectal Cancer by Modulating Autophagy. Cell. 170(3):548–563; Viaud S et al. (2013) The intestinal microbiota modulates the anticancer immune effects of cyclophosphamide. Science. 342(6161):971–6.

60 WHO/UNEP (2012) State of the science of endocrine disrupting chemicals. ISBN 978-92-4150503-1.

61 Gore AC et al. (2015) EDC-2: The Endocrine Society's Second Scientific Statement on Endocrine-Disrupting Chemicals. In: Endocrine Reviews. 36(6):E1–E150.

62 Institut de Recherche & d'Expertise Scientifique (2018) Analysis Report 180907-02: Pesticides found in Hair samples. Online unter: www.greens-efa.eu/files/doc/docs/cfade9de86b811afc90c4cbf-29dccb85.pdf.

63 Cremonese C et al. (2017) Occupational exposure to pesticides, reproductive hormone levels and sperm quality in young Brazilian men. Reprod Toxicol. 67:174–185.

64 Cai W et al. (2017) Effects of glyphosate exposure on sperm concentration in rodents: A systematic review and meta-analysis. Environ Toxicol Pharmacol. 55:148–155.

65 Zamkowska D et al. (2018) Environmental exposure to non-persistent endocrine disrupting chemicals and semen quality: An overview of the current epidemiological evidence. Int J Occup Med Environ Health. 31(4):377–414.

66 Velmurugan G et al. (2017) Gut Microbiota, Endocrine-Disrupting Chemicals, and the Diabetes Epidemic. Trends Endocrinol Metab. 28(8):612–625.

67 Flavia Indrio et al. (2017) Epigenetic Matters: The Link between early Nutrition, Microbiome, and Long-term Health Development. Frontiers in Pediatrics 5:178.

68 Painter RC et al. (2006) Early onset of coronary artery disease after prenatal exposure to the Dutch famine. The American Journal of Clinical Nutrition. 84(2):322–327.

69 Eun-Sook L et al. (2017) Dysbiosis of Gut Microbiome and Its Impact on Epigenetic Regulation. Journal of Clinical Epigenetics 3(S1):14. DOI:10.21767/2472-1158.100048.

70 Krautkramer KA (2016) Diet-Microbiota Interactions Mediate Global Epigenetic Programming in Multiple Host Tissues. Molecular Cell. 64(5):982–992; Yuanyuan Li (2018) Epigenetic Mechanisms Link Maternal Diets and Gut Microbiome to Obesity in the Offspring. Frontiers in Genetics. 9:342.

71 Di Cagno R et al. (2010) Gluten-free sourdough wheat baked goods appear safe for young celiac patients: a pilot study. J Pediatr Gastroenterol Nutr. 51(6):777–83

72 Bergman Åke et al. (2013) State of the Science of Endocrine Disrupting Chemicals 2012 – Summary for Decision-Makers. United Nations Environment Programme and the World Health Organization.

Teil 3

Eine stille Revolution

Der Wert des Wertlosen

Wenn wir wenige Minuten ohne Sauerstoff sind, sterben wir. Wenn wir verschmutzte Luft atmen müssen, werden wir krank. Welchen monetären Wert wollen wir also sauberer Luft zuordnen?

Gut sechzig Prozent unserer Körper bestehen aus Wasser. Bekommen wir kein Trinkwasser für vier bis sechs Tage, sterben wir. Trinken wir kontaminiertes Wasser, werden wir krank. Welchen monetären Wert wollen wir also sauberem Trinkwasser zuordnen?

Ohne Nahrung sterben wir in vier bis sechs Wochen. Essen wir belastete Nahrungsmittel, werden wir krank. Gesunde Nahrungsmittel wachsen in gesunden Böden. Welchen monetären Wert wollen wir also gesundem Boden und den darauf wachsenden Lebensmitteln zuordnen? Der Prozess, der dies alles ermöglicht, ist die Photosynthese. Welchen Wert hat er?

Nicht ganz zufällig verehrten unsere Vorfahren die vier Elemente Erde, Luft, Feuer (Sonne) und Wasser wie Götter. Unsere einzige Verantwortung ist es, alles in unserer Macht Stehende zu tun, um die Verfügbarkeit und Reinheit dieser lebensnotwendigen Ressourcen zu schützen. Besitz, Reichtum, freie Märkte, grenzenloses Wachstum, Ländergrenzen, Macht ... All diese Größenordnungen, Vorstellungen, Normen und Erwartungen sind der Natur fremd. Die Natur kümmert sich nicht um diese vom Menschen geschaffenen Werte. Viele Politiker, Wirtschaftskapitäne und andere wachstumsgläubige wie profitorientierte Menschen hingegen streben nach nichts anderem und bringen dadurch die gesamte Menschheit in größte Gefahr.

Wie kann es weitergehen?

Die Lage scheint verfahren. Ein Drittel der Böden weltweit ist bereits degradiert. Dies geschah in weiten Teilen ziemlich leise und ohne viel Aufsehen. Der Blick zurück lehrt uns allerdings: Gesellschaften, die sich nicht um den Zustand ihrer Böden kümmerten, waren in der Geschichte der Menschheit nie langfristig von Bestand. Sie verschwanden schließlich irgendwann.

Jetzt, am Beginn des neuen Jahrtausends, sehen wir uns aber nicht nur mit degradierten Böden konfrontiert, sondern zusätzlich auch noch mit der Zunahme komplexer chronischer Krankheiten, einer bisher nie da gewesenen Bevölkerungsexplosion, weltweit absinkenden Grundwasserspiegeln und einem sich zunehmend in Extremwetterlagen manifestierenden Klimawandel. Unsere Situation scheint angesichts der dargelegten Probleme aussichtslos zu sein.

Doch was wäre, wenn es eine relativ simple und kostengünstige Möglichkeit gäbe, um die Weltbevölkerung gut zu ernähren, die Umweltverschmutzung zu reduzieren, das Treibhausgas CO_2 aus der Luft in den Boden zu transferieren, die Biodiversität zu steigern und dabei gleichzeitig eine nachhaltige Zukunft für uns Menschen zu garantieren? Und was wäre, wenn diese Lebensweise sogar zu einer gesünderen Bevölkerung führen würde, die nicht an einer die Gesundheitssysteme in naher Zukunft an das Limit ihrer Finanzierbarkeit bringenden, schleichenden Epidemie chronischer Krankheiten zu leiden hätte? Müssten nicht alle Regierungen dieser Erde diese Möglichkeiten sofort in Erwägung ziehen und ihrer Bevölkerung »verordnen«?

Fakt ist, dass diese realen Lösungsstrategien tatsächlich bestehen. »Warum hat sie dann bisher noch niemand in größerem Stil getestet oder gar flächendeckend umgesetzt?«, werden Sie sich fragen. Die Antwort lautet: Weil uns wenige profitgierige Geschäftemacher erfolgreich eingeredet haben, dass ertragreiche Landwirtschaft nur mit reichlich Handelsdünger, Pestizideinsatz, immer größer werdenden Industriebetrieben und globalisiertem Warenhandel möglich sei. Diese alternative Lösung ist aber das weitgehende Gegenteil von dem, was uns seit mindestens siebzig Jahren gepredigt und vorgelogen wird.

In der Folge sollen einige Bauern und Personen vorgestellt werden, die die dargelegte Problematik erkannt und einen neuen Weg eingeschlagen haben. Ihr Leben, ihr Erfolg und ihre Ergebnisse sind das lebendige Manifest dafür, dass bodenaufbauende, nachhaltige Landwirtschaft unter ökologischen Gesichtspunkten das einzige zukunftsfähige Modell ist, das auch noch unsere Enkelkinder und viele weitere Generationen ernähren wird. Selbst einzelne Länder haben den Ernst der Lage erkannt und mehr oder weniger freiwillig Maßnahmen gesetzt, die ihrer Bevölkerung Ernährungssicherheit und eine gesunde Lebensgrundlage sichern oder dies zumindest versuchen.

Eine weltweit stetig steigende Zahl von Landwirten hat sich bereits der Herausforderung angenommen und damit begonnen, fruchtbaren Boden aufzubauen. Ganz ohne die teuren und fragwürdigen Methoden der Agrarindustrie. In den Tagesnachrichten und anderen sensationshungrigen Medien ist freilich nicht viel darüber zu hören oder zu lesen, denn diese Menschen verkaufen kein Produkt, für das sie schamlos Werbung machen müssten. Sie benutzen diese mit durchwegs harter Arbeit verbundenen alternativen Anbautechniken, weil sie damit teure Betriebsmittel sparen und trotzdem ihre Erträge auf hohem Niveau sichern können. Und sie haben ein reines Gewissen, denn ihre Form der Bewirtschaftung gewährleistet auch ihren Nachkommen eine gute Lebensgrundlage.

Glücklicherweise haben einige der gegenwärtigen landwirtschaftlichen Pioniere entweder ihre Erfahrungen publiziert oder sind im Internet, vor allem auf Kanälen wie YouTube und anderen Plattformen, vertreten, um ihr Wissen und ihre Techniken mit anderen zu teilen. Aber auch die Werke von früheren Pionieren werden zunehmend wieder ausgegraben und wahrgenommen. Ihre Ergebnisse können jederzeit nachgelesen und nachvollzogen werden. Diese Agrarrebellen leben dank ihrer zufriedenen Kunden von den Produkten eines nachhaltig bestellten Bodens ziemlich gut. Die ewig wiedergekaute Lüge, dass ausschließlich der massive Einsatz von Mineraldünger, Pestiziden und patentiertem Saatgut in der Lage sei, die Welt zu ernähren, ist dadurch längst widerlegt.

Der Großteil der heutigen Agrarforschung ist, nicht zuletzt wegen der notwendigen Forschungsgelder, industriegetrieben. Finanziert wird vor allem das, was sich in naher Zukunft entweder patentieren lässt oder satte und kurzfristige Gewinne für die großen Konzerne verspricht.

Wir sind aber heute bereits im Besitz des grundlegenden ökologischen Know-hows, um die jetzt dringend notwendigen Maßnahmen zu setzen, die die voranschreitende Bodenunfruchtbarkeit und Desertifizierung stoppen könnten. Wir wissen großteils, welche Maßnahmen notwendig wären, um den emissionsbedingten Klimawandel einzudämmen und um die ständig nach oben weisende Kurve der atmosphärischen CO_2-Konzentration in die Gegenrichtung zu lenken.

»Project Drawdown« nennt sich die 2014 von Umweltaktivist Paul Hawken gegründete globale Wissenschaftsorganisation, die es sich zur Aufgabe gemacht hat, die bereits jetzt zur Verfügung stehenden hundert wirkungsvollsten Maßnahmen zur Umkehr des Klimawandels wissenschaftlich auszuwerten und die Ergebnisse und Empfehlungen auf verständliche Weise der Allgemeinheit zu kommunizieren.[1]

»Drawdown« (Wertverlust) ist ein aus der Aktien- und Finanzwelt entlehnter Begriff, der den Punkt in der Zukunft bezeichnet, an dem der Anstieg der Treibhausgase in der Atmosphäre aufhört und dann stetig abnimmt, was letztendlich mit einer Verzögerung von etwa zwei Jahrzehnten die globale Erwärmung umkehrt.

Die Ergebnisse von Project Drawdown vermitteln tatsächlich Hoffnung. Unter den Top-zwanzig-Maßnahmen zur Umkehrung des Klimawandels finden sich gleich acht Punkte, die unsere Nahrungsmittelproduktion und die damit verbundenen landwirtschaftlichen Techniken betreffen.

Allerdings sind alternative, auf ökologischen Erkenntnissen beruhende landwirtschaftliche Maßnahmen alleine nicht ausreichend, um der Weltbevölkerung auch in Zukunft das Überleben zu sichern. Wir müssten zusätzlich alle ziemlich rasch damit beginnen, unseren lebensstilbedingten, enormen Energieverbrauch maßgeblich zu drosseln (anstatt ständig nach neuen alternativen Energiequellen zu rufen) und vor allem der Vernichtung von Lebensmitteln Einhalt gebieten. Auch der weltweit ständig zunehmende Fleischkonsum muss schleunigst auf ein vertretbares Maß zurückgeführt werden.

Auf den ersten Blick erstaunlich ist die Tatsache, dass sich auf Rang 7 und 8 von Project Drawdown Bildung und Gleichberechtigung für Frauen und Mädchen sowie Familienplanung wiederfinden. Kombiniert man beide Maßnahmen, würden sie sogar Platz 1 belegen.

Es bedarf einer kollektiven Anstrengung, eines hohen Maßes an Eigenverantwortung und politischer Weitsicht, um all die notwendigen Maßnahmen umzusetzen. Das derzeitige Modell mit grenzenlosem Wachstum, konzerngetriebener Wirtschaft, Ausbeutung von Menschen und Ökosystemen sowie Nahrung als billiges Spekulationsgut ist angesichts der neuen Herausforderungen keinesfalls länger vertretbar.

Neue Sichtweisen – Die Natur als Vorbild

Du änderst Dinge niemals, indem du die existierende Realität bekämpfst.
Um etwas zu ändern, erstelle ein neues Modell,
das das vorhandene Modell überflüssig macht.
R. Buckminster Fuller

Die Industrialisierung der Landwirtschaft und Nahrungsmittelproduktion und die Schaffung von automatisierten wie gleichermaßen lebensfeindlichen Großbetrieben haben die Grundlagen unseres Lebens in Form stabiler Ökosysteme mit hoher Biodiversität in kürzester Zeit erobert und zerstört. Die rein ökonomisch orientierte und Biozid-basierte moderne Agrarwirtschaft des rücksichtslosen Tötens und Ausbeutens ließ fruchtbare Böden in kürzester Zeit verarmen und gefährdet mittlerweile massiv unsere Gesundheit, Lebensmittelversorgung und Zukunft.

Doch die Ressourcen unserer Erde sind endlich. Wir müssen daher diesen Fakten ins Auge blicken und wieder zu einer bescheidenen und kreislaufbasierten »Nutzung ohne Substanzverlust« zurückkehren. Denn über Jahrtausende war das Prinzip »Nachhaltigkeit und Vielfalt ernährt die Welt« bereits die erfolgreiche Grundlage des alle Menschen ernährenden, traditionellen Bauerntums. Der Weg zu einer neuen nachhaltigen Agrarkultur führt daher nur über mittelständische, kleinstrukturierte Familienbetriebe mit lebendigen Bauernhöfen und Feldern. Innovative Techniken mit Integration von altem und neuem Wissen werden dabei von zentraler Bedeutung sein.

Das alleinige Streben nach kurzfristiger Gewinnmaximierung kann nicht zur dauerhaften und gerechten Versorgung aller Menschen mit gesunden Lebensmitteln beitragen. Die künstlichen »Gesetze des globalen Marktes« sind daher irrelevant. Was zählt, sind ausschließlich die seit Jahrmilliarden geltenden Gesetze der Natur. Wir können daher in Zukunft entweder mit ihnen oder gar nicht leben. Zumindest aber nicht über einen längeren Zeitraum.

Nachhaltigkeit

Es war der deutsche Hans Carl von Carlowitz, der bereits im Jahr 1713 in seinem Werk über die Forstwirtschaft *Sylvicultura oeconomica*[2] erstmals das Prinzip der Nachhaltigkeit mit den erstaunlich aktuellen Worten formulierte: »Wird derhalben die größte Kunst / Wissenschaft / Fleiß und Einrichtung hiesiger Lande darinnen beruhen / wie eine sothane Conservation und Anbau des Holtzes anzustellen / daß es eine continuierliche beständige und nachhaltende Nutzung gebe / weiln es eine unentberliche Sache ist / ohne welche das Land in seinem Esse [Dasein] nicht bleiben mag.« Von Carlowitz schrieb sein Buch in einer durch »Holznot« bedingten Zeit der Energieknappheit sowie des bereits damals zunehmenden Bevölkerungs- und Städtewachstums. Er fordert, respektvoll und »pfleglich« mit der Natur und ihren Rohstoffen umzugehen, und kritisiert den auf kurzfristigen Gewinn ausgelegten Raubbau der Wälder. Wir sehen also, dass bereits vor 300 Jahren das Problem bestand, kurzfristige Gewinne durch Raubbau an den Ressourcen und auf Kosten der Gesellschaft anzustreben. Mehr denn je aktuell ist auch der Ruf nach »größter Kunst, Wissenschaft, Fleiß und Einrichtungen hiesiger Lande«, um die Nachhaltigkeitsziele zu erreichen. Wir werden gerade heute diesen Zusammenschluss von Können, Wissen und Arbeitsfleiß benötigen, um die bevorstehenden Herausforderungen zu meistern, »ohne welche das Land in seinem Dasein nicht bleiben mag«.

Erfolgreiche und langfristige Veränderungen sind aber nur möglich, wenn alle drei Säulen der Nachhaltigkeit, Ökologie, Ökonomie und Soziales gleichermaßen berücksichtigt werden. Ein alleiniger Fokus auf ökologischen Landbau wird keinesfalls ausreichen, die aufgelaufenen Probleme zu lösen. Es sind nicht die Bauern alleine, die die Last zu tragen haben werden. Die Ökologie beinhaltet Luft, Wasser, Boden, Abfall, Ressourcennutzung, Umweltschutz, Biodiversität und Energiegewinnung. Der ökonomische Aspekt betrifft Arbeit, Konsum, Regionalität, Preisgestaltung, öffentlichen Haushalt und Wirtschaftsstruktur. Die unbedingt zu berücksichtigenden sozialen Aspekte sind vor allem Gleichberechtigung, Gesundheit, Sicherheit, Mobilität, Vermögen, Kultur und Wohnen. Wir werden sehen, dass es durchaus möglich ist, alle Aspekte unter einen Hut zu bekommen. Aber widmen wir uns zunächst der Grundlage allen Lebens, langfristig fruchtbaren Böden.

Maßnahmen für gesunde Ackerböden nach dem Vorbild der Natur

Zu den wichtigsten landwirtschaftlichen wie gärtnerischen Prinzipien, die gesunde Böden und damit nährstoffreiche sowie resistente Pflanzen garantieren sollen, zählen vor allem permanente Bodenbedeckung, reduzierte Bodenbearbeitung, hohe Pflanzenvielfalt und Humusaufbau durch Kompostwirtschaft. Das Hauptaugenmerk liegt im Unterschied zur industriellen Landwirtschaft also hauptsächlich auf der Gesunderhaltung des Bodens und weniger auf der direkten Düngung der Pflanzen, einhergehend mit Pestizideinsatz. Robuste Pflanzen und reiche Ernte sind vielmehr eine natürliche Begleiterscheinung gesunder Böden.

Permanente Bodenbedeckung

In der unberührten Natur existiert kaum ein Fleck, an dem der Erdboden frei liegt (zumindest dort, wo Vegetation möglich ist). Dass dieser Umstand in der konventionellen, sprich industriellen (und manchmal sogar auch in der biologischen) Landwirtschaft kaum Berücksichtigung findet, kann jeder während einer Fahrt über das Land selbst feststellen. Praktisch zu jeder Jahreszeit. Besonders schlimm wird es, wenn im klassischen Feldbau nach der Ernte im Sommer (die Zeit mit der höchsten Sonneneinstrahlung) keine Blattmasse auf den Feldern steht, die durch Photosynthese die Sonnenenergie nutzen kann und damit Kohlenstoff im Boden anreichert.

Durch geeignete Bodenbedeckungsmaßnahmen wie Untersaaten (das sind Pflanzen, die zusammen mit der Hauptfrucht in den freien Zwischenräumen wachsen) und Zwischenfrüchte (die nach der Hauptfrucht zum Beispiel als Gründüngung angebaut werden) kann hingegen die Sonnenenergie in Form von organisch gebundenem Kohlenstoff ohne Unterbrechung durch die Wurzeln über die Photosyntheseleistung der Pflanze im Boden konserviert werden. Dieser dauerhafte Pflanzenbestand steigert in der Folge auch das Bodenleben, unterdrückt das Unkrautwachstum und kann sowohl als Viehfutter als auch als Regenwurm-Winterfutter genutzt werden.

Ganzjährig bodenbedeckende Kulturen und Zwischenfrüchte erniedrigen zudem während der Sommermonate die Bodentemperatur und damit die Verdunstung. Nicht selten beträgt im Sommer bei starker Sonneneinstrahlung die oberflächliche Temperatur brachliegender Böden über 43 Grad Celsius, während bedeckte Böden gleich daneben gerade einmal 35 Grad Celsius oder deutlich weniger messen. Dies ist schlussendlich von erheblicher Bedeutung für das Bodenleben, das ab 37 Grad allmählich beginnt, seine Aktivität einzustellen. Die einfachste Methode der permanenten Bodenbedeckung ist das Zurücklassen von Pflanzenresten beziehungsweise Biomasse nach der Ernte in Form von Mulch. Die Ernterückstände verbleiben auf dem Acker, wodurch sich mit der Zeit eine große Menge an organischem Kohlenstoff in Form von Humus ansammelt, der die Bodenstabilität und -fruchtbarkeit positiv beeinflusst. Eine wesentliche Folge der permanenten Bodenbedeckung ist also, neben Verhinderung von Erosion und Austrocknung sowie Unterdrückung von Unkräutern, vor allem ein ungestörtes Bodenleben. Das führt uns zum nächsten Punkt.

Reduzierte Bodenbearbeitung

In natürlichen Ökosystemen wird der Boden niemals durch einen Pflug umgewälzt, und dennoch entwickelt sich in der Regel eine üppige und vielfältige Vegetation. Eine nach dem Vorbild der Natur arbeitende ökologische Landwirtschaft verzichtet daher weitgehend auf den Einsatz des Pfluges. Der Boden wird mit Geräten wie der sogenannten Ackerfräse oder einem Schälpflug lediglich oberflächlich und minimal bearbeitet.

Während viele den Pflug zwar immer noch als große Errungenschaft und Grundlage unseres Lebens sehen, war er doch die ökologisch destruktivste Errungenschaft des Menschen. Der Pflug, das Symbol der Landwirtschaft schlechthin, gehört, da sind sich mittlerweile viele Verfechter der ökologisch-regenerativen Landwirtschaft einig, ins Museum. Tatsächlich ist er der Feind des Bodens, insbesondere eines ausgelaugten, denn er gibt ihn schonungslos der Erosion durch Regen und Wind frei. Zudem entweicht bei der tiefen Bodenbearbeitung CO_2 in großen Mengen und das Bodenleben wird empfindlich gestört.

Das neue Motto des Landbaus lautet daher »No Till«, also »pfluglos«. Das Pendant im Garten lautet analog »No Dig«, der weitgehende Verzicht auf das Umstechen mit dem Spaten. Allerdings reagieren manche Verfechter des herkömmlichen, sprich konventionellen Landbaus bei der schlichten Erwähnung der beiden Wörter No Till beinahe hysterisch, denn sie stellen ein wesentliches Element des klassischen Ackerbaues gänzlich infrage. Zudem erfordert Pflugverzicht konsequentere Feldarbeit wie Bodenbeobachtung und setzt ein beträchtliches Wissen und Erfahrung voraus.

Bei der nichtwendenden oder konservierenden Bodenbearbeitung (aus dem Englischen von *Conservation Agriculture*) bedient man sich nicht der mechanischen, sondern hauptsächlich der biologischen Untergrundlockerung. Normalerweise wird im konventionellen Ackerbau nur ein geringer Anteil des möglichen Bodenraumes von den Wurzeln durchdrungen. Denn viele Wurzeln können die verdichtete Bodenschicht der sogenannten Pflugsohle (das ist der Übergang vom bearbeiteten Oberboden zu einem durch das Pflügen verdichteten tieferen Bodenbereich) nicht überschreiten. Durch den konsequenten Verzicht auf eine tiefe, wendende Bodenbearbeitung mit dem Pflug und den Anbau einer Mischung von tief-, mittel- und flachwurzelnden Pflanzen über die Fruchtfolge hingegen kann der gesamte Wurzelraum bis in vier Meter Tiefe (!) erschlossen werden. Dies führt zu einer besseren Ausschöpfung des Nährstoffpotenzials im Boden, weniger Bodenverdichtung und Erosion, guter Nährstoffverteilung durch die Ausscheidungen der Wurzeln (Wurzelexsudate), stark verbessertem Wasserhaltevermögen und Wegfall von mechanischen Bodenlockerungsmaßnahmen. Wegen der weitgehenden Erhaltung der Bodenhorizonte (Bodenschichten mit speziellen Eigenschaften) und der Bodenfauna (insbesondere der Mikroben und Regenwürmer) wird durch die pfluglose Bearbeitung die Bodenfruchtbarkeit mit der Zeit deutlich erhöht. Die Maschinen-, Treibstoff- und Lohnkosten für die Feldbestellung sinken ebenso wie die finanziellen Aufwendungen für Dünger und Spritzmittel.

Ein Verzicht auf leicht lösliche Mineraldünger ist ohnehin eine wesentliche Maßnahme, die dem Bodenleben das Dasein erheblich erleichtert. Die Maßnahmen einer reduzierten Bodenbearbeitung, die alle auf weniger Störung des Bodengefüges beruhen, sind vielfältig. Von Strip-Till (Streifenpflügung) über seichte Bearbeitung mit Eggen, wie dem Striegel und Grubber, über Mulchsaat bis hin zur konsequenten sogenannten Direktsaat ohne jegliche Bodenbearbeitung. Bei diesem pfluglosen Saatverfahren bleiben die zerkleinerten Pflanzenreste der davor angebauten Feldfrüchte auf der Bodenoberfläche liegen und bilden eine Mulchschicht. Der Boden und damit auch das Bodenleben sind auf diese Weise vor Erosion und Umwelteinflüssen gut geschützt.

Bei allen Maßnahmen der reduzierten Bodenbearbeitung steigt allerdings zunächst der Aufwand für die Bekämpfung unerwünschter Unkräuter, was einige Landwirte von dieser Methode abhält oder zu Herbiziden greifen lässt. Auf schwierigen Böden kann ein vollständiger Pflugverzicht tatsächlich eine Herausforderung darstellen.

In Nordamerika und Kanada findet die Direktsaat mittlerweile breite Anwendung, da dort erosionsbedingt diese Gegenmaßnahme an die landwirtschaftlichen Förderungen geknüpft worden ist. Aufgrund der positiven Erfahrungen wird dort die Direktsaat sogar zunehmend auf durch Erosion weniger betroffenen Flächen praktiziert, weil sie sich als sehr zeit- und kosteneffiziente Methode erwiesen hat. Der Pflugverzicht reduziert den Treibstoffverbrauch um bis zu fünfzig Prozent, was die anfangs reduzierten Ertragsmengen kompensiert. Sobald sich die Bodenorganismen einige Jahre nach der Umstellung wieder erholt haben, verschwindet auch die anfänglich erhöhte Schädlings- und Unkrautproblematik. Es ist Geduld gefragt.

Stabilität durch Vielfalt – Fruchtwechselwirtschaft, Mischkulturen und Zwischenfrüchte

Auch ein vielfältiges Pflanzenleben fördert direkt das Bodenleben durch nahrhafte Wurzelausscheidungen, führt zu mehr Kohlenstoffeinlagerung in den Wurzelsystemen und verhindert zudem das Aufkommen von Schaderregern beziehungsweise Schädlingen. Eine gewisse Menge an Schaderregern ist allerdings, das mag zunächst seltsam erscheinen, notwendig, denn sie bilden die Lebensgrundlage der Nützlinge. Sie erinnern sich noch an das Bodennahrungsnetz mit seinem beständigen »Fressen und Gefressenwerden«.

Diversität ist die halbe Miete. Eine vielfältige Pflanzendecke hat unterschiedliche Wurzeltiefen (was zu weniger Konkurrenz führt) und nutzt aufgrund der unterschiedlich gestalteten Blattformen die Sonnenstrahlen erheblich besser aus. Eine hohe Biodiversität durch Maßnahmen wie Fruchtfolge, Mischkultur und Gründüngungsmix ist also auch hier entscheidend. Manche Experten empfehlen mehr als 15 verschiedene Pflanzenarten auf einem Schlag über einen Zeitraum von drei Jahren. Durch das permanente Vorhandensein von lebenden Wurzeln im Boden das ganze Jahr über, können die Populationen von wurzelassoziierten Mikroorganismen dauerhaft überleben.

Unter Mischkultur versteht man, im Unterschied zur weitverbreiteten Monokultur, den ökologisch wie ökonomisch begründeten gleichzeitigen Anbau mehrerer Nutzpflanzenarten auf gleicher Fläche. Sie wird hauptsächlich im Bio-Landbau angewandt und verhindert nach dem Vorbild der Natur die Massenausbreitung von Schädlingen und Krankheiten. Zu den zahlreichen weiteren Vorteilen zählen unter anderem die gegenseitige Unterstützung der Pflanzen durch Duftstoffe und Wurzelexsudate, eine gleichmäßigere und bessere Ausnutzung der Nährstoffe im Boden, besseren Erosionsschutz und Erhaltung der Bodenfeuchtigkeit durch bessere Beschattung. Einziger wesentlicher Nachteil: Die Mischkultur ist vor allem durch die erschwerte Ernte arbeitsaufwendig. Und gerade dieser erhöhte Arbeitsaufwand scheint bei einem Großteil der, durch die konventionelle Landwirtschaftspraxis verwöhnten, Landwirte auf Widerstand zu stoßen.

In Österreich werden derzeit lediglich etwa 25000 Hektar als Mischkulturen gepflanzt. Auch in Deutschland sowie in der ganzen EU macht diese Kulturform nur einen verschwindend kleinen Teil der Anbaufläche aus. Typische Kombinationen sind zum Beispiel Erbse und Leindotter oder Erbse und Hafer, deren unterschiedliche Wurzelsysteme nicht miteinander konkurrieren.

Im kleinstrukturierten Gemüseanbau ist Mischkultur einfacher zu realisieren. Das junge Bergbauernduo Harald Gasser und Petra Ottavi hat auf seinem Südtiroler Aspinger Hof über 500 essbare, teilweise vergessene Obst- und Gemüseraritäten im gemischten Anbaurepertoire. Ihr Ziel ist es, das Verschwinden authentischer und alter Obst- und Gemüsearten zu verhindern und in harmonischem Einklang mit der Natur zu wirtschaften. Der Schlüssel zum Gelingen dieser Mission ist unter anderem die Mischkultur.

Humusaufbau

Bereits Bodenbedeckungsmaßnahmen wie Mulch- und Direktsaat erhöhen den Humusgehalt des Bodens erheblich. Durch zusätzliche regelmäßige Kompostausbringung können der Kohlenstoffgehalt und das Bodenleben weiter gesteigert werden. Obwohl natürlich der eigenen Herstellung von Kompost aus pflanzlichen Abfällen und tierischen Ausscheidungen der Vorzug zu geben ist, können auch kommunale Projekte die Humuswirtschaft fördern. Einen wesentlichen Vorteil bei der Humusbereitung in allen kreislauforientierten Betrieben beschert die Viehhaltung.

Gülle, Festmist oder Kompost?

Viele Landwirte bevorzugen in ihren Ställen der Einfachheit halber ein Gülle-System. Dabei werden die tierischen Ausscheidungen (Kot und Urin) über ein Sammelsystem in einer Gülle- oder Jauchegrube gesammelt und, mit Wasser versetzt, durch geeignete Geräte auf die Felder ausgebracht. Das Problem dabei ist, dass die damit ausgebrachte Bakterienflora großteils aus anaeroben Fäulniskeimen besteht und die ausgebrachten Nährstoffe von den Pflanzen nur schlecht aufgenommen werden können. Viel Stickstoff gelangt so in Form von Nitrat ins Grundwasser. Die anaerobe Fäulnisflora ist übrigens auch der Grund, warum Gülle so bestialisch stinkt. Die Problematik von Antibiotikaresistenzen in Zusammenhang mit tierischen Ausscheidungen wurde bereits im ersten Teil des Buches angesprochen.

Um das Bodenleben zu fördern und die Nährstoffaufnahme zu verbessern, ist es daher sinnvoll, den aeroben Bakterien optimale Bedingungen zu schaffen. Das gelingt mit Festmist oder noch besser mit kompostiertem Mist, dem sogenannten Mistkompost. Das ist allerdings mit Arbeit verbunden.

Um mit Festmist zu arbeiten, muss der Stallboden zunächst mit Einstreu wie Heu oder Sägespänen ausgelegt werden. Die tierischen Ausscheidungen müssen dann zusammen mit der aufsaugenden Einstreu regelmäßig ausgemistet werden. In Pferdeställen ist dies zum Beispiel die gängige Methode. Für viele Landwirte ist manuelles Ausmisten allerdings eine unliebsame, mit Kosten (Einstreu) verbundene und zeitaufwendige Arbeit. Der Stallmist landet auf einem Misthaufen, der natürlich gerne auch von Hühnern (so überhaupt vorhanden) bevölkert wird. Auch sie setzen ihren Kot gerne auf den Misthaufen ab. In einem locker geschichteten, gut durchlüfteten Festmist vermehren sich die sauerstoffliebenden Keime und der Rotteprozess setzt teilweise ein.

Die ökologisch nachhaltigste Form ist der sogenannte Mistkompost. Hier werden die tierischen Ausscheidungen in Verbindung mit dem organischen Material der Einstreumatratze (Stroh, Elefantengras, Hobel- beziehungsweise Sägespäne oder Dinkelspelzen) durch die Aktivität von vorwiegend aeroben, also Sauerstoff bevorzugenden Mikroorganismen zu bestem Humus zersetzt und so Nährstoffe mobilisiert.

Rudi Nussbaumer aus Mühlbach am Hochkönig ist das Musterbeispiel eines engagierten jungen Landwirtes, der die Dinge nicht stur genauso macht, »wie sie immer schon gemacht worden sind«. Innovationsfreudig und an natürlichen Kreisläufen in Landwirtschaft und Natur gleichermaßen interessiert wie an Wirtschaftlichkeit, hat er in seinem Hof einen sogenannten Kompoststall angelegt. Rudi liegen Tierwohl und Tiergesundheit ernsthaft am Herzen, das habe ich bei zahlreichen Unterhaltungen und Stallbesuchen herausgehört. Auch der Kompoststall wurde aus diesen, aber auch ökonomischen Überlegungen heraus errichtet.

Durch regelmäßiges Bearbeiten (zum Beispiel mit Ackerfräse oder Grubber) wird dem Stallboden Sauerstoff zugeführt und die Einstreu mit dem Rinderdung vermischt. Durch Schaffung eines optimalen Milieus für sauerstoffliebende Mikroorganismen wird der Rotteprozess permanent am Laufen gehalten. Der Stallboden erwärmt sich und trocknet dabei. Unangenehme Gerüche? Fehlanzeige.

Nach ca. einem halben Jahr kann der feinkrümelige Kompost unbedenklich auf Felder und Wiesen ausgebracht werden, und der natürliche Kreislauf schließt sich. Keine Geruchsbelästigung, keine Nitratbelastung des Grundwassers, keine Krankheitserreger. Fertiger Mistkompost riecht nicht nach Ausscheidungen, sondern nach gutem Humus.

Ein weiterer wesentlicher Vorteil: Die Tiere stehen nicht in ihren feuchten Ausscheidungen, sondern haben saubere Klauen und Euter und daher auch kaum Klauen- oder Euterkrankheiten. Zudem liegen die Tiere gerne auf dem warmen und weichen Boden im gut durchlüfteten Kompoststall. Auch dem Sozialverhalten der Rinder kommt diese Haltungsform sehr entgegen. Der tägliche Pflegeaufwand ist im Vergleich zu konventionellen Ställen geringer, die Tiere sind gesünder, ruhiger und ausgeglichener, die Milchleistung stimmt, und Humusgehalt und Mikrobiologie der Felder und Wiesen kann gesteigert beziehungsweise verbessert werden, ohne dass dabei die Umwelt belastet wird. Wissenschaftliche Studien haben bereits gezeigt, dass in Kompostställen mit deutlich geringeren Häufigkeiten an Lahmheit, Sprunggelenksveränderungen und Euterentzündungen sowie weniger Umweltkeimen in der Einstreu gerechnet werden kann. Was man braucht, ist ein Verständnis für natürliche Prozesse, Einsatzbereitschaft, Geduld und die kostenlose Arbeitskraft der Mikroorganismen. Und natürlich auch ein bisschen Mut, die Dinge anders zu machen.

Aber auch ohne tierische Ausscheidung lässt sich Kompost aus biologischen Abfällen erzeugen. Langjährige Feldversuche von Bioforschung Austria unter der Leitung von Wilfried Hartl haben gezeigt, dass durch Humusaufbau mittels Kompostierung die Kohlenstoffkonzentration im Boden im Vergleich zu mineralischem Dünger erheblich erhöht werden kann. Auch Krankheiten wie etwa der Getreidemehltau-Befall waren unter Kompostdüngung mit kontinuierlicher, langsamer Stickstofffreisetzung signifikant geringer als bei Verwendung von mineralischem Stickstoffdünger. Was die Erträge betrifft, schneidet die Kompostdüngung zwar geringfügig schlechter ab als der Mineraldünger, dafür werden unter Kompostdüngung aber auch erhebliche Mengen an teuren Betriebsmitteln eingespart, und das Bodenleben verbessert sich maßgeblich. Da aber nicht nur Ertragsmenge, sondern auch Ertragsqualität von Bedeutung ist, wurde auch die Schwermetallbelastung der Böden nach unterschiedlichen Düngungsformen untersucht. Dabei zeigte sich, dass die Schwermetallbelastung von Kartoffeln durch Cadmium nach Kompostdüngung am geringsten war, sogar noch geringer als ohne Düngergabe. Wie lässt sich das erklären? Einerseits bindet der Humus das Cadmium, andererseits versorgt guter Kompost die Pflanzen mit reichlich gut verfügbarem Kalium, das mit dem Cadmium konkurriert und von den Kartoffeln vorrangig aufgenommen wird.

Aber auch die physikalischen Eigenschaften von reichlich eingebrachtem Kompost dienen dem Pflanzenwachstum und damit der Ertragssteigerung im Biolandbau. So erhöht Kompost die Infiltration von Wasser und die Erhaltung von Bodenfeuchte bei gleichzeitiger Reduktion der Wasserverdampfung. So konnte zum Beispiel der Ertrag bei Apfelbäumen mit Kompostdüngung um bis zu 36 Prozent (!) gesteigert werden.

Gerade die im Rahmen des Klimawandels vermehrt auftretenden Starkregenereignisse in Abwechslung mit langen Dürreperioden machen die Kompostdüngung durch verbesserte Infiltrations- und Wasserhaltekapazität der Böden besonders attraktiv und zur Methode der Zukunft.

Fazit: Kompost füttert den Boden mit all den darin lebenden Mikroorganismen (nicht primär die Pflanzen) – das Geheimnis einer erfolgreichen ökologischen Landwirtschaft.

Feeding the World: Auch mit ökologischem Landbau?

Die alles entscheidende Frage ist natürlich: Können die geschilderten Prinzipien des nachhaltigen ökologischen Landbaus es auch ermöglichen, acht oder in Zukunft gar zehn Milliarden Menschen satt zu machen? Die allgegenwärtige Lobby der Profiteure des gegenwärtigen Systems halten Fragen wie diese natürlich für ketzerisch und setzen die bloße Idee mit mittelalterlicher Hinterhofwirtschaft und Beihilfe zum Massenmord gleich.

Zumindest für das kleine Land Österreich scheint die Frage beantwortet zu sein. Einer Studie des Zentrums für Globalen Wandel der Universität für Bodenkultur Wien und des Forschungsinstituts für biologischen Landbau (FiBL) aus dem Jahr 2018 zufolge könnte sich ein Land wie Österreich zu hundert Prozent mit Biolandbau selbst versorgen.[3] Laut den Studienautoren Martin Schlatzer und Thomas Lindenthal wäre die einzige Voraussetzung hierfür, entweder die vermeidbaren Lebensmittelabfälle um 25 Prozent oder den Fleischkonsum um zehn Prozent zu reduzieren. Ein durchaus erreichbares Ziel also, wenn man den Studienautoren Glauben schenken darf. Abgesehen von der Ernährungssicherheit wären damit auch vielfältige positive volkswirtschaftliche, gesellschaftliche, ökologische und gesundheitliche Folgen verbunden. Und wie sieht es mit der globalen Ernährung aus?

Ein Großteil der Klein- und Kleinstbauern dieser Erde (und das ist die bei Weitem überwiegende Mehrheit) muss ohnehin ohne chemische Betriebsmittel und mit der eigenen Handarbeit auskommen. Auch die Transportwege sind in vielen Ländern mangels Treibstoffes und Vertriebsnetz ziemlich kurz. Was allerdings noch lange nicht heißt, dass in diesen Ländern nicht auch, befeuert durch Klimawandel und Überweidung, Raubbau an den Böden betrieben wird. Ursache ist meist mangelndes Wissen beziehungsweise das Fehlen von Ausbildung bezüglich der richtigen Bewirtschaftungstechniken und der ökologischen Grundlagen. Über das zusätzliche Problem von Land Grabbing und Wasserdiebstahl durch internationale Konzerne habe ich bereits im ersten Teil des Buches ausführlich berichtet.

Das afrikanische Land Äthiopien, vielen von uns noch durch die katastrophale, dürrebedingte Hungerkatastrophe während der 1980er-

Jahre ein Begriff, schaffte es mittlerweile durch erfolgreiche Agroforstprojekte, große Teile des degradierten Hochlandes wiederherzustellen und die Ernährungssicherheit zu verbessern. Der Clou dabei: Das Land wird in kleinen Parzellen von einzelnen Bauern aufgeforstet und ökologisch bewirtschaftet. Bis zum Jahr 2022 sollen in Äthiopien weitere 200000 Hektar durch 120000 bäuerliche Haushalte bewirtschaftet und begrünt werden. Das Projekt ist so erfolgreich, dass unter dem Namen »Regreening Africa« nun auf einer Million Hektar in acht afrikanischen Ländern südlich der Sahara ebenfalls degradiertes Land durch sogenannte Agroforste, einer Verbindung von Wald- und Feldwirtschaft, wieder fruchtbar gemacht werden soll. Arbeitsplätze und Ernährungssicherheit inklusive. Gefördert wird das wegweisende Projekt durch zahlreiche NGOs und die Europäische Union.[4]

Nachhaltige Landwirtschaft unter Berücksichtigung ökologischer Kreisläufe scheint also auch unter den schwierigen Bedingungen Afrikas zu funktionieren. Aber kann ein Umstieg von bereits etablierter, industrieller Landwirtschaft auf kleinstrukturierte, lokale wie ökologisch nachhaltige Landwirtschaft so ohne Weiteres gelingen? Ein unvorhergesehenes politisches Ereignis in der rezenten Vergangenheit könnte diese Frage zumindest teilweise beantworten.

Die Grüne Revolution Kubas

Ein eindrucksvolles Beispiel dafür, wie schnell von einer industriellen Landwirtschaft auf einen kleinstrukturierten, ökologisch nachhaltigen Land- und Gartenbau umgestellt werden kann, ergab sich im Zuge des Zusammenbruchs der Sowjetunion Anfang der 1990er-Jahre auf dem karibischen Inselstaat Kuba.[5]

Kuba, das bis dahin überwiegend von Nahrungsmittel- und Erdölimporten seines wichtigsten Handelspartners, der Sowjetunion, angewiesen gewesen war und im Gegenzug dafür die Ernte seiner riesigen Zuckerrohrplantagen in die UdSSR exportiert hatte, sah sich über Nacht mit einer akuten Lebensmittelkrise konfrontiert. Innerhalb kürzester Zeit ging man in Kuba dazu über, jeden kleinen Flecken Erde rund um die Städte in fruchtbare Gärten zu verwandeln. Da auch kein Kunstdünger und keine Pestizide mehr importiert werden konnten, wirtschaftete man zwangsweise biologisch. Die Tatsache, dass selbst Medikamente knapp wurden, führte dazu, dass auch reichlich verschiedene medizinische Heilkräuter angepflanzt wurden.

Die Metropole Havanna deckt mittlerweile ihren Lebensmittelbedarf durch seine *Organopónicos*, wie die umliegenden organisch bewirtschafteten Gärten bezeichnet werden, zu fast neunzig Prozent. Freilich ist Kuba nur bedingt ein einwandfreies Beispiel, da die Änderungen einem plötzlich auftretenden Zwang folgten und auch durch Fidel Castro politisch verordnet wurden.

Dennoch zeigt Kubas Metamorphose zu einem in weiten Teilen selbstversorgenden Biolandbau, was grundsätzlich möglich ist. Heute gelten Kubas Stadtgärten als glänzendes Beispiel und Vorbild für gelungenes *Urban Gardening* in großem Stil und für Lebensmittelunabhängigkeit von Großstädten. Auch die sozialen Auswirkungen sind nicht zu vernachlässigen. So war Kubas Arbeitslosenquote in kürzester Zeit niedriger als je zuvor, denn für die händische Bewirtschaftung jedes Fleckchens Land ohne große Maschinen und ohne chemische Betriebsmittel wurden viele neue Arbeitskräfte benötigt. Der kubanische Erfindungsgeist kannte keine Grenzen, und Wissenschaftler entwickelten zusätzlich zu den bekannten Techniken von Wurmkompost und Komposttee zahlreiche neue Methoden für die biologische Schädlingskontrolle und natürliche Düngung der *Organopónicos*. Einzig die immer wieder auftretenden Hurrikans können Kubas Ernte heute noch gefährlich werden.

Pikanterweise wurde der ökologische Gartenbau um Kubas Städte von der Regierung nicht nur wohlwollend geduldet, sondern sogar offiziell verordnet und entsprechend gefördert. Wissenschaftliche Untersuchungen ergaben, dass die neue, hauptsächlich Gemüse-basierte Ernährung den Gesundheitszustand der Bevölkerung, insbesondere der Kinder, nachhaltig verbesserte. Die traditionelle kubanische Küche wurde durch die neue Rohstoffvielfalt wiederbelebt und alte Rezepte neu entdeckt. Während der Wirtschaftskrise im Zuge des Sowjet-Zusammenbruchs wurden geschätzte 400 000 neue Jobs innerhalb der *Organopónicos* geschaffen. Manche der neuen selbstständigen *Urban Gardeners* verdienen sogar mehr als kubanische Ärzte. Dass so, ganz nebenbei, auch noch die Umwelt erheblich von der neuen Wirtschaftsweise profitierte, war, zumindest anfänglich, ein nicht beabsichtigter Nebeneffekt. Es war schlicht die Folge der eingeschränkten Möglichkeiten industrieller Landwirtschaft, dem US-Embargo sei Dank.

Geboren aus einer Notwendigkeit, ist Kubas Nahrungsmittelproduktion ein nachahmenswertes Vorzeigemodell für zukunftsfähiges Wirtschaften im Land- und Gartenbau geworden. Denn wenn es ein relativ armes und isoliertes Land wie Kuba praktisch über Nacht schafft, seine städtische Bevölkerung ökologisch nachhaltig, gesund und regional zu ernähren, dann muss das auch (und vor allem) unter den freien Bedingungen der westlichen Welt mit all ihren technischen Errungenschaften und finanziellen Mitteln möglich sein. Außerdem hat Kubas grüne Revolution gezeigt, wie es ist zu leben, wenn Erdöl ein knappes Gut wird.

Kuba produziert jetzt mit ökologischer Wirtschaftsweise mehr Nahrungsmittel als zuvor mit chemiegetriebener Landwirtschaft. Während noch zu Beginn der 1990er-Jahre knapp 5000 Tonnen an Nahrungsmitteln rund um die Städte produziert wurden, waren es zehn Jahre später bereits mehr als fünf Millionen (!) Tonnen pro Jahr. Kuba hat es also geschafft, in einem Jahrzehnt durch die Kombination aus wissenschaftlicher Expertise der besten Köpfe des Landes und institutionellem Willen eine katastrophale Lebensmittelkrise abzuwenden, gleichzeitig die Gesundheit der Bevölkerung zu verbessern und die Biodiversität in und um die Städte herum zu steigern.[6] Laut Angaben der Weltbank betrieb Kuba auch eine nachhaltige Aufforstungspolitik. Während 1990 der Waldanteil noch 19 Prozent betrug, waren im Jahr 2015 bereits dreißig Prozent der Insel mit Wald bedeckt.

Kubas grüne Revolution zeigt den Weg für all jene, die behaupten, eine Agrarwende sei mit einem Rückfall ins Mittelalter verbunden. Was das Beispiel Kuba auch zeigte, ist, dass, wenn Nahrungsmittel von weit entfernten, anonymen Produzenten auf dem Land stammen, die Verfügbarkeit dieser Lebensgrundlage als gegeben hingenommen wird. Wenn jedoch nahe an der Bevölkerung täglich beobachtet werden kann, wie Nahrungsmittel heranwachsen, führt dies auch zu einer grundlegend veränderten psychologischen Einstellung der Menschen gegenüber ihren täglichen Nahrungsmitteln.

Laut eines Berichtes der Vereinten Nationen von 2016 ist Kuba eines der wenigen Länder weltweit, die es geschafft haben, die Gesundheit und das Wohlbefinden ihrer Bürger zu verbessern und sich gleichzeitig nachhaltig zu entwickeln. Im sogenannten *Environmental Performance Index*, der von den Universitäten Yale und Harvard erstellt wird, erreichte Kuba immerhin Platz 45 von 180 untersuchten Ländern – die höchste Bewertung eines nicht OECD Staates.

Im Rahmen einer nur fünfminütigen Ansprache während der Konferenz der Vereinten Nationen über Umwelt und Entwicklung in Rio de Janeiro 1992 machte Fidel Castro im Wesentlichen die moderne westliche Konsumgesellschaft für die Zerstörung der Umwelt verantwortlich und sagte am Ende seiner Rede: »Morgen wird es zu spät sein, um das zu tun, was wir vor langer Zeit hätten tun sollen.« Nach Kuba zurückgekehrt, änderte Castro damals auch gleich die Verfassung seines Landes, um Land, Luft und Wasserressourcen unter Schutz zu stellen, und war so das erste Staatsoberhaupt, das die Sicherung dieser essenziellen Ressourcen verfassungsrechtlich verankern ließ. Als unter der Regierung von Barack Obama schließlich an einer Auflockerung der Wirtschaftssanktionen gegen Kuba gearbeitet wurde, lief das Land Gefahr, durch die Einfuhr von genetisch modifiziertem Saatgut und chemischer Betriebsmittel wieder in die Fänge der industriellen Agrarwirtschaft zu geraten. Es ist – so grotesk das klingen mag – der seltsamen Außenpolitik von Donald Trump zu verdanken, dass dies durch sein Veto gegen eine entsprechende UN-Resolution bis auf Weiteres verhindert worden ist.

Organische Landwirtschaft für eine Welt im Jahr 2050?

Der Frage, ob organische, pestizidfreie Landwirtschaft die ganze Weltbevölkerung im Jahr 2050 ernähren könnte, gingen Adrian Müller und Mitarbeiter vom Schweizer Forschungsinstitut für biologischen Landbau (FiBL) nach. Die Ergebnisse ihrer viel beachteten wie diskutierten Studie wurden 2017 in der renommierten Fachzeitschrift *Nature Communications* veröffentlicht.[7]

Der differenzierte Ansatz der Wissenschaftler zeigte, dass die Frage nicht mit einem klaren Ja oder Nein beantwortet werden kann. Da derzeit ein ziemlich großer Teil der weltweiten fruchtbaren Böden mit Feldfrüchten bewirtschaftet wird, die nicht der menschlichen Ernährung, sondern der Futter- und Energieerzeugung dienen, müssen auch diese Flächen in die Kalkulation miteinbezogen werden. Würden die massiven landwirtschaftlichen Produktionsverluste nebst den auf dem Müll landenden Nahrungsmitteln deutlich reduziert und der weltweite Fleischkonsum erheblich eingeschränkt werden, dann wäre auch die globale Versorgung von knapp zehn Milliarden Menschen im Jahr 2050 mit organischer Landwirtschaft möglich, so die Autoren. Nicht zu vernachlässigen wäre freilich die große Anzahl an positiven Begleiteffekten wie reduzierte Treibhausgasemissionen, der massive Rückgang des Pestizidverbrauches und der geringere Stickstoffeintrag in die Böden und Gewässer.

Eine realistischere, weil leichter umsetzbare Lösung, so die Autoren, wäre zumindest eine Anhebung des organischen Anteils auf fünfzig Prozent der gegenwärtigen weltweiten Anbaufläche. Hierzu wären eine Reduktion der Lebensmittelabfälle auf fünfzig Prozent und eine Halbierung der konkurrierenden Futtermittelanbaufläche erforderlich. Derzeit beträgt der Anteil biologisch bewirtschafteter Flächen weltweit lediglich 1,1 Prozent (ca. fünfzig Millionen Hektar). Von den 2,4 Millionen Bioproduzenten leben mehr als drei Viertel in Entwicklungsländern.

Nahrungsmittel: nicht nur »wie«, sondern auch »was« ist entscheidend

Was wir essen und wie wir es produzieren,
entscheidet über die Gesundheit der Menschen und des Planeten.
Und wir machen gerade einen ernsthaften Fehler.
TIM LANG, THE EAT-LANCET COMMISSION, 2019[8]

Dieses Zitat spiegelt im Wesentlichen die Kernaussage einer mehr als zweijährigen Analyse der *EAT-Lancet Kommission* wider, die sich aus 37 Experten der Disziplinen Gesundheit, Ernährung, ökologische Nachhaltigkeit, Lebensmittelproduktion, Wirtschaft und Politik zusammensetzt. Die Experten aus 16 Ländern publizierten unter der Federführung des amerikanischen Ernährungswissenschaftlers Walter Willet Anfang 2019 unter Berücksichtigung der derzeitigen globalen Lage den optimalen Speiseplan für uns *und* den Planeten. Der Name: *planetary health diet*.

Denn bei all den Diskussionen, ob ökologisch nachhaltiger Landbau derzeit oder in Zukunft die Welt ernähren könnte (was aber zweifellos der Fall zu sein scheint), muss auch die Frage nach dem »was« gestellt werden. Die menschlichen Kosten unseres derzeitig fehlgeleiteten Nahrungsmittelsystems sind, dass weltweit fast eine Milliarde Menschen hungert, während fast zwei Milliarden Menschen zu viel von den falschen Nahrungsmitteln essen und dadurch krank werden. Denn wie wir gesehen haben, ist es gerade der Verzehr von simplen raffinierten Kohlenhydraten und der Mangel an ballaststoffreichem Gemüse, der den Blutzucker- und Insulinspiegel auf ein ständig hohes Niveau treibt und gleichzeitig unser Mikrobiom aushungert. Die weiterhin global zunehmende, intensive Fleischproduktion befindet sich auf dem besten Weg, zum größten singulären Klimasünder zu werden, verbraucht zu viel fruchtbare Böden und trägt im derzeitigen Ausmaß nicht zu einer gesunden Ernährung bei. Diese Nahrungsproduktions- und Ernährungsgewohnheiten sind nicht nur für bis zu elf Millionen vermeidbare vorzeitige Todesfälle pro Jahr verantwortlich, sondern auch ziemlich schlecht für die Ökosysteme und das Klima der Erde.

Eine ebenfalls in der Fachzeitschrift *Lancet* im Jahr 2019 publizierte systematische Analyse der Ernährung in Verbindung mit Krankheiten und Todesfällen in 195 Ländern ergab, dass eine »suboptimale Ernährung« weltweit für mehr Todesfälle verantwortlich ist als alle anderen Risiken einschließlich des Tabakrauchens.[9] Ich möchte das wiederholen, weil es von derart zentraler Bedeutung ist: *Eine schlechte Ernährung ist für mehr Todesfälle verantwortlich als jeder andere Risikofaktor!* Darüber hinaus legten die Studienautoren besonderen Wert auf die Feststellung, dass weniger das Zuviel einzelner Nahrungskomponenten (wie zum Beispiel Fette oder rotes Fleisch) das Hauptproblem sei, sondern insbesondere der zu geringe Konsum gesunder Nahrungsmittel wie Gemüse, Obst, Vollkorn, Nüsse und Samen für das beobachtete Risiko verantwortlich zeichne. Haben Sie es bemerkt? Es fehlt hauptsächlich an ballaststoffreichen gesunden Nahrungsmitteln, die unser Darm-Mikrobiom fördern, aber derzeit kaum in der industriellen Landwirtschaft produziert werden.

Von der Agrikultur zur Hortikultur

Es ist unter Berücksichtigung des aktuellen Wissensstandes höchste Zeit, vom Anbau simpler Stärkelieferanten zu einer ökologisch nachhaltigen Pflanzung von für den Menschen gesunden Nahrungspflanzen, hauptsächlich in Form von vielfältigem Gemüse, Obst, Nüssen etc., überzugehen. Es ist gewissermaßen Zeit, in den Garten Eden zurückzukehren, allerdings diesmal in einen vom Menschen geschaffenen, in ein durch moderne Technologie und alte Handarbeit gestütztes Nahrungsparadies.

Klingt schön, geht aber nicht, sagen Sie? Nun, ich kann es Ihnen nicht verdenken, denn die mediale Propaganda, die gebetsmühlenartig behauptet, dass dies nur die Gedanken von ewig gestrigen Romantikern seien, ist überwältigend. Immerhin geht es um Milliardengewinne der Agrar- und Lebensmittelmultis. Der einzelne Landwirt, das sollten wir uns immer vor Augen halten, kann ohne EU-Landwirtschaftsförderungen heute kaum noch überleben, geschweige denn, sich mit seiner Ernte selbst ernähren. Was soll auch ein Landwirt essen, der Felder voll Raps, Zuckerrüben und Körnermais für Futtermittel oder Bioethanol anpflanzt? Früher waren die Bauern die Quelle der Nahrung. So zogen beispielsweise am Ende des Zweiten Weltkrieges unzählige hungernde Städter auf dem Land umher, um einen Bissen Nahrung zu bekommen. Dabei wurde nicht selten der letzte verbliebene Familienschmuck gegen Nahrungsmittel eingetauscht. Die Vorratskammern der Bauern gaben das damals noch her. In großen Landwirtschaftsbetrieben ist dies derzeit aber kaum noch der Fall. Heute fährt man lieber in das nächstgelegene Einkaufszentrum. Auch die Bauern. Das Wissen der Älteren um den Anbau von echten Lebensmitteln wie zum Beispiel Gemüse verschwindet dabei zusehends.

Im gegenwärtigen pervertierten System werden nur die Pachtflächen vergrößert und die Felder zusammengelegt. Der Einsatz von Gift kennt keine Grenzen. Die Industrie freut sich, der durchschnittliche Bauer hängt am Tropf der EU-Förderungen und die Bevölkerung erhält 365 Tage Lebensmittel aus Ägypten, Südamerika und Asien. Ein System, das es schon längst aufzubrechen und umzugestalten gilt, zum Benefit aller. Es wird auch höchste Zeit, die wahren Kosten von konventionell angebauten und verarbeiteten Nahrungsmitteln in die Supermarktpreise miteinzubeziehen.

Der Hektarertrag im Gemüseanbau ist ungleich höher als in der getreidebetonten Landwirtschaft, gleichzeitig allerdings auch erheblich arbeitsintensiver. Derzeit wird in Deutschland und Österreich nur ein kleiner Bruchteil der landwirtschaftlichen Fläche für den Gemüseanbau genutzt, wobei der Selbstversorgungsgrad der beiden Länder durchaus unterschiedlich ausfällt. Während die deutsche Landwirtschaft den Gemüsebedarf der Bevölkerung zu rund einem Drittel deckt, liegt der Selbstversorgungsgrad in Österreich im Durchschnitt bei rund 56 Prozent (bei Tomaten nur bei rund zwanzig Prozent, bei Zwiebeln dafür bei weit über hundert Prozent).

Berücksichtigt man die gesundheitliche Überlegenheit von Gemüse gegenüber Getreide, dann wären weniger Anbauflächen für Weizen, Futtermittel und Biotreibstoffe, dafür mehr Gemüseanbau und deutlich mehr (gerecht entlohnte!) Beschäftigte in diesem Segment der einzig richtige Weg.

Das Beispiel Kuba hat uns gezeigt, dass vor allem der Intensivanbau von Gemüse ohne landwirtschaftliche Großgeräte möglich ist, was wiederum den Gesundheitszustand der Bevölkerung erheblich verbessert und zahlreiche weitere, ökologische, soziale wie kulturelle Ramifikationen hat.

Es braucht nicht viel Fantasie, um sich vorzustellen, wie die Nahrung unserer sammelnden und jagenden Vorfahren ausgesehen haben muss. Die Blätter grüner Wildpflanzen, Wildgräser, Wurzeln, Beeren, Nüsse, Insekten und allerlei kleineres Getier dürften neben dem vereinzelten und eher unregelmäßigen Jagdglück (Fleisch und Fisch) die Basis der Ernährung ausgemacht haben. Die Ernährungsweise rezenter Jäger- und Sammlerpopulationen wie der Hadza oder Yanomami bestätigt diese Annahme. Simple raffinierte Kohlenhydrate, Stärke, Zucker und industrielle Fette im Übermaß gab es in der heute verfügbaren Form schlicht nicht. Von künstlichen Nahrungsmittelzusätzen und Umweltgiften ganz zu schweigen.

Und genau dieser artgerechten Ernährung kommt der ökologische Anbau von unterschiedlichen Gemüseformen ziemlich nahe, auch wenn die heute gebräuchlichen Sorten damals nicht in dieser domestizierten Form in der Wildnis existierten. Die Ernährung der Welt mit Getreide, Zucker und ungünstigen Fetten ist ungefähr genauso artgerecht wie ein Steak für das geliebte Meerschweinchen. Wiewohl der Mensch ein sogenannter Omnivore, also ein Allesfresser, ist und mit den unterschiedlichsten Nahrungsmitteln »überleben« kann, so bedeutet das nicht automatisch, dass ihm auf die Dauer alles gleich gut bekommt. Die vielversprechende Mikrobiom-Forschung und die schleichende Epidemie chronischer Krankheiten zeigten dies in den letzten Jahren nur allzu deutlich.

Nahrung für das innere Ökosystem

Seit dem »Erscheinen« von *Homo sapiens* vor etwa 300000 Jahren waren unverdauliche Ballaststoffe ein zentrales Element unserer Ernährung. Faserreiche Nahrungsmittel sind nun einmal diejenigen, die in der freien Natur am häufigsten vorkommen. Darüber hinaus wurde die Nahrung mit der Hand aus dem bakterienreichen Boden und der ebenso vor Mikroorganismen strotzenden Vegetation »gepflückt«. Die Nahrung unserer Vorfahren bestand also bis vor Kurzem aus einer wunderbaren Mischung von reichlich Ballaststoffen und einer täglichen Dosis Mikroorganismen. In dieser Arena entwickelte sich auch der komplexe Metabolismus von *Homo sapiens*. Unsere Körper sind, das sollte Sie mittlerweile nicht mehr überraschen, auch heute noch für genau diese ursprüngliche Ernährungs- und Lebensweise ausgelegt. Es hat sich nichts geändert. Wir waren und sind schließlich wie alle anderen Lebewesen auch Holobionten!

Die gravierenden Veränderungen unserer heutigen Ernährung durch die zunehmend industrielle Produktionsweise existieren erst seit der zweiten Hälfte des letzten Jahrhunderts, also seit wenigen Jahrzehnten. Das heißt, dass unsere moderne Ernährungsweise lediglich die letzten 0,02 Prozent unseres evolutionären Daseins betrifft. Diese Rechnung berücksichtigt allerdings nur die Existenz der Art *Homo sapiens*, die aber wiederum selbst auf eine lange evolutionäre Vorgeschichte zurückblicken kann.

Abgesehen von den fehlenden Ballaststoffen und Mikroorganismen ist unsere heutige Nahrung im Vergleich zu der unserer unmittelbaren Vorfahren auch erheblich fleischlastiger, was in Verbindung mit dem Ballaststoffmangel zu einer Förderung diffuser entzündlicher Prozesse im Körper führt.[10] Neben Ballaststoffmangel und zu viel tierischem Protein fraglicher Qualität fand noch eine weitere gravierende Änderung Einzug in unsere Ernährung: Die »Segnungen« der modernen Chemie machten es möglich, unnatürlich hohe Erträge zu erwirtschaften und Nahrungsmittel nach Belieben zu »verbessern«. Diese fraglichen Verbesserungen umfassen längere Haltbarkeit durch Konservierungsmittel, geschmackliche Modifikation durch Aromastoffe, künstliche Süßstoffe und Geschmacksverstärker sowie Änderungen der Textur mittels diverser Zusatzstoffe wie zum Beispiel Emulgatoren. Diese neuen »aromatischen« und lange haltbaren Nahrungsmittel mit ihren bunten ansprechenden Verpackungen verdrängten zunehmend frische, unverarbeitete Naturprodukte von unserem Speiseplan. Gesetzliche Vorgaben führten schließlich auch dazu, dass in industriell hergestellten Nahrungsmitteln keine Mikroorganismen enthalten sein dürfen. Was auf den ersten Blick zwar eine sinnvolle gesundheitsorientierte hygienische Maßnahme darstellt, führte aber auch zu einem Fehlen von harmlosen wie hilfreichen Bakterien in unserer täglichen Nahrung.

Es sind vor allem die von den Darmbakterien produzierten kurzkettigen Fettsäuren, die einen zentralen gesundheitsfördernden Effekt ausüben. Sie schützen die Darmbarriere, reduzieren entzündliche Prozesse, fördern das Immunsystem, hemmen die krebsassoziierte Neubildung von Blutgefäßen (Angiogenese), unterstützen Stammzellen und verbessern die Insulinsensitivität.[11]

Wir wissen also mittlerweile ziemlich genau, wie eine optimale Ernährung für uns und unser inneres Ökosystem auszusehen hat. Die in den letzten Jahren in den Vordergrund gerückte Bedeutung des Darm-Mikrobioms schließt unser Verständnis für den Zusammenhang von Ernährung und Gesundheit beziehungsweise Krankheit. Vor allem die Qualität unserer Nahrungsmittel ist entscheidend. Das frühere Berechnen von Kalorien und Makronährstoffquantitäten ist Schnee von gestern. Werden diese Nahrungsmittel noch dazu nach ökologischen Vorgaben angebaut, profitiert auch das Ökosystem Boden und damit verbunden die gesamte Umwelt. Höchste Zeit also für Mikrobiom-freundlichen Land- und Gartenbau. Eine Rückkehr in die frühere, unberührte Wildnis unserer Vorfahren wird uns aber wohl für immer verwehrt bleiben.

Leguminosen und Pseudogetreide

Nährstoff- und ballaststoffreiche Feldfrüchte wie Linsen können in großem Stil angebaut werden und fördern ein gesundes Mikrobiom. Als Leguminosen fördern sie auch die bakterielle Stickstofffixierung in den Böden. Kein Wunder also, dass der Linsenanbau im ökologischen Landbau seit einigen Jahren wieder im Zunehmen ist. Dabei gehören sie eigentlich zu den ältesten Kulturpflanzen in der Landwirtschaft. Der Umstand, dass Linsen auch mit Trockenheit recht gut umgehen können und vor allem auf weniger fruchtbaren Standorten gut gedeihen, lässt sie neben einigen anderen alten Sorten in Zeiten zunehmender Trockenheit zu einer interessanten Anbauoption werden. In einigen Ländern, vor allem in Asien, sind sie ein Hauptnahrungsmittel. Allerdings sind der Anbau und die Reinigung der Ernte (Mischkultur mit Hafer) eine fachliche wie technische Herausforderung, und die Erträge sind eher niedrig. Im Vergleich zu Weizen oder Mais ist also der Linsenanbau mit Arbeit und Know-how verbunden, was so manchen effizienz- und ertraggetriebenen Landwirt vom Anbau abhält.

Auch die sogenannten Pseudogetreide wie Amarant, Quinoa und Buchweizen sind uralte Kulturpflanzen, die im Unterschied zum weitverbreiteten Getreide kaum ernährungsphysiologisch problematische Pflanzenproteine wie etwa Gluten enthalten. Zudem könnte etwa mit dem Buchweizenanbau der Entwicklungszyklus schädlicher Nematoden durchbrochen werden, da die Fadenwürmer im Wurzelbereich des Buchweizens keine Nahrungsquelle finden. Aber auch hier gilt: Pseudogetreide sind zwar gesund, anspruchslos und gut für die Böden, der Anbau ist aber durchaus aufwendiger und mit fachlichem Wissen verbunden. Wen wundert es daher, dass sie in der ertragsorientierten industriellen Landwirtschaft Europas kaum auf Resonanz stoßen.

Über Jahrtausende war auch Hanf eine bedeutende Kulturpflanze, die überdies fast vollständig verwertet werden kann. Durch Pressen der Hanfsamen lässt sich hochwertiges und gesundes Speiseöl gewinnen, die Fasern sind ideal für die Herstellung von Seilen, Papier, Dämmstoffen oder Textilien. Der grobe Rest findet Verwertung als Tiereinstreu und Baustoff. Zudem ist Hanf mit seinen tiefreichenden Pfahlwurzeln wie viele andere alte Kulturpflanzen weitgehend anspruchslos, robust und krankheits- wie schädlingsresistent. Eine ideale Pflanze für eine nachhaltige ökologische Landwirtschaft.

Prebiotika ernähren unser Mikrobiom

Bestandteile von Nahrungsmitteln, die unser Mikrobiom ernähren, gesund erhalten und für eine hohe Darm-Biodiversität sorgen, werden in ihrer Gesamtheit als *Prebiotika* bezeichnet. Ihnen allen ist gemeinsam, dass sie einen hohen, für uns unverdaulichen Faseranteil in Form komplexer Kohlenhydrate besitzen, die von der Darmflora als Nahrung genutzt werden können. Die meisten prebiotikahaltigen Nahrungsmittel besitzen aber noch unzählige andere Inhaltsstoffe, die uns und unserem Mikrobiom zugutekommen. Das Spektrum reicht von einem hohen Proteinanteil über Vitamine und Spurenelemente bis hin zu einer Vielzahl sekundärer Pflanzeninhaltsstoffe. Es sind vor allem diese letztgenannten chemischen Verbindungen, die mit unzähligen weiteren Gesundheitsvorteilen verbunden sind. Selbst unsere epigenetische Programmierung hängt zu einem beträchtlichen Teil von unserer Nahrung ab.

Zu den Nahrungsmitteln mit einem hohen Anteil prebiotischer Ballaststoffe und bioaktiver Substanzen zählen unter anderem die bereits erwähnten Hülsenfrüchte (wie zum Beispiel Bohnen und Linsen), Lauchgewächse (wie Zwiebel, Lauch und Knoblauch), Kreuzblütler (zum Beispiel Kohl, Broccoli, Karfiol, Kohlsprossen, Kohlrabi, Pak Choi, Chinakohl, Rettich, Steckrüben), Nüsse (zum Beispiel Walnüsse), Pilze, essbare Wurzelknollen (wie zum Beispiel Topinambur und Yacón), Schwarzwurzeln, Artischocken, Blattsalate, Chicorée, Mangold und viele andere Gemüse- und Obstsorten. Je bunter, desto besser.

Viele dieser Lebensmittel können mit relativ einfachen Mitteln im Feld- beziehungsweise Gartenbau in großen Mengen kultiviert werden. Im Unterschied zu den meisten klassischen Feldfrüchten der Landwirtschaft ist dieser Anbau aber um ein Vielfaches arbeitsintensiver, und auch die Vertriebslogistik ist durchaus aufwendig, da sich viele dieser Pflanzen nicht zur längeren Lagerung eignen. Ganz im Unterschied etwa zu Getreide. Dieses ist zwar mit wenigen Betriebsstunden pro Hektar anzubauen und anschließend problemlos in Silos lagerbar, trägt aber vor allem in seiner raffinierten Form, befreit von Ballaststoffen, qualitativ nicht viel zu einer gesunden Ernährung bei. Zudem sind seit dem börsennotierten Handel auf dem Weltmarkt auch die Preise im Keller. Gesunde und abwechslungsreiche Nahrungsmittel aus ökologischem, den Boden berücksichtigendem Anbau sind arbeitsintensiv und erfordern beträchtliches Know-how. Allein, wir haben kaum noch Bauern, die sich dieser mühevollen Arbeit annehmen wollen. Man kann es der Handvoll verbliebener Bauern nicht einmal verdenken. Das neue Normal heißt seit Jahrzehnten: mit großen Maschinen, reichlich Chemie und wenig Arbeitszeit, gestützt durch flächenbezogene Ausgleichszahlungen, die Standarderträge erwirtschaften. Allerdings sind das alles kulturelle, vom Menschen künstlich geschaffene Tatsachen. Unser ausgehungertes Mikrobiom, das uns seit Urzeiten begleitet, kümmert das recht wenig. Wenn wir aber gesund leben wollen, führt an der artgerechten Fütterung unseres inneren Ökosystems und der Förderung des Bodenlebens durch Humusaufbau kein Weg vorbei!

Probiotika: hilfreiche Bakterien

Eine Stütze für unser, durch mangelhafte Ernährung, ausgehungertes Mikrobiom ist die Aufnahme von hilfreichen Bakterien. Nahrungsmittel oder Zubereitungen, die besonders reich an vorteilhaften Mikroorganismen sind, werden als *Probiotika* bezeichnet. Sie sind, im Falle von Nahrungsmitteln, in der Regel das Produkt von kontrollierten Fermentationsprozessen.

Bereits der russische Bakteriologe und Nobelpreisträger Élie Metchnikoff berichtete 1907 in seinem Werk *The Prolongation of Life* über den positiven Einfluss Milchsäure produzierender Bakterien auf die menschliche Gesundheit. Seiner Ansicht nach würden die in Kefir und fermentiertem Joghurt enthaltenen Milchsäurebakterien die natürlichen Abwehrkräfte des Körpers stärken. Derzeit befindet sich die Probiotika-Forschung, angetrieben durch die bahnbrechenden Erkenntnisse aus der Mikrobiomforschung, in einem starken Aufwind. Dennoch ist noch nicht abschließend geklärt, welche Keime in welcher Dosis und Kombination aufgenommen werden müssen, um einen positiven Einfluss auf unsere Gesundheit zu haben. Die Aufnahme von einzelnen Keimen in niederer Konzentration mit stark gesüßten Joghurtdrinks in kleinen überteuerten Einwegplastikfläschchen ist mit Sicherheit der falsche Weg.

Am einfachsten, natürlichsten und schmackhaftesten ist eine regelmäßige Bakterienzufuhr durch fermentierte Nahrungsmittel wie Sauerkraut, koreanischen Kimchi, milchsauer vergorenes Gemüse und fermentierte Milchprodukte wie Naturjoghurt, Kefir und Sauermilch. Auch Sauerteigbrot, das aus fermentiertem Roggenmehl hergestellt wird, scheint positive Wirkungen auf unseren Darm zu besitzen, obwohl durch den Backprozess die Bakterien eigentlich abgetötet werden. Offenbar sind es die Bestandteile der Abermillionen abgestorbenen Bakterien sowie deren Stoffwechselprodukte aus dem vorangegangenen Fermentationsprozess, die eine positive Wirkung besitzen.[12]

Hygiene oder Dreck?

Neben dem, was wir im Laufe unseres Lebens in Form von Nahrung zu uns nehmen, beeinflussen aber auch unsere Lebensgewohnheiten, Alkohol, Medikamente etc. die Zusammensetzung des Mikrobioms in erheblichem Maße. Auch reichlich Bewegung und vor allem die regelmäßige Exposition gegenüber den vielfältigen Keimen in unserer Umwelt sind hier von immenser Bedeutung. Ein übertriebener Hang zur Sauberkeit aufgrund einer weitgehend unbegründeten Angst vor Bakterien der Umwelt stellt in diesem Zusammenhang ein großes Problem dar. Wir sollten alle wieder etwas mehr »Dreck« in unserem Leben zulassen. Kinder nehmen auf ganz natürliche Weise eine Vielfalt an Umweltkeimen zu sich, wenn sie alles, was sie finden, in den Mund stecken. Längst ausreichend wissenschaftlich belegt ist, dass Kinder, die öfters mit Umweltkeimen, etwa durch das Zusammenleben mit Haustieren, durch längeren Aufenthalt oder gar Aufwachsen auf einem Bauernhof, in Kontakt kommen, seltener an Allergien und Asthma leiden als wohlbehütete Stadtkinder in beinahe sterilem Umfeld. Dennoch kann uns das simple Händewaschen vor zahlreichen ansteckenden Krankheitserregern schützen. Auch sanitäre Einrichtungen sind ein Segen der zivilisierten Gesellschaft und verhindern den Ausbruch von Seuchen.

Gleichsam verhindern die regelmäßige Entwurmung von Haustieren und hundekotfreie Sandkisten Ansteckungen mit Darmparasiten. Es ist also die durchaus schwierige Balance zwischen der Vermeidung von ansteckenden Krankheiten durch Maßnahmen wie Händewaschen und der gesundheitsförderlichen regelmäßigen Exposition gegenüber harmlosen Umweltkeimen, die unsere Gesundheit erhält.

Stellen Sie sich nur einen auf Nahrungssuche befindlichen Jäger und Sammler vor, wenn er eine gefundene essbare Wurzel mit einigen Handbewegungen vom gröbsten Erdschmutz befreit, um sie seinem Verdauungstrakt zuzuführen. Er würde sie weder schälen, noch mit einer Bürste unter laufendem Wasser appetitlich säubern und schon gar nicht chemisch behandeln. Aus der Natur in den Mund – das war und ist für einen Holobionten wie uns normal, um nicht zu sagen essenziell! Allerdings ist das heute nur mehr bei pestizidfreien Lebensmitteln wirklich empfehlenswert. Und selbst bei manchen Bioprodukten ist Vorsicht geboten. So gab es in der Vergangenheit immer wieder Erkrankungs- und sogar Todesfälle durch den Verzehr von Lebensmitteln, die mit EHEC-Keimen (Enterohämorrhagische *Escherichia coli*) kontaminiert waren. Ursächlich hierfür ist in vielen Fällen der Kontakt von Nahrungsmitteln mit den frischen (nicht kompostierten) Ausscheidungen von Wiederkäuern, vor allem Rindern. Engmaschige Kontrollen und strenge Vorgaben der staatlichen Agenturen für Lebensmittelsicherheit verhindern derartige Vorkommnisse allerdings weitgehend. Bakterien sind also nicht gleich Bakterien, und so manche hygienischen Errungenschaften bewahren uns vor schweren Krankheiten.

Regenerative Landwirtschaft im Zeitalter des Klimawandels

Wir haben gesehen, dass die gegenwärtige Praxis unserer Nahrungsmittelproduktion beziehungsweise der industriellen Landwirtschaft mit ihrem globalen Gütertransfer kein nachhaltiges Modell darstellt, sondern bei hohen Kosten die verbleibenden fruchtbaren Böden degradiert beziehungsweise verwüstet und dazu beiträgt, dass der Klimawandel unaufhaltsam angeheizt wird. Wir haben auch gesehen, dass ein nicht unbeträchtlicher Teil von dem, was auf den Äckern dieser Erde produziert wird, entweder gar nicht der menschlichen Ernährung dient oder in diesem Zusammenhang nicht zu einer wirklich gesunden Ernährung beiträgt. Der großflächige konventionelle Anbau von Weizen, Mais, Reis, Zuckerrüben und Kartoffeln als Lieferanten simpler Kohlenhydrate zerstört die Böden, fördert die Erosion und trägt in seiner industriellen, monokulturellen und raffinierten Form nicht zur Ernährungssicherheit und Gesundheit der Menschheit bei. Schreitet die Biodiversitätsverarmung unseres Saatgutes in ähnlichem Maße wie bisher fort, ist auch der erfolgreiche Anbau von regional gut angepassten traditionellen Pflanzensorten im Zeitalter erheblicher klimatischer Veränderungen nicht mehr gewährleistet. Wir fahren mit hoher Geschwindigkeit in eine Sackgasse, aus der ein Entkommen nur mehr schwer möglich ist. Doch es gibt noch Hoffnung.

Kohlenstoff: gut oder böse?

»Weder noch«, lautet die Antwort. Von entscheidender Bedeutung ist vielmehr, in welcher chemischen Verbindung und in welchem Kohlenstoffreservoir sich wie viel des Elementes befindet. Ich möchte an die Tatsache erinnern, dass alle chemischen Elemente in ihrer atomaren Form auf der Erde in konstanten Mengen vorkommen. Auch der Kohlenstoff. Kein Kohlenstoffatom wird neu gebildet, nichts davon verschwindet auf mysteriöse Weise. Der vorhandene Kohlenstoff verteilt sich in unterschiedlichen Verbindungen auf die verschiedenen Teilsysteme. In der Lithosphäre, also der Erdkruste und dem Erdmantel, ist der Kohlenstoff vor allem in Form von Carbonatgesteinen und zu einem viel geringeren Anteil in Form von Kohle, Erdgas und Erdöl gespeichert. In der Biosphäre findet sich der Kohlenstoff vor allem in Form organischer Kohlenstoffverbindungen sowie in den Kalkskeletten zahlreicher Lebewesen. Kohlenstoffatome sind die zentralen Bausteine lebendiger Materie. Der menschliche Körper besteht zu etwa zehn Prozent aus Kohlenstoff (sowie ca. sechzig Prozent Wasserstoff und ca. 25 Prozent Sauerstoff). So ist Kohlenstoff in Form von CO_2 zwar ein Abfallprodukt der menschlichen Atmung und Lebensweise, für die Pflanzen hingegen eine wichtige Grundlage zum Aufbau ihrer komplexen Pflanzenstrukturen. Auch ein Großteil des Bodenlebens und die Pflanzenwurzeln bauen reichlich Kohlenstoffatome in ihre lebenden Strukturen ein. Das bedeutet, dass auf der ganzen Erde eine unvorstellbare Menge an Kohlenstoff unterirdisch in Form des Bodenlebens und der Wurzeln sowie oberirdisch in Form von Lebewesen und insbesondere in Gestalt grüner Pflanzen gespeichert ist. In den obersten Bodenschichten der Welt sind mehrere tausend Milliarden Tonnen Kohlenstoff gebunden, gut doppelt so viel wie in der Erdatmosphäre, der gesamten (oberirdischen) Vegetation und der Lebewesen zusammen.

Der problematische Anteil ist der Kohlenstoff in der Atmosphäre, vor allem in Form des zunehmenden Treibhausgases Kohlendioxid. Treibhausgase wie CO_2 sind zwar grundsätzlich die Voraussetzung, dass wir überhaupt auf einer warmen und fruchtbaren Erde leben können, doch schon ein bisschen zu viel dieser Erwärmung kann das sensible Gleichgewicht der Ökosysteme massiv beeinträchtigen. Vor allem dann, wenn die Erwärmung auf eine beträchtliche Erhöhung des atmosphärischen Kohlendioxids innerhalb kürzester Zeit zurückzuführen ist. Es ist eine Begleiterscheinung der Industrialisierung, dass die menschlichen Aktivitäten wie Industrie, Landwirtschaft und das grenzenlose Abfackeln fossiler Brennstoffe während der letzten 200 Jahre zu einem kontinuierlichen Anstieg der atmosphärischen CO_2-Konzentration geführt haben. Dabei wurde Kohlenstoff in die Atmosphäre freigesetzt, der seit Jahrmillionen in tiefen, aber auch oberflächlichen Erdschichten gebunden war. Immerhin liegt die gegenwärtige CO_2-Konzentration mittlerweile um vierzig Prozent oberhalb des vorindustriellen Werts.

Um einen weiteren Anstieg und damit eine Katastrophe zu verhindern, muss die Menschheit alle erdenklichen Maßnahmen ergreifen, um einerseits den CO_2-Ausstoß drastisch zu reduzieren und andererseits – das ist der schwierigere, aber noch wichtigere Teil – der Atmosphäre einen beträchtlichen Teil des vorhandenen Kohlenstoffs dauerhaft zu entziehen.

Carbon Farming: aus der Atmosphäre in den Boden

Jedes Mal, wenn ein Feld gepflügt oder intensiver bearbeitet wird, gelangt organisches Material an die Luft, was den Zersetzungsprozess beschleunigt und CO_2 freisetzt, und das in wirklich großen Mengen. Ein geschätztes Viertel des Kohlenstoffs, das seit Beginn der industriellen Revolution an die Atmosphäre abgegeben worden ist, stammt vom Pflügen der Felder. Seit dem Beginn der Landwirtschaft haben die meisten Böden auf diese Weise etwa ein bis zwei Drittel ihres ursprünglichen Kohlenstoffgehaltes verloren. Während des letzten Jahrhunderts sank in vielen Böden der organische Anteil von vier Prozent auf ein Prozent. Wie können wir also dafür Sorge tragen, dass Kohlenstoff wieder in den Erdboden versenkt wird?

Nun, vom Prinzip her fällt die Antwort recht simpel aus: *Durch eine Erhöhung des organischen Bodenanteils.* Dies kann durch Förderung des Bodenlebens und des Wurzelwachstums sowie durch zusätzliche Pflanzung von Bäumen und mehrjähriger Pflanzen erreicht werden. Die sogenannte humusaufbauende, regenerative Landwirtschaft hat sich genau das zur Aufgabe gemacht. Eine konservative, also rein boden*erhaltende* Landwirtschaft ist mittlerweile zu wenig. Um den organischen Bodenanteil wieder auf frühere Werte zurückzuführen, muss sich die Landwirtschaft den neuen Techniken der *regenerativen Bewirtschaftungsweise* zuwenden. Ein halbherziges »Weiter-wie-Bisher« ist nicht mehr vertretbar. Wir müssen wieder auf das Konto einzahlen, von dem wir vor allem im vergangenen Jahrhundert zu viel abgehoben haben.

Nach Berechnungen des französischen Agrarforschungsinstituts INRA könnte mit der Anreicherung von organischem Material in landwirtschaftlichen Böden um 0,4 Prozent pro Jahr das derzeitige Wachstum der globalen CO_2-Emissionen in der Atmosphäre sogar kompensiert werden.

Erprobte regenerative landwirtschaftliche Techniken, die die Böden schonen, gibt es bereits längst. Maßnahmen wie Direktsaat, permanente Bodenbedeckung, Untersaaten, Zwischenkulturen, Mulchen und minimale Bodenbearbeitung führen mit der Zeit zu einer Humus- und damit netto Kohlenstoffanreicherung in den ausgelaugten Böden. Durch das resultierende hochdiverse Bodenleben gedeihen die Pflanzen nicht nur besser, sondern sind auch nicht mehr auf teure Dünge- und Spritzmittel angewiesen. Es wird also nicht nur das Klimagas CO_2 im Boden versenkt, es steigen auch die Bodenproduktivität und der langfristige Profit. Auch die Wasserhaltekapazität von Böden mit erhöhtem organischem Anteil steigen beträchtlich, was zu einer besseren Toleranz der Böden und Pflanzen bei Trockenheit führt. Vor allem die im Kompost enthaltenen kohlenstoffreichen Huminstoffe können das bis zu 27-Fache ihres eigenen Gewichtes an Wasser speichern. In Zeiten des Klimawandels eine essenzielle Bodeneigenschaft.

Unter dem Oberbegriff *Carbon Farming* werden zahlreiche Methoden der regenerativen Landwirtschaft zusammengefasst.[13] Dazu zählen neben den bereits erwähnten bodenschonenden Maßnahmen das holistische Management, ausgeklügelte Agroforstsysteme mit mehrjährigen Pflanzen, Waldweiden, *Biochar* beziehungsweise *Terra Preta* und Ausnutzung lokaler Wasserkreisläufe und -ressourcen (*Keyline Farming*).

Holistisches Management

Holistisches beziehungsweise ganzheitliches Management in der Landwirtschaft ist ein systemischer Ansatz zum Wirtschaften mit den vorhandenen Ressourcen.[14] Das System wurde ursprünglich in den 1960er-Jahren in Afrika von Allan Savory zur Umkehrung der Wüstenbildung durch fehlerhafte, unkontrollierte Viehbeweidung der Böden entwickelt. Durch seine jahrelangen Beobachtungen in Afrikas Nationalparks postulierte Savory, dass die Verwüstung der Böden und der Verlust von Biodiversität mit der Reduktion und dem veränderten Verhalten der einst großen Herden von umherziehenden Weidetieren in Verbindung stehen. Während in früheren Zeiten Grasland, Prärien und Savannen von unüberschaubar großen Herden grasender Tiere bevölkert wurden, waren natürlich auch reichlich Raubtiere anwesend, was dazu führte, dass die großen Herden auf ihrer Suche nach mehr oder weniger saftigem Grün eng beieinanderblieben und nie lange auf einem Fleck verweilten. Das Weideland wurde auf diese Weise nur kurz, aber intensiv abgegrast, die obersten Schichten durch die Tausenden Hufe bearbeitet, Pflanzensamen eingetreten und mit wertvollem Dünger in Form der tierischen Ausscheidungen versorgt. Den Rest des Jahres, zumindest aber für längere Zeiträume, blieb das Land verschont und der Pflanzenaufwuchs konnte sich in aller Ruhe regenerieren, was zu einer großen Pflanzenvielfalt und erheblich größerer Wurzeltiefe und damit Trockenheitsresistenz führt.

Savory kam zu dem Schluss, dass domestizierte Weidetiere anstelle von natürlichen Herden eingesetzt werden müssten, um wichtige Ökosystemfunktionen wie den Nährstoffkreislauf anzukurbeln. Diese auf genauer Naturbeobachtung basierende und mittlerweile in weiten Teilen der Welt bei der Weidehaltung von Rindern und Schafen erfolgreich angewandte Methode ist auch bekannt unter den Namen intensive Portions- oder Rotationsweidehaltung, holistisches Weidemanagement oder Mobgrazing.

Der Mehraufwand durch das Aufstellen von Elektrozäunen und das regelmäßige Weitertreiben der Tiere lässt sich durch eindrucksvolle und begeisterte Berichte der Anwender jedenfalls rechtfertigen. In manchen von extremer Trockenheit betroffenen Regionen der Erde konnte sich die Vegetation erst durch Einführung dieses Systems tatsächlich nachhaltig erholen. Unkontrollierte Beweidung führte dort in der Vergangenheit zu extremer Verwüstung, da die Tiere, vor allem Ziegen, Schafe und Rinder, auch den mageren Rest der Vegetation so kurz fraßen, dass sich die Pflanzen nicht mehr durch ausreichende Photosynthese am Leben halten konnten. Die Wurzeln starben ab, der Boden verwüstete.

Trotz Kritik einzelner Wissenschaftler belegen mehrere Studien tatsächlich eine signifikante Bodenverbesserung durch Savorys Methoden. Bodenkohlenstoff, Bodenlebewesen, Wasser- und Nährstoffspeicherung sowie Mulchauflage waren auf Weideflächen, die Mobgrazing ausgesetzt wurden, erheblich besser im Vergleich zu kontinuierlich beweidetem Land.[15,16,17]

Während in landwirtschaftlichen Großbetrieben (*Feedlots*, sogenannten Tierfabriken) das primäre Ziel die größtmögliche Erhöhung des erwirtschafteten Ertrages (Profitmaximierung) ist, in der Regel durch Fütterung mit artfremdem Futter wie Maissilage, Soja etc., verfolgt die sogenannte intensive Rotationsweidehaltung ganz andere, vorwiegend ökologische (nicht primär ökonomische!) Prinzipien. Wir sehen also, dass der einfältige Ruf nach Abschaffung der Tierhaltung der Realität nicht gerecht wird. Massentierhaltung und übermäßiger Fleischkonsum sind abzulehnen, der Weidehaltung nach ökologischen Prinzipien kommt hingegen eine erhebliche Bedeutung bei der Wiederherstellung und Erhaltung fruchtbaren Weidelandes zu. Dem modernen, weiter ausgebauten, ganzheitlichen Management nach Savory liegt ein Entscheidungsfindungsprozess zugrunde, bei dem wesentliche soziale, ökologische und finanzielle Überlegungen (die drei Säulen der Nachhaltigkeit) in Einklang gebracht und bei der Landnutzung berücksichtigt werden.

Agroforst-Systeme: mehr Ertrag und Klimaschutz

Eine in Vergessenheit geratene Methode wurde in letzter Zeit nicht zuletzt aufgrund steigender Temperaturen und den damit verbundenen Problemen im Landbau wiederbelebt. Agroforste, eine Vereinigung von Wald- und Feldwirtschaft, verbinden die Vorzüge des Waldes mit denen des Feldes.[18,19]

Die Anpflanzung von Holz und die spätere Verwendung dieses Holzes etwa für den Bau eines Hauses kann über Jahrzehnte bis Jahrhunderte den darin gespeicherten Kohlenstoff der Atmosphäre entziehen. Die Nutzung als Brennstoff wäre zumindest CO_2-neutral.

Während des Wachstums bringen die Bäume große Mengen an Kohlenstoff auch in den Boden, denn bis zu einem Drittel der Biomasse von Bäumen steckt in deren Wurzeln. Grundsätzlich sind mehrjährige Pflanzen deutlich besser gewappnet für den Klimawandel als einjährige, da sie ausreichend Zeit haben, tiefe Wurzeln auszubilden.

In Frankreich haben sich die Flächen mit diesem Anbausystem in den letzten 10 Jahren verzehnfacht und halten derzeit bei 100 Quadratkilometern, was etwa der Fläche von Paris entspricht. Das Zusammenspiel von Feld und Wald ist nach Ansicht vieler Forscher und Landwirte dabei zukunftsweisend. Eigentlich klingt es paradox, denn die Landwirtschaft hat immer gegen Bäume gekämpft, um Felder anzulegen. Somit kommt es einer kleinen Revolution gleich, wenn Landwirte Bäume auf ihren Feldern pflanzen. 5 Prozent Bäume, 95 Prozent Anbaufläche, das hat sich als sinnvolle Relation in kontrollierten Studien herausgestellt. Das Ziel ist ein funktionierendes, natürliches Ökosystem. Auf 100 Hektar Agroforst wird dabei genau so viel geerntet wie auf 140 Hektar konventioneller Anbaufläche, denn der Wettbewerb mit den Bäumen veranlasst den Weizen tiefer zu wurzeln. Der Weizen aus Agroforst-Mischkulturen weist auch einen höheren Eiweißgehalt auf.

Die Bäume hingegen schaffen optimale Klimabedingungen durch weniger Verdunstung. Die zunehmenden Auswirkungen von Hitze und Feuchtigkeitsmangel werden dadurch ausgeglichen. Die gepflanzten Bäume schaffen aber auch Lebensräume für unzählige Arten und steigern dadurch die Biodiversität auf den Äckern. Gerade jüngere Landwirte zeigen großes Interesse an den Agroforstsystemen. Selbst größere Erntemaschinen können zwischen den Bäumen problemlos durchfahren. Auch die Bäume selbst sind längerfristig sehr lukrativ, denn Wertholz ist ein gefragter Rohstoff, und die Rendite nach 10 bis 20 Jahren ist beachtlich. Allerdings: Heute etwas zu pflanzen, das erst in 10 bis 20 Jahren Erträge bringt, das widerspricht unserem jetzigen Wirtschaftssystem mit seinen ökonomischen Zwängen und der Ausrichtung auf Kurzzeitprofite.

Die Anlage von sogenannten Forest Gardens nach ähnlichem Prinzip mit mehrjährigen Pflanzen erfreut sich nichtsdestotrotz immer größerer Beliebtheit.[20]

Waldweiden

Durch diese Form der Waldnutzung (früher auch als Hutweide oder Hutewälder bezeichnet), die vom Beginn der europäischen Jungsteinzeit bis über das Mittelalter hinaus üblich war, werden heute die Prinzipien der holistischen Intensivweidehaltung und der Agroforstwirtschaft kombiniert. Durch die Beweidung werden die krautige Vegetation und keimende Bäume zugunsten einzelner großer kohlenstoffspeichernder Bäume zurückgedrängt.[21] Im Laufe der Zeit entstehen auf diese Weise lichte, parkartige Wälder und baumbestandene Weiden, die sich durch niedrigere Temperaturen und ein ausgeglichenes Bodenklima mit höherer Luftfeuchtigkeit auszeichnen. Möglicherweise glichen die Wälder Europas nach der letzten Eiszeit durch die große Zahl von grasenden Auerochsen, Wisenten, Elchen und Wildpferden derartigen Waldweiden. In den Dehesas Zentral- und Südwestspaniens, Waldweiden mit vorwiegendem Steineichenbesatz, werden zum Beispiel Iberische Schweine mit den herabfallenden Eicheln ernährt. Das Resultat ist der im Aroma unübertroffene Ibérico-Schinken. Aber auch in zahlreichen Gegenden Mitteleuropas und dem Rest der Welt gibt es immer mehr Projekte zur Wiederaufnahme dieser historischen Form der Waldnutzung (zum Beispiel im Bentheimer Wald in Deutschland).

Biochar und Terra Preta

Als Wissenschaftler im südamerikanischen Urwald meterdicke Schichten fruchtbarer, dunkler Erde fanden, war die Verwunderung zunächst groß, denn gerade in Regenwäldern ist die Humusschicht normalerweise eigentlich besonders dünn. Alle Stoffe befinden sich im Regenwaldökosystem in einem permanenten Kreislauf. Genauere Analysen dieser dicken Humusschichten ergaben, dass es sich um eine humusreiche Mischung mit Resten von Holzkohle, Exkrementen und Tonscherben handelte, die von früheren präkolumbianischen Indianergesellschaften hinterlassen wurden. Es zeigte sich, dass diese sogenannte *Terra Preta* extrem fruchtbar ist. Spätere Untersuchungen ergaben, dass vor allem Holzkohle (nicht Asche!) unfruchtbare Böden zu fruchtbaren werden lässt und die Erträge erheblich steigern kann. In stark ausgelaugten Böden konnte das Einarbeiten von Holzkohle den Ertrag sogar verdoppeln. Das Geheimnis liegt dabei in der Ultrastruktur der Holzkohle, denn unter dem Mikroskop betrachtet finden sich unzählige erhaltene Poren, welche den Leitungssystemen der ursprünglichen Pflanzen entsprechen. Holzkohle bietet daher für unzählige Bodenmikroben ein hervorragendes »Versteck« mit großer Oberfläche. Interessanterweise werden nur gering fruchtbare Böden unter Zugabe von Holzkohle oder *Biochar*, wie sie neuerdings genannt wird, in ihrer Fruchtbarkeit verbessert. Ist der Boden allerdings bereits ohnehin fruchtbar und weist ein diverses Bodenleben auf, kann es unter Umständen durch Beimengung von Holzkohle sogar eher zu einer Abnahme der Fruchtbarkeit beziehungsweise der Erträge kommen. Zahlreiche Experimente und Feldversuche bestätigten jedenfalls die positive Wirkung von Holzkohle im Boden, vor allem dann, wenn die Holzkohle mit Mikroorganismen besiedelt ist. Zudem führen die unzähligen Poren zu einer Verbesserung der Wasserspeicherkapazität des Bodens. Vermutlich werden auch Giftstoffe in verseuchten Böden an der Holzkohle gebunden. Schließlich wird auch der pH-Wert des Bodens durch Zugabe von Holzkohle angehoben, was die Verfügbarkeit von Nährstoffen und die Lebensbedingungen für das Bodenleben verbessert.

Durch spezielle Pyrolyseöfen können die im Holz gespeicherten brennbaren Gase ohne Rauchentwicklung abgebrannt werden, wobei unter Sauerstoffausschluss schließlich die Holzkohle übrig bleibt. Etwa ein Drittel des ursprünglichen Kohlenstoffgehaltes wird dabei in der Kohle stabil gebunden.

Es wurden sogar entsprechende Programme gestartet (zum Beispiel *Estufa finca* und *cleancookingalliance.org*), um die Bevölkerung in ärmeren Teilen der Erde mit Biochar-Öfen auszustatten, damit diese ihre organischen Reste beim täglichen Kochen in fruchtbarkeitssteigernde Holzkohle für ihre kargen Böden umwandeln können. Ganz nebenbei wird auf diese Weise die Hauptursache für schwere obstruktive Atemwegserkrankungen, Feinstaub durch Rauch von den schwelenden Kochfeuern in den Hütten, unterbunden. Laut der Studie *Global Burden of Disease* sterben jedes Jahr 3,5 Millionen Menschen an Atemwegserkrankungen, hervorgerufen durch das Verbrennen von Holz, Dung und anderer Biomasse. Das sind mehr Todesopfer als durch Malaria und HIV / AIDS zusammen. Immerhin nutzen weltweit etwa drei Milliarden Menschen vor allem in Entwicklungsländern offene Feuerstellen, um in ihren Behausungen zu kochen, und sind auf diesem Weg dem gesundheitsschädlichen Rauch ausgesetzt.

Um *Terra Preta* hat sich mittlerweile eine lukrative Industrie gebildet, von Pyrolyseöfen in allen Größen bis hin zu Unternehmen, die entweder die Schwarzerde vor Ort in Südamerika abbauen und exportieren oder behaupten, das »geheime Rezept« für ihre teuren, selbst hergestellten Erdmischungen entschlüsselt zu haben. Nachhaltiger und billiger ist es allerdings, nach einer der zahlreichen Anleitungen einen Holzvergaserofen aus recyceltem Material selbst zu bauen, um Biochar herzustellen. Fakt ist, dass Kohlenstoff in Form von Biochar, einmal in den Boden gebracht, dort für mehrere Jahrhunderte bis Jahrtausende stabil bestehen bleibt. So analysieren zum Beispiel Archäologen die Holzkohle von jahrtausendealten Feuerstätten mit der C-14-Methode, um Aussagen über deren Alter treffen zu können. Laut Angaben der International Biochar Initiative, einer Non-Profit-Organisation, könnten mithilfe von Biochar bis 2050 etwa 2,2 Gigatonnen an

Kohlenstoff im Boden versenkt werden. Als alleinige Maßnahme zur Rettung des Weltklimas wird die Herstellung von Terra Preta jedoch vermutlich nicht ausreichen. Eine extrem hilfreiche, kostengünstige und effektive Methode, um ausgelaugte Böden wieder fruchtbar zu machen, ist sie jedenfalls. Technisches Know-how ist allerdings gefragt, denn nicht bei jeder Temperatur wird aus organischem Material nützliche Biochar. Die optimale Temperatur dürfte gemäß Versuchen 600 Grad Celsius sein.

Komposttee für das Mikrobiom

Eine andere bereits seit Jahrzehnten erfolgreich angewandte Methode, um das Bodenleben zu fördern, ließ manche Landwirte zu Braumeistern werden. Allerdings nicht von Bier, sondern von speziellen mikrobenreichen Gebräuen. Dabei entsteht eine gülle- beziehungsweise düngerartige Substanz ganz ohne Tierhaltung im herkömmlichen Sinn und ohne üble Fäulnisgerüche.

In Lateinamerika benutzen viele Farmer die sogenannten Microorganismos de Montaña (MM) für ihr selbst hergestelltes Fruchtbarkeitsgebräu, das mit Mikroorganismen wie *Rhodopseudomonas spp.*, *Lactobacillus spp.*, *Saccharomyces spp.* und *Actinomyces spp.* angereichert ist. Für die Herstellung werden einige Schaufeln Waldboden mit etwas Stärke, Melasse und Wasser in größeren Tonnen für mehrere Wochen fermentiert. Regelmäßig verdünnt ausgebracht, steigern diese Mikroorganismen die pflanzlichen Abwehrkräfte und das Bodenleben und sichern hohe Ernteerträge.

Ein ähnliches Verfahren des regenerativen Garten- und Landbaues ist der Komposttee, ein Extrakt aus Kompostmaterial, Melasse und Wasser. Dabei werden unter ausreichender Belüftung die im herkömmlichen Kompost enthaltenen Bakterien in einer wässrigen Nährlösung vermehrt und mit der herkömmlichen Feldspritze regelmäßig auf die Felder ausgebracht. Dies stärkt das pflanzen- und bodenassoziierte Mikrobiom und steigert Wachstum wie Abwehrkräfte der Pflanzen. Quasi Probiotika für Pflanzen und Boden.

Interessant auch die Äußerungen der Landwirte, die auf ein biologisches System wie etwa die Ausbringung von Komposttee – mit all den hilfreichen Mikroorganismen – als »Spritzmittel« umgestiegen sind. Erleichtert lächelnd, hantieren sie ganz ohne Schutzmaßnahmen mit den Flüssigkeiten beim Befüllen der Feldspritze und tätigen Aussagen wie: »Schön zu wissen, dass da jetzt nichts mehr drinnen ist, wo man sich selber schützen müsste, weil alles natürlich ist.« Zahlreiche Feldbegehungen und eigene Versuche führten mir den unglaublichen Effekt dieser simplen Methode vor Augen, zum Beispiel größere Blätter und damit eine größere Assimilationsfläche, was im Falle von Mais zu größeren Kolben führt.

Biopestizide

Immer mehr Pflanzenschutzmittel verlieren aufgrund berechtigter Sorge ihre Zulassung. Gleichzeitig steigt der Bedarf der wachsenden Bevölkerung nach mehr Nahrung, für deren Produktion immer weniger fruchtbares Land zur Verfügung steht. Viele Landwirte stehen vor einem Dilemma. Wie kann man künftig mit weniger chemischem Pflanzenschutz noch gewinnbringend wirtschaften? Die Antwort lautet: mit Biopestiziden.

Knoblauch, Chilis, Zwiebeln, Ingwer, Kräuter, Melasse, Essig: Was wie die Zutaten zu einer feurigen Grillsauce klingt, ist tatsächlich die Grundlage für selbst gebraute Biopestizide, wie sie vor allem in Lateinamerika und Kuba erfolgreich zur Anwendung gelangen. Nach Fermentierung über 15 Tage kann dieses Gebräu, mit Wasser verdünnt, auf die schädlingsbefallenen Pflanzen gesprayt werden. Diese Biopestizide vernichten Nematoden, Pilze und andere Schädlinge. Tatsächlich interessieren sich auch bei uns immer mehr Landwirte für derartige ökologische Maßnahmen.

Die neuen Helden der Landwirtschaft

> *Hoffnung ist nicht dasselbe wie die Freude darüber, dass sich die Dinge gut entwickeln. Sie ist auch nicht die Bereitschaft, in Unternehmen zu investieren, deren Erfolg in naher Zukunft absehbar ist. Hoffnung ist vielmehr die Fähigkeit, für das Gelingen einer Sache zu arbeiten. Hoffnung ist auch nicht dasselbe wie Optimismus. Sie ist nicht die Überzeugung, dass etwas klappen wird, sondern die Gewissheit, dass etwas seinen guten Sinn hat – egal, wie es am Ende ausgehen wird. Diese Hoffnung alleine ist es, die uns die Kraft gibt, zu leben und immer wieder Neues zu wagen, selbst unter Bedingungen, die uns vollkommen hoffnungslos erscheinen. Das Leben ist viel zu kostbar, als dass wir es entwerten dürften, indem wir es leer und hohl, ohne Sinn, ohne Liebe und letztlich ohne Hoffnung verstreichen lassen.*
>
> Václav Havel

Die Landwirtschaft der Zukunft braucht Menschen mit neuen Ideen und Weitblick, die das Wissen der verschiedensten Möglichkeiten der Anbautechnik sowie der Boden- und Pflanzenökologie mit den praktischen Erfordernissen des Gemüse- und Ackerbaus sowie der Tierhaltung kombinieren. Die heutigen »neuen Helden« der ökologisch vertretbaren, bodenaufbauenden Landwirtschaft stützen sich dabei auf relativ rezente Erkenntnisse und Einsichten einiger Vordenker.

Als ich mir nach zahlreichen Gesprächen mit innovativen Bauern Gedanken darüber machte, was diese neuen Helden der Landwirtschaft (denn nichts anderes sind sie) im tiefsten Inneren antreibt, ihre Arbeit zu tun, ist mir das oben stehende Zitat des großen tschechischen Essayisten, Menschenrechtlers und Politikers Václav Havel eingefallen. Denn keiner der vielen kleinen und einzelnen größeren, ökologisch nachhaltig arbeitenden Bauern kann damit rechnen, mit seiner Arbeit über Nacht reich zu werden. Es ist vielmehr die Hoffnung und die Bereitschaft, für eine lebenswerte Zukunft mit gesunden Nahrungsmitteln täglich hart zu arbeiten, ohne zu wissen, wie es ausgehen wird. Auch sie wissen angesichts des sich derzeit abspielenden agrarökologischen Dramas, dass unsere Zukunft mehr als ungewiss ist. Aber sie sehen einen tieferen Sinn in ihrer Arbeit beziehungsweise haben den Sinn in ihrem Tun wiederentdeckt, als sie sich bodenaufbauender, giftfreier

Landwirtschaft im Einklang mit den ewig geltenden Naturgesetzen zugewandt haben.

Sie haben sich einer Arbeitsweise angenommen, die jahrtausendelang die eigentliche, echte »konventionelle« Landwirtschaft war. Eine Landwirtschaft, die vor allem danach trachtet, die Böden gesund und fruchtbar zu erhalten und die Menschen in ihrer Umgebung mit hochwertigen Nahrungsmitteln zu versorgen. Heute wissen wir, dass dies nur gelingen kann, wenn das Bodenleben und der Humusaufbau in einer weitgehend geschlossenen Kreislaufwirtschaft auf lokaler Ebene gefördert werden.

Sir Albert Howard

Der englische Botaniker und Pionier des ökologischen Landbaus, Sir Albert Howard, schrieb in seinem 1943 erschienenen Lebenswerk *Mein Landwirtschaftliches Testament* zur Problematik der Erosion folgende Zeilen: »Wenn die Zeit für einen neuen Anfang im Landbau gekommen ist, wird vielleicht die Menschheit die große Lehre erhalten haben, wie das Gewinn-Motiv der heiligen Pflicht unterzuordnen ist, der nächsten Generation das Erbe eines fruchtbaren Bodens ungeschmälert zu übergeben. Die Bodenerosion ist nichts weniger als das äußere und sichtbare Zeichen eines vollständigen Misserfolges der landwirtschaftlichen Politik. Die Ursache dieses Misserfolges liegt in uns selbst.«[22]

Mit diesen unmissverständlichen Worten machte Sir Albert Howard die Essenz unseres gegenwärtig zunehmenden Problems erodierender Böden bereits vor mehr als siebzig Jahren zum Thema. Er betonte durch seine Publikationen als Erster gegenüber einem größeren Publikum, wie wichtig es sei, die Überlegenheit vernetzter Systeme und die Natur als Vorbild anzuerkennen, den Humus zu erhalten und das Wasser im Boden zu speichern. Auch auf die Bedeutung von Mykorrhiza-Pilzen wurde von ihm bereits hingewiesen. Auf seinen Erkenntnissen bauten die ihm nachfolgenden frühen Proponenten des ökologischen Landbaues wie Lady Evelyn Balfour in Großbritannien und Jerome Rodale in den USA auf.

Jerome Rodale und das Rodale Institut

»Gesunder Boden = gesunde Nahrung = gesunde Menschen.« Mit diesem Satz, den ein gewisser Jerome Rodale 1947 mit Kreide auf eine einfache Tafel geschrieben hatte, begann die bis heute andauernde Geschichte des Rodale Instituts im US-Bundesstaat Pennsylvania, einer Non-Profit-Einrichtung für Wissenschaft und Lehre im biologischen

Landbau. Das Institut liefert durch den seit den 1980er-Jahren laufenden sogenannten *Farming Systems Trial* bis heute einen wesentlichen Beitrag zu einem besseren Verständnis der ökologischen Landwirtschaft.[23] Dabei werden zahlreiche Parameter zwischen den drei Anbaumethoden biologisch mit tierischem Dünger, biologisch mit pflanzlicher Düngung und konventioneller Landbau verglichen. Eine weitere Unterscheidung wird hinsichtlich *organic no-till* und *no-till* gemacht, wobei in letzterem Fall konventionelle Herbizide zur Terminierung der Zwischenfrüchte eingesetzt werden. Da in den USA auch genetisch modifiziertes Saatgut breite Anwendung findet, werden bei dem Langzeitversuch seit 2008 auch *GMO-crops* in den Vergleich mit aufgenommen.

Im Unterschied zu ähnlichen Langzeitversuchen in Europa deuten die Daten dieser jahrzehntelangen nordamerikanischen Vergleichsstudie auf einen durchaus vergleichbaren Ertrag aus ökologischem Landbau hin; allerdings erst nach einer etwa fünfjährigen Übergangszeit von Konventionell auf Biologisch (im Englischen hat sich hierfür der Begriff *organic* eingebürgert).

Im Falle von längeren Trockenheitsperioden sollen laut den wissenschaftlichen Auswertungen die Erträge organisch angebauter Flächen, in Abhängigkeit der Feldfrucht, sogar um dreißig Prozent höher sein als die von konventionellen Anbauflächen. Der Profit für organisch wirtschaftende Bauern soll zudem drei- bis sechsmal höher sein. Zu den weiteren objektivierten Vorteilen zählen laut Studienergebnissen unter anderem ein bis zu 45 Prozent geringerer Energieverbrauch und vierzig Prozent weniger Kohlenstoffemissionen.

Was den Unterschied zwischen *organic no-till* und *no-till* betrifft, zeigten die Ergebnisse allerdings, dass der vollständige Verzicht auf den Pflug bei *organic no-till* durchaus schwierigkeitsbehaftet sein kann, sodass die Felder alle paar Jahre doch einer wenn auch geringen Oberflächenbearbeitung unterzogen werden müssen.

Was den Nährstoffgehalt der angebauten Pflanzen anbelangt, so konnte beispielsweise gezeigt werden, dass organisch angebauter Hafer signifikant mehr Protein, essenzielle Aminosäuren und Mikronährstoffe enthielt. 2016 wurde auf biologisch bewirtschafteten Äckern doppelt so viel Mais geerntet wie auf den konventionell bestellten. Berücksichtigt man die unterschiedlichen Ergebnisse aller angebauten Feldfrüchte über mehrere Jahre, so zeigen die Ergebnisse des Rodale Institutes, dass kaum Ertragsunterschiede zwischen biologischer und konventioneller Landwirtschaft bestehen.

Das Rodale Institut in seiner heutigen Form unter der Co-Leitung von Maya Rodale, der Ur-Enkelin von Jerome Rodale, hat den Anspruch, ökologische Landwirtschaft durch Unterstützung der Bauern bei der Umstellung auf Bio-Landwirtschaft, Durchführung wissenschaftlicher Untersuchungen und Bildung und Information der Konsumenten hinsichtlich der Vorteile ökologischer Lebensmittelproduktion, zu verbreiten.[24]

Unterstützung erhält das Rodale Institut vom Natural Resources Conservation Service (NRCS) des US-amerikanischen Landwirtschaftsministeriums. Ich erwähne das hier deswegen, weil sich das NRCS interessanterweise ziemlich intensiv, auch über zahlreiche Internetkanäle, um die Bewusstseinsbildung der amerikanischen Farmer bezüglich Bodengesundheit und Bodenleben einsetzt.[25] Offenbar hat man im Land des ungezügelten Glyphosateinsatzes, des genetisch modifizierten Saatgutes und der bestehenden Erosionsproblematik seit den 1930er-Jahren die entsprechenden Lehren gezogen.

FiBL und der DOK-Versuch

Der neben dem Rodale Field System Trial weltweit bedeutendste Langzeitfeldversuch zum Vergleich biologischer und konventioneller Anbausysteme wird von der Schweizer Dependance des Forschungsinstitutes für biologischen Landbau (FiBL) seit 1978 betrieben.

Die drei Buchstaben im DOK-Vergleichsversuch stehen für biologisch-dynamischen (D), organisch-biologischen (O) und konventionellen (K) Anbau von Ackerkulturen wie zum Beispiel Weizen, Kartoffeln, Mais, Soja oder Kleegras. Die Ergebnisse aus diesem Langzeitversuch sind zu umfangreich, um sie in diesem Rahmen wiedergeben zu können, wurden aber in unzähligen wissenschaftlichen Fachpublikationen festgehalten und sind über die Webseite von FiBL der Allgemeinheit zugänglich.[26]

Kurz zusammengefasst, ist das Ertragsniveau der biologisch angebauten Kulturen über 35 Jahre um etwa zwanzig Prozent gegenüber konventionell angebauten Kulturen reduziert, allerdings bei einem rund fünfzig Prozent geringeren Einsatz an Düngern und fossiler Energie und einem vollständigen Verzicht auf chemisch-synthetische Pflanzenschutzmittel.

Interessant ist, dass die Ertragseinbußen bei biologischem Landbau stark von den angebauten Kulturen und dem Anbaujahr abhingen. So betrug die Ertragsminderung bei Kartoffeln zwischen 22 und 42 Prozent, bei Winterweizen zwischen 11 und 33 Prozent und bei Silomais ca. 11 Prozent. Bei Soja waren die Erträge mit denen des konventionellen Landbaus gleichauf.

Es ist also durchaus auch in Europa möglich, mit biologischer Landwirtschaft rund achtzig Prozent des konventionellen Ertrags zu produzieren und dabei noch ausgabenseitig, was die Betriebsmittel betrifft, erheblich einzusparen.

In diesem Zusammenhang wäre es durchaus sinnvoll, sich wieder einmal darüber Gedanken zu machen, was wir als »normal« ansehen beziehungsweise als Messlatte heranziehen wollen. Viele Landwirte betrachten die ökologisch nachhaltige Landwirtschaft für unterlegen oder gar minderwertig, weil die Erträge, zumindest in Europa, durchaus etwas geringer ausfallen als bei der insgeheim als Standard angesehenen modernen Hochleistungslandwirtschaft. Was dabei aber gänzlich außer Acht gelassen wird, ist die Tatsache, dass diese Erträge erst seit wenigen Jahrzehnten mit intensivem Betriebsmitteleinsatz und auf Kosten des Bodens, der Umwelt und unserer Gesundheit erzielt werden. Berücksichtigt man diesen Umstand bei der Betrachtung der Erträge des biologischen Landbaus, dann hat dieser in den letzten Jahrzehnten eine Leistungsfähigkeit (bei gleichzeitiger Nachhaltigkeit) erreicht, die ihresgleichen sucht! So zeigte sich in dem besonders trockenen Jahr 2018 bei vielen Kulturen, dass die Erträge im Ökolandbau weniger abnahmen als im konventionellen Landbau.

Man könnte den Vergleich Bio vs. Konventionell mit einem ehemaligen olympischen Goldmedaillen-Gewinner vergleichen, der Jahre später »nur mehr« den zweiten Platz bei den Staatsmeisterschaften holt. Die Leistung wird als vergleichsweise minderwertig betrachtet, obwohl das Resultat eigentlich ziemlich beachtlich ist.

In Ländern wie Deutschland, den Niederlanden oder Belgien sind die Ertragsunterschiede besonders groß, da hier im konventionellen Landbau am meisten Handelsdünger eingesetzt wird. In vielen osteuropäischen Ländern, aber auch in den USA und Kanada hingegen entsprechen die Bioerträge häufig denen der konventionellen Landwirtschaft.

Abgesehen davon hängt der Erfolg im Biozid-freien Ökolandbau sehr stark von der Erfahrung und dem Wissen des jeweiligen Landwirtes ab. Leider besteht gerade in diesem Bereich in Europa erheblicher Nachholbedarf. Der übermächtige Einfluss der Agrarindustrie ist selbst in den landwirtschaftlichen Schulen zu spüren, wo der selbstverständliche Pestizid- und Düngereinsatz als Wirtschaftsgrundlage gelehrt wird. Auch auf die Gefahr hin, dass ich mich diesbezüglich wiederhole: Es verhält sich haargenau wie in der medizinischen Ausbildung und Wissenschaft: die Industrie ist allgegenwärtig und daher, was die Bewusstseinsbildung anbelangt, tonangebend.

Eliot Coleman: »To small to fail«

In seinen zahlreichen Publikationen spricht sich der 1938 geborene US-amerikanische Landwirt, Autor und Agrarforscher Eliot Coleman vor allem für den ökologischen nachhaltigen Landbau in kleinem Maßstab aus. Eine seiner zentralen Thesen lautet »Klein ist besser«, wobei das

Unternehmenswachstum seiner Ansicht nach vor allem durch verbesserte Produktion und Vermarktung und nicht durch physische Expansion gefördert werden sollte. Durch den Fokus auf direkte und vielfältige Kundenbeziehungen ist er durch sein vor dreißig Jahren erstmals publiziertes Buch *The New Organic Grower* in den USA und zahlreichen anderen Ländern zu einem Vorreiter des sogenannten *Market Gardenings* und der Ab-Hof-Vermarktung geworden.[27]

Die direkte Beziehung zu den Konsumenten hält er dabei für gesellschaftlich wichtiger als die Bio-Zertifizierung selbst. Auf seiner *Four Season* Farm im nördlichsten US-Bundesstaat Maine, dessen Jahresdurchschnittstemperaturen durchaus den mitteleuropäischen entsprechen, baut er das ganze Jahr über (!) Gemüse an, auch unter rauen Winterbedingungen in ungeheizten Gewächshäusern.[28]

Seine Philosophie findet mittlerweile auf der ganzen Welt vor allem unter der jüngeren Generation Anhänger und Nachahmer, die auf kleinsten Flächen durch biointensiven Gartenbau (hauptsächlich Gemüse) ihren Lebensunterhalt verdienen. Dass dies ohne Weiteres möglich und profitabel ist, werden wir in Kürze sehen.

Bill Mollison: Vater der Permakultur

Der 2016 verstorbene australische Wissenschaftler, Autor, Biologe und Lehrer Bill Mollison gilt zusammen mit David Holmgren als einer der Väter der modernen Permakultur, deren Name sich von *permanent agriculture* (auf Deutsch: dauerhafte Landwirtschaft) ableitet. Mollison verfasste zahlreiche praxisbezogene Bücher zur Anbaumethode der Permakultur und erhielt bereits 1981 den Right Livelihood Award, den Alternativen Nobelpreis. Das auf den drei Säulen der Nachhaltigkeit basierende Prinzip der Permakultur arbeitet an der Gestaltung und Unterhaltung von landwirtschaftlich produktiven Ökosystemen, die die Diversität, Stabilität und Widerstandsfähigkeit von natürlichen Ökosystemen besitzen. Nachhaltige Optimierung statt kurzfristiger Maximierung, ein zentrales Element der Permakultur, widerspricht allzu oft dem landwirtschaftlichen Zeitgeist. »Leider« ist auch hierbei einiges an ökologischem beziehungsweise biologischem Wissen sowie Erfahrung und Ausdauer gefragt, was die Integration der Permakulturprinzipien in die gängige landwirtschaftliche Praxis erschwert. Zu den wesentlichen Prinzipien der Permakultur zählen unter anderem die Beobachtung von Interaktionen in natürlichen Systemen, langfristige und effiziente Nutzung von erneuerbarer Energie und Ressourcen, Schaffung von selbstregulierenden Systemen, Vermeidung von Abfall durch geschlossene Kreisläufe, Bevorzugung von kleineren und langsamen Lösungen anstatt kurzfristiger Maximierung sowie Vielfalt statt Monokulturen.

Das Anbauprinzip der Permakultur wurde zwischenzeitlich von zahlreichen anderen Pionieren für unterschiedliche Klimazonen adaptiert und perfektioniert. Unter anderem von dem österreichischen »Agrar-Rebellen« Sepp Holzer, der auf seinem Lungauer Krameterhof (seit 2009 weitergeführt durch seinen Sohn) in über 1100 Metern Seehöhe sogar Kiwis und Edelkastanien gedeihen lässt. Mit den unterschiedlichsten Prinzipien der Permakultur wie Terrassenbau, Hügel- und Hochbeeten und der Haltung alter Nutztierrassen hat er die Permakultur für den alpinen Bereich weiterentwickelt und dabei international Beachtung gefunden.

Perrine und Charles Hervé-Gruyer

Wie viel Land ist notwendig, um darauf Nahrungsmittel anzubauen, von deren Vermarktung man auch leben kann? Ein Beispiel von vielen, das darauf Antwort geben kann, ist die Landwirtschaft von Perrine und Charles Hervé-Gruyer in Frankreich. Zwei Punkte machen dieses Beispiel allerdings besonders erwähnenswert: Erstens handelt es sich bei dem Ehepaar Hervé-Gruyer um absolute landwirtschaftliche Newcomer, und zweitens gibt es für deren Wirtschaftsweise wissenschaftlich belastbare Zahlen. Das Ehepaar erwarb im Jahre 2006 ein herabgewirtschaftetes Stück Land, um ein neues Leben zu beginnen und ökologisch verträgliche Anbaupraktiken zu erproben.

Der Grund, warum die beiden wie so viele andere zu Beginn ihres Unterfangens für verrückt erklärt wurden, liegt in deren beruflichem Werdegang. Denn keiner von beiden konnte landwirtschaftliche Vorbildung vorweisen. Charles, der jahrzehntelang als Segellehrer auf der ganzen Welt unterwegs war, begeisterte sich zwar für die unterschiedlichen Anbaumethoden rund um den Globus, hatte aber keinerlei praktische Erfahrung. Perrine, eine gelernte Juristin, hing schließlich ihren Job an den Nagel, um etwas Neues auszuprobieren. Nach dem gemeinsamen Kauf der alten Landwirtschaft La Ferme du Bec Hellouin experimentierten die beiden zunächst mit einfachem Biolandbau, der sie aber nicht zufriedenstellte. Bis sie eines Tages die Methode der Permakultur für sich entdeckten. In kürzester Zeit pflanzten sie mehr als siebzig verschiedene Gemüsesorten auf 1400 Quadratmetern. Dabei berücksichtigten sie die Prinzipien der Permakultur und pflanzten sich gegenseitig schützende Pflanzen auf engstem Raum und bestellten dabei ihre kleine Farm ausschließlich per Hand. Als sie schließlich mediale Aufmerksamkeit auf sich zogen, wurde ab 2011, geleitet durch Francoise Léger vom nationalen Landwirtschaftsinstitut in Paris, eine mehrjährige Wirtschaftlichkeitsstudie auf La Ferme du Bec Hellouin durchgeführt, um herauszufinden, ob auf exakt tausend Quadratmetern durch die Prinzipien der Permakultur ohne jeglichen Maschineneinsatz ein vernünftiges finanzielles Einkommen erwirtschaftet werden könne. Jeder Handgriff, jede Betriebsstunde, alle Verbrauchsmaterialien und jeder geerntete Salatkopf wurde minutiös über die gesamte Anbauperiode wissenschaftlich dokumentiert. Das Ergebnis? Innerhalb eines Jahres (Juni 2012 bis Mai 2013) konnte mit dem Gemüseanbau auf tausend Quadratmetern mit insgesamt 1400 Betriebsstunden ein Umsatz von 32 000 Euro erwirtschaftet werden. Und das, obwohl die Anbausaison 2012 überdurchschnittlich kühl und der Winter 2012/13 besonders lang war, wodurch der Frühjahrsbetrieb mit einem Monat Verspätung begann. Mit den zusätzlichen Aufgaben wie Marketing, Management und Vertrieb errechnete sich eine Jahresarbeitszeit von 2100 Stunden, was einer durchschnittlichen Wochenarbeitszeit von knapp über vierzig Stunden entspricht. Für eine Person ergibt sich, laut der offiziellen Begleitstudie des nationalen Landwirtschaftsinstituts aus dem Jahr 2013, nach Abzug der Ausgaben für Saatgut, Wasser, Elektrizität, Versicherungen, Einkommensteuer etc. ein Jahresnettogehalt von 14130 Euro. Im Folgejahr waren es sogar 18 000 Euro. Und das mit einer bewirtschafteten Fläche von lediglich tausend Quadratmetern! Die Studienautoren fassten dieses erstaunliche Ergebnis vereinfacht etwa wie folgt zusammen: »Unsere Ergebnisse zeigen, dass es selbst in einem mittelmäßigen Jahr mit unerfahrenen Gartenarbeitern möglich ist, ein Basiseinkommen zu erzielen.«[29]

Biointensive Mikrolandwirtschaft

Immerhin, in Bec Hellouin wächst auf der gleichen Fläche etwa drei- bis viermal mehr Gemüse als in vergleichbaren konventionellen Betrieben, da alle Arbeiten mit der Hand erledigt werden und dadurch nach Permakulturprinzipien dichter gepflanzt werden kann. Dieses Wirtschaftssystem von kleinen, aber hochprofitablen Betrieben wird auch als biointensive Mikrolandwirtschaft, Mikrofarming oder Marketgardening bezeichnet und besitzt nach Ansicht vieler Experten erhebliches Zukunftspotenzial. Denn es werden dadurch nicht nur Arbeitsplätze geschaffen, sondern auch dem zunehmenden Bedürfnis nach gesunden und regionalen Nahrungsmitteln kann auf diese Weise einfach entsprochen werden. Dass sich so ganz nebenbei in den meisten Betrieben nach einigen Jahren auch die Bodenqualität signifikant verbessert und die meist jüngeren Betreiber einen tieferen Sinn in ihrer Arbeit sehen, sind erfreuliche Nebeneffekte. Die Nachhaltigkeitskriterien erfüllt diese Wirtschaftsweise allemal.

Dass es sich dabei aber nicht um Hirngespinste einzelner »ewig Gestriger«, sondern tatsächlich um zukunftsweisende Projekte handelt, zeigen auch die zunehmenden diesbezüglichen Fachtagungen. So trafen sich Ende 2018 Hunderte Interessierte aus ganz Europa zu einer Tagung über biointensive Landwirtschaft und Marketgardening an der Universität Kiel. Organisiert wurde die mehrtägige Tagung mit dem Titel *Neue Konzepte für eine agrarökologische und zukunftstaugliche Landwirtschaft* von der Stiftung Ökologie & Landbau gemeinsam mit dem Öko-Junglandwirte Netzwerk und dem Gustav-Radbruch-Netzwerk für Philosophie und Ethik der Umwelt der Universität Kiel.

Beispiele für den Erfolg dieser Wirtschaftsweise gibt es neben dem Ehepaar Hervé-Gruyer mittlerweile genug. Die beiden Kanadier Maude-Hélène und Jean-Martin Fortier etwa bewirtschaften seit gut zehn Jahren ihren 7500 Quadratmeter großen Bio-Gemüsebetrieb auf Ferme de la Grelinette[30] und vermarkten unzählige verschiedene Gemüsesorten über direkte Wege. Auch sie erzielen durch biointensive Anbaumethode mit geringen Investitions- und Betriebskosten hohe Erträge auf kleiner Fläche und damit ein gutes Einkommen für ihre Familie. Das Motto des Ehepaars Fortier: »Der Schlüssel des Erfolges ist die Abkehr von einer traktororientierten Arbeitsweise hin zu einer menschenorientierten Arbeitsweise.«

Richard Perkins von der Ridgedale Farm in Schweden[31], nach eigener Bezeichnung die am nördlichsten gelegene Permakulturfarm Europas, experimentiert seit Jahrzehnten mit Agroforstsystemen, holistischem Weidemanagement und anderen Nachhaltigkeitskonzepten. Seine Erfahrungen mit einer vielfältigen, produktiven und bodenaufbauenden Landwirtschaft, die es ermöglicht, kleine Höfe ökologisch wertvoll und ökonomisch rentabel zu gestalten, gibt er mittlerweile im Rahmen von gut gebuchten Online-Kursen an unzählige begeisterte Nachahmer auf der ganzen Welt für geringe Kosten weiter.

Der Brite Charles Dowding experimentiert seit über dreißig Jahren mit neuen Formen des biologischen Gartenbaues.[32] Er wurde vor allem durch seine unkrautfreie *No Dig*-Methode, analog des *No Tills* in der Landwirtschaft, bekannt, die sowohl kleinen als auch großen Gartenbaubetrieben ökonomischeres Wirtschaften ermöglicht. Dowding, der regelmäßig im englischen Radio und Fernsehen auftritt, veröffentlichte zahlreiche Bücher über *No Dig* und Bio-Gartenbau, unterrichtet, schreibt für nationale und internationale Magazine und betreibt einen äußerst erfolgreichen YouTube-Kanal, über den er sein Wissen zur Verfügung stellt.

Die Liste von Praktikern und Pionieren dieser zukunftsweisenden Form der Landwirtschaft und Lebensmittelversorgung ließe sich noch ziemlich lange fortsetzen. Viele dieser »neuen Helden der Landwirtschaft« bedienen sich der modernen Kommunikationskanäle von Internet und Social Media, um ihre Faszination, ihr Wissen, ihre praktischen Fertigkeiten und Innovationen sowie ihre Ergebnisse mit der

Welt zu teilen. Im Unterschied zu den profitorientierten Konzernen sind ihre Versprechen und Ergebnisse jedoch nachvollziehbar und jederzeit überprüfbar. Genau wie der Großteil der weltweiten Kleinbauern generieren sie pestizidfreie, gesunde Lebensmittel mit den geringsten Mitteln. Im Unterschied zu den Bauern in Ländern der Dritten Welt besitzen sie jedoch ein detailliertes Wissen um die ökologischen und biologischen Grundlagen gesunden Pflanzenwachstums durch Humusaufbau, auch unter klimatisch herausfordernden Bedingungen. Weniger gebildete Kleinbauern in Schwellen- und Drittweltländern erhalten ihre Informationen, wenn überhaupt, häufig nur durch die Vertreter der Agrarindustrie. Ein Wissenstransfer über moderne Kommunikationskanäle bleibt ihnen in der Regel verwehrt. Die Folgen sind oft fatal.

Sepp Braun, der Regenwurmbauer

Aber auch auf größeren Betrieben kann durch regenerativen Landbau profitabel gewirtschaftet werden. Sepp Braun betreibt im bayrischen Freisinger Moos auf 54 Hektar Ackerbau und Viehzucht im Bio-Landbau. Den Pflug ließ er bereits 1984 sein. Wegen des ständigen »Ringens mit der Natur« und nach intensiver Auseinandersetzung mit den Bedürfnissen des Bodenlebens ging er schließlich 1988 zur Minimalbodenbearbeitung und 1994 schließlich zum Bio-Anbau mit Minimalbodenbearbeitung über. Gerade die Problematik der Verunkrautung (zum Beispiel Disteln) macht bodenschonende Maßnahmen im Biolandbau (unter Verzicht auf Herbizide wie Glyphosat) zu einer echten Herausforderung und kann nur funktionieren, wenn man sich mit den Gesetzmäßigkeiten und Zusammenhängen in der Natur beschäftigt sowie holistisch denkt und handelt. Als einer dieser Bodenpioniere im deutschsprachigen Raum gilt Sepp Braun, der mittlerweile auch den Beinamen »der Regenwurmbauer« trägt.

Ein weiterer Bio-Spinner? Mitnichten, denn der Erfolg gibt ihm recht. Nach Ausschöpfung aller zur Verfügung stehenden Maßnahmen des Bio-Landbaues, wobei Braun auch den Einsatz modernster Technik keineswegs scheut, steht am Ende natürlich auch bei ihm die Frage nach der Wirtschaftlichkeit. Den im langjährigen Durchschnitt erwirtschafteten Ertrag beim Bio-Getreide von drei bis fünf Tonnen pro Hektar (im konventionellen Landbau können das bei uns durchaus bis zu zehn Tonnen pro Hektar sein) muss man, so Braun, differenziert sehen. Denn auch die produzierte Gesamttrockenmasse aus Wurzeln (acht Tonnen pro Hektar), Stroh (sieben Tonnen pro Hektar) und Kleegrasernte (drei Tonnen pro Hektar) nach der Weizen- und Roggenernte sind zu berücksichtigen. Dünger und Pflanzenschutzmittel, die einen konventionellen Betrieb gut und gerne 400 Euro pro Hektar kosten können, erspart er sich zur Gänze. Zudem liegt der Verkaufspreis von Bio-Weizen gut 2,5-mal so hoch wie im konventionellen Anbau. Der Missionar und Botschafter des bodenschonenden Biolandbaus ist mit seinen Erträgen unter Berücksichtigung der dafür aufgewendeten Kosten also durchaus zufrieden. In einem Interview mit dem Sender Deutschlandfunk Kultur im Jahr 2015 drückte er das so aus: »Also dass ich nicht nur der Spinner bin, ein Stück weit ist man das auch ... Ja, die merken, dass wir als Familie davon leben können, dass wir noch nicht pleitegegangen sind nach 27 Jahren und dass der Betrieb auch weiterläuft. Also insofern kann's net ganz schlecht sein.«

Auch bei Braun ist der Schlüssel zur ausreichenden Nährstoffversorgung der Kompost, den er durch eine automatisierte Umsetzanlage aus Mist, Streuwiesenmahd, Stroh, Erde, Holzhäcksel und Gesteinsmehl mit der Unterstützung der fleißigen Mikroorganismen gewinnt. Durch die im Kompost enthaltenen »biologischen Hilfsmittel« können die Pflanzen einen Großteil der schädlichen Attacken von Schadorganismen selbst abwehren. Seine wichtigsten Mitarbeiter, davon ist Braun überzeugt, sind neben den Bodenmikroorganismen vor allem die Regenwürmer. Auf ihre ausreichende Ernährung ist der Bio-Landwirt genauso bedacht, wie auf die seiner Rinder. Regenwürmer lieben aromatische Gewürzkräuter. Die in seinen Böden nachgewiesene hohe Dichte an 300 oder mehr Regenwürmern pro Quadratmeter (Landesdurchschnitt: 16 Würmer pro Quadratmeter) führt zu Hunderten Metern an Röhrensystemen in den Böden, die den Regen, insbesondere bei Starkregenereignissen, leichter aufnehmen. Zusätzlich erzeugen sie gut vierzig Tonnen Regenwurmkot pro Hektar, wovon 140 Kilo pro Hektar bester pflanzenverfügbarer Stickstoff sind. Mit seiner Wirtschaftsweise hat Sepp Braun in 18 Jahren auf seinen Böden drei Prozent Humus zusätzlich aufgebaut.[33] Ein beachtlicher Erfolg, der nur durch die intensive Beschäftigung mit Bodenkunde und Pflanzenbiologie erreichbar ist. Auch Mut, als Spinner oder Außenseiter mit absurden Ideen zu gelten, gehört dazu.

Sekem Farm Projekt: Biolebensmittel aus der Wüste

Eine der wohl unglaublichsten Erfolgsgeschichten des Landbaues ist die der Sekem Farm nahe Kairo.[34] Aus dem trockenen Nichts der Wüste machte der Ägypter Prof. Ibrahim Abouleish im Laufe der letzten vierzig Jahre eine hochproduktive grüne Oase. Dabei war seine Projektidee das, was man damals wie heute als völliges realitätsfremdes Hirngespinst eines Träumers bezeichnen würde, in das niemand investieren würde. Nach seinem Studium im Wien der Siebzigerjahre hatte er die Vision, mitten in der Wüste Ägyptens ein gemeinschaftliches Farmprojekt nach dem biodynamischen Bewirtschaftungsprinzip in Verbindung mit der Philosophie der »Ökonomie der Liebe«, die auf gegenseitiger Wertschätzung, Achtung der Würde jedes Mitarbeiters und einer integrativen Wertschöpfungskette, bei der alle Beteiligten einen fairen Anteil erhalten, beruht, zu gründen. Und als wäre das nicht schon utopisch genug, wollte er die Produkte seiner Farm vorwiegend in dem wirtschaftlich stark angeschlagenen Land Ägypten vermarkten und den Gewinn sogar investieren: zehn Prozent an seine Mitarbeiter, zehn Prozent in Innovationen und zehn Prozent in Gemeinschaftsbildung. Die beste Investition sei schließlich die in den Menschen, so Abouleish. Selbst seine engsten Freunde hielten Abouleish obgleich dieser »Geschäftsidee« für verrückt.

Allein dort, wo er 1977 in der Wüste begann, steht heute eine Oase der Vielfalt mit insgesamt 4000 Hektar biologischer Anbaufläche in Demeter-Qualität, auf denen 2000 Mitarbeiter Beschäftigung finden. Abouleish ist überzeugt, dass dieses Projekt ohne die Investition in die Potenzialentfaltung der Mitarbeiter niemals erfolgreich gewesen wäre. So wurden im Umkreis auch mehrere Schulen und sogar ein Spital gebaut. Sekem ist heute der größte Produzent von biologischen Lebensmitteln außerhalb einer Industrienation. Das biologische Herz des Projektes war von Anfang an eine ausgeklügelte Kompostwirtschaft, mit deren Hilfe auf dem kargen Wüstenboden eine gut dreißig Zentimeter dicke Kompostschicht aufgebaut wurde. Haben Sie es bemerkt? Nur durch die Integration aller drei Säulen der Nachhaltigkeit: Ökologie, Ökonomie und soziale Gerechtigkeit, konnte dieses utopische Projekt eines Träumers zu dem werden, was es heute ist.

2003 wurde Prof. Abouleish und dem Sekem Farm Projekt der Alternative Nobelpreis verliehen. 2015 erhielt er den Land for Life Award der Vereinten Nationen. Prof. Ibrahim Abouleish und sein Sohn Helmy Abouleish sind davon überzeugt, dass das, was ihnen in der Wüste gelungen ist, jeder an jedem anderen Ort auf dieser Erde auch realisieren kann. Es braucht nur den Mut, damit anzufangen und nicht auf andere zu warten, bis diese die Welt verändern.

Ökoregion Kaindorf: das österreichische Vorzeigeprojekt

Eine drastische Reduktion des CO_2-Ausstoßes, eine Umstellung auf alternative Energien und Bewusstseinsbildung innerhalb der Bevölkerung waren die idealistischen Vorgaben des 2007 auf private Initiative von Rainer Dunst hin gegründeten Vereins Ökoregion Kaindorf in der Steiermark.[35] Was ist davon geblieben, jetzt, zwölf Jahre später?

Was anfänglich als träumerische Idee von weltfremden Öko-Freaks klang, ist heute ein nationales wie internationales Vorzeigeprojekt in

Sachen Umwelt- und Klimaschutz, das vor allem durch sein Humusaufbauprogramm zur Kompensation von CO_2-Emissionen europaweit gefeiert wird. Dem überparteilichen Zusammenschluss der drei Gemeinden Ebersdorf, Hartl und Kaindorf (zusammen ca. 6000 Einwohner) gelang die zukunftsweisende Verbindung von Wirtschaftlichkeit mit ökologischen und sozialen Aspekten. Zentrale Handlungsmaxime: vorausschauendes und verantwortungsvolles Handeln.

An dem groß angelegten Humusaufbauprogramm der AG Landwirtschaft (einer von acht Arbeitsgruppen innerhalb des Vereins), geleitet durch den Bruder des Vereinsgründers, Humuspionier Gerald Dunst, nehmen mittlerweile mehr als 120 nachhaltig wirtschaftende Landwirte mit mehr als 1300 Hektar Ackerfläche teil. Unterstützt wird das Engagement der Landwirte durch den Handel mit Humus-Zertifikaten, womit Firmen (darunter auch große Handelsketten) ihren nicht vermeidbaren CO_2-Ausstoß kompensieren können. Auf diese Weise wurden bisher knapp 300 000 Euro an die Humusbauern ausbezahlt, deren Felder ganz nebenbei fruchtbarkeits- und ertragssteigernden Kohlenstoff anreichern.

Auch die 2019 bereits zum dreizehnten Mal stattfindende jährliche Fortbildungsveranstaltung *Humustage* entwickelte sich innerhalb eines Jahrzehnts zu einem internationalen Erfolg. Hunderte aufgeschlossene Landwirte aus zahlreichen europäischen Ländern informieren sich hier regelmäßig praxisnah über neueste Erkenntnisse zu den Themen Humusaufbau und Kompostierung in einer ökologischen Kreislaufwirtschaft.

Das Engagement des Vereins und der Bürger aus der Ökoregion Kaindorf wurde mittlerweile mit zahlreichen hochrangigen Auszeichnungen gewürdigt. Regionen und Gemeinden, denen eine zukunftsfähige Entwicklung am Herzen liegt, sollten sich hier informieren und dem Beispiel folgen.

Leben in einer Postwachstumsökonomie

Eine Wirtschaftsweise ohne Wachstum wird entweder freiwillig, vorbereitet stattfinden, oder die Umstände werden uns dazu zwingen, dann aber vermutlich mit umso eindrucksvolleren, sprich schmerzhafteren Folgen. Besser wäre es also, bereits jetzt die herannahende und unausweichliche Zukunft der Ressourcenverknappung im Auge zu haben. Wann immer das auch sein mag. Denn wie soll nach dem gegenwärtigen Prinzip produziert werden, wenn der Ölhahn nur mehr tropft oder für immer zugedreht wird und die letzte Tonne Kali oder Phosphat gefördert wurden? Sollten wir uns nicht schon jetzt auf eine postfossile Landwirtschaft und Lebensweise einstellen? Schon allein unserer Nachfahren wegen?

Einer, der dieses Problem erkannt hat, ist der Brite Rob Hopkins. Der Dozent für Soziologie entwickelte gemeinsam mit seinen Studenten ein Konzept, um die Resilienz von Gemeinden zu erhöhen. Der Name des Projektes: *Transition Town*, was so viel wie »Stadt im Übergang« bedeutet. Nach der Gründung der ersten *Transition Town* in der irischen Stadt Kinsale im Jahr 2005 folgte die zweite Übergangsgemeinde in seiner Heimatstadt Totnes in der englischen Grafschaft Devon. Von hier aus wurde das bereits mehrfach ausgezeichnete Projekt weltbekannt. Die Transition-Town-Initiative ist mittlerweile eine internationale Bewegung, die mehrere hundert Gemeinden und Städte in verschiedenen Teilen der Welt umfasst.[36] Das Prinzip dieses Gemeinschaftsprojektes ist einfach wie bestechend. Neben der Förderung von nachbarschaftlichem Austausch und Vereinfachung der Lebensweise (Stichwort: Downshifting) geht es vor allem um Maßnahmen zur Verbrauchsreduktion endlicher Ressourcen wie fossiler Energieträger sowie um eine Stärkung der Regionalwirtschaft. Vor allem die lokale Lebensmittelproduktion unter Berücksichtigung von Permakulturprinzipien und mit Beteiligung der Bevölkerung steht ganz oben auf der Liste der Maßnahmen.[37] In vielen Transition Towns wurde sogar eine eigene Währung eingeführt, um die Bevölkerung zum Einkaufen im Ort zu animieren.

Der selbsternannte »Trend- und Zukunftsforscher« Matthias Horx ist interessanterweise davon überzeugt, dass wir keinerlei Verknappung zu befürchten haben werden, und wendet sich ganz entschieden gegen ein »Untergangsnarrativ«, wie er es nennt. Er untermauert seine Sichtweise mit den Aussagen des amerikanischen Biologen Paul

R. Ehrlich, der bereits in den Siebzigerjahren einen Industriekollaps der Welt infolge von Bevölkerungsexplosion, Ressourcenverknappung und enormen Rohstoffpreissteigerungen prophezeite. Dieser trat bis heute bekanntlich nicht ein. Der begeisterte Tesla-Fahrer Horx glaubt daher zu wissen, dass die technischen Innovationen der Zukunft die Menschheit stets retten werden. Er geht sogar noch einen Schritt weiter. Der Mensch könne, so Horx, das Ökosystem Erde keinesfalls zum Kippen bringen, der Mensch sei überhaupt nicht in der Lage, den Planeten umzubringen. In diesem letzten Punkt will ich ihm durchaus recht geben. Nur steht dies gar nicht zur Debatte! Dass die Erde weiter bestehen wird, steht vollkommen außer Zweifel. Wie es allerdings um uns und unsere Lebensgrundlage Boden in absehbarer Zeit bestellt sein wird, ist hingegen, wie wir gesehen haben, äußerst ungewiss. Technikaffine Zukunftshoffnungen sind zwar schön und gut, was dabei aber außer Acht gelassen wird, ist die Tatsache, dass es sich der größte Teil der nicht Tesla-fahrenden Weltbevölkerung nie leisten können wird. Weder Solarpaneele noch kleine Bestäuberdrohnen als Bienenersatz. Dass Zukunftsprognosen ohnehin keine leichte Angelegenheit sind, musste Horx selbst bereits mehrmals zur Kenntnis nehmen.

Community supported agriculture

Nicht nur Bio-Lebensmitteln, sondern vor allem regionalen Nahrungsmitteln werden gute Aussichten prognostiziert: Das neue Bedürfnis nach Produkten aus der Region ist die neue Gegenbewegung zur Globalisierung. Dieses durchaus verheißungsvolle Phänomen schlägt sich auch in der immer beliebter werdenden Kooperative zwischen Nahrungsmittelproduzenten und Konsumenten nieder.

Viele Menschen wollen mittlerweile nicht mehr auf die Politik warten und organisieren sich selbst. Ein schönes Beispiel hierfür ist die stetig zunehmende Zahl der gemeinschaftsgestützten Landwirtschaftsprojekte. Diese im Englischen als *Community supported agriculture* bezeichneten Initiativen sind im deutschsprachigen Raum unter den Bezeichnungen Landwirtschaftliche Investitionsgenossenschaft, Solidarische Landwirtschaft (SoLaWi), Gemeinsam Landwirtschaften GeLa(wi) oder Miteinander Landwirtschaften (MiLan) bekannt. Ein Problem dieser Bezeichnungen sind für viele die Reizworte »Genossenschaft« und »solidarisch«, die so manchen an ineffiziente wie politisch links angesiedelte Projekte des Sozialismus erinnern.

Wie auch immer die Bezeichnung, die zukunftsträchtige Grundidee ist, dass sich die Verbraucher (wieder) mit lokalen, in der Regel kleinen Lebensmittelproduzenten zusammenschließen und diesen vertraglich garantieren, ihre Produkte regelmäßig zu beziehen. Die Produzenten sind durch die Mitarbeit ihrer Kunden (zum Beispiel Unkrautjäten) in der Lage, die Produktionskosten erheblich zu reduzieren. Funktionieren kann dieses System aber nur, wenn sich Produzenten und Verbraucher auf Augenhöhe gegenübertreten. Der Verbraucher interessiert sich für die Arbeits- und Lebensweise sowie den finanziellen Unterhalt des Produzenten, der sich wiederum den Bedürfnissen seiner Kunden gegenüber offen zeigt. Immer mehr dieser Produzenten positionieren sich zudem mit einem eigenen Ab-Hof-Laden. Im optimalen Fall erhält der Kunde ein Bild vom Aufwand und der Schwierigkeit der Lebensmittelherstellung, der Produzent erfährt im Gegenzug Wertschätzung für seine Produkte und erzielt für diese einen sicheren und angemessenen Preis. Auf diese Weise werden kleinbäuerliche regionale Wirtschaftsformen gestützt sowie die Versorgung mit frischen und gesunden Nahrungsmitteln sichergestellt (ohne die Unsicherheit durch Spekulationen am freien Markt). Gerade Menschen aus der Stadt, die Landwirtschaft nicht aus erster Hand kennen, lernen auf diese Weise, wie ihre Nahrungsmittel angebaut werden, dass nicht zu jeder Jahreszeit alles verfügbar sein kann und vor allem, dass gesunde Nahrung auch einen Wert und nicht nur einen Preis hat. Bei dieser Form der gemeinsamen Landwirtschaft übernehmen Produzenten und Konsumenten die Verantwortung für die Kosten, das Risiko und die Ernte. Durch Wegfall des Zwischenhandels bleibt mehr Geld bei den Produzenten.

In Deutschland finden interessierte Kunden Hersteller in ihrer Nähe über solidarische-landwirtschaft.org oder ernte-teilen.org. Österreichische Konsumenten können ihre nächstgelegenen Produzenten unter der Adresse des Österreichischen Forums für Ernährungssouveränität ernährungssouveränität.at sowie unter foodcoops.at aufrufen.

Was Sie sofort für Ihre Gesundheit tun können

Die gute Nachricht ist, wir können den langfristig tödlichen Einfluss unseres gegenwärtigen Nahrungsmittelsystems sofort zumindest teilweise verhindern, die assoziierten Krankheiten lindern und einige davon sogar heilen. Wir müssen nur in Bezug auf unsere Ernährungs- und Lebensweise die richtigen Entscheidungen treffen. Der erste Schritt ist ein gesundes Misstrauen in die Heilsversprechen der stets profitorientierten Konzerne.

Viele Verbraucher meinen, sie seien machtlos, dabei ist es genau umgekehrt! Jedes Mal, wenn sie ein Produkt kaufen, entscheiden sie über die Zukunft unserer Nahrungsmittel, ihre Gesundheit und die unseres Planeten. Wenn es vom Kunden durch ein eindeutiges Votum an den Verkaufskassen gefordert wird, würden es die meisten Bauern auch liefern. Das haben mir viele Bauern, die ebenfalls unter dem derzeitigen System leiden, versichert. Ich bin von der guten Absicht der meisten Bauern und Landwirte überzeugt. Die Bauern zu verunglimpfen, weil sie die Umwelt belasten und dadurch unsere Gesundheit gefährden, ist wenig hilfreich, solange wir nicht bereit sind, höhere Preise für unsere Lebensmittel zu bezahlen.

Kochen Sie häufiger mit oder für die Familie oder im Freundeskreis, denn wer öfters selbst kocht, beschäftigt sich mit Lebensmitteln sowie mit deren Herkunft und Qualität. Wer selbst kocht, hat die Souveränität über die verwendeten Zutaten. In allen Ernährungstraditionen und Kulturen der Welt spielt auch die soziale Komponente eine wesentliche Rolle. Lesen Sie klassische Kochbücher, auch ganz alte, und vergessen Sie Diätratgeber. Die Rückbesinnung auf traditionelle Ernährungsgewohnheiten nutzt altes, über Jahrhunderte angesammeltes Wissen über gesunde Nahrungsmittel und deren Saisonalität.

Erinnern Sie sich noch an die vorgestellte Studie, in der die Teilnehmer an Gewicht verloren, nur weil sie angehalten wurden, echte, natürliche Nahrungsmittel zuzubereiten, unabhängig von deren Fett- und Kohlenhydratanteil? Echte Nahrungsmittel, mit all ihren sensorischen Eigenheiten, führen in der Regel früher zu einem Sättigungsgefühl als Fastfood und Fertignahrungsmittel. Man braucht viel weniger, als man glaubt, um satt zu werden.

Pflegen Sie Ihr Mikrobiom! Vermeiden Sie bis zur Unkenntlichkeit verarbeitete Nahrungsmittel, vor allem Fertigprodukte und chemisch konservierte Nahrungsmittel mit den unterschiedlichsten synthetischen Zusätzen (von Süßstoffen bis Emulgatoren). Wählen Sie stattdessen bewusst natürliche, unverarbeitete, frisch zubereitete Nahrungsmittel ohne raffinierte, die Insulinausschüttung stimulierende Kohlenhydrate wie etwa Zucker und Weißmehl. Vorderstes Ziel bei unserer Ernährung sollte die optimale »Fütterung« unseres Darm-Mikrobioms mit ballaststoffreichen bunten Gemüsesorten sein. Denn geht's dem Mikrobiom gut, geht's dem Trägerorganismus, in unserem Fall dem Menschen, gut.

Kaufen Sie regionale (Bio-)Produkte. Dieser Punkt schließt direkt an den vorigen an, da die bewusste Konsumation von regionalen, idealerweise organisch produzierten Nahrungsmitteln die industrielle Massenproduktion von Rohstoffen unter Einsatz von giftigen Pestiziden und Antibiotika automatisch zurückdrängt. Produziert wird das, was konsumiert wird. Die Nachfrage bestimmt das Angebot, denn kein Supermarkt wird seine Regale mit Produkten füllen, die kein Mensch kauft. Derzeit sind Pestizide noch überall, vor allem in unserer Nahrung.

Die eingangs gemachte Einschränkung, dass wir die negativen Einflüsse des derzeitigen Systems »zumindest teilweise« verhindern können, bezieht sich auf den Umstand, dass bis zu dem Zeitpunkt, an dem die Politik von den Massen kritischer Konsumenten (und Wähler!) gezwungen wird, die Anbaumethoden unserer Nahrung gesetzlich zu regulieren und den Einsatz bedenklicher Substanzen zu verbieten, sich das Karussell, angekurbelt durch rücksichtslose Profitgier, weiterdrehen wird.

Wenn Sie die Möglichkeit haben, bauen Sie Ihr Gemüse zum Teil oder gänzlich selbst an. Egal ob auf dem Balkon, im eigenen Garten oder einem »Urban Gardening«-Projekt. Sie werden sehen, dass eine ganz andere Beziehung zu den Produkten entsteht, auch wenn die Ernte nicht so attraktiv und genormt wie im Supermarkt aussieht. Selbst gezogenes Gemüse und Obst, das man einige Monate lang selbst gehegt und gepflegt hat, landet viel seltener im Müll als unpersönliche Billigware aus der Ferne.

Schließen Sie sich Gartenkooperativen an oder steigen Sie bei einem Projekt der solidarischen Landwirtschaft ein. Wenn Ihnen das zeitlich nicht möglich ist, dann suchen Sie nach Bauernmärkten und vertrauenswürdigen Produzenten in Ihrer Nähe. So bekommen die täglich konsumierten Nahrungsmittel ein Gesicht. Sie werden sehen, dass die Faszination Nahrungsmittel, Kochen und gemeinsame Esskultur schnell von einem Besitz ergreift. Immerhin handelt es sich um eines der ältesten Grundbedürfnisse und Kulturgüter der Menschheit.

Beginnen Sie, die Geschmacksvielfalt und die positiven gesundheitlichen Wirkungen fermentierter Nahrungsmittel, von Sauerkraut bis Sauermilch, zu schätzen. In den meisten südosteuropäischen Regionen und Ländern des Vorderen Orients sowie weiten Teilen Afrikas werden Milchprodukte praktisch ausschließlich fermentiert konsumiert (Joghurt, Kefir, Sauer- und Buttermilch, Käse etc.). Bei uns hingegen wird besonders viel pasteurisierte Milch mit niedrigem Fettgehalt konsumiert. Welche Vorteile hat der Konsument von fermentierten Milchprodukten? Hierzu müssen wir uns zunächst in eine Zeit vor der Errungenschaft des Kühlschranks zurückversetzen. Sauer gewordene und fermentierte Milch hält beträchtlich länger und ist überdies in ihrer Zusammensetzung gegenüber dem Ausgangsprodukt verändert. Casein-Proteine werden abgebaut, der Vitamingehalt steigt durch die mikrobielle Aktivität. Verantwortlich hierfür sind im Wesentlichen die namensgebenden Lactobazillen, die auch bei der Herstellung von milchsauer vergorenem Gemüse wie Sauerkraut, koreanischem Kimchi und Salzgurken die zentrale Rolle spielen. Gerade Lacto- und Bifidobakterien scheinen einen besonders positiven Einfluss auf unser Darmmikrobiom zu haben.

Vergessen Sie Modediäten. Sie helfen nur den Umsätzen der Diät- und Nahrungsmittelindustrie und haben bislang keinerlei Erfolge bezüglich verbesserter Gesundheit vorzuweisen. Der Kauf nachhaltig produzierter, »echter« Nahrungsmittel ist die wahre Revolution, die unsere Erde und unsere Körper brauchen. Was wir heute tun (oder nicht tun), was wir heute essen und denken, beeinflusst nicht nur unsere Gesundheit, sondern auch die unserer Kinder und Enkelkinder. Das ist durch die Epigenetik-Forschung belegt.

Verzichten Sie auf die Anwendung von Pestiziden in Haus und Garten. Es handelt sich um extrem gesundheitsgefährdende Produkte ohne ausreichend getestete Sicherheit. Die Politik ist gefordert, diesbezüglich endlich klare und bürgerfreundliche Gesetze zu schaffen. In Dänemark, Schweden und Frankreich gibt es seit Jahren eine Pestizid-Steuer, was zu einem signifikanten Rückgang des Spritzmittelverbrauches geführt hat, im Falle von Dänemark sogar um fünfzig Prozent. Eine derartige Steuer darf aber keinesfalls nur konventionelle Landwirte treffen, sondern muss für alle Pestizidanwender gelten, die Bahn, Kommunen, Hobbygärtner und auch die wenigen im Ökolandbau zugelassenen Spritzmittel wie Kupfer. Der unkontrollierte Verkauf von Pestiziden in Baumärkten und Gartencentern sollte ohnehin umgehend eingestellt werden. Zahlreiche Konsumenten hängen dem Glauben an »Viel hilft viel« und sind sich dabei der langfristigen Gefahren für sich und ihre Mitmenschen nicht bewusst.

Vermeiden Sie die unnötige (nicht die medizinisch gerechtfertigte!) Einnahme von Schmerzmitteln bei jedem Wehwehchen sowie die Einnahme von Magensäure hemmenden Medikamenten. Diese Medikamente lindern zwar akut Symptome, lösen aber in der Regel das zugrunde liegende Problem nicht. Oft ist das eine die Folge des anderen: Je mehr Schmerzmittel eingenommen werden, je mehr »Magenschutz« wird verordnet, um eine Schädigung der Magen-Darm-Schleimhaut zu verhindern. Die Darmbarriere und der Säureschutz des Magens leiden durch diese Medikamente, vor allem bei langfristiger Einnahme.

Der Einsatz von Antibiotika (vor allem Breitspektrumantibiotika) muss, insbesondere im Kindesalter, strikter gehandhabt werden. Dies betrifft sowohl die verordnende Medizin als auch den nach Medikamenten verlangenden Patienten. Auch in der Landwirtschaft muss der Einsatz von Antibiotika durch bessere Tierhaltung (das können Sie mit Ihrem Kaufverhalten steuern) und strengere Indikation massiv zurückgefahren werden.

Was kann jeder Einzelne tun, um die Exposition gegenüber hormonell wirksamen Chemikalien (Endokrine Disruptoren) so gut wie möglich zu vermeiden? Die Empfehlungen der Endocrine Society[38] sprechen eine deutliche Sprache:

- Vermeidung von industriell produzierten Nahrungsmitteln und in Dosen verpackten Nahrungsmitteln.
- Vermeidung von Aufbewahrungsmitteln aus Kunststoff.
- Kein Erhitzen in Kunststoffprodukten (beispielsweise in der Mikrowelle).
- Vermeidung der Verwendung von Kunststoffflaschen.
- Die Verwendung von Spielzeug aus Kunststoff vermeiden.
- Nutzung von Bio-Lebensmitteln, da zu deren Produktion keine Pestizide verwendet werden dürfen.
- Beim Einkauf auf Produkte verzichten, die endokrine Disruptoren enthalten (zum Beispiel Phthalate, Bisphenol A, Parabene).
- Auf Kosmetikartikel zurückgreifen, die keine synthetischen Duftstoffe enthalten.
- Vermeidung von Kontakt mit Thermopapier, wie es oft für Kassenzettel verwendet wird.
- Bäume pflanzen, um die Luft von endokrinen Disruptoren zu reinigen.

Der Bund für Umwelt und Naturschutz Deutschland (BUND) hat eine kostenlose Smartphone-App namens *ToxFox* entwickelt, die den Verbrauchern helfen soll, Kosmetik- und Kinderartikel einfach durch Scannen des Barcodes auf hormonelle Schadstoffe zu prüfen. Da Hersteller gesetzlich verpflichtet sind, innerhalb von 45 Tagen offenzulegen, ob ihr Produkt besonders gefährliche Stoffe enthält, können Sie – falls keine Informationen zu dem Produkt vorliegen – direkt aus der App eine diesbezügliche Emailanfrage absenden.

Eine ähnliche App nennt sich *CodeCheck* und zeigt Kunden beim Einkauf bedenkliche Inhaltsstoffe von Produkten (darunter auch Lebensmittel) an.

Versuchen Sie, auch Ihren Haushaltsmüll drastisch zu reduzieren. Nicht nur, was die Menge der weggeworfenen Lebensmittel, sondern auch die Unmengen an Verpackungsmaterial betrifft. Trachten Sie danach, Einwegkunststoffe zu vermeiden. Das ist zwar gar nicht so einfach, kann aber fast zu einer kleinen Sucht werden, wenn man einmal damit angefangen hat. Minimalistischer Lebensstil hat durchaus seine Reize und kann auch zur inneren Ruhe und Zufriedenheit beitragen.

Verzichten Sie auf den Kauf von Kunststoffbekleidung aus Mikrofaser, denn beim Waschen lösen sich kleinste Faserteile und landen genauso wie die Kunststoffkügelchen aus Kosmetikprodukten in Gewässern beziehungsweise früher oder später im Meer, wo sie nicht abgebaut werden und sich Schadstoffe anlagern. Dabei dürfte die Belastung durch Mikroplastik aus Bekleidung größer sein als bisher angenommen. Irgendwann landet der Kunststoff jedenfalls wieder in der Nahrungskette und auf unserem Teller.

Grundsätzlich sollte bei Bekleidung gelten: Weniger ist mehr. Denn auch der Anbau von Baumwolle ist ziemlich wasserintensiv und bedarf in der Regel großer Mengen an Pestiziden. Ein beträchtlicher Teil (gut vierzig Prozent) der modischen Saisonschnäppchen wird ohnehin selten oder nie angezogen. Gute Kleidung sollte daher langlebig und umweltfreundlich sein.

Und wenn wir schon bei Konsumreduktion sind: Wir sollten alle weniger in ferne Länder auf Urlaub fahren (beziehungsweise fliegen), nicht jedes Jahr neue Handys, Unterhaltungselektronik oder neue Autos kaufen, dafür aber mehr für Nahrungsmittel und deren Produzenten, unsere Bauern, ausgeben. Erheblich mehr. Und wir werden beginnen müssen, selbst zu denken, anstatt uns von den alternativen Fakten der profitgierigen Industrie hinter das Licht führen zu lassen. Dann wird auch niemand mehr das Märchen von der Ernährung der Welt durch globale agrochemische Großkonzerne glauben.

Neue Hoffnung: Die Erklärung von Wien

Sie erinnern sich noch an die *Erklärung von Wien über Ernährung und nichtübertragbare Krankheiten im Kontext von Gesundheit 2020* aus Teil 1? Erstaunlich akkurat sind die im Juli 2013 in Wien von den EU-Gesundheitsministern, -Experten und -Vertretern der wichtigsten Partnerorganisationen geforderten beziehungsweise beschlossenen Maßnahmen, um sich den neuen Herausforderungen aufgrund der Belastung und Bedrohung durch nichtübertragbare Krankheiten zu stellen. Einige der geforderten Maßnahmen möchte ich im Folgenden auszugsweise wiedergeben, da sie, würden sie umgesetzt, beinahe einer gesellschaftlichen Revolution gleichkommen würden. Die Hervorhebungen stammen von mir.

Wir sind uns der Bedeutung einer gesunden Ernährung für die Verwirklichung der auf der 66. Weltgesundheitsversammlung festgelegten globalen Ziele für nichtübertragbare Krankheiten bewusst, zu denen eine Verringerung der Frühsterblichkeit aufgrund nichtübertragbarer Krankheiten um 25 Prozent bis zum Jahr 2025 gehört. […]

Wir knüpfen an dem neuen Europäischen Rahmenkonzept »Gesundheit 2020« an und vereinbaren, den Weg für ***bahnbrechende Maßnahmen zur Prävention und Bekämpfung von Adipositas*** *und von Über- wie Unterernährung zu ebnen. Dazu gehört die* ***Unterstützung von Lebensmittelsystemen, die eine gesunde Ernährung fördern, nachhaltig sind und Chancengleichheit gewährleisten.*** *[…]*

Zu den Grundsatzoptionen, die die Regierungen prüfen müssen, gehören ***Interventionen, die in den Bereichen Herstellung, Konsum, Vermarktung, Verfügbarkeit, Ökonomie und Bildung ansetzen und bei denen die kulturelle Dimension von Ernährung gebührend berücksichtigt wird.*** *[…]*

Zur Verbesserung der Bezahlbarkeit und Zugänglichkeit gesunder Lebensmittel für alle Bevölkerungsgruppen ***müssen wir die Defizite bei der Regulierung der Lebensmittelsysteme in der Europäischen Region in Angriff nehmen.*** *[…]*

Umsetzung wirksamer Programme auf verschiedenen Verwaltungsebenen unter ***Schwerpunktlegung auf Gemeinden*** *und die Rolle von Kommunalbehörden mit dem Ziel, gesunde Ernährung und Bewegung zu fördern und Adipositas unter Kindern zu verhindern. […]*

Investitionen in Ernährung schon in den ersten Lebensphasen, also schon vor und während der Schwangerschaft, *sowie in* ***Maßnahmen zum Schutz und zur Förderung und Unterstützung ausreichenden Stillens und angemessenen Zufütterns,*** *gefolgt von* ***gesunder Ernährung im familiären und schulischen Umfeld während Kindheit und Jugend.***

Verbesserung der Fähigkeit der Bürger zu sachgerechten Entscheidungen unter Berücksichtigung der Bedürfnisse verschiedener Bevölkerungsgruppen (Alter, Geschlecht, Bildung) durch ***Förderung einer zuverlässigen Verbraucheraufklärung, Verbesserung der Ernährungs- und Gesundheitskompetenz und Stärkung von Verbraucherrechten.*** *[...]*

Stärkung von Führungsstrukturen, Bündnissen und Netzwerken und Befähigung der Bürger zur Beteiligung an Maßnahmen zur Gesundheitsförderung und Krankheitsprävention: Stärkung gezielter Maßnahmen, die zwischen den verschiedenen Verwaltungsebenen abgestimmt sind, Förderung und Unterstützung von Maßnahmen auf kommunaler Ebene wie Ernährungskommissionen und kommunalen Bündnissen und ***Zusammenarbeit mit Herstellern auf Ebene der Region wie auch auf kommunaler Ebene und ggf. Rückgriff auf traditionelle Ernährungsgewohnheiten.***

Ist es also tatsächlich wahr und unsere gewählten Repräsentanten haben begriffen, welche *bahnbrechenden* Maßnahmen notwendig wären, um uns vor der Epidemie der nichtübertragbaren Erkrankungen zu bewahren? Der hier auszugsweise wiedergegebene Maßnahmenkatalog der Erklärung von Wien hat mich bei erstmaligem Durchlesen beinahe ergriffen. Freilich fehlt der nachhaltige und konsequente Schutz der wichtigsten Ressourcen Boden und Biodiversität, die Grundlagen für eine zukünftige Forcierung der Produktion von Nahrungsmitteln »auf Ebene der Region«, wie es so schön formuliert wurde. Kleinstrukturierte Agrarbetriebe mit ökologischer Wirtschaftsweise sind weiterhin zugunsten riesiger, alles verschlingender Agrarkonzerne rapide im Verschwinden begriffen. Sind sie einmal verschwunden, kommen sie so schnell nicht wieder, da Grund und Boden bereits an einen Konzern oder Agrarmanager verkauft wurden. Der politische Einfluss der Lobby von BigAgro, BigFood und BigPharma ist weiterhin im Zunehmen. Land Grabbing, Produktionssteigerung um jeden Preis und unbändige Profitgier sind die Mantras der nicht mehr ganz neuen Religion des Neoliberalismus, auf deren Altar der Renditeerwartungen unsere Biosphäre und damit die Zukunft der nächsten Generationen geopfert wird.

Wie halbherzig die, bezogen auf unsere Gesundheit, umzusetzenden Maßnahmen gemeint sind, zeigt sich, wenn der ins Spiel gebrachte »Rückgriff auf traditionelle Ernährungsgewohnheiten« mit den drei, zunächst unwesentlich erscheinenden Buchstaben »ggf.« versehen wird. Gerade die althergebrachten Ernährungsgewohnheiten unserer Vorfahren mit natürlichen, mit Rücksicht auf die Ressource Boden angebauten, kaum verarbeiteten, nährstoffreichen und frisch zubereiteten regionalen Lebensmitteln der Saison sind der Dreh- und Angelpunkt der zu verordnenden Therapie! Nicht gegebenenfalls!

Das würde aber gleichbedeutend mit dem Ende der großen Konzerne sein, denn derartige, weitgehend unverarbeitete Nahrungsmittel stehen nicht auf deren Produkt-Portfolio.

»Interventionen, bei denen die kulturelle Dimension von Ernährung gebührend berücksichtigt wird«, führen zu selbstdenkenden und selbstorganisierten Bürgern und Bürgerinnen, die sich ihrer kulturellen Wurzeln und Unabhängigkeit zunehmend bewusst werden. Mit ihnen können Landmanager, Börsenspekulanten, Investoren und Großindustrielle keine Gewinne erzielen.

Noch einmal Dr. Herrmann

Und wie geht es Dr. Herrmann jetzt, zwei Jahre nach der eingangs erwähnten Begegnung in der Krankenhausmensa? Nach zahlreichen stundenlangen Unterhaltungen konnte ich meinen übergewichtigen Freund und Kollegen doch überzeugen, manche medizinischen Glaubenssätze und Dogmen über Bord zu werfen und einer etwas anderen Sicht der Dinge »eine Chance zu geben«, wie er es nannte. Lange Gespräche über unsere evolutionäre Vergangenheit und deren Bedeutung für das Verständnis vieler Krankheiten, die Realität der industriellen Landwirtschaft, die neuesten Erkenntnisse über das Mikrobiom und die Ernährungsphysiologie fernab des Kalorienzählens führten dazu, dass Dr. Herrmann leicht verdauliche Kohlenhydrate wie seine geliebten Nudeln und so manche Fertigprodukte von seinem Teller verbannte und sie durch reichlich Gemüse und andere natürliche Nahrungsmittel ersetzte. Er hörte auf, Kalorien zu zählen, und machte Bewegung – um der Freude willen und nicht nach den Vorgaben seines Fitnesstrainers. Selbst am Gärtnern begann er, gemeinsam mit seiner Frau, Interesse zu entwickeln und legte sogar einen kleinen Gemüsegarten an. Er freut sich über das Gedeihen jedes seiner Radieschen und erzählt jedem, wie unvergleichlich seine Karotten frisch aus der Erde schmecken. Worauf beruhten diese plötzliche Euphorie und der Gesinnungswandel? Nun, innerhalb nur eines Jahres verlor Herrmann acht Kilo, sein Blutzuckerprofil normalisierte sich, die nachgewiesenen Fetteinlagerungen seiner Leber verschwanden und seine Stimmung hellte sich merklich auf und blieb auf einem mehr oder weniger konstanten Hoch. Er fühlte sich wieder rundum vital. Er entdeckte auch das Kochen für sich und seine Familie, eine neue Sinnlichkeit gegenüber natürlichen Nahrungsmitteln und schwärmt von den unterschiedlichsten Geschmacksnuancen seines fermentierten Gemüses. Im Scherz meinte Dr. Herrmann unlängst, seine zwei größten Patienten seien nun (neben seinen eigenen) der Erdboden und das Weltklima. Basierend auf den bahnbrechenden Ergebnissen der sogenannten DiRECT-Studie (*Diabetes Remission Clinical Trial*)[39], die zeigte, dass ein großer Prozentsatz von Typ-2-Diabetikern unter Weglassung aller Medikamente nur durch eine simple Ernährungsumstellung »gesund« werden kann, wurde er zu einem Verfechter einer neuen Form der Medizin – zum Leidwesen der Arzneimittelhersteller, aber zur Begeisterung seiner Patienten.

Auch die moderne Medizin ist gefordert, ihr Krankheitsverständnis grundlegend zu überdenken und geeignete, komplexe und langfristige

Therapiemaßnahmen zu etablieren. Es reicht nicht, für drei Wochen in das Kurzentrum zu fahren, um den nächsten Herzinfarkt zu verhindern oder mit einfachen Medikamenten Symptome zu beseitigen. Seit den aktuellen Erkenntnissen zum Mikrobiom existieren zudem neue Verbindungen zwischen der Gastroenterologie und allen anderen Fachgebieten der Medizin. Selbst der Gastroenterologie muss, in Abstimmung mit der Ernährungsmedizin, vollkommen ohne Industrieeinfluss in Zukunft im Studium und der Ausbildung mehr Platz eingeräumt werden. Weg von den häufig sinnlosen Studien zu *high-carb/low-fat* oder umgekehrt, hin zu natürlichen und ursprünglichen Nahrungsmitteln und deren Bedeutung für die menschliche Gesundheit. Die meisten Menschen kaufen aber mangels besseren Wissens nur das, was in den Regalen angeboten wird. Daher braucht es auch seitens der Politik dringend ein Reglement (zum Beispiel eine Zuckersteuer oder eine verpflichtende Kennzeichnung von pestizidbelasteten Lebensmitteln).

Die stille Revolution

Gut zwei Drittel der landwirtschaftlichen Gesamtsubventionen werden in der gemeinsamen EU-Agrarpolitik auch in der Periode 2020 bis 2027 Direktzahlungen bleiben. Also erst einmal weiter wie bisher. Keine wirklich neuen Ideen. Die Landwirte bekommen weiterhin Subventionen nach dem Gießkannenprinzip.

Diese problematischen, flächenabhängigen Direktzahlungen sind allerdings nur in geringem Ausmaß an Umweltauflagen gebunden. Als wäre das noch nicht genug, sollen zudem auch noch die Mittel für nachhaltige Landwirtschaft gekürzt werden, was im Endeffekt weniger Geld für Klima- und Naturschutz bedeutet. Warum allerdings hochrentable Großkonzerne, wie etwa Molkereien oder Zuckerfabriken, die Agrarflächen besitzen, auch landwirtschaftliche Förderprämien bekommen sollen, muss man dem Steuerzahler erst einmal erklären. Eine wirklich zukunftsorientierte europäische Agrarpolitik müsste die Bauern dafür bezahlen, dass sie ökologische nachhaltige Leistungen für die Allgemeinheit erbringen, für die sie der freie Markt nicht entlohnt.

Wir haben uns schon so sehr mit den gegenwärtigen Umständen abgefunden, dass kaum jemand mehr darüber große Worte verliert oder darüber nachdenkt. Manche haben auch schlicht resigniert. Ich möchte Sie dazu einladen, ein paar Schritte zurückzugehen und das gesamte, in diesem Buch skizzierte Bild zu betrachten. Manches wird sich nicht ohne Weiteres im Handumdrehen ändern lassen, vieles hingegen sogar erstaunlich einfach. Wir müssen nur *jetzt* damit beginnen und unsere Gewohnheiten *fundamental* ändern. Auch wenn der Mensch ein Gewohnheitstier ist, so ist dennoch, Konsequenz und Wille vorausgesetzt, in kurzer Zeit eine Transformation unserer derzeitigen destruktiven Gewohnheiten möglich.

Warum das Warten auf die Politik nur wenig bringt

In Zeiten wie diesen läuft das politikverdrossene Wählervolk, hier in Europa wie auf der anderen Seite des Atlantiks, zu den rechtskonservativen Parteien mit ihren alternativen Fakten über. Ein beunruhigendes Phänomen und sicher keine Lösung für die hier aufgezeigten Probleme. Denn diese ultrakonservativen Parteien sind nicht, wie sie unablässig betonen, für die Bürger da, sondern fördern mit ihrem Wirtschaftsliberalismus ausschließlich die Interessen der Industrie. Überall herrscht das Dogma »Wirtschaft vor Umwelt«. Fatal, wie sich zeigt.

Der sprichwörtliche kleine Mann und die kleine Frau, das sind Sie und ich, wir werden selbst denken und tätig werden müssen, wenn wir für uns, unsere Kinder und Enkelkinder eine lebenswerte Zukunft sicherstellen wollen. Politische, wählerbeschwichtigende Kurzzeitmaßnahmen werden unsere derzeitigen gravierenden Probleme nicht lösen. Das können wir nur selbst tun. Die Politik, ob im Großen oder ganz regional in den Gemeinderäten, hat größtenteils längst den Bezug zur Realität und zu den tatsächlichen Problemen verloren. Vergessen haben die meisten Politiker, dass sie Volksrepräsentanten sind. Sie dienen (abgesehen von einzelnen rühmlichen Ausnahmen), von Lobbyisten eingelullt, der profitorientierten, wachstumshungrigen Industrie. Traurig, aber wahr, oft sogar mit Unterstützung von industriegesponserten und daher nicht unabhängigen Vertretern der Wissenschaft.

Die Entscheidungen der nächsten Jahre werden aber vermutlich die wichtigsten in der Geschichte der Menschheit sein. Denn selbst wenn wir jetzt sofort alle Emissionen auf null reduzieren würden, käme es am Ende das Jahrhunderts zu einer geschätzten globalen Erwärmung zwischen 1,3 und 1,7 Grad Celsius. Würden »lediglich« die beschlossenen Maßnahmen der Pariser Klimakonferenz umgesetzt, käme es laut derzeitigen Berechnungen zu einer Erwärmung von drei Grad Celsius. Die große Unbekannte ist dabei der sogenannte *Tipping-Point*, also der Punkt, an dem sich das Geschehen nicht mehr aufhalten lässt, sondern sich selbst verstärkt und unkontrolliert abläuft. Selbst bei einer Erwärmung um lediglich 1,5 Grad Celsius, darüber sind sich viele Experten einig, wären die Folgen kaum abschätzbar. Worüber auch weitgehende Einigkeit herrscht, ist die Tatsache, dass der Klimawandel offenbar schneller voranschreitet als erwartet.

Aber wir sind selbst schuld, wenn es schlecht ausgeht. Der menschliche Verstand steht dem Verständnis komplexer Zusammenhänge im Wege. Wir fürchten uns vor dem Unbekannten wie Ungewöhnlichen und reagieren mit paradoxem Verhalten, Leugnung oder Rückzug. Beängstigende Nachrichten lassen viele den sprichwörtlichen »Kopf in den Sand stecken«. Aufgrund unserer simplen linearen Denkweise versucht unser Verstand verzweifelt, seine Beobachtungen auf einfache Ursachen zurückzuführen. Ein typisches Beispiel: Treibhausgase sind »böse« – Methan ist ein Treibhausgas – Kühe produzieren Methan – also sind Kühe »böse«. So logisch diese lineare Kausalkette auch klingen mag, so vernachlässigt sie doch die unglaubliche Komplexität der Realität. Darüber hinaus kann unser Verstand Probleme unvorstellbarer Größenordnung nur schwer fassen. Und schließlich treffen wir, durch das Fokussieren auf kurzzeitige Gewinne und das Vermeidungsverhalten gegenüber vorübergehender Verluste bei langfristigen ökonomischen Problemen, häufig irrationale Entscheidungen. Wir suchen einfache Antworten und Befriedigung in den Seichtgebieten des Internets und der Social Media Feeds. Wir folgen dubiosen Trends, kaufen gehyptes Superfood, das Tausende Kilometer unterwegs war, und laufen zum Arzt, wenn der Körper bereits irreversibel geschädigt ist, und erwarten, wie von einem Mechaniker, die rasche Behebung des Gebrechens.

Selbst wollen nur die wenigsten aktiv werden. Weil das Arbeit, Eigenverantwortung, häufig auch Entbehrungen und Verlassen der Komfortzone sowie das Abschneiden alter Zöpfe bedeuten würde. Das ist unangenehm. Das betrifft Produzenten wie Konsumenten. Die Evolution hat uns zu Dopamin-gesteuerten Kurzzeitbefriedigungssuchern gemacht. So sind wir nun einmal verdrahtet. Konsum, Freizeitentertainment, Glücksspiel, süßes gefälliges Essen und Trinken sprechen unsere tief verankerten, auf rasche Befriedigung gepolten Triebe an. Langfristiges Glück und vor allem Zufriedenheit, ein Gemütszustand, der über den Neurotransmitter Serotonin vermittelt wird, ist damit nicht zu erreichen.

Die Erkenntnisse aus der Mikrobiom-Forschung der letzten Jahre haben unser Weltbild nachhaltig verändert. Begriffe wie Metaorganismus und Holobiont und das Erkennen der Bedeutung von Bakterien und Ökosystemen für unser Wohlergehen haben unser Verständnis für Gesundheit, Krankheit und andere ökologische Zusammenhänge mindestens ebenso fundamental verändert wie Darwins Evolutionstheorie oder die Etablierung des heliozentrischen Weltbildes durch Nikolaus Kopernikus.

Die erkannten Analogien sind klar wie beunruhigend: Denn so wie wir durch den übermäßigen Einsatz von Antibiotika und hochverarbeiteten Lebensmitteln unbemerkt lebenswichtige Mikroben im menschlichen Darm vernichtet haben, haben wir zeitgleich durch den übermäßigen Einsatz bestimmter chemischer Düngemittel und Pestizide sowie das Versäumnis, den Boden mit ausreichend organischer Substanz zu versorgen und schwerer Bodenbearbeitung, rücksichtslos die, für die Pflanzengesundheit wesentlichen, Bodenmikroben zerstört. Diese Bodenmikroorganismen ernähren die Pflanzen nicht nur. So wie die Mikroben im menschlichen Körper uns mit Nährstoffen und Vitaminen versorgen, unsere Verdauung unterstützen und unser Immunsystem aufrechterhalten, verdauen Bodenmikroorganismen Nährstoffe und schützen die Pflanzen vor Krankheitserregern und anderen Bedrohungen.

Bis wir viele weitere, derzeit noch im Dunkeln liegende Mechanismen des Zusammenspiels von Mikrobiom, Wirtsorganismus und Umwelt aufgeklärt und verstanden haben, sollten wir rasch dazu übergehen, wieder einen für den *Homo sapiens* angepassten Lebensstil aufzunehmen. Gerade unsere moderne Lebensweise stellt uns dabei vor unzählige neue Herausforderungen. Keinesfalls ist dies aber mit einem Rückfall in das düsterste Mittelalter verbunden, wie uns die Profiteure des derzeitigen Systems immer wieder gerne warnend vor Augen halten. Im Gegenteil, es wäre der Aufbruch in eine gesündere, glücklichere und gerechtere Welt von morgen.

Die Lehren aus dem Schicksal früherer Zivilisationen, verbunden mit altem und neuem Wissen und den unglaublichen technischen Errungenschaften der letzten Jahrzehnte, können uns den Weg in eine zukunftsfähige, weil ökologisch vertretbare Wirtschaftsweise eröffnen. Leugnen wir hingegen unsere Herkunft, unsere natürlichen Bedürfnisse und unsere, wie ehedem bestehende, Abhängigkeit von der uns umgebenden belebten Umwelt, wird es für uns Menschen keine Zukunft geben.

Die Zeit, einsichtsgemäß zu handeln, ist allerdings knapp geworden. Das Fenster zur Erreichung des Klimazieles von maximal 1,5 Grad Celsius Erderwärmung bis zum Ende des Jahrhunderts, da sind sich die meisten Wissenschaftler auch einig, schließt sich zusehends.

Derzeit leben wir auf Pump, auf Kosten zukünftiger Generationen, und sie werden uns dafür hassen, wenn wir nicht rasch etwas ändern. Sie und ich, jeder Einzelne von uns. Die Grundlage für diese notwendige »Revolution« ist die Erkenntnis und das Wissen um die Zusammenhänge. In diesem Buch habe ich Ihnen, so hoffe ich, in knapper Form die Grundlagen zu dieser Einsicht vermittelt.

Ich bin, was die gegenwärtige globale Lage, den Zustand der Ökosysteme und die fortschreitende Verschlechterung unserer Gesundheit betrifft, durchaus ambivalent bis pessimistisch gestimmt. Optimistisch gestimmt bin ich aber, was das grundsätzliche Potenzial des *Homo sapiens* als soziales Lebewesen anbelangt. Während zwar jeder von uns eine gehörige Portion Egoismus in sich trägt, so ist doch die Menschheit an sich vor allem empathisch und altruistisch. Es scheint eine künstliche Doktrin unserer Zeit zu sein, die uns über Medien und Werbung unablässig eintrichtert, dass wir eigentlich egoistische, besitzstrebende, gierige Individuen seien. Die unsichtbare Hand der Märkte, getrieben von Profitgier, lebt von diesem künstlich am Leben gehaltenen Narrativ. Tatsächlich sind wir aber eine Gesellschaft von Altruisten, die von einzelnen Polit- und Wirtschaftspsychopathen gelenkt wird.[40]

Das Wesen von Psychopathen beruht auf gut etablierten diagnostischen Kriterien, zu denen unter anderem mangelnde Empathie, ein Gefühl der Großartigkeit, Betrug und manipulatives Verhalten sowie die Weigerung gehören, Verantwortung für das eigene Handeln zu übernehmen. Laut wissenschaftlichen Untersuchungen ist jede fünfte Person in einer Führungsposition von einer antisozialen Persönlichkeitsstörung betroffen, sprich ein Psychopath. Diese Politiker, CEOs und Wirtschaftskapitäne dienen ausschließlich und rücksichtslos ihren eigenen Interessen und nicht den Interessen der Weltbevölkerung.

Die Evolution hat aber aus der überwiegenden Mehrheit der Menschen ein äußerst altruistisches, empathisches und soziales Lebewesen gemacht[41], dessen erfolgreiches Überleben während der letzten 300000 Jahre vor allem auf dieser außergewöhnlichen evolutionären Eigenschaft beruht. Diese Erkenntnis vermittelt Hoffnung. Hoffnung, dass wir es doch noch schaffen könnten.

Wissen ist Macht und hilft uns täglich, Entscheidungen zu treffen, aber Wissen ohne Weisheit im Handeln ist gar nichts. Um gemäß unserer derzeitigen wissenschaftlichen Einsichten altruistisch und vorausschauend zu handeln, müssen wir uns auch der Weisheit früherer Generationen bedienen. Auch das Schicksal bereits untergegangener Zivilisationen sollten wir bei unseren Entscheidungen berücksichtigen. Wir müssen zuhören, begreifen und rasch handeln – oder gemeinsam untergehen. Oder, wie es der Agrarwissenschaftler und Landwirt Felix Prinz zu Löwenstein treffend formulierte: »Wir werden uns ökologisch ernähren oder gar nicht mehr.«

Epilog

Die Nahrungsmittel, die wir in den kommenden Jahrzehnten als Lebensgrundlage wählen, werden genau wie deren Produktionsweise dramatische Auswirkungen auf unseren Planeten und damit auf uns haben. Unsere Landwirtschaft muss daher unbedingt von einer ökonomisch dominierten zu einer *ökologisch* dominierten Landwirtschaft werden. Nur kleinteiligere und vielfältigere Produktionseinheiten mit ökologischer Wirtschaftsweise können langfristig gesunde Nahrung in Verbindung mit einer gesunden Umwelt sicherstellen. Landwirtschaft ist mehr als nur Nahrungsmittelproduktion, sondern ein globales Kulturgut, für viele Kleinbauern eine Lebensphilosophie und für uns alle die einzige Lebensgrundlage, direkt oder indirekt.

Dieses Buch darf daher keinesfalls als eine Anklage gegen alle fleißigen Landwirte und Bauern aufgefasst werden, denn sie sind die Produzenten all unserer Nahrung. Nicht wenige dieser Nahrungsproduzenten sind aber von profitgetriebenen Konzernen fernab der Felder mit gezielten Falschdarstellungen und teilweise niederträchtigen Lügen zu einem Opfer einer Form von Landwirtschaft geworden, die uns innerhalb weniger Jahrzehnte an den Rand eines Abgrundes gebracht hat.

Gleiches ist im Übrigen auch bei einer nicht unbeträchtlichen Anzahl von Ärzten der Fall, wobei auch sie nicht aus böswilligem Antrieb heraus, sondern infolge stetiger Indoktrinierung von ebenso profitgetriebenen Pharmakonzernen zu einer Medizin gefunden haben, die dem alten, auf die hippokratische Tradition zurückgehenden, medizinischen Leitsatz »*Primum non nocere*« (Vor allem nicht schaden) in vielen Fällen nicht mehr gerecht wird. Auch den großen Nahrungsmittelkonzernen muss man absichtliche Konsumententäuschung vorwerfen, wenn versucht wird, mit billigst produzierten Rohstoffen den maximalen Profit zu erzielen. Industriell hergestellte Nahrungsmittel sind in vielen Fällen, was die Grund- wie die Zusatzstoffe betrifft, in hohem Maße für das derzeitige Drama mitverantwortlich.

Vielmehr möchte ich mit diesem Buch dem ehrlichen, nahrungsmittelproduzierenden Stand der Bauern zur nötigen Anerkennung und Wertschätzung verhelfen. Insbesondere denen, die sich mit harter Arbeit und mutigem Vorausgehen darum bemühen, dass auch in Zukunft fruchtbare Böden die Versorgung mit hochwertigen Nahrungsmitteln sicherstellen werden. Ihnen sollten unsere ungeteilte Aufmerksamkeit, unser Dank und vor allem ausreichend finanzielle Unterstützung gebühren.

Mittlerweile halte ich die zukunftsfähige Landwirtschaft für einen der komplexesten und schwierigsten Berufe überhaupt, denn die Anforderungen an das Wissen und das praktische Können sind enorm. Von Bodenökologie über Klima- und Wetterkunde, Biologie der Pflanzen und Tiere, Zucht und Genetik, Mikrobiologie, Maschinenkunde und Technik, Land- und Gartenbau, Saatgut, gesetzliche Regelungen, Betriebswirtschaftslehre etc. reicht das notwendige Wissensspektrum. Nicht nur die Vielfalt der Anforderungen, sondern auch das ständig anwachsende Wissen auf diesen Gebieten stellt ebenso wie der Klimawandel eine enorme Herausforderung dar. Wir brauchen daher dringend einen Ausbau diesbezüglicher Bildungsstätten.

Für eine gelungene Agrarwende braucht es aber vor allem auch den willigen und aufgeschlossenen Konsumenten, denn wir Verbraucher sind Teil des Systems! Viele möchten zwar umweltfreundlich leben, aber die Lebensmittel müssen dennoch vor allem billig sein. Dieser Spagat ist unmöglich. Denn obwohl Landwirtinnen und Landwirte immer produktiver werden, verdienen sie immer weniger an den von ihnen produzierten Lebensmitteln. Von einem Euro, den der Verbraucher für Lebensmittel ausgibt, erhält der Landwirt heute im Idealfall nur noch etwas mehr als zwanzig Cent. Anfang der Siebzigerjahre waren es noch umgerechnet rund fünfzig Cent und 1950 sogar noch mehr als sechzig Cent.

Wir müssen daher als Zivilgesellschaft selbst einsichtsgemäß handeln und jetzt (!) unsere Ernährungs- und Lebensweise sowie unser Konsumverhalten radikal ändern, um unsere Gesundheit zu sichern und die Grundlage jeglicher Zivilisation in Form fruchtbarer Böden auch für zukünftige Generationen zu erhalten. Wie jede Revolution geht auch diese vom Volk aus, und sie hat bereits begonnen.

Anmerkungen

1 Project Drawdown online unter www.drawdown.org sowie als Buch auf deutsch erschienen: Hawken P (2019) Drawdown – der Plan: Wie wir die Erderwärmung umkehren können. Gütersloher Verlagshaus.

2 von Carlowitz HC (2013) *Sylvicultura oeconomica* oder Haußwirthliche Nachricht und Naturmäßige Anweisung zur Wilden Baum-Zucht. oekom verlag, München.

3 Schlatzer M, Lindenthal T (2018) 100 Prozent Biolandbau in Österreich – Machbarkeit und Auswirkungen. Forschungsinstitut für biologischen Landbau. Online: www.muttererde.at/mother-earth/uploads/2018/05/FiBL_gWN_-Bericht_-100P-Bio_Finalversion_21Mai18.pdf (zuletzt aufgerufen am 31.5.2019).

4 www.regreeningafrica.org.

5 The Independent (2006) The good life in Havana: Cuba's green revolution. Ausgabe Dienstag, 8. August 2006. Online: www.independent.co.uk/news/world/americas/the-good-life-in-havana-cubas-green-revolution-410930.html (zuletzt aufgerufen am 31.5.2019).

6 Ewing E (2008) Cuba's organic revolution. The Guardian. Ausgabe Freitag, 4. April 2008. Online: www.theguardian.com/environment/2008/apr/04/organics.food (zuletzt aufgerufen am 31.5.2019).

7 Muller A et al. (2017) Strategies for feeding the world more sustainably with organic agriculture. Nature Communications. 8:1290.

8 Willett W et al. (2019) Food in the Anthropocene: the EAT-Lancet Commission on healthy diets from sustainable food systems. Lancet. 393(10170):447–492.

9 GBD 2017 Diet Collaborators (2019) Health effects of dietary risks in 195 countries, 1990–2017: a systematic analysis for the Global Burden of Disease Study 2017. Lancet 393:1958–72.

10 Singh RK et al. (2017) Influence of diet on the gut microbiome and implications for human health. J Transl Med. 15(1):73.

11 De Filippo C et al. (2010) Impact of diet in shaping gut microbiota revealed by a comparative study in children from Europe and rural Africa. Proc Natl Acad Sci USA. 107(33):14691–6.

12 Koistinen VM et al. (2018) Metabolic profiling of sourdough fermented wheat and rye bread. Sci Rep. 8(1):5684.

13 Toensmeier E (2016) The Carbon Farming Solution: A Global Toolkit of Perennial Crops and Regenerative Agriculture Practices for Climate Change Mitigation and Food Security. Chelsea Green Publishing.

14 Savory A, Butterfield J (2017) Holistic Management: A Commonsense Revolution to Restore Our Environment. Island Press, 3 Revised edition.

15 Teague WR et al. (2011) Grazing management impacts on vegetation, soil biota and soil chemical, physical and hydrological properties in tall grass prairie. Agriculture, Ecosystems & Environment. 141 (3–4):310–322.

16 Weber KT, Gokhale BS (2011) Effect of grazing on soil-water content in semiarid rangelands of southeast Idaho. Journal of Arid Environments. 75:464–470.

17 Sanjari G et al. (2008) Comparing the effects of continuous and time-controlled grazing systems on soil characteristics in Southeast Queensland. Soil Research 46:348–358.

18 Jacke D, Toensmeier E (2005) Edible Forest Gardens Vol. 1: Ecological Vision and Theory for Temperate-Climate Permaculture. Chelsea Green Publishing.

19 Jacke D, Toensmeier E (2005) Edible Forest Gardens Vol. 2: Ecological Design and Practice for Temperate-Climate Permaculture: Ecological Vision and Theory for Temperate-climate Permaculture. Chelsea Green Publishing.

20 Crawford M (2010) Creating a Forest Garden: Working with Nature to Grow Edible Crops. Green Books.

21 Gabriel S (2018) Silvopasture: A Guide to Managing Grazing Animals, Forage Crops, and Trees in a Temperate Farm Ecosystem. Chelsea Green Publishing Co.

22 Howard A (1943) An Agricultural Testament. Oxford University Press, London. Deutsche Ausgabe 2005 unter dem Titel »Mein Landwirtschaftliches Testament« im Organischen Landbau Verlag (OLV) erschienen.

23 www.Rodaleinstitute.org.

24 Rodale M (2010) Organic Manifesto: How Organic Farming Can Heal Our Planet, Feed the World, and Keep Us Safe. Rodale Books, 224 S.

25 www.nrcs.usda.gov.

26 www.fibl.org/de/schweiz/forschung/bodenwissenschaften/bw-projekte/vergleich-biologischer-und-konventioneller-anbausysteme.html.

27 Coleman E (2018) The New Organic Grower: A Master's Manual of Tools and Techniques for the Home and Market Gardener. 30th anniversary edition. Chelsea Green Publishing.

28 Coleman E (2009) The Winter Harvest Handbook: Year Round Vegetable Production Using Deep Organic Techniques and Unheated Greenhouses. Chelsea Green Publishing Co.

29 Guégan S et al. (2013) Permacultural Organic Market Gardening and Economic Performance. Status Report # 2. Online unter: www.fermedubec.com/wp-content/uploads/2017/11/ENGLISH-Ferme-biologique-du-Bec-Hellouin-rapport-2-juillet-2013.pdf (zuletzt aufgerufen am 30.5.2019).

30 www.lagrelinette.com (zuletzt aufgerufen am 30.5.2019).

31 www.ridgedalepermaculture.com (zuletzt aufgerufen am 30.5.2019).

32 www.charlesdowding.co.uk (zuletzt aufgerufen am 30.5.2019).

33 Sandrock M (2011) Spezialist für die Bodenfruchtbarkeit. Konservierende Bodenbearbeitung und ökologischer Landbau in Bayern. Sonderheft Landwirtschaft ohne Pflug. S. 6–12. Verlag Emminger & Partner GmbH, Berlin.

34 www.sekem.com/de/uber-uns (zuletzt aufgerufen am 30.5.2019).

35 www.oekoregion-kaindorf.at (zuletzt aufgerufen am 1.8.2019).

36 Hopkins R (2014) Einfach. Jetzt. Machen!: Wie wir unsere Zukunft selbst in die Hand nehmen. oekom verlag.

37 Pinkerton T, Hopkins R (2009) Local Food: How to make it happen in your community. UIT Cambridge Ltd.

38 www.hormone.org/hormones-and-health/endocrine-disrupting-chemicals.

39 Lean MEJ et al. (2019) Durability of a primary care-led weight-management intervention for remission of type 2 diabetes: 2-year results of the DiRECT open-label, cluster-randomised trial. Lancet Diabetes Endocrinol. 7(5):344–355.

40 Babiak P, Neumann CS, Hare RD (2010) Corporate psychopathy: Talking the walk. Behav Sci Law. 28(2):174–93.

41 Brooks D (2012) The Social Animal: The Hidden Sources of Love, Character, and Achievement. Random House Trade Paperbacks.

Danksagung

Mein Dank gilt Frau Dr. Magdalena Pilz, Frau Lisa Schlömicher, Herrn Prof. Dr. Johann Missliwetz, Herrn Prof. Dr. Erich Eder, Herrn Robert Kunov und Herrn Thomas Weber für die kritische Durchsicht des Manuskriptes sowie Frau Claudia Romeder vom Residenz Verlag für ihr großes Vertrauen.